ARTHUR C. CLARKE — 2019-07-20

ARTHUR C. CLARKE

2019-07-20

EIN TAG IM 21. JAHRHUNDERT

ULLSTEIN

Danksagung

Der Autor dankt den folgenden Personen für ihre Beiträge zu den in Klammern angegebenen Themen: Robert Weil (Geschichte des Apollo-Programms), Patrice Adcroft (Medizin), Douglas Colligan (Roboter), Richard Wolkomir (Erziehung), T. A. Heppenheimer (Transport, Weltraum, Krieg), Tim Onosko (Film), Mark Teich und Pamela Weintraub (Sport), Erik Larson (Haustechnik), G. Harry Stine (Bürotechnik), Judith Hooper (Psychiatrie), Dick Teresi (Sexualkunde), Kathleen Stein (Tod), Owen Davies (Wissenschaften allgemein) und den Bildredakteuren Robert Malone und Fran Heyl für die Beschaffung und Koordination der Illustrationen.

© 1986 by Serendib, B.V. and OMNI Publications International Ltd. Titel der Originalausgabe Arthur C. Clarke's July 20, 2019. Life in The 21st Century. Erschienen bei Macmillan Publishing Company, New York, herausgegeben von Arthur C. Clarke mit Beiträgen, die von den in der Danksagung genannten Autoren verfaßt sind.
© 1987 Verlag Ullstein GmbH · Berlin · Frankfurt/M.
Übersetzer Roland Fleissner, Hamburg
Alle Rechte vorbehalten.
Satz: TypoBach Hamburg GmbH
Druck und Verarbeitung: Mohndruck, Gütersloh
ISBN 3 550 07817 X

Inhalt

K A P I

VORWORT:

BRIEF

EINES

LUNA-

BEWOHNERS

Das beste Buch über die Zukunft, das ich kenne, beginnt mit den folgenden Worten:

Es gibt zwei Arten von Zukunft — die Zukunft, die wir ersehnen, und die Zukunft, die uns schicksalhaft zuteil wird —, und unser menschlicher Verstand hat nie gelernt, beides als von einander getrennt zu betrachten.

(J. D. Bernal: *The World, the Flesh and the Devil,* 1929)

Natürlich würde ein streng logisch denkender Mensch hier einwenden, daß die ersten sechs Wörter des Zitates eine unsinnige Behauptung darstellen. Denn es gibt ja nicht einmal die *eine, einzige* Zukunft, ganz zu schweigen von zweien — einfach deshalb, weil »die Zukunft«, *per definitionem,* noch nicht existiert.

Aber trotzdem wissen wir alle, begreifen wir alle, was Bernal sagen wollte. Denn es »existiert« tatsächlich im Bewußtsein eines jeden denkenden Menschen eine Art unbestimmter, kokonhafter Vorstellung von einer Zukunft, wie er sich wünschen würde, daß sie sich entwickle. Allerdings ist es eine Seltenheit, daß die reale, die »schicksalhaft bestimmte« Zukunft mit dem übereinstimmt, was wir Menschen uns erhoffen. Wie könnte das auch möglich sein — bedenkt man die Myriaden einander widerstrebender, miteinander im Widerspruch stehender Sehnsüchte, Hoffnungen und Erwartungen! Kein Gott, und sei er noch so allmächtig, wäre imstande, eine derartige Unmöglichkeit zu erfüllen. Im Augenblick, in dem ich dies schreibe, flehen Menschen im Iran und im Irak denselben Gott Allah an, er möge ihre Seite siegen lassen ... Ich zweifle nicht daran, daß sie dies mit gleich heftiger religiöser Inbrunst tun ...

Doch selbst wenn es die Zukunft nicht gibt, ist es doch wichtig, daß wir über sie nachdenken; denn wir werden schließlich unser restliches Leben in ihr verbringen. Manche Zukunftsaspekte lassen sich leichter erfassen als andere; ich möchte hier ein Zitat aus dem zweitbesten Buch mit dieser Thematik anführen:

Sämtliche Versuche, die Zukunft einigermaßen detailliert vorauszusagen, erscheinen nach wenigen Jahren als lächerlich ... mit einigen wenigen Ausnahmen beschränke ich mich hier auf einen einzigen Zukunftsaspekt — auf die Technologie der Zukunft, nicht aber auf die Gesellschaft, die sich auf ihr aufbaut. Diese Einschränkung ist nicht so groß, wie es den Anschein haben mag, denn die Wissen-

schaftstechnologie wird die Zukunft in noch weit höherem Maß beherrschen, als sie dies in unserer Gegenwart tut. Außerdem ist dies das einzige Gebiet, auf dem überhaupt eine Prognose möglich ist; es gibt nämlich ein paar allgemeine Gesetze, denen die naturwissenschaftliche Extrapolation unterworfen ist, was auf die politischen und Wirtschaftswissenschaften (pardon, Karl Marx!) *nicht zutrifft.*

(Profiles of the Future, 1962)

In einem sorgfältig so abgestimmten Kommentar, daß er in Moskau und in Washington gleichermaßen Mißfallen erregen mußte, schrieb ich damals weiter: »Politik und Wirtschaft geht es um Macht und Reichtum, die beide nicht das hauptsächliche und noch viel weniger das ausschließliche Anliegen erwachsener, reifer Menschen sein sollten.« Es war kein prophetisches Buch, sondern vielmehr ein Versuch, die Grenzen des Möglichen abzustecken. Und mehr darf sich kein Buch über die Zukunft anmaßen.

Aber derartige Grenzbestimmungsversuche können sich als nützlich erweisen, wobei es unwichtig ist, ob sie in der Gestalt von »Science-fiction« auftreten oder als »Studien« aus den Denkspeichern von Computern. Die Science-fiction hat im Grunde heute Rechtfertigungsversuche nicht mehr nötig (sofern sie gekonnt geschrieben ist), doch ist sie außerdem als eine Art Frühwarnsystem von hohem gesellschaftlichen Nutzen — was wohl keiner unter uns, die wir das Jahr 1984 überlebten, so leicht vergessen wird. Oft fällt es schwer, die Unterschiede auszumachen zwischen den »futures scenarios«, wie sie etwa Herman Kahn in seinem Hudson Institute produziert, und den Inhaltsangaben von Science-fiction-Romanen... und von letzteren, so hoffe ich, wird es bald, angeregt durch dieses Buch hier, eine stattliche Anzahl geben.

Ich glaube, es war so um 1970 herum, daß ich den Science Fiction Writers of America, diesem hochachtbaren Verband, ein Vereins-Motto vorschlug: »Die Zukunft ist auch nicht mehr, was sie einmal war.« Ich weiß nicht, ob mir das selber einfiel, oder ob ich den Satz irgendwo entlehnt habe. Eines aber ist sicher, nämlich daß ich unablässig *meine eigene* Zukunft verändernd beeinflusse und daß ich während der Niederschrift dieses Vorworts genau das bereits wieder getan habe.

Im Jahre 2019 werde ich bescheidene 102 Jahre alt sein — und dies wird dann kein ungewöhnlich hohes Alter sein. Einer meiner Urgroßväter, Arthur Heal, verpaßte knapp seinen hundertsten Geburtstag. Er starb im Jahr meiner Geburt, und ich trage seinen Namen. Was aber dem Kern der Sache viel näherkommt, er saß noch immer auf dem Pferd, als er so alt war, wie ich im Jahre — nein, nicht 2001, sondern *2010* sein werde. Ja, wir Farmboys, wir vom Land, wir haben eben gutes Genmaterial ...

Also, wer kann es schon wissen? Vielleicht ist ja der hier folgende »Brief aus Clavius« eine Art *self-fulfilling prophecy,* eine Zukunftsvision, die das visionär Geschaute herbeizwingt. Bleibt also mal besser auf der Frequenz!

Und wenn dieses Buch Erfolg hat, jedenfalls so viel Erfolg, daß man eine Fortsetzung für dringend nötig hält (also wieder so eine »Wunsch-und-Sehnsucht-Zukunft«), dann möchte ich meinen Verlegern als Titel für das neue Buch gern jenen vorschlagen, den Alvin Toffler mir vor vielen Jahren so großzügig schenkte: *»After The Future — What?«* — »Die Zukunft — und was dann?«

BRIEF AUS CLAVIUS

Clavius City, 20. Juli 2019

Also, mir kommt es nicht vor wie fünfzig Jahre — aber andererseits kann ich ja nicht mit Sicherheit behaupten, daß diese bestimmte Erinnerung falsch und jene andere richtig ist.

Die Gegenwart und die Vergangenheit sind unentwirrbar ineinander verstrickt. Auf meinem Monitor habe ich gerade die festliche Zeremonie auf der Tranquillity Base miterlebt, deren Höhepunkt darin bestand, daß man zum drittenmal die Flagge der Vereinigten Staaten hißte. Und natürlich wurde sie von dem Schub beim Aufstieg des Eagle umgeweht, und da lag sie dann — sechsunddreißig Jahre lang — auf dem zertrampelten Mondboden, bis das Apollo Historical Committee sie wieder aufstellte. Und dann legte sie das große Mondbeben, im Jahr Null-neun war das, wieder flach; aber jetzt, so versichert man uns, müßte sie schon direkt von einem mittelgroßen Meteor getroffen werden, um zu Boden zu gehen ...

Und jetzt, direkt nach der Live-Übertragung von Tranquillity, spielen die mir ein flimmriges altes Band rüber — doch, genau, ein Band, kein Vidul! —, das genau ein halbes Jahrhundert alt ist. Und da sitze ich prompt wieder im Studio von CBS auf der West 57th Street mit dem guten alten Walter Cronkite und dem Witzbold Wally Schirra, und wir schauen zu, wie Neil Armstrong diesen ersten Schritt von der Leiter runter macht ...

Und zum hundertstenmal strenge ich meine Ohren an. Neil Armstrong hat mir einmal gesagt (und damals muß ihm die ganze Sache wohl schon ziemlich gestunken haben): »Was ich mir vorgenommen hatte zu sagen, war: ›Das ist nur ein kleiner Schritt für einen Menschen, aber ein gewaltiger Sprung vorwärts für die Menschheit.‹ Und ich bildete mir ein, genau das gesagt zu haben.«

Tut mir leid, Neil, aber du hast gepatzt: Das »einen« fiel einem Kurzschluß zwischen Gehirn und Zunge zum Opfer. Aber das spielt keine Rolle; diesmal immerhin wurde Geschichte korrekt neu geschrieben.

Habe ich mir damals, 1969, überhaupt vorgestellt, daß ich selbst einmal auf den Mond gelangen würde? Ich zweifle sehr daran; doch die Umstände hatte ich bereits mehr als zwanzig Jahre früher vorhergesagt. Wenn mir hier das bescheidene Hüsteln des kleineren Propheten gestattet ist —

(AUTOSEC MARK III: DIESEN AUSDRUCK HATTE ICH SCHON IN DEN LETZTEN DREI DOKUMENTATIONEN VERWENDET.

Halt die Klappe, Hal, oder ich muß dich umprogrammieren!)

— wie ich gerade sagte, ehe man mich so unfein unterbrach, hatte ich mir bereits damals einen sehr guten Grund einfallen lassen, warum ich meinen hundertsten Geburtstag hier feiern könnte.

Im Sommer '47, in meinen Tagen bei der Royal Air Force, schrieb ich in Übungshefte, die wir aus einer zerbombten Schule im Londoner East End »befreit« hatten, meinen ersten umfangreichen Roman, Prelude to Space, und schloß dieses »Vorspiel zur Raumfahrt« mit den folgenden Worten: »Die großen Entdeckungen in der Medizin auf der Mondbase kamen gerade rechtzeitig, um sein Leben zu retten. Bei einem Sechstel der Erdschwerkraft, wobei ein Mensch kaum dreißig Pfund wog, konnte ein Herz, das auf der Erde versagt hätte, noch immer jahrelang kräftig schlagen. Es ergab sich sogar eine in ihren gesellschaftlichen Auswirkungen beinahe furchteinflößende Möglichkeit, daß die Lebenserwartung des Menschen auf dem Mond größer sein könnte als auf der Erde.

Viel früher als irgendwer zu hoffen gewagt hätte, begann die Raumfahrt ihre größte und völlig unerwartete Dividende zu erbringen. Hier, im Bogen der Appeninen, in der ersten jemals außerhalb der Erde erbauten Stadt, verbrachten fünftausend Auswanderer ein nützliches und glückliches Leben — unbehelligt von der für sie tödlichen Schwerkraft ihrer Ursprungswelt...«

Wenn ich damals daran gedacht hätte, wäre mir noch ein weiterer Grund eingefallen. An die dreißig Jahre nach der Niederschrift dieser Worte brachte die »tödliche Schwerkraft« der Erde meine eigene Mutter um. Eine sehr weitverbreitete Todesursache bei älteren Menschen sind Komplikationen, die nach Knochenbrüchen, etwa bei einem Sturz, auftreten. Aber hier auf dem Mond sind derartige Unfälle praktisch unmöglich.

»Fünftausend Auswanderer« war allerdings eine übertrieben optimistische Zahlenangabe. Die Bevölkerung von Clavius beträgt derzeit nur eintausend Menschen, darunter das technische und das Verwaltungspersonal. Im Jahre 1947 allerdings hätte wohl kaum einer auf mehr als Null gewettet.

Und wenn ich noch einmal den Kaftan des »kleineren Propheten« überstreifen darf, möchte ich an »Out of the Cradle, End-
lessly Orbiting . . .« erinnern, das im Juni 1958 geschrieben
wurde (dem Sommer der ersten Satelliten). »Aus der Wiege, end-
los im Orbit« begann so:

»Ehe wir beginnen, möchte ich noch auf etwas hinweisen, was
ziemlich viele Leute offenbar übersehen haben. Das 21. Jahrhundert beginnt nämlich nicht morgen; es beginnt ein Jahr
später, am 1. Januar 2001 . . . Alle hundert Jahre müssen wir
Astronomen das immer von neuem erklären, aber es nutzt einfach nichts. Die Feiern gehen los, sobald die zwei Nullen aufs Zif-
ferblatt rutschen . . .«

Dies könnte das erste Mal gewesen sein, daß ich 2001
erwähnte — zehn Jahre, bevor Richard Strauß' »Also sprach
Zarathustra« aus Tausenden von Audiosystemen dröhnte. (He,
Stanley, hallo — hattest du was damit zu tun, daß sie mir zum
hundertsten Geburtstag diesen 1 x 4 x 9 großen schwarzen
Brocken im Tycho aufgestellt haben? Ich bin entzückt zu hören,
daß du endlich deinen Napoleon drehst. Aber was soll das
Gerede von einem Happy-End und daß die Franzosen bei Water-
loo siegen?)

GEHÖRT NICHT ZUM THEMA!

Pfui! INTERRUPT OVERRIDE. So, da hast du's!

Wo war ich? Ach so, ja — »Out of the Cradle . . .« Die Sache spielt
in einem Zeitabschnitt höchster Spannung auf dem Mond —
während des ersten Tests des Thermonukleartriebwerks für die
Mars-Expedition. Und plötzlich — zum großen Mißvergnügen
des Erzählers — des russischen Chefs der Operation — wird alles
abgebrochen. Das Geheimnis war gut gehütet worden, und er
hatte keine Ahnung . . .

»Es klickte, als die Stromkreise umgeschaltet wurden, dann
folgte eine Pause, die von undeutlichen Scharrgeräuschen und
Geflüster erfüllt war. Und dann kam jener Laut, von dem zu
berichten ich versprochen habe, der Laut, der über den ganzen
Mond und über die halbe Erde hin zu hören war . . . ein Laut, der
mir Ehrfurcht einflößte wie nichts sonst je in meinem Leben.

Es war das dünne Weinen eines gerade geborenen Kindes —
des ersten Kindes in der langen Geschichte der Menschheit, das
jemals außerhalb der Erde das Licht der Welt erblickte. Auf ein-

mal schauten wir einander in dem plötzlich so stillen Block-
haus ins Gesicht, und dann blickten wir hinaus zu den Stern-
schiffen, die wir auf der lichtglosenden Mondoberfläche bauten.
Noch vor ein paar Minuten waren sie uns als dermaßen wichtig
erschienen. Das waren sie ja auch immer noch — aber eben
nicht von der gleichen Wichtigkeit wie das, was sich drüben im
Medical Center ereignet hatte und sich milliardenfach auf
unzähligen Welten immer wieder in allen zukünftigen Äonen
ereignen würde.

Denn in diesem Augenblick, Gentlemen, begriff ich zutiefst,
daß der Mensch das All tatsächlich erobert hatte.«

Schön und gut. Das war damals, Anno 1958, noch pure Fik-
tion; aber heute ist es reale Tatsache — auch wenn es ein bißchen länger dauerte, bis es Realität wurde, als ich mir damals
vorgestellt hatte. Es ist stets das gleiche Problem bei Extrapola-
tionen auf dem technischen Sektor: Kurzfristige Prognosen
tendieren zu übersteigertem Optimismus — langfristige
gewöhnlich zur Unterbewertung der Möglichkeiten. Wer hätte
sich etwa ein paar Jahre nach ihrer Erfindung träumen lassen,
wie viele Automobile oder Telefone es knappe fünfzig Jahre später auf der Erde geben würde ...

Aber zweifellos hat sich keiner von uns frühen Weltraumka-
detten vorstellen können, daß es nach den sechs Mondlandun-
gen amerikanischer Astronauten länger als eine Generations-
spanne dauern würde, ehe Menschen auf den Mond
zurückkehrten. Doch angesichts der 20 : 20-Prognose, die uns
die Geschichte liefert, erscheint uns dies heute als unumgänglich; wir hätten aus den zwei nächstliegenden Parallelen der
Vergangenheit lernen sollen.

Menschen erreichten zum ersten Mal den Südpol im Jahre
1911 mit allerprimitivsten Hilfsmitteln — auf Skiern und mit
Schlitten. Danach ließ man die Südpolforschung fallen; und erst
beinahe ein halbes Jahrhundert später lebten ständig Menschen dort. Als der Mensch zum Pol zurückkehrte, benutzte
man Flugzeuge, Funkgeräte, Traktoren und Atomenergie. Und
der Mensch ließ sich dort mit einigem Komfort nieder. Auf der
amerikanischen Südpolbasis gab es sogar eine Sauna. Mein
alter Freund Werner von Braun hat mir einmal erzählt, daß er
sich nackt im Schnee herumgewälzt habe, was Scott und
Amundsen zweifellos sehr verblüfft haben würde ...

Eine andere, die zweite historische Parallele, ist weit weniger spektakulär, doch in mancher Hinsicht sogar ein noch lehrreicheres Beispiel.

Dr. William Beebe und Otis Barton unternahmen 1930 den ersten Tauchvorstoß in die Tiefen des Ozeans. Sie steckten in einer winzigen Stahlkugel, die an einem Kabel hing. Ihre »Bathysphere« erreichte denn auch eine Tiefe von fast tausend Metern, und Beebe erkannte sehr scharf die Ähnlichkeiten, die sich dabei zur Erforschung des Weltraumes ergaben. In seinem 1935 erschienenen Buch Half Mile Down (mein eigenes Exemplar war leider zu zerlesen und zu schwer, als daß ich es hätte mit herübernehmen können) schrieb er: »Erst wenn ich wirklich in irgendeiner Rakete der Zukunft völlig abgeschlossen sitze und die Reise in den interstellaren Raum antrete, werde ich wieder ein derartiges Gefühl der völligen Abgetrenntheit von der Oberfläche des Planeten Erde haben wie damals, als ich in einer hohlen Erbsenhülse eine Viertelmeile tief unter dem Deck eines auf hoher See rollenden Schiffes an einem spinnwebfeinen Faden hing.« Aber diese »Bathysphere« war eine Sackgassenentwicklung — eine experimentelle Pioniertat, die keiner zu wiederholen versuchte. Ein Vierteljahrhundert später entwickelten die Picards ihren freitauchenden »Bathyscaphe«, mit dem 1960 im Marianengraben die größte (bisher bekannte) Ozeantiefe von fast elf Kilometern erreicht wurde.

Und obwohl die Saturn-V-Rakete, die den ersten Menschen zum Mond brachte, eine hinreißende technische Leistung war — auch sie war eine technologische Sackgasse; jemand hat sie einmal mit einem Ozeandampfer verglichen, der auf seiner Jungfernfahrt drei Passagiere an Bord hat und beim Anlegen sinkt. Ehe die Raumfahrt praktikabel werden konnte, mußte die »Einweg-Rakete« ersetzt werden durch die ständig wiedereinsetzbaren Shuttles und die Interorbitalfähren.

Aber deren Entwicklung bedingte ein bei weitem größeres Maß an finanziellen Ressourcen und technologischem Können, als eine Nation allein (und seien es die United States of America) jemals aufzubringen imstande sein könnte. Darüber hinaus war dazu der politische Wille erforderlich, ein Grad von internationaler Kooperation, wie wir sie heute für selbstverständlich halten, wie sie jedoch damals, in jener gefährlichen Dekade der achtziger Jahre, als unmöglich erreichbar erschien.

Wenn ich heute zurückblicke, dann glaube ich, ich kann es auf den Tag genau festlegen, wann der Gezeitenwechsel einzusetzen begann — auch wenn es danach noch viele Jahre dauerte,

bis die Ära des fruchtlosen Konfrontationskurses beendet war. Das Datum war der 30. Oktober 1984, der Tag, an dem Ronald Reagan, Präsident der Vereinigten Staaten, die Senate Joint Resolution 236 unterzeichnete, die sich auf »kooperative Zusammenarbeit zwischen dem Ostblock und dem Westen bei Unternehmungen im Weltraum« bezog. Die Durchschrift dieser Senatsresolution, die mir ihr Verfechter, Senator Spark Matsunaga, einige Wochen später auf Hawaii schenkte, ist noch immer in meinem Besitz. Sie beginnt mit den folgenden Worten:

»Zwar ist es möglich, daß sich die USA und die Sowjetunion schon sehr bald in einem Rüstungswettkampf im Weltall befinden, was den Interessen keiner Seite dienlich wäre ...«

Und die Resolution endet:

»Entschieden wird von der Versammlung des Senates und des Repräsentantenhauses in gemeinsamer Versammlung im Kongreß der Vereinigten Staaten von Amerika —

der Präsident möge —

(1) zum frühestmöglichen praktikablen Termin die Wiederaufnahme der Übereinkünfte von 1972—1977 zu einer friedlichen Nutzung des Weltraumes in kooperativer Form zwischen den USA und der UdSSR in die Wege leiten;

(2) weiterhin energisch darauf hinwirken, die Zustimmung der Sowjetführung zu den kürzlichen Vorschlägen der USA zu einer gemeinsamen Rettungsmission im Weltraum zu erlangen; und

(3) Kontaktgespräche mit der Regierung der Sowjetunion suchen, aber auch mit anderen Nationen, die Interesse an Aktivitäten im Weltraum haben, um weitere Möglichkeiten zu einer Kooperation zwischen Ost und West bei Weltraumunternehmungen, wie beispielsweise gemeinsamen Bemühungen auf dem Gebiet der Raummedizin und Raumbiologie, der Planetenwissenschaft und der bemannten und unbemannten Erforschung des Weltraums, zu fördern.«

Dies waren höchst edle Erwartungen, und ich freue mich, daß dieser Präsident, trotz zahlreicher Enttäuschungen und Rückschläge, lange genug lebte, um ihre Erfüllung noch zu sehen ...

Tut mir leid, aber ich fürchte, ich muß dann später weitermachen und zum Ende kommen — der Monitor hat grad zu Neil und Buzz rübergeschaltet, und — klar doch — ich möchte gern hören, was die zu sagen haben. Also, mit ihren 89 Jahren wirken sie ja noch recht munter! Vor allem, wenn man bedenkt, daß sie auf der Erde geblieben sind.

Gegenüber: Eine permanente Raumstation ist der erste Schritt zur Errichtung von Etappenstationen auf dem Weg zur Erforschung neuer Welten.

DER 20. JULI 1969:

EINE INTERPRETATION

DER APOLLO-

MONDLANDUNG

AUS DER SICHT

DES JAHRES 2019

DER WEG INS JAHR 2019
Auszug aus der Antrittsrede des Präsidenten der Vereinigten Staaten im Januar 1993

»In den vergangenen drei Jahrzehnten wurde die Entwicklung der amerikanischen Weltraumerforschung von zahlreichen Tragödien betroffen. Im Januar 1967 kostete ein tragischer Brand auf der Abschußrampe in Cape Kennedy nicht nur drei der prachtvollsten Astronauten der NASA das Leben, sondern gefährdete sogar das gesamte künftige Raumfahrtprogramm dieses Landes, indem die Starts der Apolloraketen mehr als 21 Monate lang eingestellt werden mußten. Und dann 1986, wieder im Monat Januar, explodierte die Raumfähre *Challenger* 73 Sekunden nach dem Start zu ihrer von Unheil betroffenen Reise und kostete sieben tapfere Amerikaner das Leben, unter ihnen eine Highschool-Lehrerin, die ihren Stundenplan für den Weltraum vergeblich aufgestellt hatte. Wer könnte sich nicht an dieses entsetzliche Schauspiel erinnern — es ist erst sieben Jahre her... der widerliche dünne schwarze Rauchfaden, die wilde Explosion der weißen und orangefarbenen Flammen, der Trümmerhagel über dem Atlantik, die Totenfeiern für unsere gefallenen Helden?

Und heute, während ich zu Ihnen spreche, befinden wir uns erneut mitten in einer neuen Tragödie der Raumfahrt von noch weitaus bestürzenderen Ausmaßen. Die Astronauten, die 1967 und 1986 umkamen, starben wenigstens im Dienste einer großen Sache — der Erforschung des Weltraums, der Entdeckung von Himmelskörpern, bei dem Versuch, die Ursprünge unseres Universums wissenschaftlich zu begreifen. Die Tragödie aber, von der wir heute betroffen sind, liefert keinen Stoff für dicke Schlagzeilen in den Zeitungen; sie brennt sich weder mit Flammen über den Morgenhimmel, noch bewirkt sie angsterfüllte Seufzer von Angehörigen Betroffener, die dann in den Abendnachrichten um sechs Priorität genießen. Die Opfer dieser Tragödie sind nicht tote Leiber, sondern der erstickte Geist und Wille einer ganzen Nation. Denn Apathie provoziert ja wirklich nur selten publizistisches Interesse. Während der letzten zwei Jahrzehnte, einem Zeitraum zwischen 1973 bis zum Beginn des Jahres 1993, zeichnete sich nicht der geringste greifbare Fortschritt in der Raum-

Vorige Seite: Die Apollo-11-Expedition. »Das Apolloprojekt«, sagte der Astronom Thomas Gold, »war, wie wenn man sich einen Rolls-Royce kauft und ihn dann in der Garage stehenläßt, weil man sich das Benzin nicht leisten kann.«

forschung ab. Diese Negativbilanz stellt eine nationale Tragödie höchsten Ausmaßes dar.

Die Einstellung vieler unserer Senatoren und Abgeordneten im Kongreß betrübt mich zutiefst, die an der Notwendigkeit einer bemannten Raumstation zweifeln — trotz unserer Kenntnis davon, daß die Sowjetunion ihre Raumstation Mir — seit der Stationierung im All, nur wenige Tage nach dem Tod unserer *Challenger*-Astronauten — kontinuierlich ausbaut. Es ist von höchster Wichtigkeit — für die Medizin, für die Industrie, und aus Gründen unseres Nationalstolzes —, daß Amerika seine eigene ständig bemannte Raumstation ins All schickt, noch ehe dieses Jahrhundert zu Ende geht . . . Und ich hoffe, daß ich noch während meiner Amtsperiode Zeuge dieses Ereignisses sein werde. Es empört mich, wenn ich Menschen sagen höre, wir Amerikaner können nicht vor dem Jahr 2035 auf dem Mars landen. Das ist absurd. Die größten wissenschaftlichen Köpfe unserer Zeit sagten im Jahre 1969 voraus, daß wir bis zum Ende des Vietnam-Krieges — spätestens jedoch 1985 — eine bemannte Weltraummission zum Mars geschickt haben würden. Eine derartige Mission hätte der amerikanischen Industrie und Technologie einen angemessenen neuen Zielpunkt geboten. Doch heute, im Jahre 1993, müssen wir, betrüblicherweise, diesen Fahrplan revidieren. Aber ich bin zuversichtlich, wenn wir unsere Bemühungen zur Sondierung des Marsbodens wieder aufnehmen, werden wir dazu im Jahre 2010 in der Lage sein.

Außerdem, und abschließend, betrübt es mich, daß wir derzeit keine Pläne haben, auf den Mond zurückzukehren. Soll denn wirklich Gene Cernan, unser Astronaut, der letzte Amerikaner gewesen sein, der den Mond betrat? ›Wir verlassen den Mond so, wie wir gekommen sind, und so Gott will, werden wir wiederkommen, friedlich und von Hoffnung für die ganze Menschheit erfüllt.‹ Seit dieser Forscher unserer Apollo-17-Mission diese Worte äußerte, sind 21 Jahre verstrichen und eine ganze neue Generation von Amerikanern wurde geboren — und der *Mensch* ist noch immer nicht bereit und willens.

Thomas Gold, ein Astronom von hohem Rang von der Cornell University, stellte unser Raumfahrtdilemma noch viel prägnanter dar. ›Das Apollo-Projekt‹, sagte er, ›war so, wie wenn jemand sich einen Rolls Royce kauft und ihn dann in der Garage stehenläßt, weil er sich das Benzin nicht leisten kann.‹ Ich werde meine mit dem heutigen Tag beginnende Amtsperiode dem Ziel widmen, den nötigen Treibstoff für die Errichtung einer permanenten Mondbasis zu suchen, einen Treibstoff, der gleichermaßen dem kollektiven Bewußtsein und der gemeinsamen Willensanstrengung des amerikanischen Volkes entspringen muß wie unserem Bruttosozialprodukt. Meine Amtszeit wird von der nationalen Aufgabe beherrscht und bestimmt sein, den Blick Amerikas wieder auf den Weltraum zu lenken. Mit diesem kühnen Programm wollen wir der Ära der Weltraum-Apathie ein Ende setzen, zu der unsere nationalen, einst so hohen Erwartungen und Bestrebungen verödet sind. Und wenn unsere Pläne von Erfolg gekrönt sind, werden wir am fünfzigsten Jahrestag unserer ersten Apollo-Mondlandung, am 20. Juli 2019, oder sogar noch davor, nicht nur eine Raumstation im Erdorbit errichtet haben, einen bemannten Sondierungsflug zum Mars geschickt haben, sondern auch zum Mond zurückgekehrt sein und dort eine permanente bewohnte Mondbasis aufgebaut haben.«

RÜCKBLICK
Ein Historiker von 2019 erläutert die erste Landung auf dem Mond

In jenem fernen Sommer des Jahres 1969 schien die erste Apollo-Landung auf dem Mond den amerikanischen Nationalcharakter erneut unter Beweis zu stellen, und dies in einer Zeit, in der das Selbstwertgefühl der Amerikaner, ihr Nationalstolz stark im Schwinden begriffen waren. Die Mondspaziergänge der NASA-Astronauten Neil Armstrong und Buzz Aldrin hingegen konnte man als etwas fundamental US-Amerikanisches feiern, als einen Triumph, der den Bogen schloß zwischen dem einstigen Elan, der zur Erschließung des amerikanischen Westens im vorherigen Jahrhundert führte, und dem Zeitalter der Raumfahrt. Der Mondflug der Apollo-11-Rakete ließ den Nationalstolz der Amerikaner in vergleichbarem Ausmaße anschwellen wie die Zweihundertjahrfeiern sieben Jahre später; er wurde mit ebenso großem Getöse gefeiert wie der Anbruch des neuen Jahrhunderts im Jahre 2000. Aber nicht nur die Bürger der Vereinigten Staaten genossen den Triumph des Apollo-Fluges, sondern Millionen Menschen auf der ganzen Erde teilten diese Gefühle, Menschen, die sich die Träume von Weltraum-Propheten wie Galileo Galilei, Jules Verne oder H. G. Wells zu eigen gemacht hatten, daß Menschen zum Mond geschickt werden könnten. Die Landung auf dem Mond an jenem geschichtsträchtigen Sonntag, dem 20. Juli 1969, schien den Lauf der Geschichte der Menschheit viel grundlegender zu verändern, als irgendwelche internationalen Spannungen oder Feindseligkeiten dies je vermochten, denn dieses Ereignis verkündete eine echte Wende. Es sprach von Frieden und versprach eine Zukunft, die in ihrem grandiosen Entwurf als nahezu grenzenlos erschien.

Trotz der hochfliegenden Zukunftsvisionen, die die Landung der Apollo-Rakete auslöste, fand sie zu einem Zeitpunkt statt, an dem ironischerweise das Interesse in den hehren Hallen des amerikanischen Kongresses am Weltraum bereits im Schwinden begriffen war. Das Apollo-Programm war der letzte triumphale Höhepunkt des amerikanischen Raumfahrtprogramms für nahezu drei Jahrzehnte.

Die Erklärung von Präsident John F. Kennedy, die Vereinigten Staaten würden auf dem Mond landen, »ehe diese Dekade *(die 1960er Jahre)* zu Ende geht«, erwies sich als eine bis auf fünf Monate exakte Vorhersage. Aber gab es nach diesen Mondflügen und ihrem kurzfristigen Ausflugscharakter eine Zukunft? Wie würde die NASA weiterexistieren, wenn das Apollo-Programm erfüllt und abgehakt war? Bis zur Mitte der sechziger Jahre hatten sämtliche Apollo-Missionen durchweg von der höchst romantischen, verlockenden Vorstellung einer Landung auf dem Mond profitiert. Und jeder Versuch, der NASA Hindernisse in den Weg zu legen, wäre als nahezu unpatriotischer Akt angesehen worden, als Kalomnie gegenüber einem gefallenen Heiligen, der zwei Jahre vor seinem Absturz in Dallas einen Flug zum Mond prophezeit hatte.

Es gab allerdings Köpfe, die eine Art »dunkles Mittelalter« in der Raumforschung für die kommenden 30 Jahre nach dem triumphalen Flug der Apollo vorhersahen. Bereits im Jahre 1969 überlegten einige Experten, wie und ob man die gerade herrschende Begeisterung weiterhin schüren könnte, um eine ähnliche Marslandung oder sogar eine ständige Basis auf dem Mond durchzusetzen. Wernher von Braun, der weltberühmte Pionier des 20. Jahrhunderts auf dem Gebiet der Weltraum-Raketenflüge, äußerte Zweifel darüber, daß in einer »post-apollinischen Zeit« die Finanzierung durch amerikanische Bundesmittel fortgesetzt werden würde. Seit die USA sich auf einen Wettlauf mit der UdSSR in der Erforschung des Weltraums eingelassen hatten, hatte das Land über 36 Milliarden Dollar (nach dem Dollarstand von 2019 – 720 Milliarden) dafür ausgegeben; und Wernher von Braun sagte 1969 voraus, daß die politisch entscheidenden Köpfe in Washington sich, ohne das nationale Ziel einer weiteren Eroberung im Weltraum und ohne die fortgesetzte entsprechende drohende Herausforderung seitens der Sowjets, den Überredungskünsten der NASA-Direktoren nicht länger geneigt zeigen würden. Die Raumfahrt-Bewegung würde ohne großzügige Budgettierung genau wie die Boutiquen in der Carnaby Street oder die »Great Society« des Lyndon B. Johnson ein Opfer ihrer Zeit werden, ein flüchtiger, triumphaler Höhepunkt in der kulturellen Entwicklung der sechziger Jahre.

Doch die Menschenmassen, die sich am Morgen des 16. Juli versammelt hatten, um den Abschuß um 9:32 Uhr Ortszeit mitzuerleben, spiegelten den Taumel und die Erregung des Augenblicks wider. Zusätzlich zu 3 000 Reportern stand fast eine Million Menschen an den Highways, die zum Cape Kennedy führen, in einer viele Meilen langen Prozession. Einige Beobachter verglichen die Szene mit einem religiösen Pilgerzug aus den Zeiten der Kreuzfahrer. Das Interesse, das den US-Amerikanern die Apollo-Mission abnötigte, war dermaßen groß, daß die Auffindung der Leiche einer 28 Jahre alten Sekretärin, eingeschlossen in einem Oldsmobile (einer Automarke, die in den Sechzigern noch populär war) und unter Wasser, von einem Senator mit dem Namen Kennedy gefahren, kaum irgendwelche landesweiten Schlagzeilen in den Zeitungen machte.

Fünf Tage nach dem Abschluß widmete The New York Times, die damals noch auf Papier gedruckt wurde, ihre ganze Titelseite der Landung auf dem Mond, befaßte sich jedoch auch auf einer der Innenseiten mit Berichten über mehr triviale irdische Ereignisse an jenem 20. Juli 1969. Allem Anschein nach war der Tag ein ganz normaler Sommersonntag. Melvin und Myra Goldberg, berichtete die *Times* in der Rubrik »Profile und Ausschnitte aus dem Leben der Nation«, fuhren von ihrem suburbialen Wohnsitz in Scarsdale los, um ihre Kinder in einem Sommer-Lager in den Adirondack Mountains im Staate New York zu besuchen. In New Orleans feierte Miss Ella Allen die Apollolandung auf dem Mond, indem sie sich von der Landungsbrücke der Fähre an der Jackson Avenue in die Fluten des Mississippi River stürzte. »Lieber Herrgott, hier komme ich!« rief sie laut, ehe zwei Polizisten der Reise zu ihrem Schöpfer Einhalt geboten.

Dennoch fällt es schwer zu behaupten, das Leben sei an diesem trägen Sonntag einfach im normalen Rhythmus weitergelaufen. Die Mondlandung löste bei den Amerikanern eine Flut von nationalem Hochgefühl aus, wie man sie seit der Beendigung des Zweiten Weltkrieges nicht mehr erlebt hatte, und Gefühle des Stolzes und heftiger Anteilnahme zeigten sich in fast allen Ländern der Erde. Der Erfolg der Apollo-11-Mission stellte sich mitten im Vietnam-Krieg ein — des Krieges in der Geschichte der Vereinigten Staaten, der wohl die schärfsten Kontroversen hervorrief und zu den tiefsten Spaltungen im Lande führte — und schien eine prächtige Bestätigung des amerikanischen Nationalcharakters zu sein, so sehr dieser auch durch den Ein-

20. Juli 1969: Nur ein kleiner Schritt für einen Menschen ... (© NASA)

Links: Der Mensch schuf sich den Roboter als ein Werkzeug. (© Robert Malone)

Unten: . . . doch dieses Werkzeug könnte sein Nachfolger sein. (© Robert Malone)

Gegenüber: Wir stellen vor: Der Arbeitnehmer der Zukunft. Er erwartet keine Altersversorgung, und seine Einsatzkapazität ist enorm vielseitig und unermüdlich. (© Dan McCoy)

Umseitig: Roboter im Jahre 2019 werden über ein optisches und sensitives Instrumentarium verfügen und ganz allgemein ihre Umwelt schärfer wahrnehmen. (© Robert Malone)

AROK

satz der Napalmbomben im Krieg besudelt sein mochte. Wie die Erschließung des amerikanischen Westens im 19. Jahrhundert erfüllte sich mit der Landung auf dem Mond eine »gottgegebene Schicksalsaufgabe«, denn im Jahre 1969 war die Erde kartographisch restlos erfaßt, und so blieb als »last frontier«, als die äußerste zu erstrebende Grenze, eben nur der Weltraum. Die Mission der Apollo-11-Rakete war also im 20. Jahrhundert die Reprise eines Grenzeroberungsdramas aus einer fast vergessenen Ära, und die Astronauten Armstrong, Aldrin und Collins waren sozusagen Erben der grandiosen Hinterlassenschaft von Kolumbus, Lewis, Clark und Lindbergh.

Im Gegensatz zu den Spaniern, Franzosen und Briten jedoch, die sich als Siedler in der Neuen Welt niedergelassen hatten, schienen die Motive der Helden von 1969 wohl schwerlich eigensüchtige Interessen oder kolonialistische Raubgier gewesen zu sein. Ein im Jahre 1967 geschlossenes und von fast hundert Nationen unterzeichnetes Abkommen garantierte die internationale Unabhängigkeit des Mondes, und es entstand mehr und mehr eine Art Glauben, der Weltraum werde freibleiben von den heftigen neokolonialistischen Bestrebungen des Kalten Krieges, die den Planeten in zwei Lager teilten. Konstantin Tsiolkovsky, der russische Raumfahrttheoretiker, war effektiv bereits im späten 19. Jahrhundert überzeugt gewesen, daß der Weltraum frei sein werde von den erbärmlichen Rivalitätskämpfen, unter denen die Erde litt. Die wagemutige Apollo-Unternehmung des Jahres 1969 bezeichnete sozusagen den Zenit derartiger idealistischer Vorstellungen. Man glaubte damals, die wissenschaftliche Erforschung des Weltraumes werde die schäbige Zwietracht auf der Erde sozusagen transzendieren und den Menschen auf eine neue Ebene menschlichen Bewußtseins heben. Die Landung auf dem Mond leitete eine kurzfristige Ära des Idealismus ein, während der man sich bemühte, das patrimoniale Vorherrschafts-Image der Vereinigten Staaten wiederzubeleben, das während der 24 Jahre seit dem Ende des Zweiten Weltkrieges so stark an Glanz verloren hatte.

Die Erregung strahlte nicht nur heftig in den Korridoren der NASA-Administration, sie verbreitete sich über das ganze amerikanische Volk. In vielen Sektoren des öffentlichen Lebens, in niederen und höheren Rängen, breitete sich eine Revolution aus. Im Jahre 1969 durchlebten die Vereinigten Staaten von Amerika tiefgreifende gesellschaftliche und kulturelle Veränderungen.

Wie der Flug der Apollo 11 den Gipfelpunkt der amerikanischen Weltraum-Revolution darstellte, so war das Woodstock-Konzert des Jahres 1969 die Manifestation des Geistes der sogenannten Jugendbewegung der sechziger Jahre. Woodstock war ein Nonstop-Festival, bei dem drei Tage lang die Top-Rockstars jener Zeit auftraten und bei dem sich über 300 000 begeisterte junge Zuschauer auf dem Gelände einer Milchviehfarm im Norden des Staates New York versammelten. In den Dutzenden von Texten zur Mondlandung, die *The New York Times* am 20. Juli 1969 druckte, ging eine bescheidene Ankündigung für das »Woodstock Music & Art Fair«, eine »Aquarianische Exposition«, die »drei Tage Frieden und Musik« versprach, nahezu unter. Die meisten Leser dieser Zeitung konzentrierten sich an jenem Sonntag fasziniert auf die Nachrichten vom Mond und die Heldentaten Armstrongs und Aldrins und schenkten der Woodstock-Ankündigung nur einen flüchtigen Blick, obwohl dort Namen wie Joan Baez, Arlo Guthrie, Janis Joplin und die Grateful Dead aufgeführt waren, musikalische Künstler, die in der Generation unserer Großeltern Popularität genossen. Aber das sinnenverwirrende Schauspiel des Woodstock-Konzerts, das drei Wochen später auf den Weiden des Farmers Max Yasgur stattfand, spiegelte die revolutionäre Kultur der Sechziger ebenso genau wider, wie die Mondlandung Spiegelung der Ziele der Raumfahrtbewegung in den USA war.

Viele ältere Mitbürger, insbesondere die heute über Siebzigjährigen, werden sich noch an die gesellschaftliche Bedeutung dieses legendären Festivals erinnern. Man kann sich heute nur schwer vorstellen, daß unsere Großmütter Miniröcke trugen, die den unteren Teil ihrer Gesäßbacken sehen ließen, daß unsere Großväter die Haare in langen Kaskaden bis tief über den Rücken trugen und daß der Bewußtseinszustand unserer Vorfahren beständig durch LSD, ein damals gesetzlich verbotenes Genußmittel, verändert war. Für diese Generation jedoch war »ihr« Konzert die Apotheose eines Geistes der Rebellion, die in jener Zeit die Jugend erfaßte, und dieser Zeitabschnitt der »Woodstock-Generation« bezog seinen Namen effektiv von jenen drei Tagen voll dröhnender Musik und angetörnter Feststimmung, die in jenen feuchten Sommer des Jahres 1969 einbrachen. Diese jungen Menschen glaubten, daß die von Weißen bestimmten männlichen Machtstrukturen, wie sie seit Gründung der Vereinigten Staaten bestanden hatten, dem Zusammenbruch nahe seien, um einem System sozialer Gemeinschaft und Gleichberechtigung Platz zu machen, in welchem Liebe statt Krieg, Sozialismus statt Materialismus, Drogen statt Enthaltsamkeit und Orgien statt Keuschheit Priorität genießen würden. Über die Friedlichkeit dieser Generation bemerkte Louis Ratner, der damalige Sheriff des Sullivan County, nach dem Konzert: »Ich habe in meinem ganzen Leben noch nie eine solche Menge netter junger Leute erlebt.«

Der Auszug aus einem Werbetext für das Festival in der *New York*

Times vom 20. Juli gibt die Stimmung in jenen sechziger Jahren wieder:

Kunstausstellung – Bilder und Skulpturen auf Bäumen, im Gras werden inmitten des Hudsontales gezeigt. Meisterkünstler, »Ghettokünstler« und Möchtegernkünstler freuen sich darauf, mit euch über ihre Arbeiten zu diskutieren – oder über die wundervolle Gegend – oder über alles, was euch sonst noch am Herzen liegen könnte.

Kunsthandwerklicher Basar – Wenn ihr kreativen Krimskrams und alten Ramsch mögt, wird es euch sicher Spaß bringen, in unserem Basar herumzustöbern. Ihr könnt da phantastische Leder-, Keramik-, Perlen- und Silber-Kreationen finden, aber auch Sternzeichenkarten, Campingkleidung und abgelatschte Schuhe.

Als gäbe es eine zyklische Vorprogrammierung, scheint unsere Nation alle vierzig Jahre in eine Krise der Grundwerte zu geraten, die unsere stabilsten gesellschaftlichen Fundamente bedroht. Während der zwanziger Jahre entwickelten sich die Massenproduktion von Automobilen am Fließband und das explosive Wachstum der Großstadt zu einer Bedrohung für das »moralische Rückgrat« der Nation – die amerikanische Kleinstadt, wie es sie seit der Kolonialzeit als beherrschenden sozialen Faktor gegeben hatte. Die modebewußten »Flappers« der zwanziger Jahre (der »wilden 20er«, wie man sie nannte) rissen sich ihre Schnürkorsetts ebenso trotzig vom Leib, wie das Hippie-Mädchen der sechziger Jahre den Büstenhalter verbrannte, mit ebensolcher Heftigkeit, wie die Greenies von 2011 die aus Synthetikfasern gefertigten Kleider ihrer Mütter ablehnten.

Man muß die antitechnologische, die Anti-Computer-Revolution – den sogenannten »Humanitätskrieg« –, die in diesem Lande um 2005 begannen (also genau 40 Jahre nach den ersten Studentenprotesten gegen den Vietnamkrieg), im Lichte jener Unruhen der zwanziger und der sechziger Jahre sehen. Millionen von jungen Menschen – die »Grünen« – lehnten das Vordringen der Computer und Roboter in ihr Leben ab, zogen auf die Straßen, um gegen die Korporativideologie zu protestieren, von der sie glaubten, sie ersticke und erwürge alles Lebendige und Menschliche. Tatsächlich hat die heutige amerikanische Großelterngeneration (die der Hippies) weitaus mehr mit ihren Enkelkindern (den Greenies) gemein als die unbequem zwischen beide gezwängte Generation der Eltern der letzteren.

Im Lichte jenes verblichenen Sommers 1969 wirken die beiden Ereignisse, die Landung der Apollo auf dem Mond und das Woodstock-Festival, als ungleichwertig und unzusammengehörig, um es milde auszudrücken. Das eine, die Ankunft des Menschen auf dem Mond, war von großer Tragweite und stellte die Krönung der Leistungen des wissenschaftlichen Establishment der USA dar. Hier hatte man eine Gruppe von Menschen, die die höchstentwickelten Aerospatial- und Ingenieurtechnologien eingesetzt hatten, um Menschen von ihrem Heimatplaneten wegzubefördern. Es war eine Menschengruppe, der ein gewisser militärischer Firnis anhaftete: Männer in gestärkten weißen Oberhemden, Männer mit kantigem Bürstenhaarschnitt, Männer, die in brüskem, heute vorsintflutlich wirkenden Ton miteinander kommunizierten und deren Dialog stets mit »Roger« endete. Das andere Ereignis — die dreitägige regennasse, schlammpatschende Tollerei in Woodstock, deren Höhepunkt Jimi Hendrix' Hardrock-Version des »Star Spangled Banner«, der amerikanischen Nationalhymne, war — stellte sozusagen die Antithese zu einem Houstoner Raumfahrtkontrollzentrum dar. Den Hippies, die in jenem August nackt in den Seerosenteichen in Woodstock herumspielten, waren Navajo-Perlen lieber als NASA-Raumanzüge und ein Marihuana-»Joint« begehrter als ein kühles Glas »Tang«-Instantlimonade. Die Militärs waren für sie ein nationales Greuel, sie waren verantwortlich für die 40 000 amerikanischen Gefallenen in Vietnam, und das Pentagon bedeutete für sie das verhaßte Symbol des Krieges, den sie alle verabscheuten und fürchteten.

Und doch bestand zwischen beiden Ereignissen eine Konvergenz, deren Signifikanz selbst heute nur wenige Menschen zugeben würden. Auf völlig verschiedene Weise waren beide Ereignisse eine Demonstration der friedfertigen Natur der Menschheit und wirkten auf die Versöhnung in einem gespaltenen Volk hin. Bürger, die heute in den Siebzigern stehen oder älter sind, mögen sich recht deutlich noch an diese beiden Ereignisse erinnern, selbst ohne die Hilfe jener antidiuretischen Hormonpillen, die das Erinnerungsvermögen steigern sollen und die seit einigen Jahren so populär geworden sind. Neben der Ermordung von John F. Kennedy im Jahre 1963 scheint die Landung auf dem Mond im Juli bei Menschen, die vor dem Jahr 1960 geboren wurden, am lebhaftesten im Gedächtnis geblieben zu sein. Natürlich veränderte die Mondlandung den Lauf der Menschheitsgeschichte weitaus tiefgreifender, als irgendeine Rockband auf Max Yasurs Weiden sich dies hätte erträumen können, aber beides verkündete eine Wende, eine Veränderung zum Frieden hin, und eine Zukunft, die damals nach langen Jahren steriler Stagnation endlich wieder erfüllt zu sein schien von einer weitgespannten Menschheitsvision.

Uns Modernisten des 21. Jahrhunderts will der Geist von 1969 als bezaubernd naiv erscheinen, vergleichbar etwa der Überzeugung von Präsident Woodrow Wilson, er könne mit dem Eintritt der USA in den Ersten Weltkrieg »die Welt für die Demokratie retten«, oder mit Neville Chamberlains Erklärung eines »Friedens in unserer Zeit« vor dem Ausbruch des Zweiten Weltkrieges. Doch wer würde unseren Großeltern vorwerfen mögen, daß sie von diesem Geist beseelt waren? Wer hätte 1969 wissen können — in einer Zeit der weltweit erregten Anteilnahme an einem Ereignis, das man seinerzeit mit der Entdeckung der Neuen Welt durch Kolumbus verglich —, daß der Apollo-Flug den Menschen in seinem Wesen unverändert lassen würde? Wer hätte damals wissen können, daß die weltweite Euphorie das Ende des Sommers nicht überdauern würde? Und wer hätte wissen sollen und können, daß der Weltraum in den darauffolgenden Jahrzehnten genauso von Waffen strotzen und von kolonialen Machtinteressen zerstückelt sein würde, wie es der afrikanische Kontinent im 19. Jahrhundert war?

Den Astronauten des 20. Juli 1969 — Neil Armstrong, Buzz Aldrin und Mike Collins — war eine derartige Erkenntnis nicht möglich. Sie waren verständlicherweise in Hochstimmung darüber, daß sie eine Mondlandung durchführten, doch ihre Mission schien rein wissenschaftlichen Charakter zu haben. Der Flug der Apollo hätte ja sehr leicht fehlschlagen können. Nach dem tragischen Brand bei der Apollo-1 im Januar 1967 wurden 21 Monate lang keine Starts unternommen. Als 1968 die nächste Apollo-Rakete abgeschossen wurde, war in den USA eine tiefgreifende Änderung in der Einstellung zur Raumfahrt eingetreten. Zu diesem Zeitpunkt waren das Budget und die Aufwendungen für den Weltraum zu einer der strittigsten Fragen geworden. Die Astronauten mußten also schon mit greifbaren wissenschaftlichen Ergebnissen aufwarten, wenn die öffentliche Subvention weiterhin fortgesetzt werden sollte.

Buzz Aldrin erinnerte sich: »Es war ein anderer Akzent seit Kennedys Amtsperiode. Auf einmal ging es nicht mehr darum, daß ein Amerikaner ein Fähnchen auf dem Mond aufpflanzte, sondern daß *ein Mensch* Felsbrocken mit zurückbrachte. Weil die Öffentlichkeit 1969 darauf bestand, genauer über die Notwendigkeit der Aufwendungen informiert zu werden, mußten wir einen anderen Grund für unsern Flug angeben. Aber es war auch nicht unser Ziel, die Russen zu schlagen«, sagte Aldrin. »Sicher, Kennedy hatte uns in ein Wettrennen verstrickt, aber wir hatten uns davon losgemacht, und die neuen Zielsetzungen waren wissenschaftliche und auf Erkenntnisse über die Evolution der Erde gerichtet.«

Der Apollo-Flug hatte auch tatsächlich mehrere wissenschaftliche

Aufgaben zu lösen. Die Astronauten sollten versuchen, Messungen des Sonnenwindes vorzunehmen und Atmosphärepartikel einzufangen, die Mond-Erde-Entfernung auf sechs Zoll (15 cm) genau zu berechnen, Instrumente aufzustellen, die Erschütterungen oder Beben auf der Mondoberfläche registrieren konnten, und etwa vierzig Kilo an lunarem Staub, Boden und Gestein zurückbringen, die dann von mehr als hundert Wissenschaftlern aus neun an der Erkundung beteiligten Nationen analysiert werden sollten.

Der Flug war von Spannungen überschattet, die zum großen Teil unvorhersehbar gewesen waren. Weder die drei Astronauten noch ihre Kommandozentrale bei der NASA hatten Kenntnis davon, daß die Sowjetunion am Sonntag, dem 13. Juli, also drei Tage vor dem Abschuß der Apollo-Rakete, ein unbemanntes Raumfahrzeug ins All geschickt hatte. Was war die Aufgabe dieser sowjetischen *Luna?* Die Beobachtung der Landung der Apollo-Rakete? War das Roboterfahrzeug vielleicht in der Lage, die amerikanischen Astronauten zu retten, falls sie stranden sollten? Das Ärgerliche war, daß die Sowjets die Flugbahn der Apollo-Mission kannten, während die Amerikaner keine Ahnung hatten, wie die Robotersonde *Luna* flog. Frank Borman, ein Ex-Astronaut, der über Verbindungen zu Top-Wissenschaftlern in Moskau verfügte, rief den Leiter des Sowjetischen Institutes der Akademie der Wissenschaften mitten in der Nacht in Moskau an. Aber auch ihm gelang es nicht, eine befriedigende Auskunft zu erhalten. »Was verteufelt knapp fast passierte, und was kaum jemand weiß, ist, daß ein russisches Raumfahrzeug in der Nähe unseres eigenen Landeplatzes auf dem Mond aufschlug. Hätte die *Luna-15* erfolgreich Gestein von der Mondoberfläche aufnehmen und zur Erde zurückkehren können, hätte sich die Geschichte ziemlich anders angehört«, erläuterte Aldrin Jahre später.

Die wirkliche Landung auf dem Mond fand am Abend des 20. Juli statt, und sie brachte ganz andersgeartete Spannungen mit sich. Das LM (oder Lunar-Modul) hatte man *Eagle* getauft. Es wog 52 000 Pfund, war 22 Fuß lang und schleppte in seiner Hülle einen Sauerstoff- und Nahrungsvorrat für zwei Tage mit. Aldrin zündete die Treibsätze des LM auf der erdabgewandten Seite des Mondes, um die Landung einzuleiten. Das Mondfahrzeug verlangsamte seinen Flug und durchmaß dann bei dem endgültigen Abstieg eine Strecke von etwa 26 Seemeilen. Knapp dreißig Meter vor der Landung machten Armstrong und Aldrin einen Krater von den Ausmaßen eines Football-Feldes aus, und Armstrong mußte das Landefahrzeug dann per Hand weitere hundert Meter steuern, um eine felsige, für die Landung ungeeignete Stelle zu vermeiden.

Gegenüber: So stellt sich der Künstler Norman Rockwell den ersten Schritt des Menschen auf dem Mond vor.

norman rockwell

Wäre das Landefahrzeug in einen Haufen von Felsbrocken abgestiegen, wie es sich so bedrohlich abzeichnete, wäre die Rückkehr der Männer in Frage gestellt gewesen. Das LM hätte leicht umkippen können. Und trotz der Landung des Roboterfahrzeugs der Sowjets hätte es keine Rettung von der Mondoberfläche geben können. Thomas Paine, Leiter der NASA im Jahre 1969, sagte: »Das Landemanöver auf der Mondoberfläche war die bei weitem schwierigste Sache des Unternehmens.« Buzz Aldrin teilte diese Ansicht wohl, als er sagte, der Mondspaziergang, den er und Neil Armstrong gemacht hätten, sei im Vergleich zur Landung des Lunar-Moduls sozusagen enttäuschend gewesen.

Exakt um 4:18 Uhr nachmittags lokaler Ortszeit in Cape Kennedy, am 20. Juli, kam das Landefahrzeug im *Mare Tranquilitatis* in Bodenberührung. Das amerikanische Fahrzeug wirbelte Mondstaub umher. Der Boden, das sollten die zwei Männer bald feststellen, war wie geschmeidiger Ton oder nasser Sand. »Hier Tranquility Base. *Eagle* ist gelandet«, gab Commander Armstrong zur Erdzentrale zurück. In der New Yorker Bronx unterbrachen die »Yankees« ihr Baseball-Spiel, und 16 000 Zuschauer sangen die amerikanische Nationalhymne vom »Sternenbanner«. Vier Jahre vor seinem Sündenfall sprach Präsident Nixon aus Washington über Funktelefon mit den Astronauten. Auf der ganzen Erde verfolgten mehr Zuschauer die Landung und den anschließenden Mondspaziergang an den Fernsehschirmen, als dies bei irgendeinem sonstigen Ereignis in der Geschichte des Planeten vor 1969 der Fall war.

Der Mondspaziergang selbst begann vier Minuten vor elf Uhr am Abend des 20. Juli. Und Milliarden Menschen verfolgten ihn fasziniert. Neil Armstrong, ein Kind der Wirtschaftsdepression, der Sohn eines Staatlichen Rechnungsprüfers aus Wapakoneta in Ohio, der Kapitän des Raumdocking-Flugs der *Gemini-8,* tat einen Schritt und weitere acht Schritte eine Aluminiumleiter hinab. Und indem er beide Füße fest auf den Mondboden stellte, gab Armstrong die feierliche Erklärung ab: »Dies ist ein kleiner Schritt für einen Menschen; aber ein gewaltiger Sprung für die Menschheit.« Armstrongs Worte — sie gehören zu den berühmtesten und am meisten zitierten Sätzen der amerikanischen Nachkriegsära — wurden von Millionen Schulkindern jener Tage nachgebetet. Gewiß, es gab Parallelen in der Geschichte, jedoch war beinahe ein ganzes Jahrhundert vergangen, seit ein Forschungsunternehmen die Phantasie der breiten Öffentlichkeit so absolut umfassend erregt hatte. Genau wie Dr. David Livingstone und Henry Morton Stanley im 19. Jahrhundert waren Armstrong und Aldrin exakt die Helden, die zu ihrer Zeit paßten.

Armstrong erschien als eine Art moderner Christoph Kolumbus. Seine *Eagle* war eine hochtechnisierte Reinkarnation der *Santa Maria,* und seine Schiffsbesatzung hatte nicht nur einer kaukasischen Rasse den Zugang zu einem jungfräulichen Kontinent eröffnet, sondern den zum ganzen Mond für die Gesamtheit der Menschen.

Sogar heute noch, wo wir uns dem Ende dieser zweiten Dekade des 21. Jahrhunderts nähern, ist der Mond noch immer Grenzland, vergleichbar dem antarktischen Kontinent der achtziger Jahre des 20. Jahrhunderts, bleibt er das Reich einiger weniger Wissenschaftler auf unserer Mondbasis. Es gibt noch so viele Fragen zu beantworten. Wodurch werden die gewaltigen vulkanischen Eruptionen hervorgerufen? Sind die Erschütterungen – als »Mondbeben« bekannt – ein Beweis für Vulkanismus auf dem Mond? Kann die Wärmestrahlung der Lava unter Kontrolle gebracht und für menschliche Behausungen nutzbar gemacht werden? Lassen sich die unter dem Mondboden liegenden Einschlüsse von Eis als Wasserreservoirs verwenden? Erst jetzt werden die »geographischen« und atmosphärischen Eigenheiten des Mondes allmählich ihres Mantels von Rätselhaftigkeit entkleidet – man kann sich also sehr gut vorstellen, wie beklommen Armstrong und Aldrin an jenem 20. Juli 1969 zumute gewesen sein muß. Da die Mondgravität nur ein Sechstel der Erdanziehungskraft beträgt, wog ein Astronaut, der in Houston/Texas 210 amerikanische Pfund wog, in der Mondatmosphäre nur noch 35 Pfund. Wie Aldrin und Armstrong entdeckten, war es sehr leicht, sich zu bewegen, weil der Körper weniger Sauerstoff und Wasser verbrauchte. Aber Stehenbleiben und Sichumwenden – also Bewegungen, die Muskelkontraktion voraussetzen – fielen ihnen weitaus schwerer. Überdies erwies sich der Mondboden – wie dies Wissenschaftler auf Mondreisen jüngeren Datums verifizieren können – als viel rauher und ungastlicher, als die NASA dies 1969 angenommen hatte. So hatte beispielsweise Buzz Aldrin mit dem Mondboden effektiv so große Schwierigkeiten, daß es ihm nicht gelang, seine Apparate zur Messung der Sonnenwinde tief genug in den Boden zu rammen, um den Test durchführen zu können. Armstrong stieß auf ähnliche Schwierigkeiten, als er die Mylarkonstruktion der Fahne der USA in den Mondboden stecken wollte.

Trotz dieser Hindernisse erwies sich die Mondlandung in vielerlei Hinsicht als enormer technologischer Triumph, wobei nicht der unwichtigste die Satellitenübertragung war. Man muß sich erinnern, daß das kommerzielle Fernsehen im Jahre 1969 knapp zwanzig Jahre alt war. Es war eine Zivilisationserscheinung, die es am Ende des Zweiten Weltkrieges überhaupt noch nicht gab. Erst ab 1964 drang das Farbfernsehen in die privaten Haushalte der Vereinigten Staaten

Neil Armstrongs Schuh-
abdruck im Mondboden
(20. Juli 1969): Aber während er den ersten Schritt
auf dem Mond tat, schickte
sich der amerikanische
Kongreß bereits an, die
Mittel für die Raumpro-
gramme der USA zu
beschneiden.

vor, und Kabelfernsehen, private Parabolabnahme von Satelliten, VCR und 3-D waren 1969 einfach noch unvorstellbar. Doch hier, an diesem 20. Juli, sahen fast 202 Millionen US-Amerikaner, ganz zu schweigen von den Millionen anderer Menschen, in einer *Live-Übertragung* diesen lunaren *Pas de deux.* Wie konnten Armstrong und Aldrin so laut und deutlich hörbar sein? Nun, beide Männer hatten in dem Helm ihres Raumanzugs ein Mikrophon, das Geräusche an die Empfangs-einrichtung in der Mondlandekapsel übertrug. Aber nicht nur akusti-sche Impulse, sondern auch Atmosphärendruck, Informationen aus dem Landefahrzeug und sogar Pulsfrequenzmessungen wurden damals von der *Eagle* über Satellit an ein Radioteleskop übertragen — quasi eine Erdsatelliten-Parabolantenne —, das in Goldstone/Kalifor-nien stationiert war, und von dort aus an das Goddard-Raum-Center. Hätte John F. Kennedy gewußt, wie kompliziert und hochtechnisch schwierig die für die Landung eines Menschen auf dem Mond nötige Ausrüstung sein würde, hätte er dann dennoch vor dem Kongreß 1961 seine berühmte Forderung geäußert?

Am 21. Juli, einen Tag nach der Landung, machten sich die Mond-forscher für den Abflug von ihrer Basis im *Mare Tranquilitatis* bereit. »Ihr habt das Clearing zum Takeoff«, sagte die Stimme aus der Kon-trollzentrale. Aldrin antwortete: »Roger, verstanden. Wir sind die Nummer 1 auf der Rollbahn.« Es war 1:54 Uhr nachts, als das Oberteil der Landefähre *Eagle* sich aus dem »Meer der Stille« erhob. Man hatte die Treibsätze mehr als dreitausendmal überprüft, denn es durfte kein Versagen geben. Der Unterblock des Mondfahrzeugs verblieb an der Stelle, an der es 21,5 Stunden zuvor gelandet war — und ist nun ein dauerndes Erinnerungsmal auf dem Mond. Es trägt die Inschrift:

Hier setzten Menschen vom Erdplaneten
Zum erstenmal den Fuß auf den Mond
Juli 1969, Anno Domini
WIR KAMEN FRIEDLICH FÜR DIE GANZE MENSCHHEIT

Und während die *Eagle* sich an diesem Nachmittag vom Mondbo-den hob, sank die Flagge der USA, die Armstrong aufgepflanzt hatte, zur Seite und fiel um. Ihre Sterne und Streifen lagen gleichgültig auf dem Boden des Meeres der Stille, ein Anblick, der weniger an die Kleinmütigkeit der Vereinigten Staaten gemahnte, als daß er die wilde Unbezwingbarkeit des Mondes symbolisierte. Etwa vier Stunden spä-ter traf sich die *Eagle,* jetzt ein steuerungsloses Fahrzeug, mit ihrem Mutterschiff, der *Columbia,* auf der erdabgewandten Seite des Mondes.

Das Furore, das die Mondlandung des 20. Juli begleitet hatte, hielt sich noch ein paar Wochen danach. Nachdem die Columbia den Wiedereintritt in die Erdatmosphäre überstanden hatte, zeigte sie sich zunächst als winziger orange-roter Flecken im Himmel über dem Pazifischen Ozean am Morgen des 24. Juli 1969, mehrere hundert Meilen südöstlich von Hawaii. »Mann, ihr seht ja super aus!«, rief Präsident Nixon aus, als er von der *U.S.S.-Hornet* einen Blick durch das Fenster in die Quarantänekammer der Astronauten warf. Und der Präsident fügte hinzu: »Dies ist die wichtigste Woche der Geschichte seit der Erschaffung der Welt.« Es entbehrte nicht einer gewissen politischen Ironie — und die Gegner Nixons aus dem Lager der Demokratischen Partei übersahen sie keineswegs —, daß der neue Präsident sich hier mit der sensationellen Landung auf dem Mond schmückte, einem von der gesamten Nation getragenen Experiment, das acht Jahre zuvor sein Vorgänger, ein liberaler Demokrat aus Massachusetts, in Gang gesetzt hatte. Doch in diesem Augenblick des Triumphes wagte es nicht einmal die liberale Presse des Jahres 1969 — jene Hunderte von Reportern und Redakteuren, die, wie Nixon behauptete, seinem politischen Aufstieg seit den späten vierziger Jahren so verbissen geschadet hätten —, Unschmeichelhaftes über das Staatsoberhaupt zu schreiben. Wie die Verkündigung des Waffenstillstandes in den Jahren 1918 und 1945 wirkte sich die Landung auf dem Mond wie ein Heilmittel aus, war sie ein Ereignis, das die Menschen einer in sich zerstrittenen Nation vereinte, sie zu Demonstrationen des Siegestaumels und ungezügelten Nationalstolzes aufstachelte. Der Vietnamkrieg, der so gar nicht enden wollte, war wie durch eine Gnade des Himmels von den Titelseiten verdrängt worden. Was die Opfer dieses Krieges zu berichten hatten, mußte — wenigstens für einen oder zwei Monate — der Schilderung der am 20. Juli vollbrachten Heldentaten Platz machen.

Während die drei Astronauten die geglückte Rückkehr in der Quarantäne des Lunar Receiving Laboratory, der Aufnahmestation, feierten, waren die NASA-Administratoren von weitaus weniger fröhlichen Gefühlen erfüllt, wenn sie an die Zukunft der Raumfahrt dachten. Es bestand nur allzu begründete Furcht, daß die negative Prognose Wernher von Brauns bezüglich der Mittelbereitstellung für die NASA in der Phase nach dem Apollo-Boom traurige Wirklichkeit werden würde. Die Mondlandung am 20. Juli, so sensationell sie gewesen war, erschien eigentlich nur als ein »Strohfeuer«, denn dieses Raumfahrtunternehmen fand statt, nachdem das Finanzierungsbudget der NASA bereits drastisch beschnitten worden war. Und ohne ein Raumfahrtprogramm, das kontinuierlich immer neue spektakuläre Raumfahrt-Feuerwerke garantierte, mußte die Öffentlichkeit ja unzufrieden werden, mußte der Kongreß der USA folglich die zur Verfügung stehenden Mittel in andere Projekte kanalisieren.

Wie demzufolge nicht anders zu erwarten, waren die nächsten fünfundzwanzig Jahre, was die Erforschung des Weltraums betrifft, enttäuschend. Die glühende Leidenschaft angesichts des 20. Juli 1969 kühlte sich in den darauffolgenden Jahren ab. Die erste Mondlandung glich mehr und mehr einem Leuchtfeuer, dessen Helligkeit mit jedem weiteren Jahr unter einer immer dichteren Nebelschicht verdeckt wird. Während der siebziger und achtziger Jahre des letzten Jahrhunderts erlaubte sich das sonst faszinierte Interesse der Öffentlichkeit an der Raumfahrt einen Dornröschenschlaf; es wurde hie und da von dem Feuerschweif eines Kometen oder der Explosion einer Raumfähre kurz aufgeschreckt, jedoch mangelte es ringsum an Interesse, die Begeisterung jenes 20. Juli 1969 lebendig zu erhalten. Die 1969 von Raumfahrtspezialisten geäußerten Vorhersagen waren also viel zu optimistisch. So prognostizierte etwa Sir Bertrand Lovell in einem Text im *Bulletin of the Atomic Scientists* im August 1969, daß die USA zwischen den Jahren 1980 und 1985 eine bemannte Raumkapsel zum Mars senden würden. Und Lovells Zeitgenossen äußerten sich in ihren Kommentaren zur Post-Apollo-Ära mit schöner Gewißheit, daß vor Ende der siebziger Jahre ein Space-Lab in der Erdumlaufbahn sein werde, und daß es vor dem Ende des Jahrhunderts »praktisch sicher« eine feste Mondbasis geben werde — ein in sich geschlossenes Habitat, in dem Menschen leben können und das partiell aus auf dem Mond vorhandenen Materialien konstruiert werden würde.

Niemand hätte an jenem historischen Sonntag in den USA vorausschauen können, daß zwischen diesem 20. Juli 1969 und dem beginnenden Millenium, dem Jahr 2000, nur zwölf amerikanische Bürger den Fuß auf den Mond setzen würden, daß die Apollo-17 den letzten bemannten Landeversuch des 20. Jahrhunderts darstellen würde ... Jener Geist des 20. Juli 1969 schlummerte tatsächlich dornröschenhaft fort, bis er in der Antrittsrede des amerikanischen Präsidenten im Jahre 1993 wiedererweckt wurde. Wie in der Rede von Kennedy 1961 wurde hier die Verpflichtung zur Erforschung des Weltalls gefordert, und sie lenkte die amerikanische Nation auf einen in die Zukunft weisenden Pfad. Der Weltraum als solcher wurde zum Vehikel politischer Macht, das öffentliche Mandat für die Raumfahrt wurde identisch mit dem Mandat des Präsidenten. Die weltweite hochgestimmte Erregung des Jahres 1969 wurde von jüngeren Folgegenerationen übernommen und weitergetragen, so daß auf einmal die Kosten für ein

Raum-Laboratorium und einen bemannten Marsflug nicht mehr als extravagant und politisch unmöglich erschienen.

Zwar läßt die neue amerikanische Mondstation wieder Hoffnungen für die weitere Erforschung des Weltraums sprießen, aber eines der Ziele jener Antrittsrede des amerikanischen Präsidenten aus dem Jahre 1993 bleibt leider auch jetzt, in unserem 21. Jahrhundert, noch immer unverwirklicht. Man stelle sich vor, Kolumbus hätte Anno 1492 seine Neue Welt entdeckt, und es wären keine Siedler dorthin gefolgt! Man stelle sich vor, daß man den Worten des ersten Umseglers von Australien Glauben geschenkt hätte, der sagte: »Ich habe nunmehr diesen Kontinent so exakt kartographiert, daß fürderhin kein Mensch mehr hierher zurückkehren muß«!

Und dennoch kamen die Puritaner und Quäker in die Kolonien auf dem nordamerikanischen Kontinent, und auf die australischen Landmassen wanderten zwangsverschleppte Sträflinge und freiwillige Pioniere ein. Warum sollte dies in unserem 21. Jahrhundert nicht auch so sein? Unser Planet ist heute in weit höherem Maße überbevölkert, als dies zu Beginn des 17. Jahrhunderts der Fall war. Die Unterdrückung politischer Gegner und die Verfolgung ideologisch oder religiös Andersdenkender sind im Verlauf der letzten vierhundert Jahre kaum weniger rigoros geworden. Innerhalb des nächsten Jahrzehnts droht dem Planeten die Vernichtung durch Überpopulation. Es ist also in der Tat dringlicher als jemals zuvor nötig, daß der Mensch die Emigration in sehr ferne Gegenden ins Auge fasse.

»Wir werden zurückkehren – mit Frieden im Herzen und voll der Hoffnung für die ganze Menschheit«, lauteten die Abschiedsworte des letzten Astronauten der Apollo-Serie auf dem Mond im Jahre 1973. Und dies ist bereits vor 46 Jahren gesprochen worden. Wir haben jetzt 2019, und eine ständige Mondbasis genügt kaum mehr den Notwendigkeiten. Wir müssen nicht nur hierher zurückkehren mit einem supertrainierten, ausgewählten Team von Forschern und Wissenschaftlern, sondern mit Tausenden von Siedlern, und wir müssen diesmal unsere Flagge fester in den Boden rammen als damals, auf daß dem Mut und der geistigen Kühnheit der Weltraumerforscher des Sommers 1969 gebührender Tribut gezollt werde, wenn wir uns nun den Feierlichkeiten des 20. Juli 2019 widmen.

K A P I

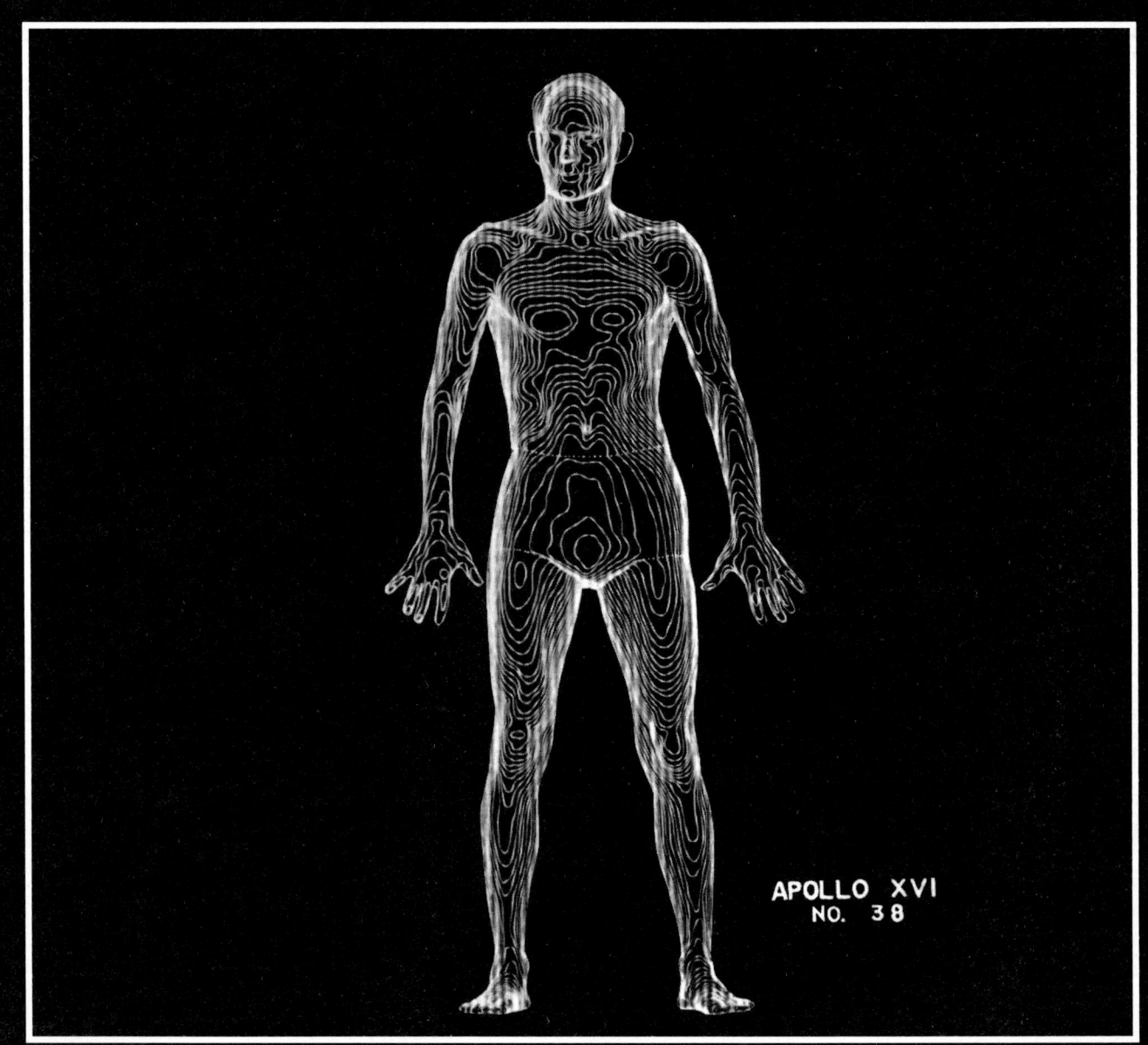

APOLLO XVI
NO. 38

EIN TAG

IM

KRANKENHAUS

Commonwealth of California,
Sektion Lebens-, Gesundheitsdaten

LEBENSSCHEIN

Person:	Baby männl., Miller.
Dat. d. Empfängn.:	15. Nov. 2018, 12:15 Uhr.
Ort:	Zentrales Fruchtbarkeitsinstitut, Beverly Hills.
Zahl d. Eltern:	Drei, einschl. Ersatzmutter. Vater spendete Sperma, Mutter Eizelle.
Konzeptionsmethode:	Befruchtung in der Retorte, danach Embryo-Implantation. Körper der Mutter hatte künstlichen Eileiter abgestoßen. Nach achttägiger Einnahme von Pergonaltabletten produzierte Mutter zwei Eizellen. Beide wurden im Verlauf der Routine-Laparoskopie entnommen und auf eventuelle Schäden untersucht. Die Eizellen wurden mit dem Vatersperma vereint. Nach 48 Stunden im Inkubator wurden die Embryonen dem Nährmedium entnommen und der Ersatzmutter implantiert. Nur ein Embryo setzte sich an der Uteruswand fest.
Pränatalbetreuung:	Ultraschall im 3. Monat. Operativer Eingriff am Fötus bei fünf Monaten zur Korrektur geringfügiger Knochendeformation am rechten Fuß.
Geburtsdaten:	Jason L. Miller, geb. 20. Juli 2019, 4:15 Uhr morgens.
Vater:	Jason L. Miller Sen.
Mütter:	Amy Wong (natürlich), Maribeth Rivers (Leihmutter).
Entbindungsmethode:	Neugeburt im Morningstar Birthing Center, Div. von Humana Corporation. Natürliche Geburt nach fünfstündigen Wehen. Wehenschmerz durch Akupunktur kontrolliert. Während der letzten Stunde bei den Wehen therapeutische Palpierung. Kindsvater, Adoptivschwester und natürliche Mutter bei Geburt anwesend.
Gewicht/Größe:	10 lb., 25 in.
Augenfarbe:	Wird später grün sein.
Genetisches Profil:	Yunis-Test weist auf Chromosom Nr. 5 fehlendes Subband auf, Anzeichen für verfrühtes Ergrauen des Haares. Wird im Alter von 22 J. grau sein.

Umseitig: Thermographische »Landkarte« des menschlichen Körpers. Man sieht die »Hitze- und Kältezonen«. Die Forschung auf diesem Sektor bereitet die Superdiagnose-Verfahren von 2019 vor.

	Bänder bei einem Chromosom umgekehrt; später Sterilität möglich.
	Einkerbung an Chromosom läßt auf überdurch-schnittliche Anfälligkeit für Lungenkrebs schließen.
Erhöhte Risiken: (Beruf)	Jeder Beruf, in dem Jason L. Miller möglichen Schädigungen der Lunge ausgesetzt ist: Malen, Bergwerksarbeit usw.
Körpertypus:	Mesomorph. Gutgebaut, geeignet für Sportarten mit Körperkontakt, etwa Football. Zur maximalen Entwicklung der Muskulatur und der athletischen Kapazität sollte das Trainingsprogramm mit dem vierten Lebensjahr beginnen.
Lebenserwartungs-Prognose:	82 Jahre.

Am einen Ende des Komplexes wirbeln Gliedmaßen durch die Luft, begleitet von heftigem Atem. Die Aerobic-Stunde ist fast zu Ende, und dreißig Minuten später dient der Raum als Vorlesungssaal. »Iß dich gesund!« lautet das Thema an diesem Abend des 20. Juli 2019. Im Obergeschoß sitzen zwei frischgebackene Eltern bei einem Dinner zu zweit bei Kerzenlicht; es gibt frischgefangenen Hai mit Schalotten-zwiebelchen und wildem Reis. Eine Ecke weiter schauen sich Grüpp-chen von nicht mehr ganz jungen Frauen und Männern »A Night at the Opera« an, einen Film mit den Marx Brothers. Es sieht aus wie in einem kommunalen Freizeit-Center, und doch ist dies hier ein Kran-kenhaus. Menschen werden hier geboren, und in ihren Geburtsur-kunden sind so ausreichende biologische Informationen aufgeführt, daß sie als Bauplan für ihr künftiges Leben dienen können. Aber das Hospital hat sich auch zu einem Ort entwickelt, an dem man ganz all-gemein das Wohlsein kultiviert, an dem Menschen sich verjüngen, erfrischen und erholen können, an dem sie ihr Leben in den Griff bekommen, ja sich sogar seelisch wieder aufbauen können.

Daneben (und dahinter) steckt ein kommerzieller Betrieb, ein Unternehmen, das auf die Bilanz schielen muß und das mit anderen privaten medizinischen Einrichtungen im Wettbewerb um die Kun-den steht, und nicht etwa eine soziale Einrichtung im Dienst der Gesundheitsbetreuung von Arm und Reich gleichermaßen. Das Ärzte-Überangebot, das gesteigerte allgemeine Gesundheitsniveau bei den meisten US-Amerikanern, das Überangebot an Krankenhaus-betten und die in schwindelerregende Höhen steigenden Kosten für moderne Diagnoseverfahren erzwangen im Verein mit der Reduktion der staatlichen Subventionen, daß das Krankenhaus seine Funktion innerhalb der Gemeinschaft neu überdenken und neu bestimmen mußte.

Mit einem zeitlichen Vorgriff von ca. 35 Jahren beginnt sich der Kliniktyp des Jahres 2019 schon früh abzuzeichnen; man betrachte nur die folgenden Projektionen in die Mitte der neunziger Jahre des letzten Jahrhunderts, die sich in einer von Arthur D. Little, Inc., für den Verband der Krankenversicherungen der Vereinigten Staaten durchgeführten Untersuchung ergaben:

● Die Akzentverschiebung von stationären auf ambulante Behandlungseinrichtungen für Patienten wird sich beschleunigen.
● Krankenhäuser werden in korporative Einrichtungen integriert werden.
● Eine höhere Zahl von Unternehmungen wird eine Vielfalt von Wahlmöglichkeiten für die verschiedenen Gesundheitsvorsorge-Maßnahmen anbieten.
● Die Verbraucher werden mehr und mehr für die eigene Gesundheitsfürsorge verantwortlich gemacht, wodurch die Versicherungsanstalten unter Druck gesetzt werden, Rückvergütungen für positives Gesundheitsverhalten zu kalkulieren und negatives durch erhöhte Prämien zu bestrafen.

Die Winde der Veränderung haben uns bereits gestreift. Schon heute ist jedes fünfte Krankenhaus im Besitz privater Investitionsfirmen oder wird von solchen betrieben: Die Humana Corporation besitzt und betreibt weltweit 80 gewinnorientierte Krankenhäuser; die Hospital Corporation of America ist Eignerin von 250 Krankenhäusern und betreibt weitere 200. Ein halbes Dutzend Korporativgesellschaften stößt gleichzeitig auf andere Gebiete des Gesundheitswesens vor und geht dabei Hand in Hand mit Versicherungsgesellschaften und Hospitalbedarfs-Zulieferern. Gemäß der Aussage von Dr. Paul Ellwood, des ehemaligen Leiters der »Inter-Study« genannten medizinischen Forschungsgruppe, werden sechs von zehn US-Amerikanern im Jahre 2000 ihren gesamten gesundheitlichen Versorgungsbedarf — einschließlich Krankenhaus- und Krankenversicherungskosten — wohl bei insgesamt zehn privaten Unternehmen decken können.

Gleichzeitig wird die Zahl der stationären Krankenhausbehandlungen weiter abnehmen, ebenso die durchschnittliche Dauer des Aufenthaltes. Ambulante Kliniken werden den Großteil der Operationen in diesem Land ausführen, wodurch viele stationäre Krankenhausaufenthalte gänzlich vermieden werden können. Mit Laserstrahlen können Ärzte in der Praxis rasch und sicher Warzen, Pigmentmale, ja sogar Hautkarzinome entfernen und feinste Operationen am Auge durchführen, ohne daß die Patienten in eine stationäre Klinik gehen müßten.

Kranke, die wegen kritischer Prozeduren — wie etwa Organtransplantationen der Leber oder Nieren — stationär behandelt werden müssen, werden sich weit rascher wieder erholen, als dies früher bei Organempfängern der Fall war. In St. Paul und Minneapolis, den Zwillingsstädten, sank im Jahre 1984 der durchschnittliche Klinikaufenthalt von 5,3 Tagen (1983) auf 4,3 Tage. Die Ärzte schränken allmählich die Untersuchungen mehr und mehr ein, die Patienten durchzumachen haben, und sie entlassen sie weitaus rascher. Wo immer es möglich ist, findet die Rekonvaleszenz zu Hause statt.

Angesichts derartiger Fortschritte stellen aber dann eben jene Einrichtungen, die sich der Gesundheitspflege verschrieben haben, selbst fest, daß sie »krank« sind. Um die schrumpfenden Einnahmen ihrer Krankenhäuser aufzustocken, unternehmen die Verwaltungen Anstrengungen von bis dahin nie gesehenen Ausmaßen, um »Kunden« anzulocken. Um dem Patienten den Aufenthalt angenehmer zu gestalten (was ja auch von therapeutischem Nutzen ist), lassen sich Krankenhausplaner von Innenarchitekten beraten. Man sieht im Gesamtkomplex Krankenhaus nun ein medizinisches Werkzeug, ein Instrumentarium, das die Heilung beschleunigen kann. Fitness-Kurse, Diät- und Alkoholikerkliniken werden zusätzlich in die Liste der Angebote der Krankenhäuser aufgenommen.

Gewiß, auch im Krankenhaus des Jahres 2019 werden noch kompliziertere Prozeduren — wie Hirnoperationen, Kunstherzimplantationen — ausgeführt. Doch sonst hat sich bis dahin nahezu alles andere verändert, einschließlich der Bauten selbst. Die keimfrei-geschrubbten Anlagen, die in den fünfziger Jahren Mode waren, wird es nicht mehr geben. Es dürfte Patienten tatsächlich schwerfallen, wenn sie in dreißig Jahren in ein Krankenhaus kommen, sich an die Zeit zu erinnern, in der Kliniken *nicht* ästhetisch reizvoll waren. Die Foyers werden sonnendurchflutet sein, das Licht kommt durch Dutzende von Deckenfenstern und Fenstern rings um die Haupthalle. In den Zimmern wachsen üppige Grünpflanzen, und jedes Zimmer hat Ausblick entweder auf ein Atrium oder auf das wohlgepflegte Gelände. An den Wänden hängen fröhliche Bilder, in den Gemeinschaftsräumen und öffentlichen Sektionen können sich Besucher an Aquarien voll farbenprächtiger tropischer Fische erfreuen.

Die ersten medizinischen Institutionen, die ihren Patienten in einer Art vertrauter, fast privater Atmosphäre Betreuung von hoher Qualität boten, waren die Entbindungs-Centers. Manche von ihnen sind unabhängig, andere sind an Kliniken angeschlossen. Alle bieten Küchen, Schaukelstühle und Spielzimmer für die Geschwister des erwarteten Babys, aber ebenso auch die grundsätzliche medizinische Ausrüstung wie intravenöse Tropfs und Brutapparate. Angespornt von der Beliebtheit dieser Geburts-Centers, doch gleichermaßen bestimmt von der wachsenden Erkenntnis, daß Faktoren wie Architektur, Lichtverhältnisse und Ausstattung den Heilungsprozeß beeinflussen können, begannen die Planer von Kliniken der Gestaltung wie dem Gehalt ihrer Einrichtungen größere Aufmerksamkeit zu schenken.

In dem Planetree Modellprojekt eines Krankenhauses, einem Experimental-Annex des Pacific Presbyterian Medical Center in San Francisco, leben die Patienten wie in einem Hotel. In den Zimmern gibt es Tagesdecken für die Betten, Topfpflanzen, Gemälde und Dimmer-Beleuchtung. Die Patienten und ihre Familienangehörigen können sich in der gutausgestatteten Küche dieses Modellprojekts einen Imbiß oder gar ganze Mahlzeiten bereiten. Auch das Schwesternzimmer ist offen und indirekt beleuchtet, im Bemühen, die Schranken zwischen den Patienten und dem Pflegepersonal zu beseitigen.

»Planetree setzt die Maßstäbe für die Klinikbetreuung der Zukunft«, prophezeit Dr. John Gamble, Chefarzt am Pacific Presbyterian. »Die Verbindung von moderner Medizin und Technologie und einer Umgebung, in der die gesamten Persönlichkeitsrechte und die Würde des einzelnen Patienten gewährleistet sind, wird der Heilung unendlich förderlich sein.«

Insbesondere eine Untersuchung verleiht Dr. Gambles Behauptungen Gewicht. Acht Jahre lang führte das Pflegepersonal in einem Krankenhaus in Pennsylvania genau Buch über Patienten, die sich einer Gallenblasen-Operation unterziehen mußten: Angaben über Ausmaß der Schmerzgefühle nach den Operationen und über alle möglichen geringfügigen Komplikationen, die sich ergaben, sowie über die Dauer der Rekonvaleszenz im Einzelfall. Der Wissenschaftler, der die dabei gewonnenen Daten später analysierte, gelangte zu dem Schluß, daß eine Patientengruppe länger für die Rekonvaleszenz brauchte und subjektiv unter größeren Schmerzen zu leiden schien: nämlich jene Patienten, die in Zimmern ohne Ausblick nach draußen lagen. Im Gegensatz dazu konnten Patienten, die in Zimmern mit Blick auf eine Baumgruppe untergebracht waren, generell etwa anderthalb Tage früher entlassen werden als die Patienten »ohne Aussicht«.

Im Jahr 2019 werden Patienten sich unterschiedliche Angebote

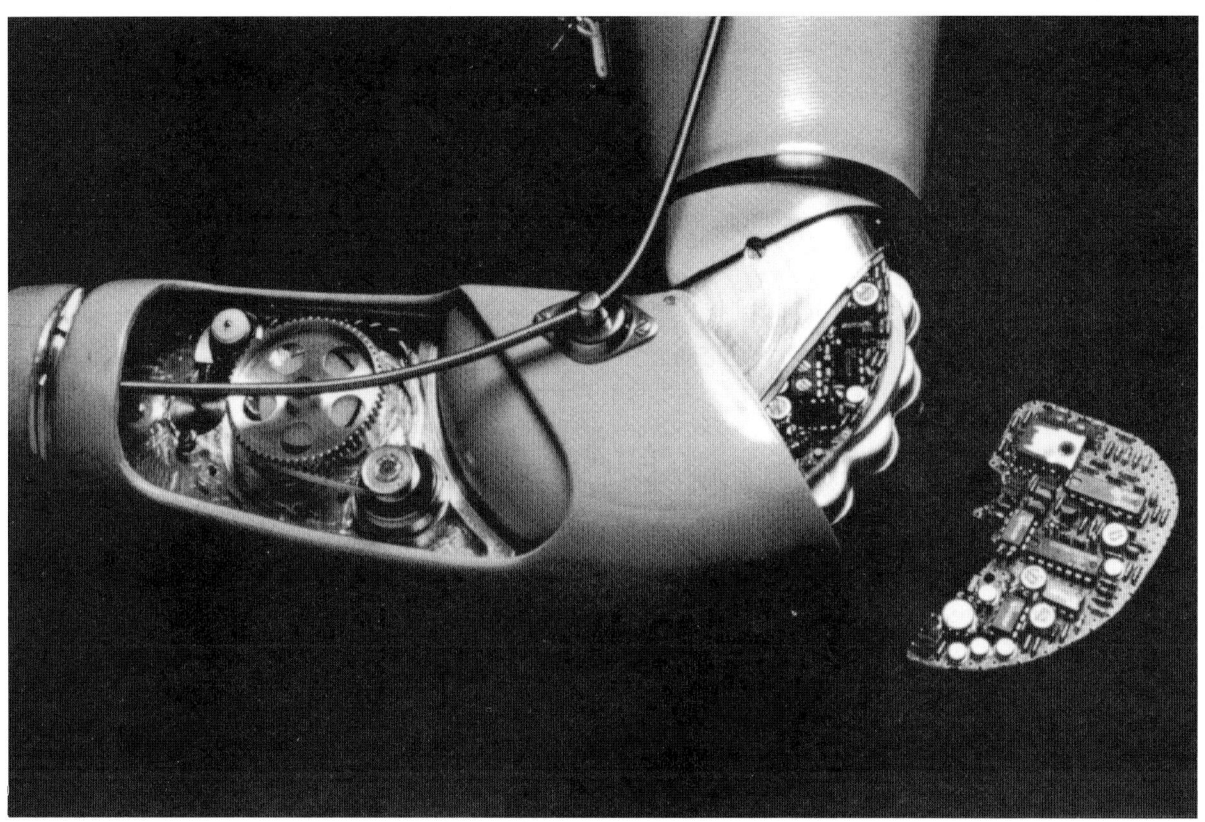

machen lassen und miteinander vergleichen, ehe sie in ein Krankenhaus gehen; sie werden dabei so verschiedene Faktoren berücksichtigen wie das äußere Bild der Anstalt, die besonderen Leistungen, die
sie bietet, und die Kosten für bestimmte medizinische Leistungen.
Zwanzig Krankenanstalten im weiteren Umfeld von Columbus/Ohio
etwa schlossen sich zusammen und veröffentlichten einen Leitfaden
für Patienten mit Kostenvergleichen, in dem unter anderem auch so
unterschiedliche Angebote vertreten waren wie Preisvergleiche bei
Hüftoperationen und Herzkranz-Bypass. Landesweit stellen Krankenhäuser professionelle »Gast-Verwandte« ein, die sich darum
kümmern, daß die Patienten mit bestimmten kleinen Annehmlichkeiten verwöhnt werden — von besonderen Leckerbissen bis zu frischen
Blumen. Einige besonders auf Patientenfang orientierte Kliniken
haben bereits damit begonnen, mit supergroßen TV-Bildschirmen,
Videorecordern und Krankenhaus-»Suiten« die Werbetrommel zu
rühren. (Ein Reporter prägte für diesen Wettlauf um die Patienten-
gunst den »hübschen« Begriff »Die Invasion der Erbschleicher« . . .)
  In manchen Fällen wird man die bereits vorhandenen Annehmlich-

Der »denkende« Arm, der
an der University of Utah
entwickelt wird. Die Denkimpulse des Trägers dieses
künstlichen Glieds kontrollieren sämtliche Bewegun-
gen.

keiten einfach verbessern. Die Krankenhäuser werden über eine angemessene, gutbestückte Bibliothek verfügen, über umfassendes Datenmaterial über Krankheiten und die entsprechenden Behandlungsmethoden und ebenso über Audiobänder mit Bestsellerromanen und besonders großgedruckte Ausgaben von Zeitungen und klassischen Werken der Literatur. In den Wartezimmern werden verdeckte blaugetönte Beleuchtungskörper, die angeblich beruhigend wirken, dämpfend auf ängstliche Patienten und ihre Familienangehörigen einwirken. Und je mehr die beschränkten Besuchszeiten der Vergangenheit angehören, desto häufiger wird man auch spezielle Räume mit Extrabetten für die Angehörigen von Patienten in kritischem Zustand in vielen Kliniken bereitstellen.

Je mehr die Bürger die Verantwortung für ihre Gesundheit selbst in die Hand nehmen und darauf hinwirken, die durch den Lebensstil bedingten Krankheiten (etwa Krebs- und Herzkrankheiten) zu vermeiden, desto häufiger werden Krankenhäuser »Gesundheitsprogramme« in die Liste ihrer Angebote aufnehmen. Die Krankenhausverwaltungen werden sich das amerikanische Nationaltrauma zunutzemachen, demzufolge man »einfach fit zu sein und zu bleiben« habe, und werden schließlich mit Erfolg den gesellschaftlichen Stellenwert des Krankenhauses verbessern und seine Rollenfunktion erweitern. Das Krankenhaus des Jahres 2019 wird ebenso ein Born der Möglichkeiten für jene sein, die sich ihre gute Gesundheit *erhalten* wollen, wie eine Zufluchtsstätte für die Kranken.

Gerade in den letzten Jahren haben sich die Verwaltungen der Krankenhäuser an die »Gurus« in den großen Werbefirmen der Madison Avenue gewandt, damit diese ihnen dabei helfen sollten, ihre Leistungen an den Kunden zu bringen und das Problem der leeren Hospitalbetten und der unzureichend genutzten Einrichtungen zu lösen. Es gibt Zeitungsannoncen für »Geburts-Centers« (»Gestalten Sie sich Ihr ganz persönliches Wunder!«) und für »Hospitels« (eine Hybridform zwischen Hotel und Hospital). Heterosexuelle Paare werden im 21. Jahrhundert in den Spätprogrammen der Fernsehstationen Werbespots sehen, in denen man ihnen »Fühl-dich-prima«-Weekends offeriert — Kopplungsangebote ihrer örtlichen Kliniken. »Vertrödeln Sie Ihr trostloses Wochenende in unserem Strudelbad. Lassen Sie sich von unseren Spitzenkardiologen beraten. Machen Sie Ihren Körper gesund — und Ihre Seele . . . im Midvalley Memorial.« Kunden finden sich in derartigen Institutionen ein für ein Rundum-Work-up: Dies umfaßt eine Reihe schmerzloser Tests; ein Beratungsgespräch mit einem Ernährungsfachmann; drei diätkonforme Mahlzeiten pro Tag; ein Anti-Streß-Programm, das auf die besonderen Bedürfnisse des Kunden zugeschnitten ist; ein Fitness-Programm innerhalb der physiotherapeutischen Einrichtungen. Man könnte also ein solches Wochenende mit Aerobics verbringen, dabei Nahrung mit niedrigem Cholesteringehalt zu sich nehmen — und mehr Alphawellen im Gehirn produzieren.

Weniger auffällig — wenn auch eine Veränderung mit viel tieferreichenden Konsequenzen — wird die völlige Computerisierung des Krankenhauses sein. In den Rechnungsabteilungen, Pflegepersonalzimmern, medizinischen Labors und an den Betten der Patienten wird der allgegenwärtige Computer sämtliche wichtigen Informationen verarbeiten, überwachen, aufzeichnen und zusammentragen und so effektiv zum »Kollektivbewußtsein« für das ganze Krankenhaus werden. Bis heute arbeiten in den USA bereits über hundert Kliniken mit den viele Millionen Dollar teuren Computersystemen.

Man stelle sich vor, daß man Millionen von Informations-Bits, die für das Funktionieren einer Klinik wesentlich sein können, auf Abruf zur Verfügung hat. Die Vorteile, die sich daraus für nahezu jede Abteilung — von der Bewirtschaftung bis zur Verwaltung — ergeben, sind kaum aufzählbar. Die Produzenten von Software, die klinische Daten mit finanziellen Berichten in Verbindung setzt, behaupten, daß durch eine derartige Koppelung Krankenanstalten mit höherer Effizienz und geringerem Personalaufwand betrieben werden können.

Es gibt bereits Dutzende von Systemen, die sämtlich für die Anforderungen einer bestimmten Abteilung maßgeschneidert sind. So liefert etwa ein Programm dem Arzt sämtliche verfügbaren Daten der unterschiedlichen Krankheiten, von Lungenentzündung bis zum Gallenstein. Die Behandlungskosten werden drastisch gesenkt, Informationen über die zu erwartende Rekonvaleszenzzeit werden geboten, der Arzt erfährt, was für körperliche Folgebeschwerden sich einstellen können. Ein anderes System (erinnert das nicht an »Big Brother«?) gestattet der Verwaltung die Überwachung der Arbeit des Pflegepersonals — und der Ärzte — und schlägt Alarm, wenn das Personal scheinbar unnötige Tests anordnet oder wenn ein Patient nicht plangemäß entlassen wird.

Bis vor kurzem beschränkte man sich in den meisten Krankenhäusern noch darauf, Computer nur für die Rechnungsabteilung einzusetzen. Doch Ärzte, Pfleger, Verwaltungsangestellte und anderes Krankenhaus-Personal erkennen mehr und mehr, daß die Computer die Patientenbetreuung zu verbessern vermögen. Das »Ulticare« genannte System, das man derzeit landesweit in einigen Kliniken der USA testet, ersetzt eine der altmodischsten, jedoch unumgänglich wichtigen Komponenten der Krankenpflege: das Krankenblatt. Das von der Health Data Sciences Corporation entwickelte Programm funktioniert folgendermaßen: Eine Krankenschwester steckt eine Karte mit Spezialcode in das Terminal des Patienten, und der Computer spuckt die gleichen Informationen aus, wie man sie auf dem Krankenblatt finden würde, zusätzlich jedoch Angaben über die weiteren notwendigen Maßnahmen für den Patienten. Der Computer speichert gleichfalls Informationen, die normalerweise in Krankenanstalten im ganzen Land verstreut sein würden, etwa die Auswertungen von Röntgen-Untersuchungen, Labortests und anderen Diagnose- und Therapie-Verfahren.

Sobald die Schwester die durchgeführten Betreuungsmaßnahmen und irgendwelche sonstigen notwendigen Anmerkungen eingetippt hat, entfernt sie die Karte. Nach Aussage von Ärzten, die mit diesem System am William Beaumont Hospital System in Royal Oak, Michigan, arbeiten, senkt Ulticare die Betriebskosten der Klinik und verringert die Gefahr von Abschreibfehlern. Außerdem befreit dieses System die Pfleger von der Erledigung des Papierkrams, so daß sie mehr Zeit für die Patientenbetreuung haben. Ulticare warnt sogar das Klinikpersonal vor möglichen Behandlungskomplikationen. »Es koppelt sämtliche Start- und Stop-Anordnungen für Medikamente und gibt höchste Alarmsignale, wenn sich beispielsweise bei einem Labortest eines Patienten außergewöhnlich hohe Blutzuckerwerte ergeben«, erklärt Mary Ann Keyes, die Stellvertretende Leiterin des Beaumont.

Es scheint, daß die Möglichkeiten der Computer nahezu unbegrenzt sind. Und wenn dem so ist, wird der Computer eines Tages den Allgemeinpraktiker, den alten Hausarzt, ersetzen? Nähern wir uns mit Windeseile dem Tag, an dem Roboter unsere Körpertemperatur und unseren Blutdruck messen, uns die Lungen abhorchen, Rachenabstriche und Bluttests ausführen, die dabei gewonnenen Daten in den Computer eingeben, der dann seinerseits die Diagnose ausspuckt?

Es ist wahrscheinlicher, daß man den Computer gewissermaßen als eine Art »konsultierenden Kollegen« benutzt, als Informationsquelle, die der behandelnde Arzt anzapft, um eine Zweitdiagnose zu erhalten, oder doch wenigstens um sich zusätzliche Informationen über den Hintergrund bei bestimmten gesundheitlichen Störungen zu verschaffen. Laut Dr. Robert Wigton, außerordentlicher Professor der Medizin an der University of Nebraska, werden Computer dem Arzt eine Unmenge medizinischer Fachliteratur liefern können — und zwar auf Abruf und sofort. Wigton sieht den Tag kommen, an dem ein Arzt einfach die Röntgen-Diagnose eines Patienten abruft, und der vokal-aktivierte Computer projiziert sie auf einen Bildschirm neben dem Bett des Patienten. Ärzte, die sich einem medizinischen Rätselfall gegenübersehen, werden sämtliche Hinweisdaten dem Computer eingeben — Testergebnisse, subjektive Beschwerden und Allgemeinzustand des Patienten — und dann den Computer um seine »Ansicht« bitten. Und da ja auch die allerneueste medizinische Literatur einprogrammiert ist, werden auf diese Weise die Ärzte in neue Behandlungsmethoden eingeweiht, die an anderen Heilstätten von Erfolg gekrönt waren.

Wigtons Traum wird bald Wirklichkeit sein. Schon jetzt erlauben Computer den Ärzten eine raschere Einsichtnahme in Röntgen-Befunde und CAT-Ergebnisse (Computer-Tomographische Diagnose). PACS (»Picture Archival Communications Systems« — »Bilddokumentarische Kommunikationssysteme«) versprechen Zeitersparnis für die Röntgenabteilungen und Kostensenkung für die Kliniken und machen zugleich die bildlichen und Faktendaten der Patienten den behandelnden Ärzten in den verschiedenen Stationen des Krankenhauses zugänglich. AT & T's Comview, eine Variante von PAC, bietet Computer-Work-Stationen an — im Krankenhaus und ebenso in nahegelegenen Kliniken —, die sich in ein zentrales Bildentwicklungs-System einkoppeln können. So könnte beispielsweise ein Arzt, der gerade das Opfer eines Verkehrsunfalles behandelt, gleichzeitig mit einem meilenweit entfernten Spezialisten, der die Computer Assisted Tomography, CAT, analysiert, die Ergebnisse auf dem Bildschirm haben.

Die Negativseite dieses technologischen Fortschritts allerdings besteht in der Wegrationalisierung einiger Arbeitsplätze auf den Sektoren Verwaltung und Wartung, sobald die Computer Aufgaben übernehmen, die vordem Menschen rein mechanisch erfüllten. Doch Computer-Enthusiasten werden auf dem medizinischen Sektor offene Positionen finden, da man ihre Kenntnisse und Techniken ja nicht nur bei der Einrichtung von Computer-Systemen benötigt, sondern auch für deren Wartung. Man wird in jeder Klinikabteilung das Personal schulen, damit es sich nicht nur wohl dabei fühlt, wenn es sich an das zentrale Computer-Wissen des Krankenhauses wendet, sondern sich auch noch darauf zu verlassen lernt.

Und wie die Computer sich zum Denkzentrum der Kliniken entwickeln werden, werden die Roboter mehr und mehr die manuellen Arbeiten übernehmen. Im 21. Jahrhundert wird jedes Krankenhaus über ein Team von funktionstüchtigen, unermüdlichen Robotern verfügen, die sich bei so unterschiedlichen Aufgaben nützlich machen, wie es das Leeren von Bettpfannen oder die Assistenz bei Gehirnoperationen sind. Manche dieser Roboter werden wenig komplizierte Instrumente sein und vielleicht an die Hebelarme erinnern, die man in den Konstruktionshallen der Automobilindustrie verwendet; andere Roboter aber werden weitaus komplexere und hochtechnisierte Gebilde sein, beispielsweise nicht mehr ortsgebunden, sondern bewegungsfähig und in der Lage zu »sprechen«, wie etwa der liebenswerte R2D2. Auf jedem Sektor des modernen Krankenhauses werden Roboterhelfer die berufliche Belastung ihrer menschlichen Mitarbeiter leichtermachen. Larry Leifer, Maschinenbautechniker von der Stanford University, sagt voraus, daß solche Maschinen vorgegebene Aufgaben erfüllen können, etwa Mahlzeiten servieren oder frische Bettbezüge anliefern; langweilige – und oftmals widerwärtige – Laborarbeiten ausführen, wie die Verarbeitung von Urin- und Fäkalmaterial für Tests; Patienten mit Physiotherapie helfen, indem sie steife Gelenke lockern; sogar im Operationssaal aushelfen, indem sie dem Chirurgen die Instrumente zureichen. Sie werden sich die Probleme der Patienten geduldig anhören und bei Tetraplegie-Patienten sozusagen die Funktionen der vier gelähmten Gliedmaßen des Kranken übernehmen.

Die Unempfindlichkeit der Roboter gegenüber Krankheiten und gegenüber dem Strahlenmaterial, das in der Nuklearmedizin und Radiologie Verwendung findet, macht Roboterhilfskräfte besonders attraktiv. Ein Roboter auf Rädern könnte beispielsweise Radioisotope aus einem Generator, der sich in einer Bleimantelabschirmung befindet, direkt zum Arzt eines Patienten befördern. Der Roboter könnte ein leeres Reagenzglas in den Generator einführen, die genaue Dosis abnehmen und sie dem Arzt bringen, wodurch der menschliche Kontakt mit radioaktiven Material auf ein Minimum gesenkt würde. Auf ähnliche Weise könnten Maschinen-Greifarme ansteckende Bakterien und Viren weiterbehandeln, ohne daß ihnen jemals die Gefahr einer Ansteckung drohte. Labor-Roboter könnten Proben mit Verdacht auf eine Herpes-Infektion auf Petrischalen oder den Auswurf eines Tuberkulosekranken auf einen Objektträger für die Mikroskopierung übertragen.

Aber nicht alle Klinik-Roboter werden nur stumpfsinnige Sklavenarbeit leisten. Der erste neuro-chirurigische Roboter der Erde, man taufte ihn »Ole«, gab sein Debut im Januar 1985, als er im Memorial Medical Center in Long Beach, Kalifornien, Chirurgen bei einer Operation assistierte. Gehirnchirurgen verwenden den mit sechs Gelenken ausgerüsteten mechanischen Arm bei bestimmten Operationsvorgängen als eine Art intelligenzbegabter Hand. Sobald Ole in einer Positionslage arretiert ist, hält er dem Chirurgen den Bohrer mit einer

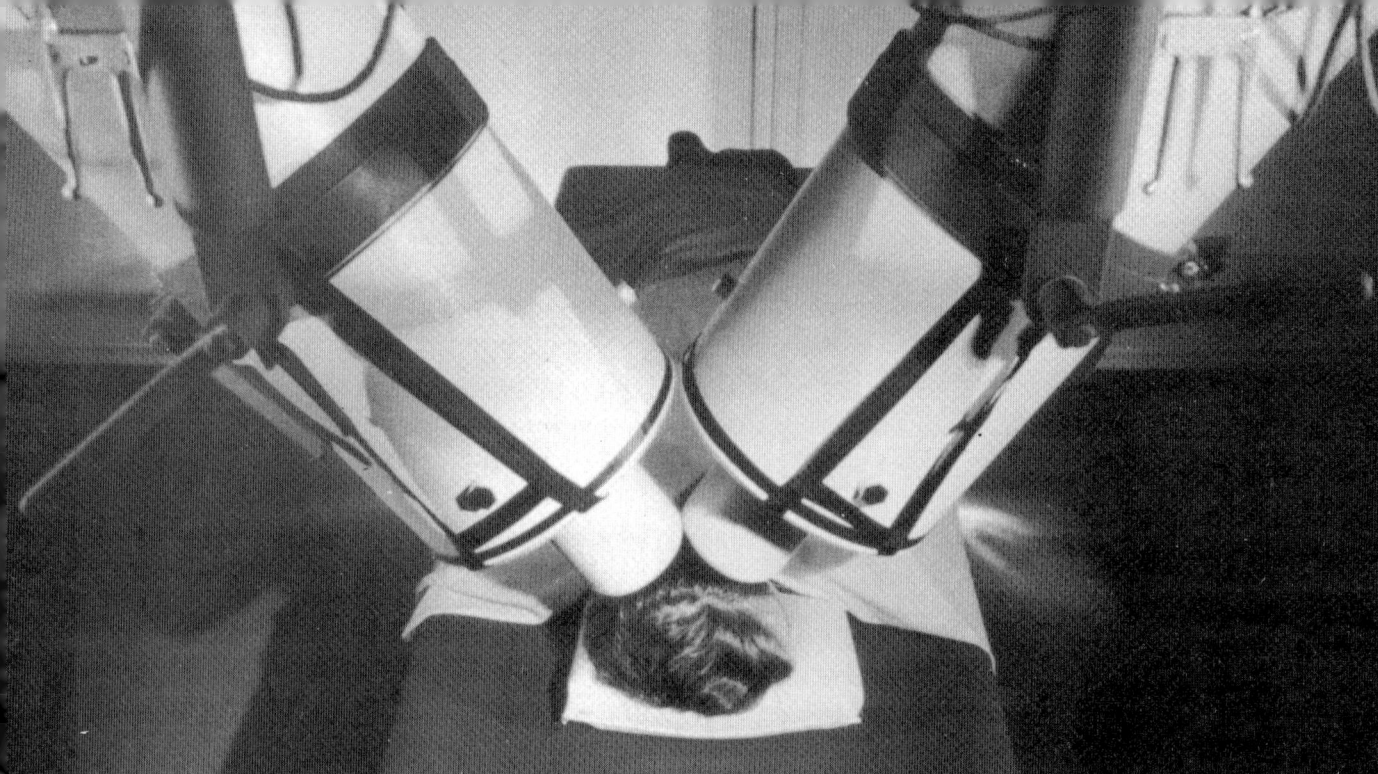

Genauigkeit von einem zweitausendstel Zoll fest, wenn es um die Drainage einer Zyste oder die Resektion eines Tumors geht.

Im Jahr 2019 werden »mechanische Chirurgen« eine wesentliche Rolle in den OP-Teams spielen. Sie werden beispielsweise winzige radioaktive Kügelchen in den Kern von Tumoren implantieren, chirurgische Laserstrahlen auf ihren Objektpunkt lenken, Klammern an der Eingriffstelle anbringen. Im weiteren Verlauf werden wohl menschliche Chirurgen ihre eigenen Roboter-Assistenten haben, die darauf getrimmt sind, auf die »Stimme ihres Herrn« zu hören und die mehr routinemäßigen Aufgaben zu übernehmen, etwa den Verschluß eines Einschnitts, wenn das menschliche Gegenstück, der Humanassistent, ermüdet, oder sie werden synchron mit dem Chirurgen arbeiten, falls eine besonders ruhige Hand nötig wird. Und weil der Chirurg dann seine Geschicklichkeit, ja sogar seine Persönlichkeit dem Roboter-»Gehirn« einprogrammiert hat, wird sich dies so auswirken, als vollende der Arzt selbst die Operation.

Ärzte im Jahre 2019 werden nicht nur Roboter-Assistenten haben. Dank der inzwischen weit höher entwickelten Diagnose-Instrumente, wird ein Arzt dann auch ein weit besseres Bild vom Zustand seines Patienten bekommen können, gleichzeitig auch eine genauere Prognose über den Erfolg einer Operation, und zwar lange bevor die Operation stattfindet. Das ideale Diagnose-Instrument für jeden Arzt wäre wohl ein »Feinberg«, jenes kleine, in einer Hand zu haltende Apparätchen, das aus Bones McCoy (aus den seligen Tagen der Fernseh-»Raumpatrouille«) fast einen Nobelpreisgewinner machte.

Hochentwickelte an Computer angeschlossene Hirnskanner spüren Fehlfunktionen im menschlichen Körper auf und liefern eine Sofortdiagnose.

Wenn man das »Feinberg« wie einen Zauberstab über den Leib des Patienten führte, lieferte es sogleich eine Blitzdiagnose über dessen Zustand. Ein experimentales Diagnoseinstrument mit der Bezeichnung DSR (Dynamic Spatial Reconstructor) ist zwar nicht so umfassend wie ein »Feinberg«, wird aber die operierenden Ärzte mit einem weit höheren Maß an kritischer Information versehen, als sie sie bisher erhalten können, ohne ihre Patienten tatsächlich aufzuschneiden.

Ein Chirurg, der am geöffneten Herzen operiert oder auch ein Kunstherz implantiert, wird zunächst den DSR verwenden, um sich ein dreidimensionales Röntgenbild zu verschaffen. Dieser Apparat, der vor kurzem an der Mayo Clinik in Rochester (Minnesota) entwickelt wurde, gestattet dem Chirurgen die »Exploration« des Patientenkörpers, ohne daß er den Patienten dabei berühren müßte. Die Methode liefert so zahlreiche Bilder des Körpers, daß ein Organ von sämtlichen Seiten untersucht werden kann, ehe man zur Operation schreitet.

Der Operationssaal wird weiterhin die Bühne sein, auf der sich in späterer Zeit Dutzende von Wundern abspielen werden. Es wird für nahezu jeden Teil des Menschenkörpers künstliche Gegenstücke geben. Die Entwicklung der Prothesentechnik bietet Hoffnung für Unfallopfer mit nicht mehr zu rettenden Gliedmaßen. Maßgeformte Knochen werden krebszerstörte Hüftbeine ersetzen; bionische Arme werden die Gedankenbefehle ihrer Träger ausführen. Frauen, die auf Grund einer Eileiteranomalie bisher unfruchtbar waren, werden mit Hilfe eines künstlichen Eileiters schwanger werden können. Die Gehörlosen werden hören, die Lahmen werden gehen.

Schon lange vor 2019 werden Diabetiker unter die Haut implantierte Insulinpumpen haben und so von der unangenehmen täglichen Injektion befreit sein. Mit der Zeit wird diese Prozedur so alltäglich werden wie die Herzschrittmacher-Implantation. Kunstherzen, die von einem winzigen Batteriesatz am Gürtel betrieben werden, schlagen unbegrenzt in der Brust ihrer Besitzer. Transplantationen werden als beinahe so gewöhnlich erscheinen wie eine Mandeloperation.

Der Patient des Jahres 2019 erwartet, daß man ihn an den Entscheidungen über seine Behandlung beteiligt. Dies reicht viel weiter als etwa zur Einholung einer Kontrolldiagnose bei bestimmten operativen Verfahren oder zur Wahl des Klinikums mit den günstigsten Preisen. Die Geschichten des Koma-Opfers Karen Ann Quinlan und der mit einem Geburtsfehler behafteten Baby Jane Doe rührten an die Herzen von Millionen von US-Amerikanern und bewegten sie dazu, sich mehr mit der Qualität — als mit der bloßen Dauer — des Lebens zu befassen und sich darum zu bemühen, Kontrolle über ihre Behandlung ausüben zu können, falls sie durch einen tragischen Unfall in die Lage kommen, daß ihr Leben nur noch künstlich durch Apparate verlängert werden könnte. Immer mehr Personen legen testamentarisch fest, daß man unter derartigen Umständen zu keinen außergewöhnlichen Methoden greifen dürfe, um ihr Leben zu verlängern.

Die Kranken lernen auch, ihre eigenen inneren Heilkräfte heranzuziehen und bei der Behandlung etwa gegen Krebs und andere lebensbedrohende Leiden einzusetzen. Die Beweise mehren sich, daß die Einstellung des Patienten zu seiner Krankheit oftmals den Heilungsprozeß beeinflußt und daß Kranke, die dazu körperlich und seelisch imstande sind, den »Heiler in sich selbst anzapfen können«. Das beste uns bekannte Beispiel ist der Schriftsteller Norman Cousins, den eine schwere Krankheit niederwarf und der sich entschloß, den Beweis zu liefern, daß Lachen tatsächlich die beste Medizin sei. Als er mit einer degenerativen Lähmung in die Klinik kam und man ihm kaum Hoffnung auf Genesung machen konnte, veranstaltete Cousins sein ganz persönliches Marx-Brothers-Festival. Und zur Verblüffung der Ärzte wurde er gesund. In der Folge entdeckten Forscher, daß Patienten, die subjektiv-emotional ihre Krankheit mehr unter Kontrolle zu haben glauben, rascher genesen als jene, die für ihre Therapie wenig Interesse zeigen.

Weitere Faktoren werden dazu beitragen, daß Patienten das Gefühl der Selbstbestimmung erhalten, darunter nicht zuletzt die sich verändernde Einstellung der Öffentlichkeit den Ärzten gegenüber. Da man sie nicht mehr für allmächtige »Halbgötter in Weiß« ansieht, werden sich die Mediziner mehr denn je von Patienten herausgefordert und in Zweifel gezogen sehen, die in der Ära der Konsum-Ideologie aufgewachsen sind. Da sie über mehr Informationen verfügen als ihre Großeltern, werden die Patienten von 2019 nicht einfach nur mehr wissen, sondern sie werden auch höhere Anforderungen an ihren Arzt stellen. Plötzlich werden Ärzte in stärkerem Maß für ihr Verhalten — und für ihr Fehlverhalten, für ihre »Kunstfehler«, zur Verantwortung gezogen, wie sich aus den in den Himmel schießenden Kosten der Versicherungspolicen für Ärzte gegen Klagen wegen Falschbehandlung ersehen läßt.

Die Ärzteschwemme, die man im 21. Jahrhundert erwartet, wird auch zu einer Verbesserung der medizinischen Betreuung führen. Patienten können zwischen mehreren Ärzten wählen, die eifrig bemüht sind, sie zu behandeln, und die wegen der rückläufigen Patientenzahl für die Einzelpraxis in der Lage sind, jedem mehr Zeit zu widmen. In immer höherer Zahl werden sich Mediziner auch zu Gruppen-Praxen zusammenschließen und ein festes Gehalt beziehen. Dementsprechend erwartet man von ihnen dann auch ein gewisses Maß an Spitzenqualität.

Der Arzt selbst wird anders sein, da die Ausbildung und das Praktikum eine größere Variationsbreite umfassen werden. Sowohl die Rochester University Medical School wie die Medizinische Fakultät der Johns-Hopkins-Universität haben den Medical-College-Zulassungstest von ihrer Immatrikulationsliste gestrichen, weil man dort Studenten mit geisteswissenschaftlichem Hintergrund, nicht mehr so stark jenen mit naturwissenschaftlichem, die Tore öffnen möchte. Allmählich werden an den Medizinischen Fakultäten Kurse über Ernährung in die Studienpläne aufgenommen. Im Jahre 2019 hat ein Medizinstudent viele Stunden in Diät-Kursen und in Seminaren über Robotic- und Computer-Kunde gebüffelt. Und schließlich werden auch die Frauen in medizinischen Berufen gut vertreten sein. Um das Jahr 2000 wird die Zahl weiblicher Ärzte, geht man von den Studentinnen aus, die sich derzeit in Rekordzahlen an den Medizinischen Fakultäten einschreiben, auf 20 Prozent der Gesamtzahl aller graduierten Doktoren anwachsen.

Ein anderer Begleitumstand ist dann natürlich das Vordringen der Männer in Pflegeberufe. Die Nachfrage nach Pflegern, männlichen Krankenschwestern sozusagen, die für Spezialaufgaben, Intensivversorgung und OP-Hilfe etwa ausgebildet sind, wird stark ansteigen. Während der Arzt im Jahre 2019 sich noch immer vorwiegend auf die Diagnose und die entsprechende Therapie der Krankheiten seiner Patienten beschränkt, wird der pflegende Mensch immer intimer an dem Heilungsprozeß beteiligt sein und etwa dem Patienten helfen, durch Biofeedback, Meditation und andere Methoden rascher zu einem stabilisierten Gesundheitsniveau zu finden.

Im 21. Jahrhundert werden sich die Chancen für Pfleger sichtbar verbessern, je mehr sie sich in eigenen Körperschaften zusammenschließen. Eine der ersten derartigen Gruppierungen, The Health Control Centers in Denver, Colorado, wird ausschließlich von Krankenpflegern betrieben, die ihren Patienten-Kunden (oftmals auf Empfehlung der behandelnden Ärzte) autogene Heilmethoden, wie etwa das Biofeedback, beibringen. Unter Verwendung eines Apparates, der als »Mind Mirror« (etwa: »Bewußtseins-Spiegel«) bezeichnet wird und der einem Enzephalographen ähnelt, können die Pfleger die Hirnstromrhythmen beider Hirnhälften überwachen. Elektroden am Kopf des Patienten registrieren die Hirnaktivität; auf einer Schautafel sieht man dann den Rhythmus-Typ, der produziert wird: Betawellen sind typisch für die bewußte Aktivität (das Denken) im Hirn; Alphawellen signalisieren halbwache Zustände der Tagträumerei; Thetawellen Aktivität in den Bereichen des Unbewußten und Deltawellen Tiefschlaf. Die Pfleger in Denver setzen diesen Apparat ein, um bei Patienten einen Zustand von Tiefenmeditation zu bewirken, in dem dann ihrer Überzeugung nach die eigenen Heilkräfte des Körpers wirksam werden können.

Allmählich werden die Krankenversicherungen die Nützlichkeit derartiger Heilverfahren begreifen und nach und nach dazu bereit sein, die Kostendeckung für derartige ganzheitliche (holistische) Methoden zu übernehmen. Der gesundheitsbewußte Kunde wird effektiv aus einem ganzen alphabetischen Salat von Gesundheits-Vorsorge- und Versorgungs-Plänen seine Wahl treffen können. HMOs, PPOs und zahlreiche andere »Gesundheits-Pläne« werden zum Teil wegen der immer schwindelerregender ansteigenden Kosten für den Krankenhausaufenthalt für die Verbraucher annehmbar. Arbeitgeber, die sich von ihrem hohen Kostenanteil für die Krankenversicherung ihrer Arbeiter »gelähmt« fühlen, fordern, daß die Anbieter von Gesundheitsvorsorge sich Alternativmethoden für die medizinische Absicherung einfallen lassen. Einige Fachleute rechnen sich aus, daß in den späten neunziger Jahren fast die Hälfte der Bevölkerung der USA HMO-Pläne oder vergleichbare Modelle in Anspruch nehmen wird. Gewinnorientierte Kliniken haben bis dahin gleichfalls Gesundheitspläne aufgestellt, und korporative Einrichtungen wie »Humana« oder Hospital Corporation of America bieten ein breites Angebot an Versicherungsmöglichkeiten, um eine höhere Zahl von Patienten in die ihnen angeschlossenen Anstalten zu ziehen. HMOs − Health Maintenance Organizations (Gesundheits-Vorsorge-Einrichtungen privater Natur) − bieten den Verbrauchern, die sich bei festgesetzten Jahresprämien ihrem »Gesundheits-Plan« anschließen, medizinische Dienstleistungen zu festen Gebühren. Mitglieder wählen sich ihren Arzt aus einer Liste der Organisation aus und benutzen nur die von HMO ausgewählten Kliniken. Da diese Organisationen mit einem knappen Finanzierungspolster arbeiten, unterzieht man die Mitglieder einer sorgfältigen Überprüfung, ehe eine Überweisung in ein Krankenhaus genehmigt wird. Bei PPO − Preferred Provider Organization (etwa: Präferenzwahl des Arztes) − werden Rabatte gewährt, wenn der Abonnent einen Arzt aufsucht, der auf der Vertragsliste der Versicherungsgesellschaft steht. Im Regelfall ist es der Arbeitgeber, der Verträge mit einem »Ärztehaus« und einer Klinik schließt, die dann von seinen Angestellten konsultiert und benutzt werden können. Auf diese Weise ist eine gewisse feste Zahl von »Kunden« garantiert. Wenn ein Arbeitnehmer es dann vorzieht, in eine andere Klinik zu gehen oder einen Arzt zu konsultieren, der nicht auf der PPO-Liste steht, muß er eben die Rechnungen selbst begleichen.

Je größer der Entscheidungseinfluß der Arbeitgeber auf die Gesundheitsversorgung ihrer Angestellten wird, desto häufiger werden es wohl auch sie sein, die verfügen, ob diese Gruppen-Pauschal-Versicherungen für kühne Heilmaßnahmen, etwa Herz- oder Nierenverpflanzungen, aufkommen. Honeywell Inc., eines der ersten Unternehmen, das Herz-Lungen- und Lebertransplantationen bei seinen Arbeitern zustimmte, hat diese schweren Großoperationen konsequent und von Fall zu Fall einer Überprüfung unterzogen. Die Frage lautet nicht mehr: »Tun wir unser Möglichstes für den Kranken?« Sie lautet: »Ist gerade dieses Verfahren tatsächlich nötig — und wird es die Lebensqualität des Patienten steigern?« Im Verlauf der Zeit mußten sich dann die Bürger der USA mit einer Rationierung kostenträchtiger hochtechnisierter Verfahren — wie Operationen am geöffneten Herzen — abfinden. (Vertreter der »Ethik in der Medizin« führen bereits Ringkämpfe mit ihrem Gewissen durch über die Frage, ob man bestimmte Operationen nicht mehr allgemein zugänglich machen könne. Ein Experte drückte es so aus: »Die einzige Möglichkeit der Kostensenkung wird darin bestehen, bestimmte Personenkreise von diesen Wohltaten auszuschließen.«) In Großbritannien existiert ein solches System der Rationierung bereits seit Jahren. Die Wartelisten für Operationen in diesem Land sind typischerweise lang und umfassen mehrere Jahre.

Sogar die optimistischsten unter den Gesellschaftspropheten gestehen ein, daß es die Unterbemittelten und die Arbeitslosen sein werden, die unter dem sich herausbildenden Gesundheits-Versorgungs-System leiden werden. Es ist möglich, daß das medizinale Versorgungssystem im 21. Jahrhundert für die Armen eine bestimmte Behandlung vorsieht, für die Begüterten aber eine ganz andere. Das amerikanische System »Medicare« könnte möglicherweise die Mittelbereitstellung für schwierige Großoperationen und -behandlungen überhaupt einstellen. In verschiedenen Staaten wendet man bereits eine Art Torhüterprinzip an, bei dem der Allgemeinpraktiker entscheidet, ob ein bestimmter Patient einen Spezialisten aufsuchen darf. Diese Tendenz wird sich wahrscheinlich fortsetzen.

Auch die Gesundheitspolitik der Bundesregierung der USA hat immer wieder die medizinische Versorgung älterer Menschen gefährdet. Das prospektive Zahlungssystem, das im Oktober 1983 wirksam wurde, führte die Ära der DRG-Patienten herauf, der »Diagnose-Relevanten-Gruppen«. Das System, das sich nur auf Patienten bezieht, die

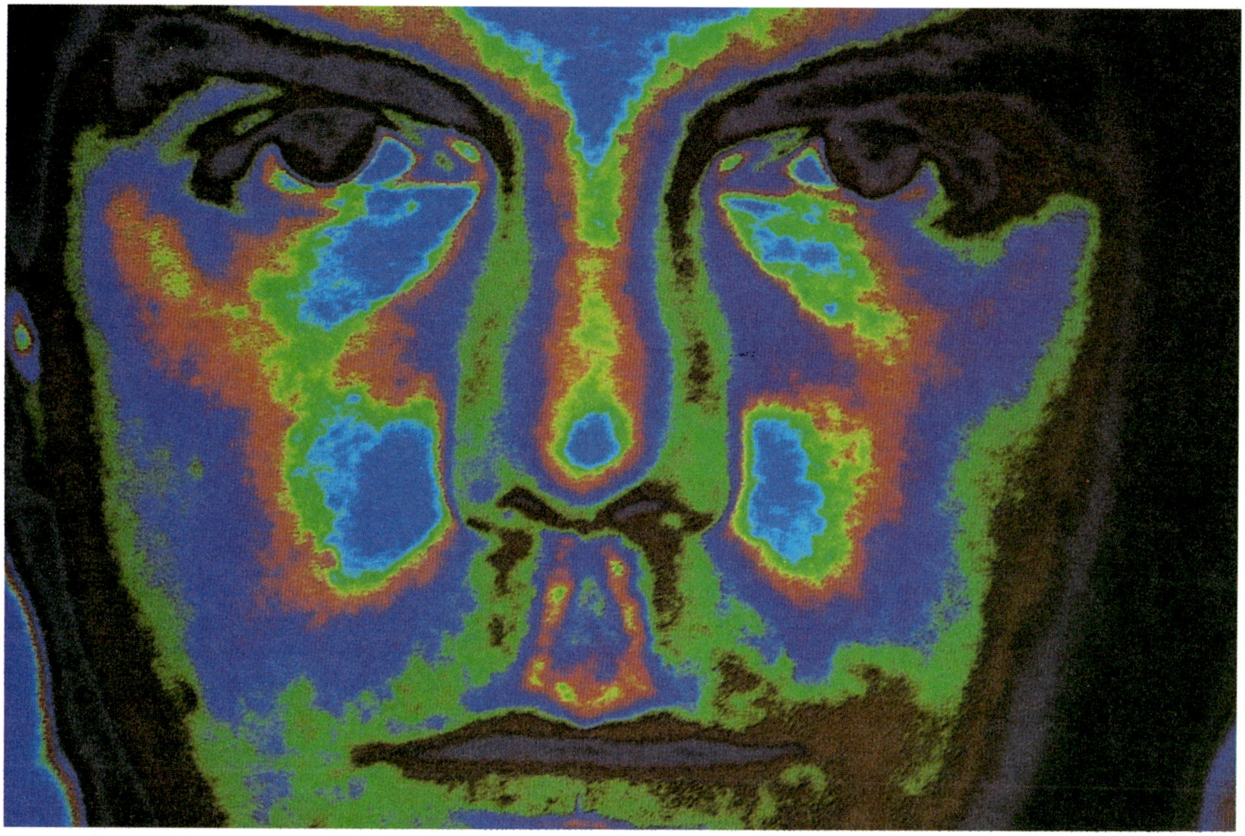

Die Medizin im Jahr 2019 wird zweifellos eine High-Tech-Sache sein; Kliniken allerdings sind menschen-freundlicher eingerichtet, damit die Patienten sich weniger wie Maschinen fühlen. (Oben: © Dan McCoy; unten: © Walter Nelson)

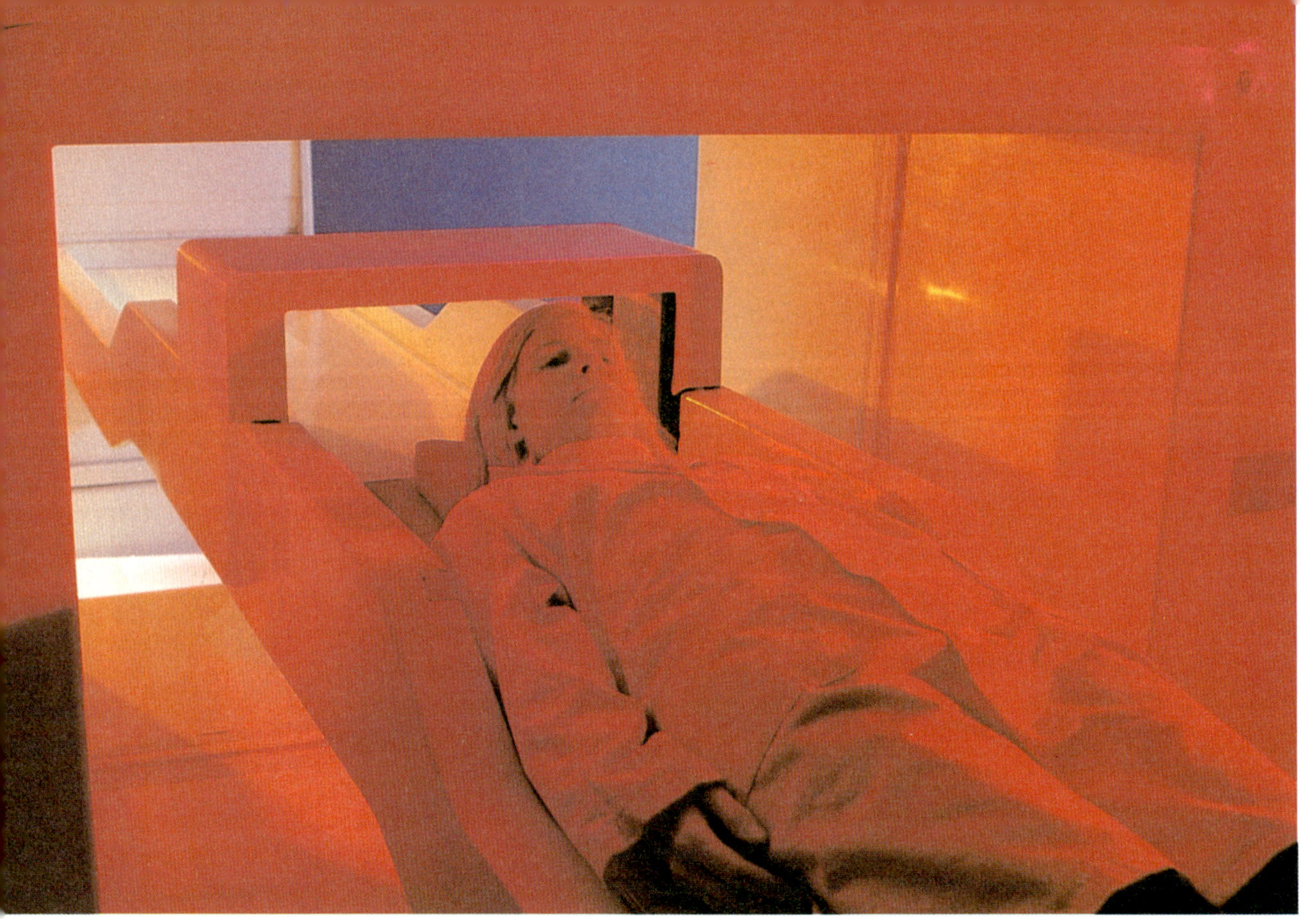

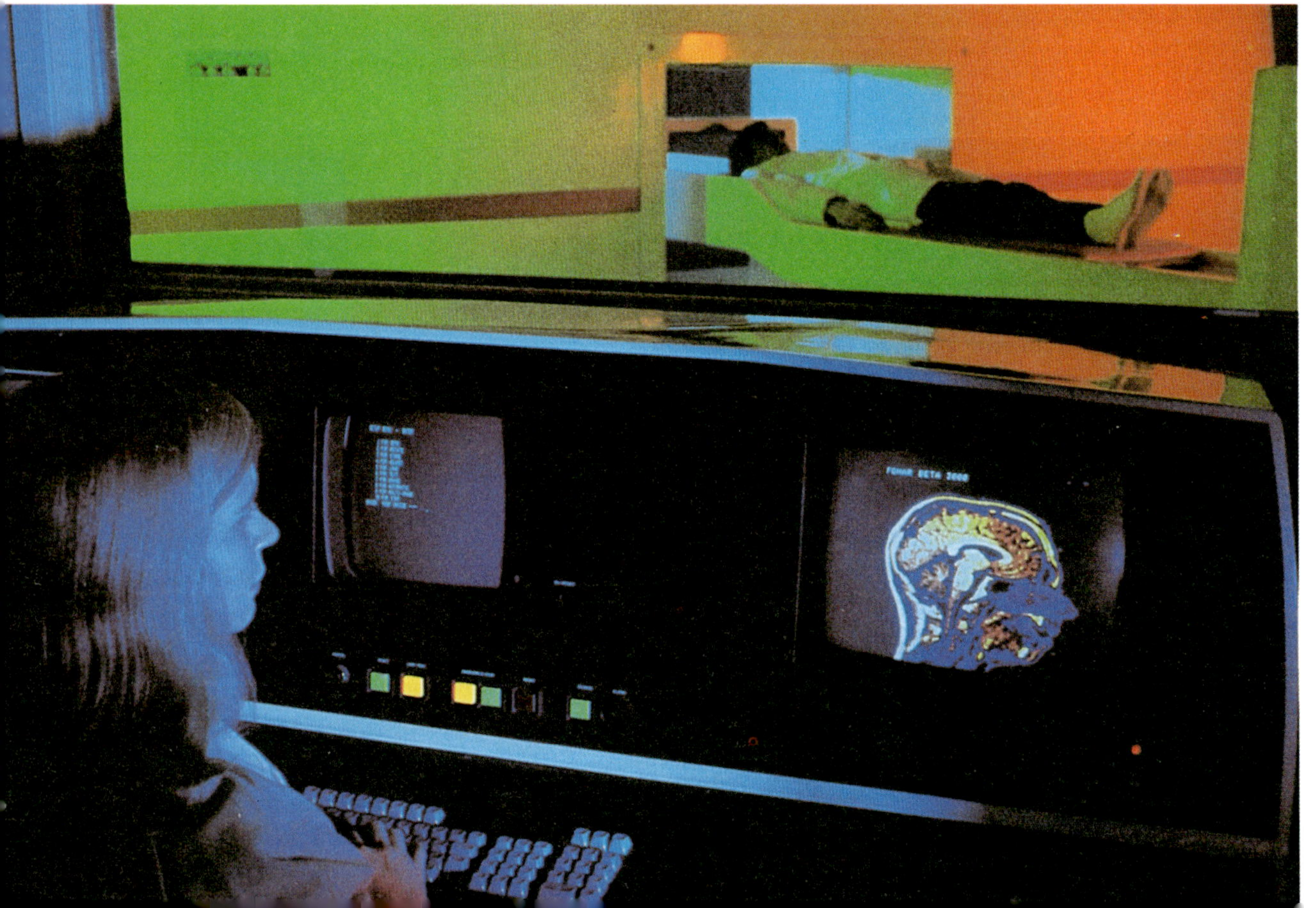

Ein chirurgischer Roboterarm beim Ansatz eines Eingriffs am Patientmodell. (© Dan McCoy)

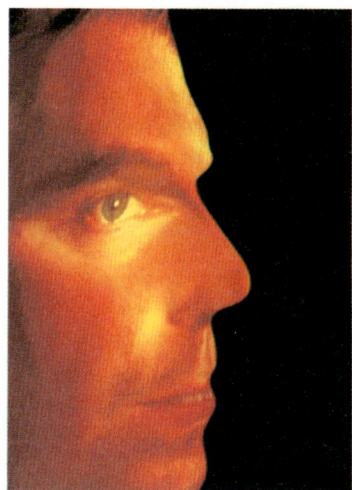

Vom Menschen geschaffene Haut könnte die plastische Chirurgie d. J. 2019 revolutionieren. (© Dan McCoy)

Gegenüber: Hochentwickelte Skanner spüren mittels Vierfabenblitz-Untersuchung Krankheiten auf. So vermeidet man die heute noch üblichen langwierigen und schmerzhaften medizinischen Untersuchungen. (Oben und unten: © Phillip A. Harrington)

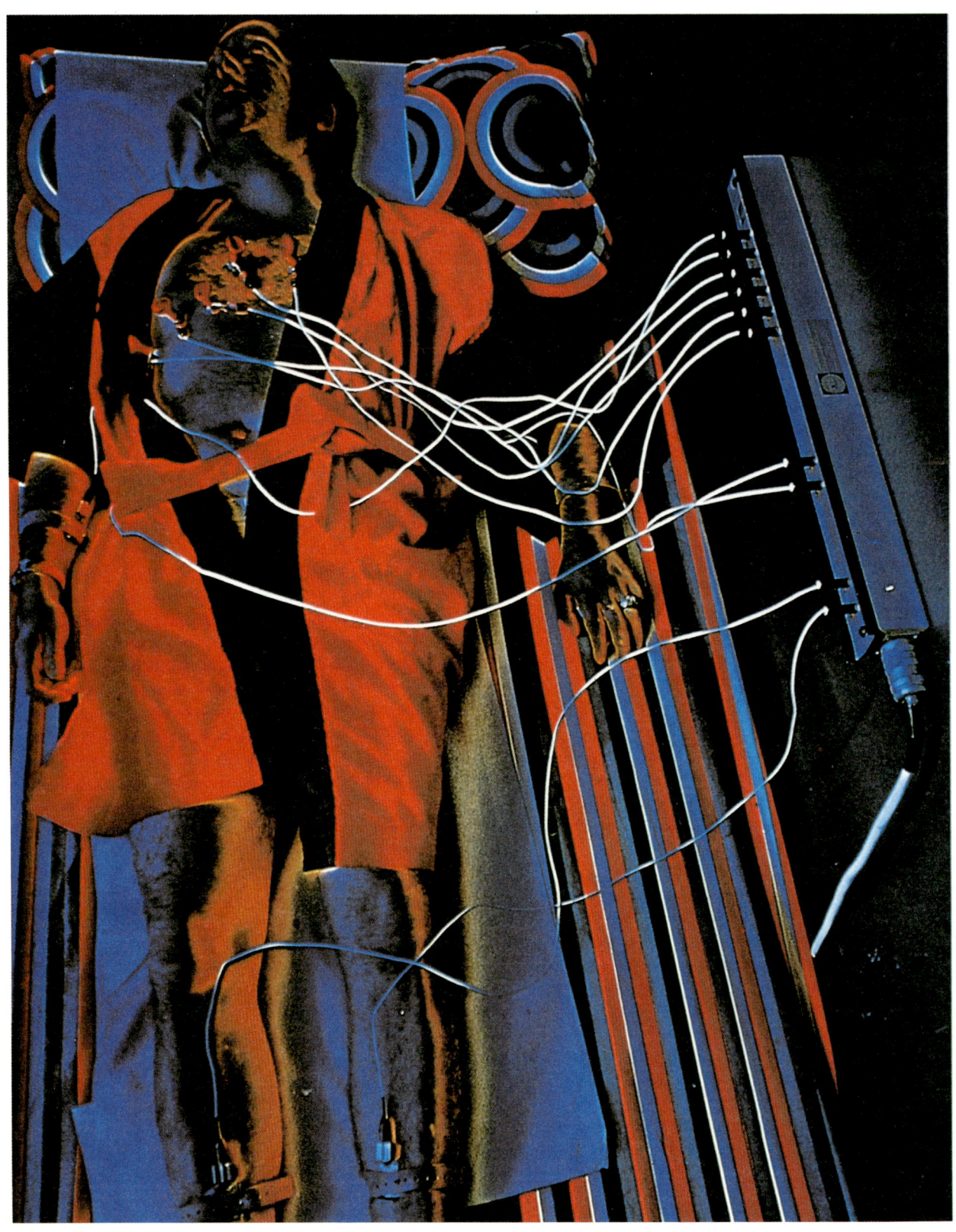

Hochentwickelte Diagnose-Instrumente finden schon heute, zusätzlich zu den traditionellen diagnostischen Methoden, Verwendung. (© Hank Morgan)

eine »Medicare«-Behandlung beanspruchen können, setzt bestimmte Kostensummen für bestimmte Erkrankungen fest. Stellen sich Komplikationen ein — oder falls ein Patient zur Rekonvaleszenz überdurchschnittlich lange benötigt —, entrichtet die Versicherung keine Vergütungen an das Krankenhaus für diese »extra« entstehenden Kosten. Kritiker dieses Systems behaupten, es veranlasse Krankenanstalten dazu, ihre Patienten verfrüht zu entlassen, und beschneide die Möglichkeiten der Krankenhäuser, sich auch sozialer Härtefälle anzunehmen.

Gesellschaftliche Kräfte ebenso wie Einflußnahmen der Behörden werden das Operationskapital der Kliniken beschneiden. Patienten, die man früher zur Behandlung von »Notfällen« wie Nasenbluten, Bienenstichen, Knöchelzerrungen, also Bagatellfällen, an die örtliche Notaufnahme der Krankenhäuser verwies, haben jetzt in vielen Landesteilen die Wahlmöglichkeit zwischen einer ambulanten Klinik oder dem »Doktor in der Bude«. Diese Phänomene wachsen entlang den amerikanischen Highways aus dem Boden und zwängen sich zwischen die »Color Tiles« und »Burger Kings«, die »K-Marts« und »Carvels«, die alle Zeichen des hohen Verkehrsaufkommens sind. Auf Vorstadtpromenaden werden solche Serviceleistungen angeboten. Diese Centers sind an sieben Tagen in der Woche geöffnet und liefern ärztliche Behandlung zu Preisen, die oft niedriger sind als die der Notstationen und manchmal sogar geringer als die Honorare eines praktischen Arztes. Außerdem muß man nie länger als zehn Minuten warten. Über 3 000 »freie« Kliniken bieten in den USA Behandlung bei relativ harmlosen gesundheitlichen Problemen an. Im Jahre 1990 wird sich diese Zahl verdoppelt haben.

Gelegentlich werden diese »McMedicines« von einem Arzt mit unternehmerischen Neigungen gestartet; die meisten sind im Besitz von Supermed-Gesellschaften wie »Humana«. Vielen dieser Center stehen als Leiter ehemalige Notärzte vor. Die Belegschaft besteht aus wenigstens einem niedergelassenen Arzt und einer diplomierten Krankenschwester, und sie verfügen über die Basisausrüstung einer medizinischen Praxis, wie Röntgenapparate und Defibrillatoren. Es gibt auch eine Laboreinrichtung zur Untersuchung von Blut- und Urinproben — eine Maßnahme, die Zeit spart und die Kosten senkt.

Manche »Surgicenters« genannte Kliniken versorgen ausschließlich Patienten, die kleinere, manchmal elektive Operationen ausgeführt haben wollen: Mandeloperationen, Bruchdeckungen, Biopsien, ja sogar Facelifting und Bauchstraffungen. Je mehr sich die blutlose Operationstechnik mit dem Laser verbreitet, in desto höherem Maße werden diese ambulanten Operationräume die mei-

sten kleineren Eingriffe übernehmen. Die Patienten verbringen einige Stunden hinterher in einem Erholungsraum und gehen dann nach Hause. Sogar die Kritiker dieser Centers geben zu, daß diese Ein-Tages-Operationstechnik psychologische Vorzüge besitzt — die Menschen sehen in der Behandlung eher eine Art einfacher »Reparaturarbeit« als die Behandlung einer Krankheit.

Die Tageskliniken sind zwar eine relativ junge Entwicklung in der Welt der Medizin, doch die Krankenhäuser bekommen die Auswirkungen bereits zu spüren. Sie werben den Notaufnahmestationen zahlungskräftige Patienten ab, die unter der Last der Versorgung der Armen und Bedürftigen zusammenbrechen. Sie verringern die in Krankenhäusern durchgeführten Operationen zahlenmäßig. Landesweit gehen viele Krankenanstalten dazu über, eine oder mehrere Abteilungen zu schließen. In den Richtlinien des die Volksgesundheit betreffenden National Health-Plans von 1978 wird beispielsweise bereits vorgeschlagen, die Zahl der zur Verfügung stehenden Betten für kurzfristige Hospitalisierung in nichtstaatlichen Anstalten zu verringern.

Mit der Zeit, und je mehr ihre Popularität steigt, werden sich derartige Kliniken wahrscheinlich zu einem Verbundsystem mit den örtlichen Krankenhauseinrichtungen entwickeln. Statt der bisherigen Streuung der verschiedenen Bereiche der Gesundheits-Versorgung werden einige der großen Krankenhaus-Trägergesellschaften eine Konzentrierung der Arztpraxen, der ambulatorischen chirurgischen Betreuung, der Diagnose-Centers, Schwangerschaftskliniken, Apotheken, Gesundheitsvorsorge-Centers und Krankenhausstationen vornehmen und sie zu promenadenhaften Ensembles rings um öffentliche Restaurants und Aufenthaltsräume gruppieren.

Die Carter County Medical Mall in Elizabethton, Tennessee, deren Eröffnung Ende 1986 geplant war, wird nur 100 Betten haben. Doch die Verfechter dieses Plans führen an, der dabei gewonnene Raum lasse sich zu einem Ausbau anderer Abteilungen nutzen, wie physio- und atmungstherapeutische Einrichtungen, die dann eine höhere Zahl ambulanter Patienten aufnehmen könnten.

In den Medic-Malls werden auch die unterschiedlichsten gesundheitlichen Spezialitäten-Centers untergebracht sein. Periodontisten, die sich mit Gebißanomalien befassen, Ernährungsfachleute, Radiologen und Physiotherapeuten werden ihre Arbeit unter ein und demselben Dach ausüben. Ambulante Kunden werden in dem Übergewichts-Klinikum ihre Eßgewohnheiten umstellen lernen und ihre überflüssigen Pfunde verlieren; Alkoholkranke werden im Alkohol-Center »ausgetrocknet«; man kann in einer Art Training, das man viel-

Gegenüber: Für den Arztpraktikanten des Jahres 2019 wird die »Raummedizin« das höchstelitäre Traumziel sein. Unfälle in Null-Schwerkraft machen für die Behandlung von Verletzten Ärzte mit Spezialausbildung nötig.

leicht als »HabitBreakers« bezeichnen könnte, vom Rauchen loskommen. Krankhafte Angstzustände werden in Boutiquen mit der Bezeichnung »Furcht-Los« kuriert.

Es werden aber nicht alle die Fahrt ins benachbarte Medical-Mall machen müssen, um diätetischen Rat einzuholen oder um feststellen zu lassen, ob Halsbeschwerden auf eine Streptokokkeninfektion zurückzuführen seien. Die Bürger der USA kauften im Jahre 1982 »Heimtests« für annähernd 50 Millionen Haushalte, um sich Gewißheit über ihren Gesundheitszustand zu verschaffen. Selbstdurchführbare Schwangerschaftstests etwa, die den größten Marktanteil dabei einnehmen, ermöglichen es den Frauen jetzt, früher und in größerem Umfang als je zuvor vorgeburtliche Gesundheitsmaßnahmen zu ergreifen. Um das Jahr 2000 werden die Testmöglichkeiten privater Natur für Blaseninfektionen, Diabetes, diverse Geschlechtskrankheiten und Asthma so hochentwickelt (ja, sogar idiotensicher) sein, daß jeder sein persönliches Leiden selbst diagnostizieren kann.

Im Idealfall gibt der Patient dann die Resultate eines solchen Tests in seinen Heimcomputer ein, der die Information an den Computer in einer Arztpraxis weiterleitet. Und der Doktor dort entscheidet dann danach, ob eine persönliche Konsultation zur Erstellung der richtigen Therapie nötig sei oder nicht.

Apparate, die früher sozusagen synonym für Krankenhausbehandlung standen, werden miniaturisiert, vereinfacht und für den Hausgebrauch adaptiert sein. Ein neuer jackentaschengroßer Herzmonitor, der die Herzdurchblutung überwacht, alarmiert Patienten mit Herzfehlern, falls gefährliche Rhythmusstörungen auftreten. Ein tragbarer elektrischer Transkutan—Stimulator, der an jede normale Steckdose angeschlossen werden kann, heilt Knochenbrüche rasch und gründlich. Dieser Mechanismus, der bereits Tausenden von Patienten mit »unbehandelbaren« Knochenfrakturen geholfen hat, steuert auf irgendeine Weise die körpereigenen Reparaturmechanismen der Zellen. Kinder, die an Skoliose (Rückgratdeformationen) leiden, werden ebenfalls zu Hause mit Hilfe eines Elektrostimulators behandelt.

Aber trotz derartiger umwälzender Entwicklungen werden die Menschen auch weiterhin auf jene speziellen ärztlichen Maßnahmen angewiesen bleiben, wie sie nur in einem Krankenhaus geboten werden können. Inzwischen haben sich Architekten und medizinische Experten zusammengetan und ihre kreativen Talente eingesetzt, um bereits jetzt das Klinikum und Krankenhaus des 21. Jahrhunderts zu schaffen — in Gestalt eines 300 Meter großen Demonstrationsmodells, das derzeit durch die Lande reist. Das Projekt, das 1984 bei dem Jahrestreffen der American Hospital Association vorgestellt wurde, hatte eine dreijährige Entwicklungsphase hinter sich. Bevor man die Diorama- und Multi-Medien-Präsentation zusammenstellte, nahmen die Mitglieder des Research-Teams der Auburn University, Alabama, und Angehörige der Architektenfirma Earl Swensson Ass. Detailanalysen vor: zu Faktoren wie etwa dem Überalterungsprofil der Bevölkerung, alternativen Modellen der Gesundheitspflege, Kommunikationstechnologie und weiteren Veränderungen, die die Gestaltung des Krankenhauses im 21. Jahrhundert bestimmen würden. Man berücksichtigte, daß durch neue Medikamente bestimmte Krankheiten beseitigt, aber durch Umweltrisiken und verändertes Sexualverhalten andere neue ausgebrütet würden.

Sämtliche technologischen Superneuerungen, die bei diesem Demonstrationsmodell betont worden waren, sind derzeit bereits Standardausrüstung oder doch im Stadium des Prototyps. Es gibt Handgelenk-Computer, die das Pflegepersonal über den Zustand ihrer Patienten auf dem laufenden halten; es gibt speziell konstruierte Metalldetektoren, die den Körper eines Unfallopfers abtasten, um herauszufinden, ob es da irgendwelche nichtorganischen Partikel gibt; und es existieren bereits »High touch«-Rekonvaleszenzräume.

Das menschliche Leben — vom Wunder der Geburt bis zum Geheimnis des Todes — wird auf vielfältige Weise, ja fast unendlich vielfältig, durch diese neuen Errungenschaften der Technik gesteigert und erhöht werden — durch die Robotergehilfen, die exakte chirurgische Aufgaben ausführen, durch die Computer, die in Bruchteilen von Sekunden eine Flut von verwirrenden Symptominformationen zu analysieren und begreifen imstande sind ... Was jedoch von weitaus größerer Bedeutung ist: Im Jahre 2019 werden wir — die menschlichen Meister dieser Wunderwerke — einen größeren Erkenntnisradius, was uns selbst angeht, erreicht haben. Wenn wir mit CAT-Proben und Mind-Mirrors dann unseren Körper erforschen, werden wir nämlich auch erkennen, auf welch wundersame Weise wir alle gebaut sind und funktionieren — *nämlich alle auf dieselbe Weise.* Das Krankenhaus der Zukunft wird der Hort der letztmenschlichen Wahrheit sein und ihr Verkünder: Daß »Gesundheit« das Gleichgewicht, die Ausgewogenheit zwischen Körper und Seele sei, und daß sie sich am besten in einem auf beides eingestimmten und abgestimmten Milieu erreichen läßt. Zwar wird ein Aufenthalt im Krankenhaus wahrscheinlich niemals die Eine-Woche-auf-den-Bahamas an Attraktivität übertreffen können, aber in dreißig Jahren wird er auf jeden Fall nicht mehr mit derart großen Horrorvorstellungen belastet sein, wie dies jetzt noch der Fall ist. Und — wie wir vor kurzem entdeckten — das allein bedeutet ja, daß wir die Schlacht bereits zur Hälfte gewonnen haben.

K A P I

EIN TAG

IM LEBEN

EINES

ROBOTERS

Lebenslauf

Name: Universon Robot.

Sozialvers.-Nr.: Keine.

Familienstand: N/A.

Alter: 58 Jahre.

Geschlecht: 3 Möglichkeiten (männl., weibl., asexuell).

Größe: 1,75.

Gewicht: 60 bis 2 800 p. (je nach Arbeitserfordernis).

Derzeitiger Gesundheitszustand: Hervorragend.

Krankengeschichte:

Verlor Hand (inzwischen ersetzt) beim Schmiedeunfall; verlor Gedächtnis (durch Band neu hergestellt); Erblindung nach Brennofenexplosion (Sehvermögen neu, verbesserte Stereooptik).

Lebenserwartung: 29 menschl. Arbeitsjahre.

Besondere Fähigkeiten/Training:

Industriemodell für schwere Außenaufgaben: spricht fließend drei Robotersprachen; durch Gedächtnis-Ersatzmodul sofort funktionsumstellbar; dreigelenkiger Arm mit sechs Bewegungsgraden, kann mit einem Endeffektor (Hand) bis zu 2 000 p. heben. Hohe Präzision – arbeitet bis auf eine Toleranz von 1/1 000 Zoll genau; arbeitet 24-Stunden-Schichten.

Privatmodell: sowohl in stationärem wie mobilem Aufbau erhältlich; kann lernen, auf die Stimme seines Besitzers zu reagieren; Lieferung mit Gewissensniveau Stufe I, dem Programm protektiver Ethik, ab Fabrik (nicht im Kämpfermodell installiert).

Arbeitserfahrungen:

Fließbandarbeiter, Schweißer, Spritzer – Ford, General Motors, Chrysler.

Materialhandhabung – Pittsburgh Plate Glass.

Haushalt – Familie Engelberger, Danbury, Connecticut.

Operationsschwester/-assistent – Long Beach Hospital, Long Beach, California.

Referenzen werden auf Wunsch nachgereicht.

Joseph Engelberger, Mitbegründer von Unimation, der ersten Industrieroboter-Firma der Welt, dachte sich vor ein paar Jahren dieses *Curriculum vitae* eines Roboters aus, um der Menschheit die weitgespannten Verwendungsmöglichkeiten der industriellen Arbeitsameisen seiner Firma einzuhämmern. Wir haben den Lebenslauf ein wenig auf den neuesten Stand gebracht, um auf die Varianten der intelligenten und halb-intelligenten Arbeitsmaschinen hinzuweisen, mit denen wir im 21. Jahrhundert wohl werden rechnen können. Im Jahre 2019 wird eine immer höhere Zahl der Abkömmlinge jener fabrikmäßig

Umseitig: Ein Roboter in Bewegung; Design des Bildhauers Clayton Bailey.

hergestellten Arbeitsameisen (ganz ähnlich den Abkömmlingen der Einwanderer in die Neue Welt) bereits in gehobeneren Stellungen arbeiten:

Sie werden Tiefseeforscher sein, Massivbau-Arbeiter, Verbrechens-bekämpfer, Kontrolleure in Atomkraftwerken, kybernetische Kameraden und Astronauten.

Die Maschine wird sich 2019 in der ersten Phase eines enormen Evolutionssprungs befinden. Der Roboter ist nicht länger eine einfältige, blöde, gefühlsunbegabte Maschine, die über den Fließbändern von Fabriken hockt. Die Maschine hat sich aus der Menschenferne der Fabrikhallen mitten in unser Leben begeben. Wir werden mit den Maschinen arbeiten, mit ihnen Entspannung finden, mit ihnen leben.

Das roboterisierte Heim wird immer mehr die Regel sein. Ein erster Besuch allerdings könnte da zu einer Enttäuschung führen. Sie werden nicht von einem Roboterbutler an der Tür empfangen, und es werden auch keine kleinen Androiden herumwieseln. Im Haushalt des Jahres 2019 besteht die erste Phase der Roboterisierung nicht darin, daß es einen einzelnen Roboter gibt, sondern eine kleine Gruppe »intelligenter« Geräte und Einrichtungen.

Zunächst einmal könnte bereits das Haus, die Wohnung selbst eine Art Roboter sein, ein automatisiertes Konstrukt mit einer Zentralintelligenz. Die verschiedenen Systeme des Hauses — Heizung, Kühlung, Beleuchtung, Sicherheitsalarm, Belüftung, interne Fernsehanlage, Lichtkontrollen — würden der Steuerung durch den Zentralcomputer des Wohnkonstruktes unterliegen, der sozusagen eine Art automatisierter Majordomus wäre. Kaufinteressenten setzen voraus, daß ihr neues Heim als Standardausrüstung einen Zentralcomputer hat, so wie man heute sanitäre Installationen und Elektroanschluß erwartet.*

Futurologen der Berater-/Denkfabrik Arthur D. Littles in Massachusetts führen als Prognose an, daß das roboterisierte Haus der Zukunft über Automatenzentralen verfügen wird, in denen installatorische Einrichtungen zu intelligenten Arbeitsteams verbunden werden. Die Zubereitung einer Mahlzeit, sagen diese Zukunftspropheten, werde sich durch die Einrichtung einer Dualapparatur vereinfachen lassen, die teils Kühlschrank, teils Mikrowellenherd sei. Man sucht sich morgens eine im Gefrierfach konservierte Mahlzeit aus. Das gewünschte Futterpaket gleitet dann zur richtigen Zeit durch eine Klappe in den Mikrowellenherd. Und wenn man abends nach Hause

---

* Siehe dazu Kap. 10 für weitere Einzelheiten zum »Haus der Zukunft«.

kommt, steht eine warme Mahlzeit bereit. Und wenn man sich verspäten sollte, genügt ein kurzer Anruf beim Heimcomputer, und er wird den Zubereitungsprozeß aufschieben.

Selbst ganz einfache Mahlzeiten würden sich automatisieren lassen. Man könnte durchaus auf die gleiche Weise ein Sandwich bestellen. In einem Lebensmittelgeschäft in Yokohama in Japan gibt es bereits den Prototyp eines Sandwichservierers. Dieser Ham Slicer ist ein mit Kühlelementen ausgestatteter Fleischbehälter, in dem es einen Roboter-Scheibenschneider und eine Waage gibt. Der menschliche Konsument stellt sich einfach vor den Apparat, drückt ein paar Tasten auf dem Control-Set der Maschine und gibt ihr so ein, welche Fleischsorte in wie dicken Scheiben und zu welchem Gewicht er wünscht, und die Maschine schneidet feinste Scheiben, wiegt sie und verpackt sie — sekundenschnell. Mit geringfügigen Veränderungen könnte die gleiche Roboterkonstruktion genausogut exzellente Dagwood-Sandwiches produzieren.

Diskret und außer Sichtweite wartet der Roboter-Staubsauger in seinem Kabinett. Planmäßig rollt er dann aus, folgt dem vorgegebenen Kurs und erledigt die wöchentliche Säuberungsaktion.

Die japanische Elektronikfirma Hitachi verfügt bereits über das Versuchsmodell eines Roboterstaubsaugers, und das Gerät sieht aus wie ein schnuckeliges, glattes, selbstgesteuertes futuristisches Auto. Es wartet still in seinem Schrankfach und schießt dann los, um seine Arbeit zu erledigen. Der Roboterstaubsauger ist gewiß noch im Versuchsstadium, und seine Kosten betragen das Zehnfache dessen, wofür man sich heute einen Staubsauger kaufen kann, aber es steht außer Zweifel, daß er in Suburbia des Jahres 2019 Bestandteil des superschicken, mit modernsten Raffinessen ausgestatteten Hauses sein wird.

Wenn Roboter wirklich nützlich werden sollen, müssen sie dazu fähig sein, sich in der sie umgebenden Welt zu bewegen und sie zu verändern. Industriemaschinen arbeiten in für sie speziell zugeschnittenen Bereichen — an Arbeitsplätzen, die von allen äußeren Störfaktoren frei sind und an denen das zu bearbeitende Material millimetergenau in Griffweite der mechanischen Arme und Hände liegt. Es gibt dabei kein Bric-à-brac, keine störenden Schmuckelemente. Man entwirft derzeit für das Militär »Pick-and-Place«-Roboter für die Einsätze unter den chaotischen Umständen eines Schlachtfelds, und es ist durchaus denkbar, daß diese technische Neuerung auch den Weg in den privaten Haushalt findet. In den Anfängen jedoch wird man den menschlichen Wohnbereich des Jahres 2019 zunächst einmal »roboto-phil« gestalten müssen.

Wohnungen, wie sie heute aussehen, wären ein Alptraum für einen Roboter: überall Hindernisse und unerwartete schwere Anforderungen; Treppenstufen, die man hinauf- oder hinabklettern muß, Tische und andere Möbelstücke, die willkürlich herumstehen; veränderte Bodenflächen — zwischen Flauschteppichen und Parkettböden; kleine Kinder und Haustiere, die willkürlich und unkontrollierbar einem unter die Füße rennen; und Hunderte Objekte von unterschiedlicher Gestalt, Größe, Färbung und Gewicht.

Das Heim, in dem sich ein Roboterdomestik wohlfühlen soll, wird zumindest in einigen dieser Problemfälle verbessert werden müssen. Räume wie Küche und Bad sind wahrscheinlich für die Reinigung und Wartung durch Roboter genormt. Kachelwände und -fußböden mit einem Abfluß in der Raummitte würden es der Maschine leichtmachen, sie gründlich zu schrubben. Die Haupträume einer Wohnung, eines Hauses müssen wohl aufgeräumt und von herumliegendem Zeug befreit werden, ehe der Roboter staubsaugen kann. Die Räume werden sparsam eingerichtet sein, aber geräumig und mit möglichst vielen Einbaumöbeln ausgestattet. Die Böden sind wohl so ausgelegt, daß eine Robotermaschine sie mühelos auf Vordermann bringen kann, etwa mit kurznoppigem Teppichflor. Empfindliche Möbelstücke und zerbrechliche Gegenstände stünden nicht herum, sondern würden außer Reichweite, vielleicht in einem Familienzimmer aufbewahrt, das dann ab und zu ein Mensch säubern würde. In einem Haus mit zwei oder drei Etagen dürfte es praktisch sein, für jedes Stockwerk eine eigene Säuberungsmaschine zu besitzen, wenn man vermeiden möchte, sich einen jener neuen, sehr kostspieligen Roboter auf Rädern kaufen zu müssen, die über kleine ausstülpbare Füße verfügen und die man wie ein gehorsames Hündchen von Stockwerk zu Stockwerk führen kann.

Im Jahre 2019 kaufen sich die Menschen wahrscheinlich auch erstmals »persönliche Roboter« — zu unterscheiden von den Haushaltsrobotern, die das Saubermachen übernehmen —, einfach weil sie eine Modeneuheit sind, die eine Reihe einfacher Aufgaben wie Herbeiholen und Tragen erfüllen können. Diese kleinen, keineswegs bedrohlich wirkenden Maschinen können simple Dinge im Haus erledigen: etwa den Müll hinausbringen, Gegenstände tragen, den Tisch decken.

Die Kontrolle über diese Maschinen könnte auf verschiedene Weise erfolgen. So könnte der Hauscomputer die Bewegungen all dieser gescheiten Maschinchen überwachen. Oder wir drücken ein paar Tasten oder Knöpfchen auf dem kleinen Kontrolset unserer Digitaluhr oder am »Oberleib« der Maschine, um ihr vorprogrammiertes Verhalten auszulösen. Eine einfache Art, den Familienroboter zu befehligen, wäre die Stimmkontrolle. Heute verfügen Personen-Maschinen bereits über Stimmen, Computergedächtnis und sogar die Fähigkeit, Stimmen wiederzuerkennen. Ein sehr teurer persönlicher Roboter (er kostet bis zu 7 000 Dollar) namens »Gemini« kann bis zu drei verschiedene Stimmen unterscheiden und dann selbst ein paar wohlgesetzte Worte sprechen.

Für manche Menschen wird die Kontrolle per Stimme eine höchst erwünschte Möglichkeit bedeuten. Dr. Larry Leifer, der während eines Forschungsauftrages der Stanford University einen Roboterhelfer für Behinderte entwarf, hat bereits den Beweis geliefert, daß wir diese Maschinen so konstruieren können, daß sie auf stimmliche Anweisungen reagieren. Dr. Leifers Roboter ist ein gängiges kleines Industriemodell, ein Greifarm mit einer zweifingerigen Hand, das über Stimm- und Schalthebelkontrolle verfügt und 58 gesprochene Worte versteht. Durch Verschiebung der Knüppelschaltung oder auch nur durch Stimmbefehl (RAUF, RUNTER usw.) kann ein an den Rollstuhl gefesselter Mensch die Maschine veranlassen, ihm Gegenstände zu reichen, ja sogar einige Dinge herbeizuholen. Nach etwa fünfundvierzig Minuten Übung kann ein neuer Benutzer zum Beispiel lernen, den Roboter zu instruieren, ihm ein Glas Wasser zu holen. Das Forscherteam an der Stanford University hat das Modell bereits mit mehr als hundert behinderten Personen im Alter zwischen fünf und 90 Jahren mit ermutigendem Erfolg getestet.

Die »Abrichtung« der Maschine ist relativ unkompliziert. Aller Wahrscheinlichkeit nach ist sie bereits ein Vorgriff auf die Methoden, die wir im Jahre 2019 verwenden werden, um unsere freundlichen Helfer und Genossen zu domestizieren. Zunächst liest der Mensch dem Roboter eine Liste mit Wörtern vor. Aus dieser Übung lernt der Roboter, die Stimme seines Herrn zu erkennen. Danach versucht der Mensch es mit den stimmlichen Befehlen und stuft seine Stimme so ab, daß er damit die Roboterhand kontrollieren kann (»fine tuning«). Der Leifersche Roboter versteht 90 Prozent der ihm erteilten Befehle.

Wie alle Lebensgefährten hat auch der Stanford-Helfer drei unterschiedliche Pflichtenkreise. Da sind einmal die alltäglichen Aufgaben des Lebens: Mahlzeiten herbeischaffen und Zähneputzen zum Beispiel. Als zweites gibt es kleine Verrichtungen und Handreichungen, die sogenannten Vokativ-Aufgaben: die Seiten eines Buches umblättern, ein Schubfach oder eine Tür öffnen. Die dritte Aufgabe besteht in der Hilfe bei Erholungsaktivitäten, etwa als Partner beim Schach.

Solche helfenden Instrumente sind die Vorläufer des elektronischen »Lebensgefährten-Dieners«, eines Robotermoduls mit großer

Anpassungsfähigkeit, also Mix-und-Match-Komponenten. Das Grundmodell eines heutigen Industrieroboters läßt sich mit einer sehr großen Zahl von unterschiedlichem Zubehör ausstatten. So gibt es bereits sage und schreibe 14 verschiedene Typen von Roboterhänden und mehrere verschieden geformte Roboter-Fingertypen, die in der Lage sind, unterschiedlich geformte Objekte zu greifen. Ganz ähnlich würde der – nennen wir ihn einmal so – »Heimboter« seinen Werkzeugschrank ansteuern und sich dort eine andere Hand, ein neues Werkzeug oder sogar einen neuen Satz von Sensoren holen, genauso leicht und selbstverständlich, wie wir uns einen anderen Anzug anziehen.

Je anpassungsfähiger diese gescheiten Maschinen werden, desto mehr Aufgaben werden sie erfüllen. Zwar gibt es in den meisten Haushalten nicht genug zu tun, als daß ein Roboter in dem fieberhaften Tempo arbeiten müßte wie sein Bruder in der Industrie, aber es wird uns schon etwas Neues einfallen, damit unsere automatisierten Sklaven beschäftigt sind. Ein Pionier auf dem Sektor der »künstlichen Intelligenz«, John McCarthy von der Stanford University, lieferte einen kleinen Einblick, wie das Leben einer intelligenzbegabten Maschine aussehen könnte: »Wenn Sie diesen Roboter vierundzwanzig Stunden pro Tag im Arbeitseinsatz hielten, würden Sie sich immer neue Aufgaben für ihn ausdenken. Das würde zu raffinierteren Standards in Ausschmückung, Stil und Serviceleistung führen. So könnte dann etwa Ihr Anspruch an eine annehmbare Tischdekoration der sein, wie Sie ihn in einem superteuren Mode-Restaurant erwarten, oder so, wie Sie sich das altmodische Dinner eines schwerreichen Mannes im 19. Jahrhundert vorstellen. Die Leute fragen: Was wird passieren, wenn wir Roboter haben? Und hier haben wir eine sehr gute Parallele. Nämlich: Was taten die Reichen, als sie ein Haus voller Dienstboten hatten?«

Wenn uns dann Sklaven luxuriöserweise auf Abruf zur Verfügung stehen und wir uns an sie gewöhnt haben, werden wir sie möglicherweise auch einfach nur zu unserer Gesellschaft um uns haben wollen. Allen, denen daran liegt, sei verkündet, daß der Robo-Waldi und die Robo-Mieze ein kleiner Luxus sein werden, den wir uns alle leisten können. Der Computerspiele-Designer und Unternehmer Nolan Bushnell hat eine Reihe von mikrochipgesteuerten Kuscheltieren (sogenannte »Petsters«) entworfen, die irgendwelche kehlige Laute von sich geben, wenn sie eine menschliche Stimme »hören«. »Sehen Sie mal darin den Ersatz für biologische, lebende Tiere. Sie kriegen die Annehmlichkeiten ohne die Nachteile. Einen Tiergenossen ohne den regelmäßigen Wurf junger Katzen«, soll Bushnell gesagt haben.

Diese kleinen Kunstgeschöpfe werden bis 2019 nicht nur Laut geben, sondern auch bewegungsfähig sein und auf den Befehl von Herrchen oder Frauchen ankommen. »Die Zeit wird kommen, in der man Fifi, den Familienköter, nach seinem Tod rekonstruieren kann«, so einer von Bushnells Vorschlägen, »und der Neuausgabe Fifis Persönlichkeit einprogrammieren könnte. Wir sind vielleicht noch nicht dazu fähig, einen wirklichen Fifi zu programmieren, aber wir können seinen elektronischen Ersatz bis dahin zustandebringen.«

Nicht alle Roboter-Hunde werden aber süße Knuddeltiere sein. Nachdem der Robotologe Susumu Tachi des Mechanical Engineering Laboratory (MEL) in Japan sich all die raffinierten, aber unzulänglichen Maschinen kritisch vorgenommen hatte, die man als »Seh-Hilfen« für Blinde entwickelte, kam er zu dem Schluß, daß das, was ein blinder Mensch wirklich brauche, eine Art mechanische Version eines Blindenhundes sei. (Und in Japan besteht ein dringendes Bedürfnis, denn es gibt für mehr als 300 000 blinde Menschen nur etwa 350 Blindenhunde.) Um 2019 sehen wir dann vielleicht die ersten der von Tachi geplanten MEL-Hunde auf den Straßen. Er stellt sie sich als kompakte gehfähige Maschinen vor, mit Griff am Rücken, so daß man sie hochheben und in öffentliche Verkehrsmittel oder Treppen hinauftragen kann. Sie dürften nicht zu klein sein, sonst würde man sie einfach zertrampeln. Die richtige Größe wäre etwa die eines tragbaren Staubsaugers. Jeder »Blindenhund« würde über einen Sensorsatz und ein integriertes kartographisches Gedächtnis verfügen. Ein Blinder würde dann einfach ein paar der in einem Braille-Code arrangierten Tasten auf dem Rücken seines Roboterhundes wählen, um ihm zu sagen, wo man sich befinde und wohin Herrchen zu gehen wünsche. Der Roboter würde einen Fix der jetzigen Ortsbefindlichkeit erhalten und sich dann in der gewünschten Richtung in Bewegung setzen, da sein Trittmuster im Gedächtnisspeicher vorkartographiert wäre.

In Tachis Laboratorium staksen bereits ein paar experimentelle Roboter-Hunde herum. Die Maschine ist mit ihrem Herrn durch eine elektronische Leine verbunden, über die der MEL-Hund die Gehgeschwindigkeit seines Herrn erfährt, um sich entsprechend anzupassen. Zwei rückgerichtete Sensoren erleichtern der Maschine den Check, ob ihr Herrchen direkt hinter ihr geht. Weicht etwa der Blinde zu weit nach rechts oder links ab, schickt der elektronische Hunderoboter ein kurzes Signal an einen Stimulator, der sich am rechten bzw. linken Handgelenk befindet — eine Art milder Mahnung, daß man sich, bitte, genauer direkt hinter dem Roboter zu halten habe.

Übrigens wird auch das »Berufsleben« außerhalb der Familie und des Haushaltes für den Roboter interessanter werden, besonders dort, wo das robotische Leben begann, in den Fabriken. Um 2019 wird er der ganz durchschnittliche Fabrikarbeiter sein. Experten schätzen, daß es um die Jahrtausendwende möglicherweise allein in den USA eine Million Industriemaschinen geben wird und daß sie bis zu 3,8 Millionen Arbeitsplätze ausfüllen werden, die vordem von Menschen besetzt waren.

Das Einzigartige an einer roboterisierten Fabrik wird Ihnen sofort auffallen, wenn Sie an den Komplex heranfahren. Heutzutage wuchern die meisten industriellen Fabrikationskomplexe kilometerweit über das Land und besetzen es mit Lagerhallen und Produktionsgebäuden, in denen ganze Armeen von Arbeitern herumwimmeln ... Aber die Fabrik der Zukunft wird eine weitaus kleinere, kompaktere Baustruktur erfordern. Es wird weniger Menschen geben — und dies bedeutet bereits, daß die räumlichen Anforderungen reduziert sind; man braucht nicht mehr solch riesige Parkplätze, und im allgemeinen werden sich auch die »humanbedingten Einrichtungen« wie Belegschaftskantinen, Umkleideräume und Toiletten drastisch reduzieren lassen.

Da die Fabriken der Zukunft nur eine geringe menschliche Belegschaft benötigen werden, kann man sie überall dort errichten, wo ein Unternehmen sie haben möchte: im Stadtzentrum oder in irgendeinem kleinen Hinterwäldlerdorf — überall, wo es Zufahrtswege in Form einer größeren Straße oder Bahnstrecke gibt. Die traditionelle Unternehmerstrategie, dort zu bauen, wo die Arbeitskräfte billig sind, wird dann irrelevant sein. Wenn es die Zonen-Bebauungspläne gestatteten, würden Fabrikanten ihre Fabrikhallen ebenso gern auf der Park Avenue hochziehen können wie in den Vororten von Detroit.

In der Fabrik von 2019 stehen oder sitzen an den Produktionsbändern keine Menschen. Die künftige Fabrik wird eher wie eine raffiniertere Abart der japanischen Fujitsu-Fanuc-Fabrik aussehen, in der 100 Roboter und nur 60 Menschen monatlich 10 000 Elektromotoren produzieren. Verschiedene Bereiche der Arbeitsetagen wirken wie eine industrielle Hölle — erstickend hohe Temperaturen, ohrenbetäubender Lärm, giftige Dünste und Fließbänder, die mit mörderischem Tempo laufen. Aber Maschinen können eben tatsächlich in Situationen funktionieren, die man als wahrhaft unmenschlich bezeichnen müßte.

Man wird kaum einen Menschen in diesen Fabriken zu Gesicht bekommen. Doch die wenigen erfüllen strikt untergeordnete Dienstleistungen — sie tunen, justieren und spielen Babysitter bei den stählernen Arbeitssklaven. Und natürlich darf kein menschlicher Arbeiter ohne Schutzanzug den Roboterbereich betreten. Er wird auf Brust und Rücken Balkencodierungen tragen, die die Arbeitsmaschine warnen: »Stop! Ein Mensch befindet sich in deiner Nähe.« Da alle Maschinen zumindest über rudimentäres Sehvermögen verfügen, ist dies der einfachste Schutz für menschliche Arbeiter vor Tod oder Unfall. (Aber man wird natürlich immer noch über die sogenannten »Roboter-Mörder« der achtziger Jahre sprechen, als in den USA wie in Japan unachtsame Arbeiter einer blinden und tauben Maschine in die Quere gerieten, was tödliche Folgen hatte.)

Roboter werden vielerlei Gestalt annehmen: Arbeitszellen körperloser Arme, umherrollende intelligente Karren, die Material transportieren, oder vielarmige »Tausendsassa-Maschinen«, die man an einen neuen Arbeitsplatz stellen, mit neuem Werkzeugsatz ausstatten, umprogrammieren und arbeiten lassen kann. Genau wie die Computerindustrie das Time-sharing bei Informations- und Computereinrichtungen einführte, werden wir Time-sharing bei Robotern haben, maschinelle Wanderarbeiter, die von einem Job zum nächsten ziehen und denen man sekundenschnell neue Arbeitsaufgaben beibringen kann.

Das kleine Heer gescheiter Maschinen wird ebenfalls von einer Maschine überwacht und kontrolliert werden – von den Zentralcomputern der Produktionsstätten. Die Fabrik wird gewissermaßen ein riesiger Roboter sein, der Computer ihre steuernde Intelligenz, und die Maschinen der Abteilungen Bestandteile eines einzigen großen Entwurfes. »Mit einer flexibleren Automatisierung«, erklärt Joseph Engelberger, »könnten die Maschinen ihren klaren Charakter verlieren. Dann sind sie vielleicht nur noch Elemente in einem umfassenden Produktionsorganismus. In der Science-fiction findet sich ein Gegenstück zu einem derartigen Phänomen. In *2001: A Space Odyssey* ist HAL ein ›distributed robot‹, den wir nie in irgendeiner Verkörperung zu sehen bekommen, der jedoch das Raumschiff durchdringt.«

Wir sehen die Anfänge dieser Entwicklung bereits heute in automativen Fabrikeinrichtungen, in denen ein Zentralcomputer die komplexe Hektik der Automatenaktivitäten mittels einer elektronischen Befehlskette, die man als LANs (Local Area Networks) bezeichnet, koordiniert. Obwohl unterschiedlich intelligente Maschinen verschiedene Maschinen-Sprachen »verstehen«, lassen sie sich doch alle über einen Computer-Übersetzer-Manager zu glatter Zusammenarbeit bewegen, der in das Maschinen-Sprach-Babel Zusammenhang und damit Effizienz bringt.

Durch diese übergeordnete Computerkontrolle wird die Fabrik

Gegenüber: Arbeitnehmer der Zukunft. Werden die Roboter sämtliche körperlich arbeitenden Menschen brotlos machen?

vom Typ »Schalt sie an, dann kannst du abschalten« nicht mehr die Ausnahme sein, sondern die Regel. Immer mehr Produktionsstätten werden aussehen wie die von der Magnesans Corporation in Südschweden betriebene Fabrik, in der Roboter Werkteile an Arbeitsplätze schleppen und jede Maschine die ganze Woche lang und auch am Wochenende mit typisch unmenschlichem Tempo arbeitet. Am Wochenende sind keine Vorortkontrollen nötig, und das nächste menschliche Wesen befindet sich fünfzehn Kilometer weit entfernt.

Produktivität läßt sich tunen wie ein Automotor. Wenn die Nachfrage sinkt, würde man einfach einzelne maschinelle Werkbänke abschalten. Und wenn es nötig ist, könnte der Ausstoß einer derartigen Fabrik herkulische Ausmaße annehmen. Anders als die Fabriken der Gegenwart, die eine oder zwei Tagesschichten fahren, könnte die automatisierte Fabrik die Produktionsleistung von vier Schichten erbringen.

Und wenn unsere gescheiten Maschinen die widerlichen Arbeiten in unseren Fabriken und Häusern übernehmen, so werden sie uns auch bald im Freien die gleiche Erleichterung verschaffen. Im Jahre 2019 können wir uns auf eine Generation von Maschinen verlassen, die man als risikofreudig bezeichnet, als eine Art automatischen Wagehals, der tödliche oder tödlich-langweilige Aufgaben übernimmt: Polizeiarbeit, die Inspektion des Innern von Atomreaktoren oder der tiefen Schächte einer Kohlengrube, die Suche nach Überlebenden in brennenden Gebäuden, Hilfe beim Entschärfen von Terroristenbomben — um nur einige Möglichkeiten zu nennen.

Die japanische Regierung hat 88 Millionen Dollar für die Entwicklung einer solchen risikofreudigen Robotergeneration bis Anfang der neunziger Jahre bereitgestellt. Bis zur Jahrtausendwende, so rechnet man in Japan, wird man dort Roboter in Atomkraftwerken, Rettungs- und Feuerwehr-Roboter ebenso wie Roboterbergleute haben.

Wenn derartige Maschinen möglich werden sollen, muß unser regulärer Roboter drastische Veränderungen durchmachen, Umgestaltungen, die bereits begonnen haben. Denn um sich in einer Welt voller willkürlicher Ecken und Kurven mit Hindernissen jeglicher Art und Größe zurechtzufinden, braucht der Risiko-Roboter des Jahres 2019 eines: Er muß sehen können.

Nun läge es am nächsten, daß man das menschliche Sehvermögen einfach kopierte. Leider ist dies jedoch nicht die beste Möglichkeit. Zum einen wäre es viel zu kompliziert, als daß man es völlig kopieren könnte. Thomas Binford, Spezialist für Sehvermögen an der Stanford University, erklärt dies so: »Die Retina eines menschlichen Auges umfaßt grobgerechnet einhundert Millionen spezialisierter Zellen und vier Neuronenschichten, die sämtlich pro Sekunde zehn Milliarden Berechnungen durchführen können, und zwar bevor die Information den Sehnerv erreicht, der den Augapfel mit dem Gehirn verbindet.« Er stellt die Vermutung auf, daß es 200 Jahre dauern würde, in einer Maschine das nachzuvollziehen, was wir Menschen jedesmal tun, wenn wir die Augen öffnen.

Zum zweiten aber wird eine solche Kopie wahrscheinlich gar nicht nötig sein. Das Auge ist ein beschränktes Sinnesorgan. Es nimmt nur einen kleinen Teil des Lichtspektrums wahr, ist im Sehschärfebereich stark eingeschränkt und funktioniert nur bei günstigen Helligkeitsgraden.

Viele der Roboter des Jahres 2019 werden wegen ihrer Spezialaufgaben überhaupt nicht über Sensoren verfügen, die sich dem menschlichen Sehvermögen vergleichen ließen. Und sie werden ihnen auch nicht fehlen. Denn um Strahlungs-Lecks zu untersuchen, dürfte eine Maschine wohl eher »Augen« benötigen, die auf Gammastrahlung reagieren. Eine andere Maschine könnte sehr wohl hervorragend als Streifenposten funktionieren, wenn sie mit Infrarot- und Audiosensoren ausgerüstet wäre. (In Massachusetts baut eine Firma bereits einen Wachroboter mit einem derartigen System.) Die visuelle Wahrnehmung wird also für die jeweiligen Aufgaben maßgeschneidert sein.

Und abseits der Fabriken, draußen auf dem Bauernhof, haben ein paar Spezialisten der Purdue University das Modell eines Unkraut vertilgenden Roboters im Experiment, der Infrarot-»Augen« einsetzt, um die Blätter von Pflanzen auszumachen, sie zu identifizieren und dann zu entscheiden, ob eine Pflanze »nützlich« oder »schädlich« ist, bevor er sie mit Herbiziden besprüht. Die University of California in Davis hat eine Salaterntemaschine, die Röntgenstrahlen einsetzt, um zu entscheiden, wann die Salatköpfe erntereif sind. Die Maschine sendet einen schwachen radioaktiven Strahl auf die Reihe mit Salatköpfen und »liest« den zurückgeworfenen Strahl. Innerhalb von zwei Sekunden erfaßt sie die Fülle und Festigkeit einer Salatpflanze und bestimmt, ob sie erntereif ist. (Bei einem Test übertraf die Maschine erfahrene menschliche Salatpflücker.)

Roboter haben jetzt bereits Hände. Was ihnen aber bis 2019 zugewachsen sein wird, sind taktile Möglichkeiten, die von der Behandlung eines rohen Eis bis zum Heben eines Motorblocks reichen werden. Das Geheimnis ist eine Roboterhaut mit einer Schicht von Kraftsensoren, die in sie implantiert sind, also das elektronische Gegenstück zum menschlichen Nervensystem. Schon jetzt gibt es mehrere Anwärter auf eine kybernetische Epidermis. Am MIT (Massa-

chusetts Institute of Technology) haben Forscher eine Dreischichten-
haut für Roboter entworfen. Ober- und Grundschicht bestehen aus
einer geschmeidigen synthetischen Haut. In der dazwischenliegen-
den Mittelschicht befindet sich ein hauchfeines Netz von Elektrolei-
tern. Wird nun ein Gegenstand in Druckberührung mit dieser Kunst-
haut gebracht, produzieren die Druckstellen größere oder geringere
Stromstöße, die dann ein Computer in taktile Wahrnehmungen über-
setzt.

In einer Variante der Versuchsanordnung haben Forscher der Carnegie-Mellon University eine Roboterhand mit druckempfindlichen
Sommersprossen aus polymeren Filmschichten bedeckt, wodurch
bei Druck ein elektrisches Signal ausgelöst wird. Wissenschaftler an
der University of Florida entwickelten eine Gummihaut, die mit
einem Muster wie ein übertrieben großer Fingerabdruck ausgerüstet
ist. Bei Druckausübung vibrieren die Rillen. Unter der Haut liegende
Sensoren übertragen die Vibrationen auf einen Computer, der sie aus-
wertet. Und ein einfallsreicher Forscher der Stanford University
machte den Vorschlag, man solle die Innenflächen von Roboterhänden mit elektronischen Haaren ausstatten. Diese Sensoren auf der
»Pelzhand«, wie man sie prompt benannte, wären billiger als einige
der raffinierteren Hautentwicklungen und würden gleichzeitig zwei
Zwecken dienen. Sie funktionieren wie die Barthaare einer Katze und
leiten die Roboterhand behutsam, so daß sie auf ein Objekt zentriert
ist, ehe sie es umschließt, und während die Hand den Gegenstand
umfaßt, liefern sie Druckinformationen.

Die Roboter im Jahre 2019 werden also alle sehen und fühlen können, und sie werden im allgemeinen ihre Umwelt sehr viel schärfer
erfassen. Aber wie sollen wir ihnen wahrhaft menschliche Fähigkeiten übertragen? Ein Weg wäre, wenn eine Verbindung zwischen
Maschinenkraft und Menschenkreativität erreicht werden könnte.
Die Vorstellung ist alt und reicht mindestens bis 1948 zurück, als ein
Techniker am Ardenne National Laboratory in die Lage versetzt
wurde, den heißen Strahlungsabfall nuklearer Brennstäbe vermittels
zweier Greifer, die er entworfen hatte, zu bewegen. Der Pionier auf
dem Gebiet der Künstlichen Intelligenz, Marvin Minsky vom MIT,
prägte für diesen Sektor der Quasi-Robotics den Ausdruck *Telepre-
sence*. Durch Telepräsenz kann ein Mensch einen Apparateset von
Maschinen-Armen und -Händen durch die an seine Arme und Hände
gekoppelten Kontrollen an einem außerhalb liegenden Ort lenken.
Durch direktes sensorisches Feedback (taktil und visuell) von der
Maschine werden die kybernetischen Gliedmaßen sozusagen eine
Verlängerung der menschlichen Greifwerkzeuge. Durch die Vergrö-

ßerung seiner Reichweite mit Hilfe dieser Technik um Meter, ja sogar Kilometer, kann der Mensch nahezu überall per Fernkontrolle arbeiten – vom Meeresboden bis in das luftlose Vakuum des Weltraums.

Wie wertvoll dieses Teamwork zwischen menschlichem Kopf und Silikonmuskelkraft der Maschine ist, hat sich bereits in feindlichen Erdbereichen erwiesen. Das vielleicht beste Beispiel dafür, wie gut wir in feindseliger Umgebung arbeiten können, ist die neue Generation von Unterwasser-Robotern, die sogenannten Submersibles (Tauchroboter). Der Mensch verträgt große Meerestiefen nicht gut. Wir können kaum dreihundert Meter tief hinabsteigen und haben Glück, wenn wir es einige Tage lang in der qualvollen Enge einer hohlen Tauchkugel aus Stahl aushalten können, und die Rückkehr an die Oberfläche ist eine riskante Plackerei. Der Unterwasser-Roboter-Experte der US-Navy, Robert Wernli, drückt es so aus: »Der Ozean stellt eines der feindseligsten Environments dar, die der Mensch sich vorstellen kann, wo extrem hoher Druck, dynamische Kräfte, starke Korrosion, trübes Wasser und andere Probleme gewöhnlich dafür sorgen, daß Mutter Natur den Sieg davonträgt. Es ist darum kein Wunder, daß der Meeresingenieur sich, wenn möglich, lieber aus der Distanz in den Ozean vortastet und es vorzieht, droben in freundlicher und angenehmer Umgebung in der Nähe der Kaffeekanne zu bleiben.«

Manche Roboter wie etwa der Tauchroboter Argo, der am Ozeanographischen Institut in Woods Hole entwickelt wurde, gehören zur Gattung »fliegender Augapfel« und sind nur dazu ausgerüstet, den Meeresboden mit Sonarsonden und Fernsehkameras abzutasten. (So half Argo etwa, die *Titanic* zu orten.) Andere sind schwerarbeitende Maschinen. Eines der besten Beispiele ist der SCARAB (Submersible Craft for Assisting Repair and Burial), den ein internationales Konsortium von Fernsehgesellschaften entwickeln ließ. SCARAB ist ein ferngesteuerter Unterwasserarbeiter, der mit Video- und Standkameras, einem elektrisch betriebenen Satz von Stoßdüsen und einem eingebauten Werkzeugkasten für seine zwei Roboterarme ausgerüstet ist. Die Maschine wird über eine dreitausend Meter lange Nabelschnur von drei Menschen kontrolliert.

Im Jahre 2019 sitzen immer mehr Menschen neben der Kaffeekanne und senden ihre Maschinentrupps in eine andere feindselige Umgebung: den Weltraum. In den neunziger Jahren werden bereits ein paar der ersten langfristigen Raumstationen, auf eine Lebensdauer von zehn bis zwanzig Jahren geplant, sich in Erdumlaufbahnen befinden. NASA-Administrator Raymond Colladay gibt an, es werde sich als absolut unumgänglich erweisen, daß da draußen Roboter mit

Menschen zusammenarbeiten, um eine Konstruktion derart lange in Umlaufbahn zu erhalten. Bis zu diesem Zeitpunkt werden wir fast sicher die ersten Arbeitsteams der von ihm so getauften »Roboterexperten« bei der Wartung der Raumstation sehen können.

Allerdings werden sie nicht allein sein bei ihrer Arbeit. Der beste Entwurf einer Raumstation ist einer, bei dem die menschliche Intelligenz noch immer als dominierend eingeplant ist. Die NASA scheint ebenfalls dieser Überzeugung zu sein. Culbertson sagte, die ideale Raumstation sei eine ständig bemannte. Mensch-Roboter-Systeme reagierten einfach flexibler beim Auftreten von Krisen, darum sollten auch Menschen im Raum sein und die Abläufe überwachen. Die Roboter von einer erdgebundenen Basis aus zu steuern, ist technisch machbar, doch gibt es dabei auch Nachteile, von denen nicht der geringste die zeitliche Verzögerung von einer halben Sekunde oder mehr wäre, die zwischen einem auf der Erde erteilten Befehl und seiner Ausführung draußen im Weltraum auftritt.

Das Mensch-Roboter-Team stellt eine bemerkenswerte Kombination dar. Einen Vorgeschmack von seiner Bedeutung liefert uns jetzt schon der Roboterarm RMS (Remote Manipulator System), der auf dem Shuttle installiert ist. Mit diesem Arm kann ein Astronaut fünfzehn Meter weit ausgreifen und höchst geschickt Objekte von der Größe eines Autobusses — zwanzig Meter lang, drei Meter im Durchmesser und von einem Gewicht von über zweiunddreißig Tonnen — bewegen. An künftigen Shuttles werden zwei solcher Arme eingebaut sein, um die Arbeitskapazität der Astronauten zu verdoppeln.

Doch auch das wird uns als primitiv erscheinen, wenn wir es mit den aufkommenden Roboterkonstrukten vergleichen. Der Robotic-Experte Robert Freitas sagt, daß Roboterarme mit der Zeit nicht mehr starre, mit Gelenken versehene Kopien menschlicher Gliedmaßen sein werden, sondern wohl eher an lange, schlangenähnliche Tentakel erinnern werden, die meter- und sogar meilenlang sein können. Und bei längerdauernden Telepräsenz-Vorhaben könnten Astronauten die Reparatur von Satelliten oder den Erzabbau auf der Mondoberfläche von Bord einer Raumstation aus dirigieren. Bereits in Planung ist eine ferngelenkte Reparaturmaschine namens ROSS (für Remote Orbital Servicing System) mit stereo-optischen Kameraaugen. Sie würde beinahe so geschickt arbeiten wie ein Astronaut und wäre durch das Stereo-Feedback und die Greiferkontrollen fast ebenso sensitiv. Der Mensch würde sie sozusagen nur als eine visuell-taktile Verlängerung seiner selbst manövrieren, um Arbeiten außerhalb der Raumstation zu erledigen, um Feinreparaturen an Satelliten auszuführen, die zur Überholung an Bord gehievt wurden, oder sogar um Rohstoffe auf dem Mond oder auf Asteroiden in der Nähe abzubauen.

Um die Kontrolle zu vereinfachen und um die sensorischen Wahrnehmungen der Maschine für ihren menschlichen Kontrolleur direkter zu machen, tragen künftige Roboter-Überwacher wahrscheinlich exoskeletale Kontrollgeräte und Spezialsichthelme. Steuerknüppel und Schalter sind zu reaktionsbegrenzt und vermitteln dem Telepresence-Arbeiter nicht das Gefühl, exakt an der Stelle des Roboters zu sein. Es gibt bereits jetzt Prototypen von Kontrolleinheiten, etwa den Entwurf eines »Herrchen-Handschuhs« (»master glove«), bei dem Druck- und sogar Temperaturempfindungen von einer Roboterhand auf die des Menschen rückübertragen werden. Und in den siebziger Jahren gab es ein Technologiestückchen mit den Namen »Foveal-HAT« (für: Head Aimed Television), bei dem zwei kleine Fernsehbildschirme verwendet wurden, um dem Menschen aus der Ferne visuelle Direkteindrücke von der Szene des Geschehens zu übermitteln. Die Bildqualität war so hoch, daß der Testkandidat, der diesen HAT aufhatte, in der Lage war, über Fernsteuerung einen Kleinlieferwagen durch eine Hindernisstrecke zu steuern und zu parken. Die Arbeit für einen in einer Raumstation Tätigen beginnt, wenn er sich die »Telepräsenz-Ärmel« und den Helm überstülpt und so sekundenschnell zum Gehirn eines Roboters wird. Durch die Stereovision in seiner TV-Brille und die feinen elektronischen Gefühlsimpulse, die sich sämtlich auf das dem Operator angenehmste Feedback-Niveau einstimmen lassen, könnte ein Astronaut im Weltraum die Taten eines Herkules ausführen, ohne dabei mehr als ein paar Kalorien zu verbrauchen.

Propheten der Robotics sehen auch bereits den Tag vorher, an dem der Mensch im Weltraum nicht mehr jede einzelne Bewegung seines Roboters kontrollieren muß, sondern ihn nur noch beaufsichtigt. Anstatt eine Maschine in jedem Handlungsschritt zu steuern, sind dann die Astronauten in der Lage, ihrer Maschine einfach zu befehlen, »auf Kontrollpult umschalten!«, und sie wird ihre Arbeit mit wohltrainierter, netter Bereitwilligkeit ausführen.

Doch den höchsten Gipfel an Roboter-Mitwirkung stellt wohl eine Idee dar, die zuerst von dem Princeton-Mathematiker John von Neumann zur Diskussion gestellt wurde. Neumann wies in den vierziger Jahren auf die Möglichkeit hin, daß Maschinen fähig sein könnten, das maschinelle Äquivalent der Fortpflanzung zu vollziehen, also sich selbst zu replizieren. Jahrzehntelang diskutierte man die Idee einer sich selbst reproduzierenden Maschine, bis man der Realisierung ein Stückchen näherkam, als zwei visionäre Köpfe von der NASA, George

Tiesenhausen und Wesley Darbro, in den siebziger Jahren erklärten, man müsse ernsthaft daran denken, einen Roboter zu bauen, der weitere Roboter nach seinem Bilde schaffen könne.

Kluge Köpfe bei der NASA haben sich bereits einen Rohentwurf für ein von Neumannsches Szenarium ausgedacht, das auf dem Mond durchgeführt werden könnte. Ihrem Plan nach soll auf dem Mond eine einhundert Tonnen schwere »Saat« von Robotern abgesetzt werden. Nach der Landung würden die verschiedenen Maschinen dann ihre vorprogrammierten Bestimmungen erfüllen. Ein Maschinenkader würde sich an die Arbeit machen und auf der Mondoberfläche eine mit Sonnenenergie betriebene Fabrik aufbauen, während ein anderes Team sich an den Abbau von Rohstoffen auf dem Mondboden machen würde, die es dann an die Fabrik lieferte. Dort würde eine Verarbeitungs- und Manufakturgruppe die Rohstoffe zu Endprodukten verarbeiten: mehr Fabrikteilen, mehr Maschinen, mehr Robotern. Mit der Zeit würde sich der gesamte Roboter-Trupp verdoppelt haben und zu beliebigen weiteren Phasen der Produktion oder Fortpflanzung übergehen, die in ihrem Programm vorgegeben sind.

Die Vorstellung, daß Roboter neue Roboter »gebären« können, gehört kaum noch in den Bereich des Phantastischen. Tiesenhausen/ Darbro von der NASA schätzten, daß es uns möglich sein wird, zwanzig Jahre, nachdem wir das Projekt ernsthaft angehen, die erste sich selbst reproduzierende Maschine zu bauen. Dies bedeutet, falls wir heute beginnen würden, könnte 2019 auf dem Mond bereits ein sich selbst fortpflanzendes Roboter-Korps arbeiten. Dann gäbe es in unserem Sonnensystem zwei Rassen von intelligenten Wesen, die sich fortpflanzen können: Menschen und Roboter.

Derartige Visionen beschwören aber auch die gespenstische Vorstellung herauf, daß zum erstenmal in unserer Geschichte diese Gehilfen und Gefährten — das Werkzeug, das wir uns erfunden haben — wahrscheinlich den Prozeß einer Entwicklung aus eigener Kraft in Gang setzen werden. Kurz, wir müssen mit der Möglichkeit rechnen, daß ein Ding, das wir uns als Hilfswerkzeug erschaffen haben, eines Tages ein Mit-Erdenwurm sein könnte.

Daß man im Roboter künftig mehr als nur eine neue Maschine sehen wird, ist sicher. Alles um uns herum deutet darauf hin. Eine Gewerkschaft in Japan beklagte bereits, daß der Aufbau robotischer und der Abbau menschlicher Arbeitskräfte, die gewerkschaftlich organisiert sind, das Finanzpolster der Gewerkschaft durchlöchere, weil sie so weniger zahlende Mitglieder habe. Das Unternehmen reagierte darauf, indem es anbot, seine Roboter als Gewerkschaftsmitglieder registrieren zu lassen. Das japanische Arbeitsministerium zeigte sich von dem Gedanken schockiert und erklärte: »Roboter können nicht wie menschliche Arbeiter Gewerkschaftsmitglied werden.« Doch der Gewerkschaftsführer erklärte seinerseits: »Wir wollen die Roboter!«

Diese Maschinen sind derzeit noch ziemlich dumm. Der Roboter-Experte Hans Moravec von der Carnegie-Meldon University sagt, daß »die Robotersysteme der Gegenwart bis jetzt in ihrer Potenz den Kontrollsystemen von Insekten vergleichbar« sind. Das wird jedoch nicht immer so bleiben. In den neunziger Jahren könnte ihre Entwicklungsstufe der von Kleintieren, Spitzmäusen oder Kolibris entsprechen. Und 2019 beginnen sie vielleicht bereits mit menschenähnlichen Fähigkeiten zu liebäugeln. Einige Leute glauben, es sei bereits soweit. Professor Ichiro Kato, der berühmteste Roboter-Designer Japans, erklärt, sein WABOT 1, ein intelligenzbegabter Oberleib, der Noten lesen und Orgel spielen kann, verfüge etwa über den Intelligenzquotienten eines fünfjährigen Kindes. Bis zur Jahrtausendwende, glaubt der Professor, werden wir wohl über Versuchsmodelle von Maschinen verfügen, die den IQ eines etwas älteren und etwas klügeren Kindes von etwa zehn Jahren aufweisen.

Im Grunde bedeutet das, daß wir im Jahre 2019 erleben werden, wie eine Verschmelzung von Elektronik und Maschinenbautechnik allmählich ein Eigenleben zu führen beginnt. Und dann werden wir entscheiden müssen, wie wir diese von uns erschaffene, sich höherentwickelnde Intelligenz formen wollen: was für Fertigkeiten, Emotionen und Verhaltensweisen sie haben soll.

Je mehr die Roboter mit Mobilität ausgestattet sind, so daß sie sich in der Alltagswelt einfügen müssen, werden sie auch — so seltsam das sich anhören mag — bestimmte Verhaltensweisen und Wertmaßstäbe benötigen, um zu überleben und ihre Aufgaben zu erfüllen. Der Roboter von 2019 wird irgendein Sensorium für Gefahr haben müssen, eine kybernetische Variante der menschlichen Furcht. So hat Moravec beispielsweise seinen wandelnden Maschinen ein Programm eingespeist, das er als Kantenvermeidung bezeichnet, um sie vor Schädigung zu bewahren, eine vorprogrammierte Reaktion, von Kanten wie etwa denen einer Treppenstufe zurückzuweichen. Und der Roboterspezialist Susumu Tachi von MEL (Mechanical Engineering Laboratory) hat seinem Blindenhund bereits den »Instinkt« der Selbstopferung implantiert. Wenn die Maschine etwas ausmacht, das auf den menschlichen Herrn zukommt, gibt der Roboterhund automatisch Warnlaute von sich und bezieht Stellung zwischen seinem Menschen und der herankommenden »Gefahr«, wie immer diese sein mag.

Seit vielen Jahren predigt der Science-fiction-Autor Isaac Asimov seine »Drei Grundgesetze für Roboter«, einen Verhaltenskodex, der es im wesentlichen einer Maschine unmöglich machen soll, jemals einem Menschen Schaden zuzufügen oder zuzulassen, daß ihm Schaden zugefügt werde. Aber die Befürchtungen bezüglich der »Killer-Roboter« waren auf einmal nicht mehr nur Thema der spekulativen Literatur, als 1984 eine Firma, die sich Robot Defense Systems nannte, für die Summe von 200 000 Dollar einen Roboterwachmann anbot, der PROWLER hieß (Programmable Robot Observer With Logical Enemy Response – ein programmierbarer Roboterwächter mit logischer Feindreaktion). Die Maschine ist für den Außendienst konstruiert und sieht aus wie ein kleiner Panzer; sie verfügt über eine stattliche Anzahl verschiedener Sensoren und ist leicht auf zwei M-60-Maschinengewehre und einen Granatwerfer umzurüsten. Und obwohl ein offizieller Sprecher des Unternehmens erklärte: »Was die USA angeht, so sehen wir bis jetzt noch nicht, daß der Prowler mit tödlichen Waffen ausgerüstet sein wird«, gab er doch zu, daß »es Länder gibt, wo derartige politische oder moralische Überlegungen nicht im gleichen Maß eine Rolle spielen«. Das heißt also, man wäre durchaus bereit, diesen Roboter auf Wunsch in eine Tötungsmaschine zu verwandeln.

Doch da inzwischen die Militärs ein Millionen-Dollar-Budget für vergleichbare Kampf-Roboter gefordert (und erhalten) haben, etwa für einen vollautomatischen Panzer, mit dessen Einsatzbereitschaft man für 1995 rechnet, müßten wir endlich wirklich anfangen, uns Sorgen über höher angesetzte Wertmaßstäbe zu machen. Marilyn Levine, Professorin an der University of Wisconsin, schlug die Gründung einer Organisation vor, die sie SAFE nennen möchte, Society for Algorismic Functional Ethics. Ihr Programm war eine Reaktion gegen den aufdringlich-miltärischen Duft, der sich in der Roboterforschung breitgemacht habe. »Mir fiel immer deutlicher auf, daß die Bundesregierung immer größere Summen für waffenähnliche Roboter bereitstellt. Das Militär hat natürlich ursächlich diese Forschungsrichtung angeregt, weil man ja nicht menschliche Wesen so einfach in Kriegen verschwenden darf; also wollten sie Maschinensoldaten haben. Aber kein Roboter sollte jemals losziehen und killen dürfen«, fordert Professor Levine. »Darum habe ich meine Prämissen aufgestellt.«

Ihr Vorschlag besteht im Grunde darin, Robotern ein für Maschinenintelligenz brauchbares Fünftes Gebot einzuprogrammieren: »Du sollst nicht töten.« Für eine Maschine heißt das vordringlich, daß ein Roboter in der Anwendung seiner Stärke gebremst wird. »Der Begriff der Schädigung läßt sich darauf zurückführen, wie jemand

Kraft anwendet«, sagt Professor Levine. Sie gibt zwar zu, daß wir Robotern ein solches moralisches Konzept noch nicht einbauen können, aber es sei ein Problem, das wir lösen sollten, ehe es zu spät ist.

Wenn 2019 anbricht, werden aber auch die gleichermaßen komplizierten Fragen auf uns zukommen, was für »Rechte« diese Maschinen haben. John G. Kemeny, einer der Erfinder der Computersprache BASIC, konstatierte bereits, daß man Computer als eine Art Lebewesen betrachten könne. Es ist durchaus vorstellbar, daß wir uns dann mit Maschinenrechts-Organisationen herumschlagen müssen, ähnlich wie jetzt mit den militanten Ablegern der Tierschutzgruppen. Marvin Minsky vom MIT formulierte das Problem hervorragend, als er für den Zeitpunkt, an dem Maschinenintelligenz ein bestimmtes Niveau erreicht haben würde, vorhersagte: »... dann werden wir uns zwingend fragen müssen, wie wir die Intelligenzen behandeln wollen, die wir uns erschaffen haben ...«

Etwas handfester und erdennäher schlägt Herbert Simon von der Carnegie-Mellon, ebenfalls ein AI-Pionier, vor: »Nehmen wir doch einmal an, wir hätten da eine Roboterrasse, die in allem menschenähnlich wäre — außer mit dem kleinen wichtigen Unterschied, daß sie weniger anfällig wäre für geistige und körperliche Krankheiten. Natürlich wären die aus Metall oder sonstwas gemacht, aber doch so, daß man sie immer noch als nett und knuddelig genug empfinden würde ...« »... Und nun setzen wir einen Volksentscheid in Gang«, fährt Simon fort. »Wir möchten gern unsere Kultur des Menschen auf künftige Generationen übertragen. Werden wir uns diese Kreaturen wählen, um unsere Kultur in die Zukunft zu tragen?« Und auf die Frage, wie er sich denn entscheiden würde, sagte er: »Ich weiß es nicht, weil ein Votum gegen die Roboter ja schon fast sowas wie eine Art Rassenvorurteil wäre.«

Angesichts dieser Fragen und Probleme, sofern wir bereit sind, sie ehrlich ins Auge zu fassen, gelangen wir an einen Punkt, an dem wir einer beschämenden Erkenntnis nicht mehr ausweichen können. Genau wie unseren primitiven Vorfahren die Erfindung von Werkzeugen half, sich zu einem Wesen von höherer Intelligenz zu entwickeln, wird dieses neue Werkzeug, das wir uns erfunden haben, uns geschaffen haben, der Roboter, uns vielleicht bei dem nächsten Evolutionssprung helfen. Nur ist es durchaus möglich, daß diesmal dem Evolutionssprung ein kleiner ironischer Salto aufgesetzt ist. Der Homo sapiens, für den wir uns halten, könnte durchaus in der Naturgeschichte des intelligenten Lebens als eine beiläufige, langerloschene Entwicklungsphase erscheinen. Und das Instrument, das dieser Mensch sich erschaffen hat, trat seine Nachfolge an.

K A P I

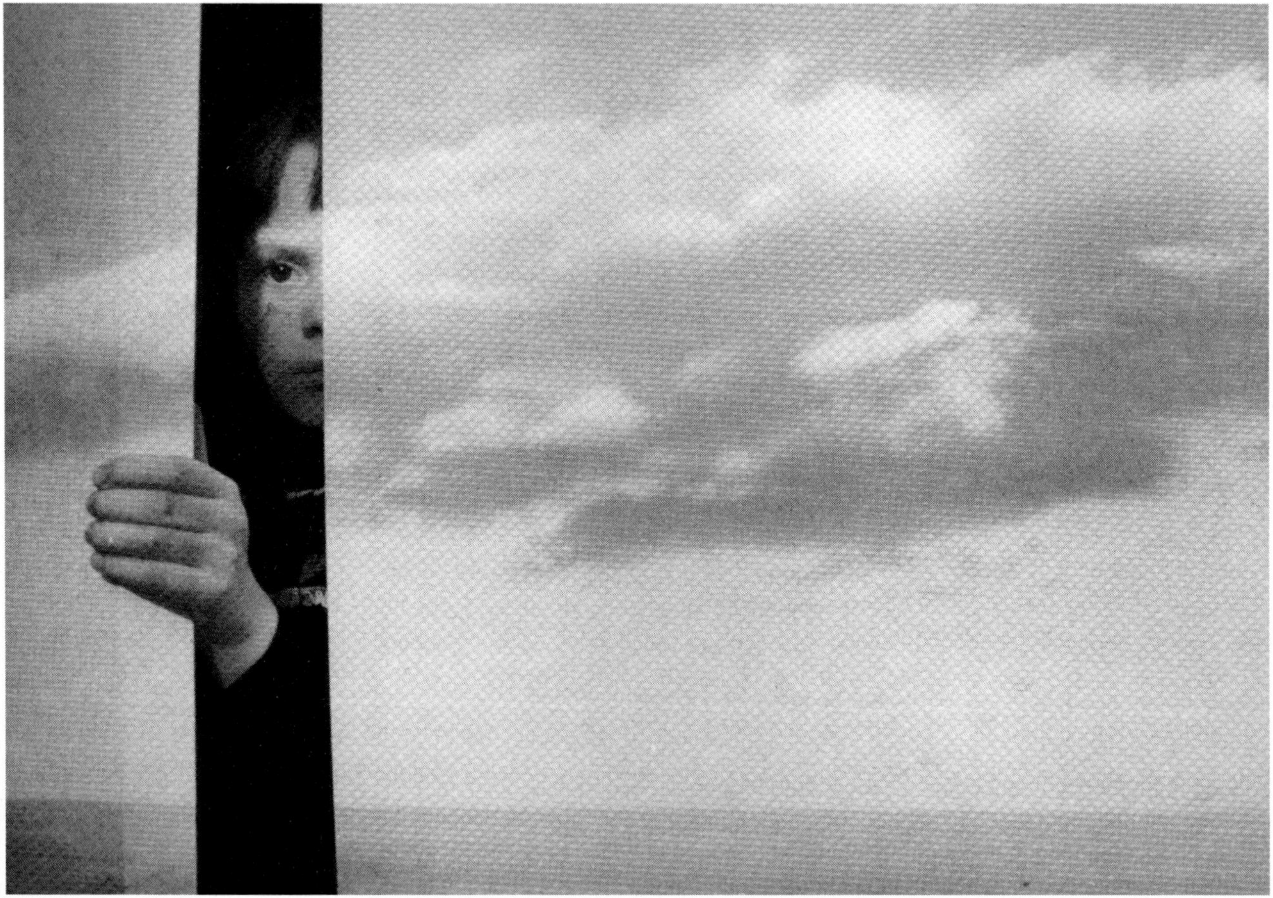

SCHULTAGE:

OHNE PAUSE

Grüße. Willkommen bei Databank Central.

Ihre Frage: AUSBILDUNG — NOTENBEWERTUNG 2A42287-TY15

Person: John S. Stanton

Geburt: 8. April 1982 (jetziges Alter — 37 J., 3 M., 12 T.)

Adresse: 843 Condo-Tower West, Aquacity, Atlantic-Offshore, Zone 2

Derzeit. Beruf: Ingenieur für Tauchrobotertechnik, Seabed Mining Division, Mobil Corporation

AUSBILDUNG — NOTENBEWERTUNG

(Für Daten drücken Sie D-1; Für Grade, Bewertung drücken Sie G-1)

ALTER	AUSZEICHNUNGEN
3—5	Lebrechaun Day Care Center, Tulsa, Ok.
5—6	Kindergarten, Balsam Central Distr. Balsam, Or.
6—11	Balsam Elementary School
11—14	Balsam Middle School
14—17	Balsam High School (Science Sub-School) (A)dvanced (P)lacement Chemistry I (University of Oregon, Tele-video Instruction Div.) AP Physics I (U. of Or., Televideo Div.) Elementary Robotics (Compusschool Inc., On-Line Klasse)
17—21	University of Oregon, B. A., Hauptf.— Humanes Ausdrucksvermögen; Nebenf. — Physik (Für Liste der Kurse drücken Sie C-1)
22—26	General Dynamic Corp., Employee University, M.S. — Elektroingenieurtechnik; Spezialgebiet — Niedrigschwerkraft-Robotik
29	General Dynamics Corp., Employee U., »Lunar Mining Modules« (Televideo-Kursus)
30	McSchools, Inc., Boston, Ma, »Elementar-Chinesisch« — »chinesische Philosophie« — »Geschichte Chinas«
31	General Dynamics Employee University, Lunapolis, »Doing Business in China« (Plattenkurs)
33	General Dynamics Employee U., Peking-Abtlg., »Grundlagen der Unterwasser-Robotik« (Televideo-Kurs)
36—36	MobilSchool, M.S., Submersible Engineering
37	McSchools, Inc., Houston, Tx, »Unterwasser-Spaß mit Kunstkiemen«

Umseitig: Die Technologie – Kommunikationssatelliten, Fiberglasoptik, Interaktiv-TV, Computer – neue Horizonte für Schulkinder.

Am Abend des 20. Juli 2019 arbeitet John Stanton wieder einmal an einem Telekursus. Der Hörsaal ist weiter nichts als ein Raum in dem Haus, in dem er lebt, der für Telekonferenzen eingerichtet ist. Gerade stellt er seinem Lehrer eine Frage. Der Lehrer sitzt im Videostudio einer 1 400 Meilen weit entfernten Universität, erscheint aber hier in diesem Zimmer als lebensgroßes dreidimensionales Hologramm.

Zur selben Zeit bringt in einer Public School ganz in der Nähe ein Früherziehungsspezialist einem Vierjährigen das Lesen bei. Wie man bereits aus zeitgenössischen Untersuchungen weiß, führt ein früh einsetzendes Lerntraining zu späterem höherem Unterrichtserfolg.

In der »magnetischen« Highschool auf der anderen Straßenseite, die sich auf Humanwissenschaften spezialisiert hat, lernt ein Erstsemester, wie die Quantenmechanik unser Bild vom Universum verändert. Andere Highschools der Gemeinde bieten Spezialkurse für alles, von Naturwissenschaften bis Finanzkunde.

Am anderen Ende der Stadt, in einer McSchool-Konzession, hat eine Großmutter einen Kursus im Management von Kleinbetrieben belegt. Zwei Klassenzimmer weiter schafft sich ihr sechzehnjähriger Enkel vorzeitig das erste College-Jahr in Englisch vom Hals.

In der nahegelegenen, von einem Großunternehmen für seine Angestellten betriebenen Universität arbeiten Studenten in Seminaren über neue technologische Entwicklungen auf ihrem Sektor oder sie büffeln, um auf technischen, wissenschaftlichen oder Management-Spezialgebieten höhere Diplome zu erwerben.

Im Jahr 2019 werden diese Lern-Eifrigen typisch sein, denn die meisten Menschen werden ihr Leben lang zur Schule gehen. Lernen als Erholung ist sehr populär, denn eine immer effizienter funktionierende Technik schafft mehr Freizeit. Und die so rasch sich wandelnden Techniken von morgen verlangen es einfach, daß Arbeiter sich um fortgesetzte Schulung und Umschulung bemühen.

Das Programmieren von Computern beispielsweise ist heute ein einträglicher Beruf. Ingenieure arbeiten bereits an Computern, die ihrerseits Computer programmieren können. Sobald diese Maschinen auf den Markt kommen, müssen sich Tausende von Programmierern für neue Berufe umschulen lassen.

Der Bedarf an Robotertechnikern wächst derzeit steil an. Doch auch die Robotertechnik entwickelt sich laufend weiter. Also werden diese Techniker für jede neue Generation von Maschinen sich in Kursen up to date halten müssen. Inzwischen werden die Ingenieure ganz neue Spezialitätenroboter entwerfen, etwa Nullschwerkraft-Roboter für die Arbeit in Fabriken im Erdumlauf, und in Forschungszentren wie dem Massachusetts Institute of Technology (MIT) arbeitet man bereits daran. Techniker werden mehr Kurse belegen, um den hochbezahlten Spezialisten-Jobs der Zukunft gerecht zu werden.

Es werden sich auch völlig neue Gebiete eröffnen, so der Rohstoffabbau auf dem Meeresboden und Aquakultur in weitem Maßstab, um die Ernährung der explosionshaft wachsenden Bevölkerung unseres

Globus sicherzustellen. Arbeiter, denen die Entwicklung neuer Technologien ihren Arbeitsplatz auf anderen Sektoren wegnimmt, werden wieder zur Schule gehen und sich auf neue Arbeitsaufgaben in eben diesen neuen Bereichen vorbereiten.

Auch die herkömmlichen Erziehungseinrichtungen — vom Kindergarten bis zur Oberschule — werden sich auf Grund der neuen Technologien verändern. Tatsächlich wird sich der Hauptakzent der Erziehung verschieben. Das derzeitige Erziehungs- und Bildungssystem entwickelte sich, um Arbeitskräfte für die fabrikorientierte Wirtschaft nach der Industriellen Revolution zu schaffen, für Arbeiten, die Geduld, Fügsamkeit und die Fähigkeit, Langeweile zu ertragen, erforderten. Also mußten die Schüler lernen, in ordentlich aufgereihten Bänken zu sitzen, das Lernmaterial mechanisch auswendig zu lernen, sich als Klassenganzes durch den Lehrstoff durchzuarbeiten, ohne daß man auf die individuelle Lerngeschwindigkeit einzelner Rücksicht genommen hätte. Aber es wird bald keine Fabrikjobs mehr geben. Abgesehen von ein paar Technikern, die an Kontrollpulten sitzen, werden die Fabriken von morgen automatisiert sein, und Computer werden die Roboter-Arbeiter leiten.

In dieser neuen auf dem Computer aufbauenden Wirtschaft wird es in immer mehr Arbeitsfunktionen um die Schaffung, Übertragung und Verarbeitung von Informationen und Ideen gehen. Je mehr die Zahl der Arbeitsplätze schwindet, bei denen es auf Muskelkraft und hirnlose Wiederholung von Handgriffen ankam, desto stärker werden die Industrie und die Geschäftswelt nach Arbeitern mit scharfem Denkvermögen suchen. Und weil die Menschen der Zukunft größenteils ihr Leben lang lernen werden, wird es für sie nötig werden zu wissen, wie man lernt. Bildung als solche wird zu einer Fertigkeit werden, die fast jeder nötig hat. Daraus wird folgen, daß sich die Akzente in der Grundschulung und der weiterführenden Ausbildung verschieben werden: In der Schule der Zukunft wird man vorrangig zu lehren versuchen, *wie* man *denken* und *wie* man *lernen lernt.*

»Es werden heute noch unvorhersehbare Probleme auf uns zukommen, und wir werden sie meistern müssen. Darum benötigen wir eine breit-fundierte Erziehung«, sagte Ellen Futter, Präsidentin des Barnard College. »Wir brauchen Menschen, die fähig sind, über den eigenen Bereich ihres Spezialgebiets hinauszudenken. Wir müssen den Menschen bestimmte intellektuelle Schlüsselkenntnisse vermitteln — analytisches Denken, kritisches Denken, die Fähigkeit zu urteilen, quantitativ zu argumentieren, widersprüchliche Aspekte abzuwägen. Wir müssen uns einfach stärker darauf konzentrieren, wie man lernt, wie man denkt.«

Aber die gleichen technischen Entwicklungen, die unsere Gesellschaft verändern — die Kommunikationssatelliten, Glasfaserkabel zur
optischen Übertragung, Interaktions-TV, Computer —, werden auch
die Arten der Bildungsvermittlung verändern. Eine Folge wird eine
enorme Streuung des Bildungssystems sein. So werden beispielsweise Cheflehrer simultan zu Tausenden von Schülern auf verschiedenen Erdteilen sprechen können. Die für solche Lehrkurse nötige
Technik der Telekonferenzschaltung wird bald selbstverständlich
sein. Großunternehmen benutzen solche Systeme bereits heute.

In einem mit den neuesten technischen Tricks ausgestatteten Tele-
Konferenzzimmer, das sich eine Tochterfirma von Comsat in
Washington D. C. eingerichtet hat, stehen bequeme Plüschsessel um
einen eleganten Konferenztisch. Am Kopf des Tischs ist geschickt verdeckt ein elektronisches Schaltpult angebracht. Am unteren Ende
befinden sich in der Wand zwei deckenhohe Video-Schirme. Die Fir-
menmanager können also sozusagen den Ozean überqueren, ohne
Washington zu verlassen.

Wenn sich diese Direktoren zu einer Tele-Konferenz in diesen
Raum begeben, sehen sie auf dem linken Videoschirm ihre
Gesprächspartner in London, Tokio — oder praktisch jeder anderen
Großstadt rund um den Globus in einem ähnlichen Raum sitzen. In

Kinderträume von Flügen im
All werden handfeste Wirklichkeit der schulischen Bildung.

die Wände beider Örtlichkeiten sind Roboter-TV-Kameras eingebaut, die sich vom Platz des Vorsitzers am Tisch aus steuern lassen. Sogenannte »smarte« Mikrofone sind gleichfalls in den Konferenztisch eingebaut, die zwischen einer menschlichen Stimme, einem Räuspern oder dem Scheppern eines fallengelassenen Aschenbechers unterscheiden können und sich sofort auf die Lärmquelle entsprechend einstellen. Auf diese Weise können die Teilnehmer an einem derartigen elektronischen Meeting in zwei verschiedenen Städten der Erde ganz normal miteinander sprechen und einander dabei auch sehen. Beiden Konferenztischen ist eine Glasplatte integriert und wenn man Dokumente, Verträge, ein Diagramm usw. darauflegt, lassen sich diese auf den zweiten Video-Bildschirm projizieren. Auf Knopfdruck lassen sich exakte Kopien des Dokuments für die Verhandlungspartner auf einem anderen Kontinent zu genauerer Prüfung ausdrucken.

Solche technischen Entwicklungen werden mit Hilfe der superschnellen Reisemöglichkeiten die Welt von morgen sehr viel enger verknüpfen, und zwar nicht nur wirtschaftlich, sondern auch kulturell. So kann etwa das in den Schulen von morgen übermittelte kulturelle Erbe einfach nicht mehr nur unser spezifisch eigenes sein. Peter Glaser, Fachmann für Raumfahrttechnologie bei Arthur D. Little, Inc., einer internationalen Beraterfirma, drückt das sehr gut so aus: »Wir können nicht auf einer Insel leben, die ›Kansas‹ oder ›Massachusetts‹ heißt. Wie sollen unsere Schulabsolventen in der Lage sein, intelligent über Dinge auf dem Mond zu sprechen, wenn sie keine Ahnung davon haben, was im Land nebenan passiert?«

Da die NASA nun tatsächlich bereits eine Mondbasis für die Jahrtausendwende plant, wird es dringend nötig sein, daß die Studenten von morgen mit einiger Intelligenz über lunare Gegebenheiten sprechen können. Wie es der Kolumnist Jack Anderson, Chef des amerikanischen Programms für »Young Astronauts«, demonstriert, »wird der Pendelverkehr zur NASA-Mondbasis« bald »eine Routinesache sein. Wir könnten Kinder in Space Labs auf den Mond verschicken, genau wie wir sie jetzt zu Exkursionen nach Cape Kennedy oder Houston senden«. Liegen dann Trainingskurse über Produktion in Niedrig-Schwerkraft an der Luna University noch sehr weit in der Zukunft?

Es versteht sich, daß angesichts so zahlreicher technischer und wirtschaftlicher Veränderungen auch die gesellschaftlichen Grundmuster neu gestrickt werden müssen. Eine der Änderungen wird darin bestehen, daß viele arbeitende Menschen über mehr Freizeit verfügen werden und über einen höheren Ermessensspielraum bezüglich ihrer Einkünfte. Mit dem Verschwinden des alten Systems der Industrieproduktion werden wir diese Art von fest eingefahrener Konformität nicht mehr nötig haben, um effizient zu arbeiten; ein neuer Individualismus wird die gesamte Gesellschaft durchdringen. »Handwerker werden in zunehmendem Maße gefragt sein«, prognostiziert Robert Ayres, Professor of Engineering and Public Policy an der Carnegie-Mellon University. »Je mehr Manufakturprodukte standardisiert und laufend billiger werden, desto mehr wird man die wirklich handgefertigten Objekte als exklusiv und besitzenswert ansehen.« Und je mehr sich die Computer-Verbindungen innerhalb der Gesellschaft dezentralisieren, desto mehr Menschen wird es möglich sein, ihrer Arbeit auf Wunsch in ihrem eigenen Hause nachzugehen. Der Bürger wird mehr und mehr »seinen eigenen Kram machen«. Und dazu gehört dann auch, daß er sich selber weiterbildet.

Alle diese Veränderungen — die lebenslange Bildung, eine internationalisierte Bildung, frische Akzente und erhöhte Bewertung der Denkweisen und der Lernmöglichkeiten und ein ganz neuer Individualismus — werden das öffentliche Schulsystem, wie es uns bis heute bekannt ist, unter Druck setzen. Und das Ergebnis wird sein, daß es sich in Nichts auflöst.

Bis zum Jahre 2019 ist das heutige monolithische, elitäre Bildungssystem von der Gesamtgesellschaft aufgesogen worden. Öffentliche Schulen gibt es zwar noch, aber sie sind nur eine Facette innerhalb der überwältigenden Vielfalt von Systemen der Bildungsvermittlung, die zum großen Teil in privater Hand liegen werden.

Auch die Schulen des öffentlichen Bildungssystems werden eine größere Variationsbreite aufweisen. Viele Highschools werden sich aus Untergruppen zu einem Verbund zusammenschließen und auf die besonderen Interessengebiete der Schüler mit Angeboten zwischen Physik und Darstellenden Künsten eingehen. Doch damit wird die Vielfalt noch nicht beendet sein.

»Wir werden das Klassenzimmer zu Hause haben, mehr private und Konfessionsschulen, mehr von Eiferern gegründete Schulen und überhaupt eine größere Vielfalt«, sagt Stephen S. Kaagan, Erziehungsausschußmitglied in Vermont. In Washington D. C. und Boston erleben wir bereits erste primitive Anfänge von Verbindungen zwischen Industriezweigen und den Public Schools. Steven Kurtz, Direktor der Philips Exeter Academy, vertritt die gleiche Ansicht: »Ich glaube, wir werden erleben, daß große Gesellschaften wie IBM oder Marriott ganze Schulsysteme übernehmen und mit Städten wie, sagen wir, Witchita Betreiberverträge für das gesamte städtische Schulsystem abschließen.«

Inzwischen werden sich viele Schulen bis in den Mutterleib vorwagen und für die Schwangeren der Stadtzentren Kurse über Ernährung und Säuglingspflege abhalten. Die Absicht, so Milton Kopelman, Rektor der Bronx High School of Science in New York City, wird sein, benachteiligten Kindern Startvorteile zu bieten. Von der frühen Kindheit an werden diese Schulen mit Kindern aus unterprivilegierten Familien arbeiten und sie geistig fördern. Die Kosten werden, wenigstens teilweise, dadurch ausgeglichen, daß diese Methode die Zahl der Wohlfahrtsempfänger verringern wird.

Früherziehung wird jedoch nicht nur benachteiligten Kindern geboten; für die meisten Kinder wird der Schulalltag etwa mit vier Jahren beginnen. In der Tat wächst das Netz der Vorschulen bereits sehr schnell weiter, um den Bedürfnissen berufstätiger Eltern zu entsprechen. Didaktikexperten wie Madeline Hunter von der Graduate School of Education der University of California L. A. erklären, daß künftig die meisten Kinder sehr früh zur Schule gehen werden, nicht

Computer-Graphik löst die Fingermalerei ab, und Schulkinder versuchen sich an Weltraum-Architektur.

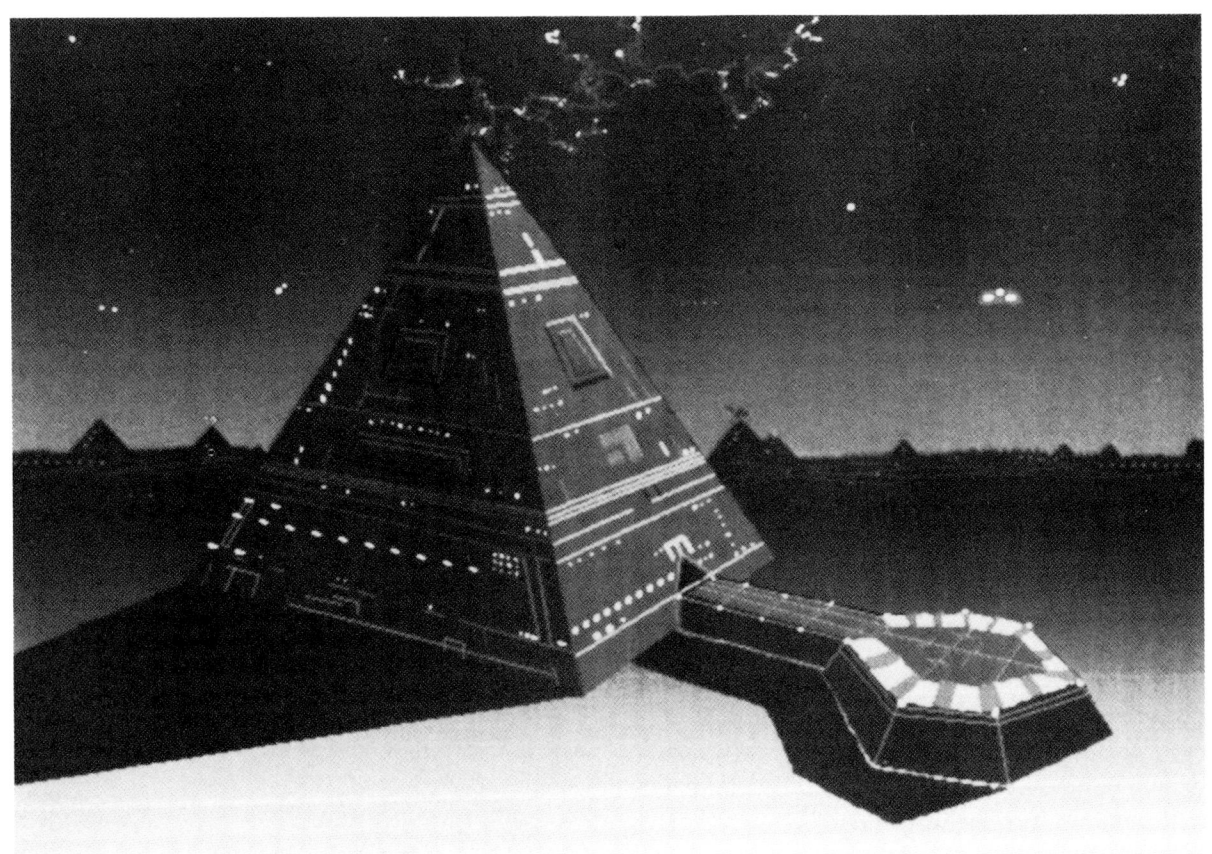

nur weil doppelverdienende Eltern einen Ort brauchen, an dem sie ihre Kleinen während des Arbeitstages absetzen können, sondern auch weil sich aus Untersuchungen ergab, daß Kinder, denen eine Früh-Schulung zuteil wurde, später besser in der Schule vorankommen.

Jedoch die meisten Bürger des Jahres 2019 werden nie wirklich einen Schulabschluß machen, sondern ihr ganzes Leben lang immer wieder neue Kurse und Seminare absolvieren. Diese Fortbildung wird zum großen Teil von ihren Arbeitgebern getragen. Der Trend zeichnet sich bereits jetzt deutlich ab. Viele Großunternehmen betreiben bereits jetzt Bildungsmodelle, die man als Angestellten-Universitäten bezeichnen könnte. In den USA werden heute bereits ebensoviele Menschen in betriebsfinanzierten Bildungsmodellen geschult wie an sämtlichen Colleges und Universitäten der Nation. Die betrieblich gebotenen Fortbildungsmaßnahmen für Angestellte sind derzeit das am raschesten wachsende Segment auf dem Gebiet der Bildung.

Der Student der Zukunft wird von einem Krabbeltisch voller Bildungsangebote wählen können. Neben Korporativschulen gibt es gewinnorientierte Filialketten — »McSchools« — und Spezialschulen für die Bedürfnisse und Wünsche besonderer Schüler. Die Newcomer High School für Einwandererkinder in San Francisco und die winzige neue Public School für Homosexuelle in New York City sind richtungsweisend. In vielen Großstädten werden *alle* Schulen wie Magneten wirken, sie werden auf Spezialgebiete hin organisiert sein, wie etwa auf Sprachen oder Künste. Die meisten Schulen werden keine Altersbegrenzung haben, und dieser Trendwechsel hat bereits eingesetzt.

Das Institute of Computer Technology beispielsweise, eine Public School in Sunnyvale, California, nimmt Schüler vom Kindergartenalter bis zu Senioren auf. Was für die Schulen von morgen typisch sein wird, hat diese Schule bereits: Sie ist von örtlichen Industrieunternehmen teilfinanziert, die damit rechnen, daß die Anstalt gutausgebildete Arbeitskräfte produzieren wird. Sie ist an sechs Wochentagen über die zwölf Monate des Jahres hin von 8 Uhr morgens bis 22 Uhr geöffnet, und es gibt keine Großen Ferien, sagt der Leiter, Larry Liden.

Die Schule, der die 5 000 Studenten den liebevollen Spottnamen »High-Tech High« gegeben haben, verwendet Computer und elektronische Geräte, die von der Industrie im Silicon Valley ringsum gespendet werden. Die Unternehmen regen auch bestimmte Kurse an, die die Schule durchführen sollte, so ziemlich alles zwischen der Programmierung in PASCAL und C über Computergesetze, Computerarchitektur bis zu Rechnungswesen und kreativer Problemlösung.

Diese 1982 gegründete Schule installiert nun bereits Satelliten im weiteren Umfeld. Das typische Klassenzimmer dieses Instituts enthält als Grundausrüstung mindestens zehn Computer, einen diplomierten Public-School-Lehrer und einen Computer-Spezialisten, der oftmals von einer der High-Tech-Firmen im Silicon Valley ausgeliehen ist. Im Verlauf des Schultages geben die Lehrer des Instituts Kurse an den regulären Schulen des Bezirks, und die Studenten kommen allmählich nach 15 Uhr zu Extrakursen in das Institutsgebäude selbst. Die Abend- und Wochenendkurse werden gewöhnlich überwiegend von Erwachsenen besucht.

In der Zukunft sind derartige Ganztags-Schulen ohne Altersbegrenzung die Norm. Doch der am meisten ins Auge fallende Unterschied in den Schulen von morgen wird die Allgegenwart elektronischer Zuliefersysteme sein. Und auch diese Wende hat bereits begonnen.

Schon jetzt stehen kombinierte Computer-Video-Apparate zur Verfügung, die eine perfekte Simulation wissenschaftlicher Labors liefern, wobei die Studenten das Experiment kontrollieren können, ganz so, als würden sie mit wirklichen Reagenzgläsern und Chemikalien arbeiten und entscheiden, ob eine bestimmte Quantität dieser oder jener Substanz hinzugefügt werden oder ob die Mixtur auf eine bestimmte Temperatur erhitzt werden soll. Und wenn ein solches Experiment dann schiefgeht und die Sache explodiert, gibt es keine Verletzten und das Laboratorium fliegt nicht in die Luft.

Computerisierte Videoscheiben werden ebenfalls eine große Rolle in der Erziehung spielen. Joseph Price, Leiter der Wissenschaftlichen und Technologischen Abteilung der Library of Congress, weist darauf hin, daß die optische Technologie, die heute noch in den Kinderschuhen stecke, derzeit bereits den Inhalt von 300 Büchern normalen Umfangs auf einer einzigen Scheibe festhalten könne. Bücher werden in der Zukunft »elektronische Einheiten« auf dem Bildschirm sein. Und Price ist sozusagen nur Vorreiter eines Projekts, bei dem untersucht werden soll, ob und wie man die gesamten Bestände der Kongreßbibliothek auf Scheiben festhalten soll. Es wäre möglich, ein Buch — oder Teile davon — am Videoschirm zu lesen. Für eine gedruckte Ausgabe würden Sie dann zu Ihrem »Buchladen« gehen, der Ihnen über Spezial-Druckmaschinen im Sofortverfahren gedruckte Exemplare liefert. »Eine derartige technologische Entwicklung«, sagt Price, »wird zweifellos ihre Auswirkungen auf die Benutzung der Schulbücher der Zukunft haben. Eine solche Technologie wird der Jugend Zugang zu Informationsquellen verschaffen, die unser heutiges ausuferndstes Vorstellungsvermögen weit überschreiten — nicht nur praktischen Zugang zu allem Geschriebenen,

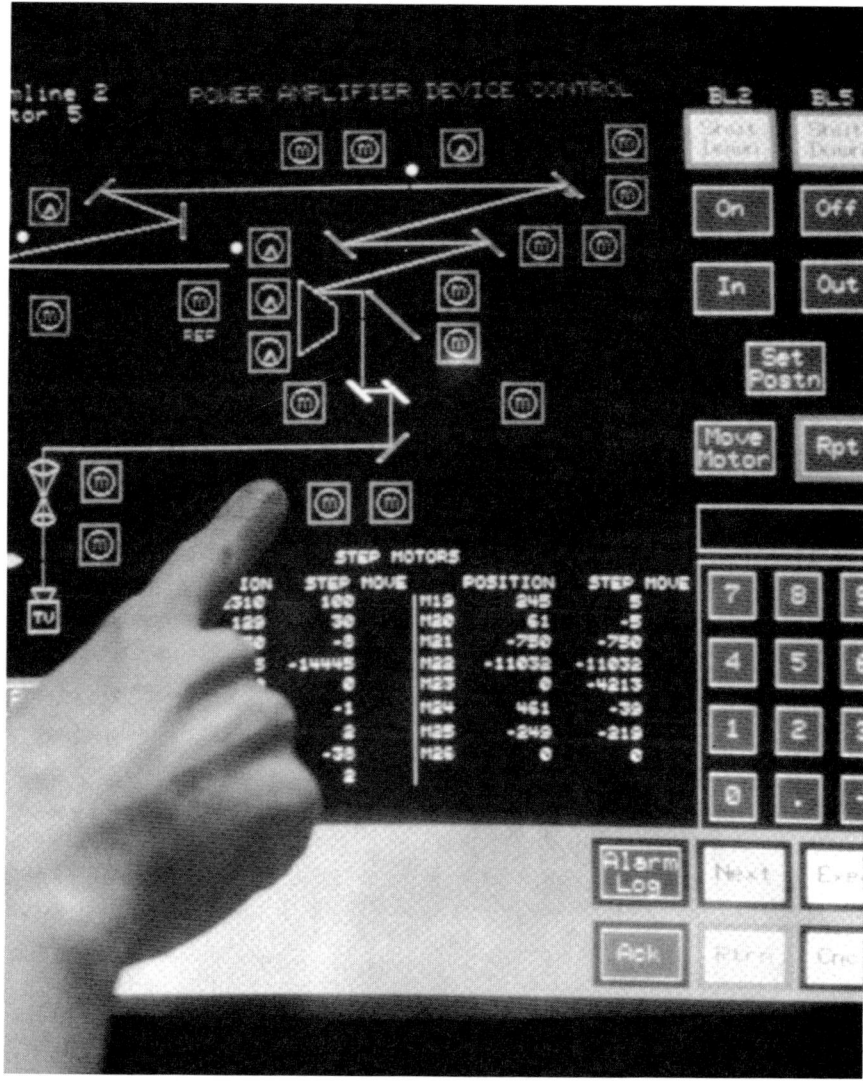

In wachsendem Maß findet der Schulunterricht per Computer statt.

sondern auch zu Bildern, etwa zu jedem Gemälde van Goghs.« Im Verlauf der Zeit werden Schulen in den kleinsten ländlichen Gemeinden und den ärmsten Ghetto-Bezirken durch den Einsatz von Computern, Videotechnik und Satelliten in der Lage sein, den gleichen Lehrplan anzubieten wie hochdotierte Elite-Schulen. Indem sie sich in Televideo-Gemeinschaftsprogramme einschalten, wird es ihnen sehr wohl möglich sein, dieselben hochqualifizierten Lehrer zur Verfügung zu haben.

»Biotechnologie, die japanische Sprache –, vermittels moderner Technik wird jede Schule in der Lage sein, derartige Lernfächer anzubieten, sogar wenn sich nur ein einziger Schüler für sie interessiert«, sagt der Futurologe LeRoy Hay, der »Lehrer des Jahres 1983« im Staat Connecticut.

Derartige Televideo-Klassenzimmer nehmen bereits jetzt Gestalt an. Spanisch-Studenten an der University of Maryland interviewten kürzlich über einen Zweiweg-Satellitenkanal per Fernsehen einen iberophonen Polizisten in Miami. Die japanische TV-»Universität der Luft« hat inzwischen 19 000 inskribierte Studenten aus Tokio. Die »Elektronic University« in den USA bietet inzwischen Vorlesungen per Computer an. Und die Varina High School im Henrico County, Virginia, hat sich zum Zentrum eines Experiments gemausert, das Televideo-Unterricht erprobt. Varina sitzt in einem Vorort von Richmond; es hat 1 350 immatrikulierte Studenten; aber über das TV-System erreicht die Schule eine weit größere Zahl von Studenten in entlegenen ländlichen Gegenden Virginias.

Eines der »Klassenzimmer« in Varina ist zugleich auch Demonstrationsobjekt des neuesten Entwicklungsstandes: Während in einem Raum ein Lehrer mit Studenten der Randgemeinde arbeitet, übertragen Kameras den Unterricht über einen Mikrowellen-Sendemast vor dem Gebäude, der die Signale an eine Fernsehstation mit Erziehungsprogrammen in Richmond abstrahlt, von wo aus sie an kleinere Schulen in 35 ländlichen Bezirken gesendet werden. In den örtlichen Schulen verfolgen kleine Lerngruppen — oftmals nur drei bis fünf Schüler — den Unterricht aufmerksam auf dem Bildschirm. Ab und zu drückt jemand einen Knopf, um zu erkennen zu geben, daß er eine Frage habe. Wenn der Lehrer sich dann an ihn wendet, sind die Fragen und die Antworten des Lehrers über das gesamte Televideo-System allen zugänglich.

»Manchen von den gescheiten Burschen auf diesen ländlichen Schulen, die sich vielleicht gewünscht hatten, mal an einem College Ingenieurtechnik zu studieren, war wirklich der Weg verbaut, weil sie früher keine Integralrechnung hatten«, sagt der Leiter von Varina, Al Fox. »Wenn wir hier Verkabelung hätten, könnten wir direkt in jedes Haus gehen. Ich glaube, das ist das Kommunikationssystem der Zukunft.«

Computer werden gleichfalls eine bedeutende, einflußreiche Rolle bei den Lernprozessen der Schüler und den Lehrfunktionen der Lehrer spielen. Anders als frühere technische Unterrichtsmittel, die zum großen Teil bereits wieder verschwunden sind, werden die Computer in den Schulen festen Fuß fassen, und zwar weil sie bereits die Gesamtgesellschaft zu verändern beginnen. Gregory Anrig, Präsident des Educational Testing Service, formuliert das so: »Diese Technolo-

Wenn wir heute von Erziehung sprechen, denken wir an Kinder und an Schulen. Im Jahre 2019 sind Erziehung und Bildung ein unablässiger, nie endender Prozeß, für den in vielen Fällen nicht einmal ein besonderes »Schulgebäude« nötig ist. (Eingeschnittenes Foto: © Wayne Eastep; unten: © Phillip A. Harrington & Ed Bohon)

Früher flogen nur Testpiloten und Astronauten mit unglaublich hohen Geschwindigkeiten. Um 2019 bewegt sich der gewöhnliche Reisende gemütlich mit Mach-22 von Ort zu Ort. (Eingeschnittenes Foto: © Wayne Eastep; Hintergrundfoto: © Joe Dimaggio/Jo Anne Kalish)

Fantastische Flugmaschinen erlauben es dem Menschen, sich auf seiner Erde − und über ihr − besser heimisch zu fühlen, ja sogar über seinen Planeten hinaus. (Oben: © Dan McCoa; unten: © Russell Munson)

Da dank der Null-Schwerkraft im Weltraum Gleichberechtigung selbstverständlich sein wird, tragen modebewußte Astronauten wahrscheinlich so etwas wie Unisex-Look. (Eingeschnittenes Foto: © Anthony Wolff; Hintergrundfoto: © Rick Sternbach)

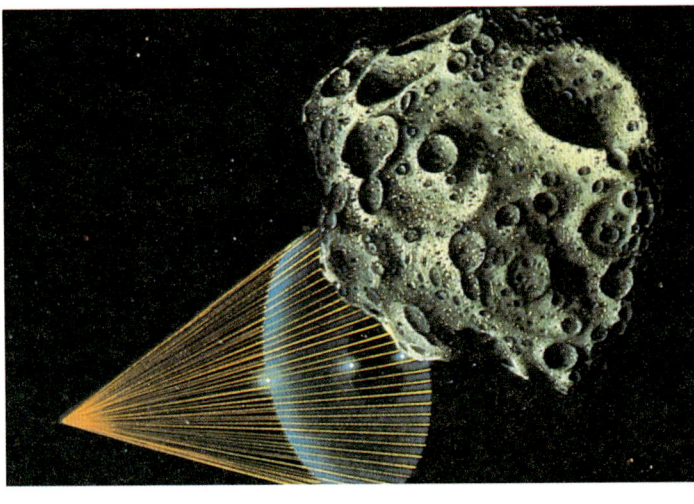

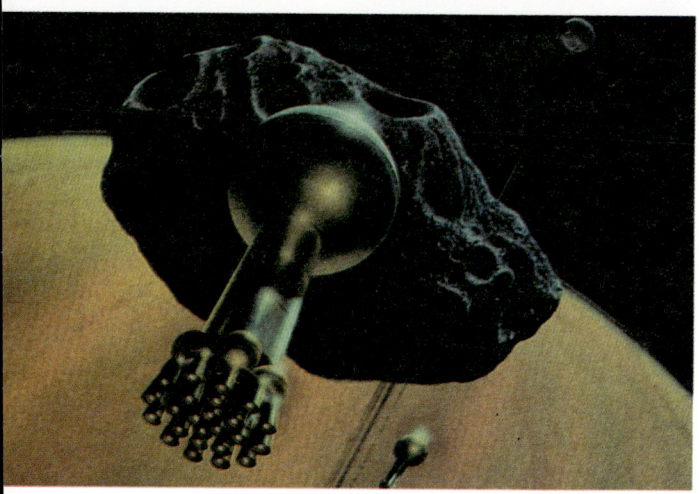

Raumschiffe mit Fusionsantrieb, wie das oben abgebildete, werden bereits entwickelt. Die Zeit, in der wir mit dem Abbau von Ressourcen auf Asteroiden beginnen können, rückt immer näher. (Alle Illustrationen: © Rick Sternbach)

Frühere Künstler malten sich bizarre phantastische Gebilde aus, wenn sie Raumstationen darstellen wollten; die Raumstation der NASA aber wird 2019 eine ganz alltägliche funktionable Zweckkonstruktion sein. (© Rick Sternbach)

gie wird nicht die Lehrer ersetzen, sondern sie ergänzen, so daß Jugendliche, die in bestimmten Fächern nachhinken, spezielle Hilfe erhalten, während die weiter fortgeschrittenen Schüler die Maschinen dazu verwenden werden, über den regulären Lehrplan hinaus zu arbeiten.«

Die Carnegie-Mellon University schließt derzeit ihren Campus einem gigantischen Computernetz an, wonach dann jeder mit allen »on-line« ist. Studenten werden ihre Semesterarbeiten in ihren Computer tippen und sie »on-line« an die entsprechenden Professoren senden, die sie auf elektronischem Wege, mit Bewertung und Kommentaren versehen, zurückschicken. Später wird man auch den Ex-Semestern die Benutzung dieses Systems ermöglichen, so daß sie ein Auffrischungsseminar mitmachen oder das Datenmaterial der Universität anzapfen können. Und in letzter Konsequenz wird wahrscheinlich die City von Pittsburgh an das System angeschlossen sein — eine Vorahnung der künftigen Gesellschaft am Draht, in der praktisch jedem jede Information über das Schaltpult seines Heimcomputers zugänglich sein wird. Bis dahin leisten Computer aber noch Dienste als Nachhilfelehrer und als Lehrgehilfen.

Das Kernstück der Waterford School in Provo, Utah, sind beispielsweise drei Computer-Workrooms. Von jedem dieser Räume aus sendet ein hochpotenzierter Mikro-Computer wie ein Oktopus seine Kabeltentakeln zu 90 Terminals aus. Die an diesen 90 Computerterminals arbeitenden K-12-Studenten der Schule helfen dem Lehrkörper und Experten des gemeinnützigen Wicat Institute, das die Schule gründete, ein computerisiertes Unterrichtssystem der Zukunft zu gestalten.

»Staatliche Schulen können nicht in der Weise experimentieren wie wir hier. Aber was wir hier entwickeln, hat trotzdem die öffentlichen Schulsysteme im Auge«, erklärt die Leiterin, Nancy Heuston. In Waterford, fügt sie hinzu, lehren Lehrer und Computer junge Menschen, wie man denkt, wie man Fragen stellt — und wie man Antworten auf seine Fragen erhält.

In den Grundschulstufen arbeiten Schüler mit Computern, um Arithmetik, Lesen (wobei das computerisierte Klangbild die Aussprache wiedergibt) und Schreiben zu lernen. Ein verspielter Junge, der beispielsweise den Satz »Der Ball knallt auf Ben« austippen möchte, sieht auf dem Bildschirm einen Ball, dem Blasen wachsen, die einen Jungen treffen. Die Schüler unterziehen sich periodischen On-Screen-Tests, um ihre Fortschritte zu überprüfen. Und dann entscheidet der Computer, ob sie nacharbeiten müssen oder in die nächsthöhere Stufe versetzt werden. Der Schüler einer Highschool, der an

Berührungssensitive Com-
puter-Displays machen das
Lernen immer mehr zu
einem Vergnügen für die
Kinder.

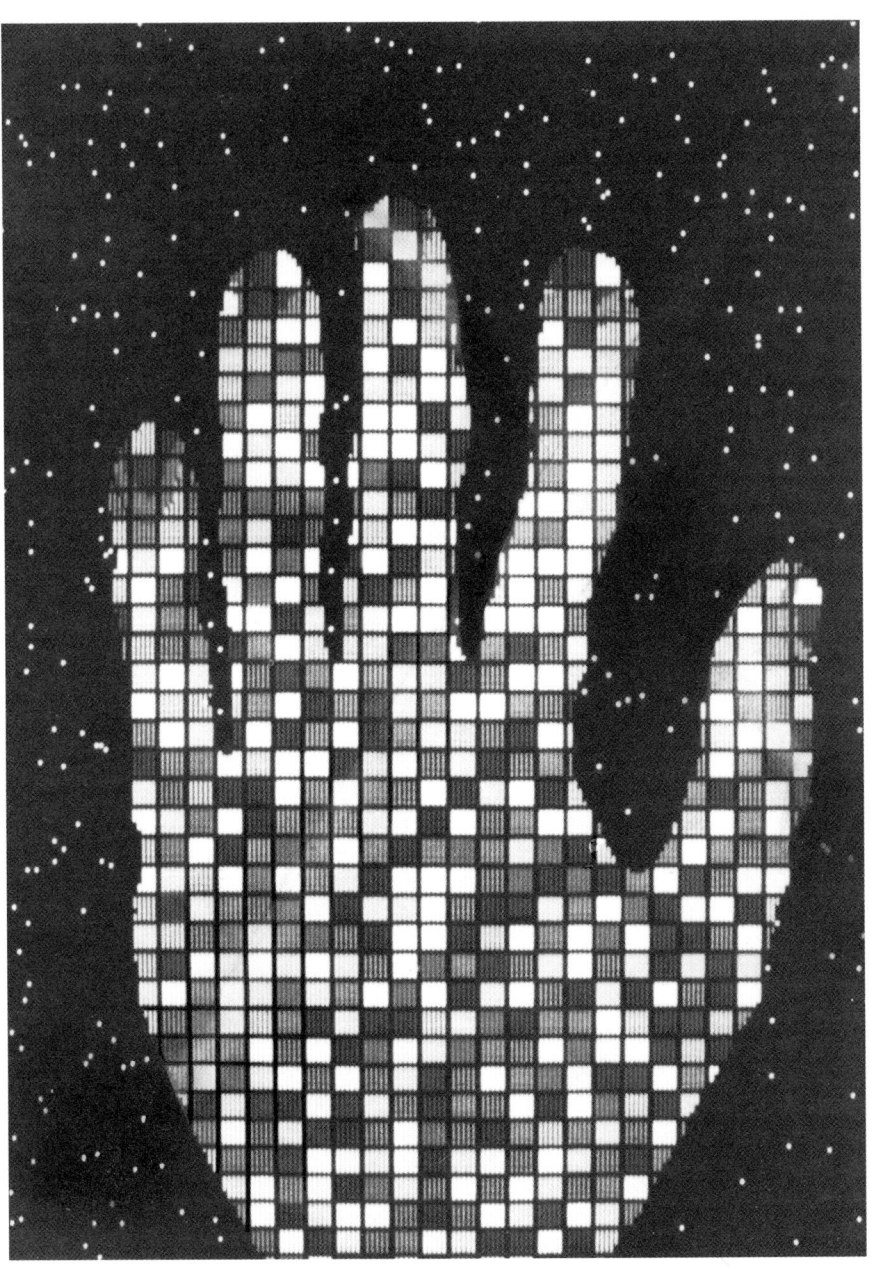

einem Geschichtsthema arbeitet, könnte da beispielsweise auf seinem Bildschirm die folgende Nachricht lesen: »Deine Antwort ist korrekt, aber überprüfe die Orthographie!« Studenten, die in ihrem Fran-
zösischkurs Videodiscs verwenden, die an einen Computer angeschlossen sind, könnten sich plötzlich in einer Straßenszene im

französischsprechenden Montreal in Kanada wiederfinden und müßten dann nach der Straßenbeschilderung wählen, in welche Richtung sie fahren wollen.

An jedem Freitag drucken die Computer ein Leistungsprofil für jeden Studenten aus. Aus einem derartigen Bericht neueren Datums ergab sich, daß eine Drittklässlerin, Jenny, effektiv nur jeweils drei Minuten von zwanzig auf ihre Arbeit konzentriert war. Die aufgestörten Lehrer halfen Jenny daraufhin, ihr Konzentrationsvolumen zu steigern, was ihrer Leistung von beträchtlichem Nutzen war.

»Das alte System der Wissensvermittlung in den öffentlichen Schulen ist ein Zwangssystem«, erklärt Nancy Heuston. »Es vermittelt soviel wie möglich . . . Aber Computer sind eine neue Art von Lehrmittel, das Lehrer einsetzen können, und sie können sie einsetzen, um jedem Kind eine erstklassige Erziehung und Ausbildung zu ermöglichen.«

Die derzeit noch in den Kinderschuhen steckende künstliche Intelligenz wird im Jahr 2019 das Schul- und Bildungssystem beherrschen. »In ganz wenigen Jahren werden wir Maschinen mit der fünfundzwanzigfachen Kapazität der jetzigen IBM-Personal-Computer haben«, behauptet David Kay, Vizepräsident der Kaypro Corporation. »Die Programme werden sich dermaßen weiterentwickelt haben, daß sie spüren, was jemand nicht begreift, und dann werden sie ihm weiterhelfen.« Innerhalb eines Jahrzehnts werden die Maschinen in der Lage sein zu sehen, zu hören und in Sprachen wie Englisch oder Japanisch zu sprechen, zu lernen . . . und zu urteilen.

»Der Intimfreund meines Enkels wird wahrscheinlich ein Computer sein«, sagt Ira Goldstein, Leiter des Application Technology Laboratory in den Versuchslabors von Hewlett-Packard's in Palo Alto. »Es könnte durchaus sein, daß jedes Kind mit einer Kinderschwester heranwächst, die ein Computer ist und die sich im Lauf der Jahre mit dem Kind weiterentwickelt und dann sein lebenslanger Gefährte wird. Es ist zwar schwer sich vorzustellen, wie eine derartig gestaltete Gesellschaft funktionieren wird, aber die potentiellen Möglichkeiten sind doch weitaus bedeutender als die Risiken.«

UNTERWEGS:

TRANSPORT UND

VERKEHR

IM JAHRE 2019

Reiseroute von Robert Hsuang-huang
Ziel: Las Vegas, Nevada, USA

20. Juli Pulau-Tioman — Singapur: Südchinesisches Meer-Hovercraft.

Das Schwebeboot Kuantan-Singapur startet ab 6.00 h morgens im Zweistundenrhythmus von Kuantan. Planmäßiger Halt in Pulau-Tioman um 7.13, 9.12 etc. Ankunftszeiten am Paya-Lebar Airport sind: 8.05, 10.05 usw. Die Ankunft um 9.12 h ermöglicht direktes Umsteigen in Flugzeug in Singapur.

Singapur nach Los Angeles, USA: PanAm-Flug 0.31. Abflug Paya-Lebar International Airport: 10.30 h. Ankunft Los Angeles International Airport: 22.40 (Ortszeit). Flugdauer: 2 Stunden, 10 Minuten.

Luncheon bietet incl. wahlweise Scallopine di Vitello oder Huhn-Teriyaki und freie Auswahl an Weinen.

Unterhaltung während des Fluges:

Kanal 1: Blick aus dem Flugzeug

Kanal 2: »The Songs of Distant Earth«

Kanal 3: »Beverly Hills Cowboy«

WICHTIGE INFORMATION ZUR ZOLLABFERTIGUNG: Rechnen Sie bitte mit 30—45 Minuten für Clearance durch die US-Zollbehörde nach Ankunft.

Los Angeles — Las Vegas: Züge der California Magnetic Railroad (Calmag) fahren stündlich. Planmäßige Abfahrten am Los Angeles International Airport: 23.12 h, 00.12 h, usf. Ankunftszeiten in Las Vegas: 00.07, 1.07 h usf. Fahrtzeit: 55 Minuten.

21.—30. Juli: Mietwagen und Hotel in Las Vegas

Mietwagen: Ein Jialing Aurora Standard ist bei Avis Rent-a-Car am Calmag-Bahnhof für Sie reserviert.

Hotel: Ihre Reservierung im La Bamba Hotel and Casino, 3510 South Las Vegas Boulevard (»The Strip«) wartet auf Sie. Der Hotelservice schließt Casino-Chips im Wert von 2 000 US-Dollar ein. Für eine Stunde steht Ihnen eine Gratis-Begleitperson von Moonflowers zur Verfügung. Rufen Sie 540—0996, jederzeit.

30. Juli: Las Vegas — Los Angeles International Airport:

Calmag-Züge stündlich zur vollen Stunde. Planmäßige Ankunft am Los Angeles International Airport um: 19.55 h, 20.55 h usf. Wir empfehlen Abfahrt um 19.00 h mit Ankunft 19.55 h.

Los Angeles — Singapur: PanAm-Flug 038.

Abflug Los Angeles International Airport: 21.00 h.

Umseitig: Das ungewohnte Design der Tragflächen ist im Jahre 2019 die Norm.

Ankunft Paya-Lebar International Airport: 13.15 h (Ortszeit Singapur). Flugdauer: 2 Stunden, 15 Minuten. Zum Dinner: Wahlweise Schweinefleisch Mo-Shu oder Filet Mignon; Weine à la discrétion.

Unterhaltung während des Fluges:

Kanal 1: Blick aus dem Flugzeug

Kanal 2: »Rambo: First Blood, Teil VI«

Kanal 3: »Picnic«

WICHTIGE INFORMATION ZUR ZOLLABFERTIGUNG: Rechnen Sie bitte mit 45—60 Minuten für Clearance durch die Zollbehörde Singapur nach Ankunft.

Singapur — Pulau-Tioman: Südchinesisches Meer-Hovercraft

Das Singapur-Kuantan-Boot verläßt Paya-Lebar Airport um 14.30 h., 16.30 h usf. Planmäßiger Aufenthalt in Pulau-Tioman um 15.23 h, 17.23 h usf.

GESAMTKOSTEN FÜR DIESE REISE: 23 542,68 Dollar (inkl. sämtlicher Abgaben). Wir wünschen Ihnen eine angenehme Reise.

Wie werden die neuen Automobile im Jahre 2019 sein? Was wird mit den Flugzeugen und Fracht-Jets sein? Wie steht es mit einigen vollkommen neuen technischen Entwicklungen: Spaceliners in Erdumlaufbahn und Schwebeflugzeugen? Das alles sollte alltäglich geworden sein, ehe das neue Jahrtausend weit vorangeschritten ist. Tatsächlich nimmt all dies bereits heute in den vielfältigsten Labors und Industrie-Forschungszentren Gestalt an. Im allgemeinen werden die künftigen Fahrzeuge die besten heutigen Designs als nahezu genauso altmodisch erscheinen lassen, wie uns jetzt die Autos und Flugzeuge der Eisenhower-Ära vorkommen.

Wir sind heute von 2019 nicht weiter entfernt als von 1953. Was hätten wohl die Leute 1953 zu einem kontinentalen Autobahnsystem gesagt? Oder zur Concorde? Oder auch nur zur Boeing 747? Wie hätten sie die superschnellen Eisenbahnzüge Japans und Frankreichs aufgenommen? Wir wissen, wenn heute jemand versuchen sollte, die Autos der frühen fünfziger Jahre ohne Veränderungen nachzubauen, dann dürften sie legal weder verkauft noch gefahren werden. Und die Walt-Disney-Fans unter uns erinnern sich gewiß noch, wie er 1954 mit seinem »Man in Space« uns alle durcheinanderbrachte, weil es darin Raketenflugzeuge gab, die kaum weniger fortschrittlich waren als das Space-shuttle.

Also, wie steht es 2019 mit den Automobilen, Flugzeugen und Raumfahrzeugen? Die hervorstechendsten heutigen Designs wird man auch dann noch schätzen. Der Pontiac Fiero und der Corvette Stingray könnten recht gut die späteren Gegenstücke zu den frühen Ford Thunderbirds werden und gleich starke Gefühle der Nostalgie hervorrufen. Doch im allgemeinen dürfen wir mit einigen umfassenden Veränderungen rechnen.

»Ich habe 1965 einmal eine Rede darüber gehalten, wie das Auto in zwanzig Jahren aussehen würde«, sagte Lee Iacocca von Chrysler vor kurzem und schwenkte seine Zigarre, um seiner Rede Nachdruck zu verleihen. »Ich sagte, das Auto wird vier Räder haben, es wird tausend Pfund leichter sein, es wird eine raffiniertere Abart des Verbrennungsmotors mitführen, und es wird keinen Ersatzreifen mehr haben. In dem letzten Punkt habe ich mich geirrt, aber in allem anderen behielt ich recht. Ich sagte, es werde keine Elektro-Autos geben, der Diesel werde nicht ins Gewicht fallen, und das Problem der Turbine würden wir auch noch nicht gelöst haben. Ich habe die Bedeutung der Mikroprozessoren unterschätzt — wie wir alle damals, doch ansonsten war meine Vorhersage doch ganz hübsch genau. Und wissen Sie was? Ich würde heute genau das gleiche wieder sagen.«

Die Trendprognose Iacoccas — weniger Gewicht, zunehmend ausgetüfteltere Benzinmotoren und immer mehr Elektronik — könnte uns ein recht gutes Bild von dem vermitteln, was wir in den Ausstellungsräumen vorfinden werden, wenn die Autohändler uns Sonderpreise offerieren, weil sie ihre Restbestände an '19er Modellen loswerden wollen. Diese Sonderangebote würden im übrigen Käufern von heute das Gefühl geben, man habe sie schwer übers Ohr gehauen; der Preis von heute 12 000 Dollar hätte schließlich im Jahr 1953 etwa das Dreifache eines durchschnittlichen Jahreseinkommens bedeutet. Doch für die superniedrigen Preise um die 70 000 Dollar im Jahr 2019 bietet ein neuer Wagen, besonders mit den bequemen Finanzierungskrediten, wirklich eine Menge.

Ein glattes aerodynamisches Styling läßt den Wagen vielleicht stromlinienförmig aussehen wie ein Kampfflugzeug. Eine tiefsitzende schräge Haube geht glatt in die Windschutzscheibe über, die Glasscheiben des Wagens sind plan mit der Karosserie. Es gibt keinen Frontkühler; Kühlschlitze an der Flanke sorgen für die nötige Luftzirkulation. Spoiler am Heck, Luftdämmung unter Front- und Heckstoßstange, planmontierte Scheinwerfer und Reifenabdeckung sind sämtlich inklusiv. Die Gesamtgestalt wird fast so glatt und geschlossen sein wie bei einem Ei.

Blechkarosserien gibt es ebensowenig mehr wie Holzpaneele. Der Wagenkörper wird statt dessen aus Plastikstoffen und -zusammensetzungen bestehen, die durch Glas- oder Graphitfasern verstärkt sind.

Damit wird eine außergewöhnliche Festigkeit bei geringem Gewicht (bis zu 60 Prozent weniger als die herkömmliche Stahlkarosserie) erreicht. Rumpfteile und -flächen werden in der Fabrik in perfektem Endzustand, gespritzt und poliert, zubereitet und danach zusammengeklebt. Dahin sind die Tage der Schweißnaht, des Vorspritzens und anderer veralteter Metallbehandlungsarten.

Die neuen Karosserien sind lebenslang korrosions-unempfindlich. Überdies werden aus bestimmten Plastikstoffen gefertigte Stoßstangen eine Delle absorbieren und Minuten später wieder in die ursprüngliche Form zurückspringen. Dazu ist kein Metall in der Lage. Die Autoverkäufer von morgen wiederholen sicher auch, was der Forschungsleiter von Chrysler sagte: »Wir verwenden Plastik wegen der Schönheit. Die Detailfeinheit, wie sie mit Plastik möglich ist, läßt sich oft nicht auf andere Weise erzielen. Der breite Spielraum für Schönheit, für Textur, in der Angenehmheit und Bequemlichkeit der Stoffe, die man mit dem Körper berührt, wie das durch Synthetik-Stoffe möglich wird, läßt sich durch kein anderes Material ersetzen, nicht einmal durch feinstes Korinthleder.«

Wenn dann allerdings der Käufer der Zukunft die Motorhaube hochklappt, wird es ihm wahrscheinlich gar nicht in den Sinn kommen, überhaupt wahrzunehmen, was derzeit Nissan (neben anderen) als besonderes Bonbon anpreist: den Turbo-Antrieb. Der wird nämlich als Standardausrüstung eingebaut sein, genau wie die Wasserpumpe. Abgase treiben Turbine und Kompressor wie bei einem Jet-Motor, so daß der Motor den Treibstoff besser verwerten und trotz einer kleineren, kompakteren Konstruktion mehr Kraft liefern kann.

Motor und Getriebe arbeiten unter der Kontrolle von Mikroprozessoren. Das Getriebe ist stufenlos schaltbar und ermöglicht effektiv eine unbegrenzte Zahl von Gängen. Während solch ein Wagen durch dichten Verkehr oder auf die Autobahn fährt, stellt sein Mikrochip laufend die Drehzahl, das Tuning und das Getriebe auf die beste Leistung hin ein. Diese Feineinstellungen kontrollieren zugleich auch Verunreinigungen und verhindern unsteten Lauf und Klopfen im Motor. Und was das Allerbeste ist, ein solcher Motor braucht nie eingestellt zu werden.

Wahrscheinlich braucht er auch nie Kühlwasser oder Motorenöl. Zwar dürfte der Benzinmotor seinen Platz behaupten, doch könnte ihm durch verbesserte Dieselmotoren eine scharfe Konkurrenz erwachsen. Diese werden mit Keramikteilen gebaut sein, und so sehr hohen Temperaturen standhalten können. Sogar die Kolben, Kolbenringe und Ventile könnten aus derartigen Stoffen sein. Möglicherweise sind solche Maschinen luftgekühlt und brauchen nicht geschmiert zu werden. Dieselmotoren sind schwerer und kostspieliger als Benzinmotoren, aber sie sind unempfindlicher und dauerhafter; sie halten fast ewig. Sie haben keine Zündkerzen, keinen Vergaser, Verteiler, also einfach weniger Teile, die fehlfunktionieren könnten. Diese sorgenfreie Langlebigkeit macht sie für Autobesitzer attraktiv, die ihren Wagen lange behalten möchten; und da die Designs praktisch von Jahr zu Jahr fast gleichbleiben, werden das viele Besitzer sein.

Die Autos von 2019 werden auch über Unmengen elektronischer Zusatzeinrichtungen auf Wunsch verfügen. Sie werden leicht einzubauen sein; eine einfache Kabelschlinge, die von einem Zentral-Chip ausgeht, wird die derzeitigen komplizierten Leitungssysteme ersetzen und Platz bieten für alles, was der Wagenhalter eventuell noch unterbringen möchte. Das Armaturenbrett wird − selbstverständlich − Warnzeichen bei jeglichen Schwierigkeiten mit Motor, Getriebe oder den Reifen geben. Ein eingebautes Navigationssystem wird es unmöglich machen, daß man sich verfährt. Der Wagen stellt seine Position über Satelliten-Navigationssysteme fest, und die Position erscheint dann auf einer farbigen Karte auf einem Video-Display. Dieses Display − es befindet sich vor dem Beifahrersitz, nicht dem des Fahrers − hat einen ganzen Kartenatlas auf einem Video-Disc gespeichert. Und Computerintelligenz bietet dann Vorschläge, wie man sein Ziel am besten erreichen kann, zugleich aber auch den Fahrtrouten-Planungs-Service der heutigen American Automobile Association.

Weitere elektronische Systeme werden die Sicherheit und Bequemlichkeit im Auto der Zukunft erhöhen. Bei Schwierigkeiten sagen die Mikrochips dem Automechaniker einfach, was nicht in Ordnung ist. Im Fall einer echten Panne, etwa einer mitten in der Wüste, schickt der Wagen einen Notruf an einen Überwachungssatelliten. Ein Radarsystem gibt Warnung über Wagen an den nicht vom Satelliten erfaßten Orten; wahrscheinlich gibt es sogar ein System der automatischen Kollisionsvermeidung, mit automatischer Bremsung oder Steuerung bei drohenden Katastrophen. Ein Alkoholdetektor hindert den Fahrer loszufahren, wenn er ein paar Gläschen zuviel für unterwegs getankt hat. Bei normalem Betrieb ist die Federung elektronisch kontrolliert, sie ist härter für die Autobahn, weicher für die Fahrt über die Schlaglöcher in der Stadt.

Derartige Autos könnten gut und gern mehr als 100 Meilen (über 160 km) mit einer Gallone (4,5 l) bewältigen. Aber sie finden wahrscheinlich ihre Konkurrenz in den Maglevs (Magnetically-Levitated Railroads); ein paar dieser Magnetschwebebahnen sind bereits jetzt über Kurzstrecken in der Bundesrepublik Deutschland und in Japan in Betrieb. Das deutsche System verkehrt regulär bei Bremen und befördert fast 200 Fahrgäste mit einer Geschwindigkeit von mehr als 200 Meilen pro Stunde. Die japanische Maglev ist noch im Entwicklungsstadium, lieferte aber auf einer Teststrecke 1979 einen Rekord von 321 Stundenmeilen.

Der westdeutsche Entwurf Transrapid-06 läuft auf eine praktikable Version des Monorail in den Disneylands hinaus. Die Schiene hat einen T-förmigen Querschnitt von 1,5 m und wird von Pfeilern in fünf bis sechs Meter Höhe über dem Boden getragen. Der Zug reitet sozusagen auf dieser Schiene; seine Seiten sind nach unten gezogen und umschließen die T-Schiene. Elektromagneten in diesen Flankenteilen schieben das Gewicht des Zuges nach oben, während sie andere in der Unterseite des T befindliche Magneten anziehen. Da diese Anziehungskraft jedoch rasch dazu führen müßte, daß der Zug mit einem lauten Krachen auf die Schiene knallt, sind die Elektromagneten mit einem Kontrollsystem ausgerüstet, das ihre Kräfte reguliert. Auf diese Weise bleibt ein konstanter Abstand von anderthalb Zentimetern von der Schiene gewährleistet. Und die Schiene ihrerseits baut eine Magnetwelle auf, die den Zug vorwärtstreibt wie ein Surfbrett im Meer.

Eine derartige Einschienenbahn wird auch bald in den USA gebaut werden. Das Verkehrsministerium hat dem Plan dieses Transrapid zugestimmt, der ein geplantes Fahrgastaufkommen von täglich 8 800 Personen zwischen Los Angeles und Las Vegas bewältigen soll. Zu Beginn der neunziger Jahre könnte diese Bahn in Betrieb sein. Sie wäre energieeffizienter als ein Flugzeug und zugleich mehr Stunden täglich in Betrieb; auf diese Weise ließen sich die Kosten für Hin- und Rückfahrt bei knappen 50 Dollar halten, also halb soviel, wie derzeit das Flugticket kostet. Fahrtzeit wird eine Stunde sein — von der Innenstadt von L.A. bis zum Strip. Die Reisenden werden dankbar die glatte, fast geräuschlose Fahrt genießen und sich über die riesigen Fenster freuen, die einem das Gefühl von Weite und Freiheit vermitteln.

Diese westdeutsche Entwicklung muß sich allerdings gegen den noch schnelleren japanischen Entwurf behaupten. Bei diesem ziehen die Magneten nicht die darunterliegende Schiene an; im Gegenteil, sie stoßen sie ab. Diese japanische Schiene ähnelt einem Trog und hat einen U-förmigen Querschnitt; der Zug schmiegt sich also gemütlich in die Krümmung ein, schwebt ein paar Zentimeter über der Schienenfläche und legt sich ganz natürlich in Kurven schief. Die hier verwendeten Magneten sind superleitfähig.

Wenn wir an Magneten denken, meinen wir meist jene kleinen

Eisenscheibchen, mit denen wir Hausinformationen an der Kühlschranktür festhalten. Aber kein Eisenmagnet könnte stark genug sein, einen Zug zu tragen; dazu braucht man Elektromagneten. Sie funktionieren durch fließende Elektroströme in gewickelten Drahtspulen. Doch diese Spulen besitzen einen Elektrowiderstand, der den Strom in unbrauchbare Wärme umsetzt, wobei Elektrizität verschwendet wird.

In superleitfähigen Magneten wird dies vermieden. Sie nutzen den kältesten uns bekannten Stoff, flüssiges Helium, und frieren Spulen einer Niobium-Titan-Verbindung bei Temperaturen ein, die fast dem absoluten Nullpunkt (minus 273 Grad) nahekommen. Unter diesen Kältebedingungen verliert das Metall seinen gesamten Elektrowiderstand. Also fließt dann der Strom ohne Hitzeverluste durch die Spulen und baut ein Magnetfeld auf, das unbegrenzt erhalten bleiben kann. Und dieses Feld kann sogar stärker als das eines gewöhnlichen Elektromagneten sein. So könnte ein Maglev-Zug über weite Strecken gleiten, ohne zusätzliche Kraft für sein Schweben zu benötigen. Das einzige, was er brauchte, wäre ein kleiner Kryostat, ein ultrakalter Kühlschrank zur Verflüssigung der bescheidenen Heliummengen, die innerhalb der Isolierung wegkochen.

Diese Vorzüge kosteten allerdings einen hohen Preis; die Metallverbindungen, die Isolation, die Magnetkonstruktion und Kryostate erforderten sehr viel Forschungsarbeit. Doch heute steht das erste Super-Konduktionssystem von der Größenordnung eines Industriebetriebes bereits. Es ist im Fermilab installiert, einem Institut am Rande von Chicago, das sich mit Hochenergiephysik befaßt, und man setzt es dort ein, um subatomare Teilchen zu beschleunigen. Es besitzt mehr als 1 000 Magneten, die in einem Ring von über einer Meile Durchmesser angeordnet sind. Und damit wird man in den ersten Jahrzehnten des nächsten Jahrtausends zweifellos die Maglevs an den Start gehen sehen.

Man wird sie entlang den Mittelstreifen der Interstate Highways und Autobahnen bauen, in den USA etwa auf Strecken mit besonders hohem Verkaufsaufkommen wie San Diego — Los Angeles — San Francisco oder Boston — New York — Washington. Die Bahnen werden auch Flughäfen mit dem Stadtzentrum verbinden; die Fahrgäste werden bequem sechs Meter über dem Boden sitzen und über die vor Zorn kochenden Autofahrer lächeln, die im Fünfuhr-Stau festsitzen. Sie werden es uns möglich machen, mehr von diesen riesenhaften, sich ausdehnenden Flughäfen zu bauen, wie es Dallas Fort Worth ist. Einer der projektierten Mega-Jetflughäfen, der Los Angeles Intercontinental Airport, könnte etwa weitab in der Wüste, Hunderte Kilometer von der City entfernt, gebaut werden und würde sicherlich auf ein superschnelles Transportsystem angewiesen sein, wie es die Maglev-Züge bieten. Es ist gut möglich, daß die Pendlerzüge ein Comeback erleben, und wenn sich die auf Stelzen gesetzten Einschienenbahnen als populär erweisen, werden unsere Innenstädte bald aussehen wie Walt Disneys »Land der Zukunft«.

Derartige Maglevs werden nur halb so schnell sein wie das durchschnittliche Linienflugzeug, doch dank der zentral in der City gelegenen Bahnhöfe können sie ähnliche Gesamtreisezeiten erreichen, und dies bei Entfernungen von mehreren hundert Kilometern. Die niedrigen Kosten werden unweigerlich Vorstellungen von einem Transkontinental-System anregen. Es wird allerdings bis zum 20. Juli 2019 noch nicht in Betrieb sein.

Levitationsfahrzeuge werden auch über die Meere fahren. Sie werden nicht durch Magneten gehoben, sondern durch Luftkissen. Diese Hovercrafts heben sich über einen Meter hoch über die Wasseroberfläche durch Luft, die in Schurze, die um den Schiffskörper liegen, geblasen wird. Sie werden mit der Zeit neue, weniger kostspielige Treibstoffe und Motoren verwenden und eine Größe von an die 100 000 Tonnen erreichen, wodurch sie die heutigen Schiffe ersetzen werden. Das wird zwar nicht schon 2019 der Fall sein, aber die Hovercrafts werden dann bereits als superschnelle Fährboote und Marinefahrzeuge eingesetzt werden.

Das größte Hovercraft-Fahrzeug der Welt ist derzeit eine Variante der SR.N4, der Ärmelkanal-Fähre, die von British Hovercraft gebaut wurde. Es transportiert 419 Personen und 60 Automobile in einer Höhe von drei Metern und kann eine Geschwindigkeit von 75 Stundenmeilen bei einer Nutzlast von 336 Tonnen erreichen. Das kommt etwa einer langsamen tieffliegenden Boeing 747 gleich: Die Beförderungskapazitäten an Passagieren und Gewicht sind gleich. Aber es sind bereits größere Hovercrafts unterwegs; Bell Aerospace machte das Angebot, eines von 3 360 Tonnen zu bauen. Und mehr noch, British Hovercraft ist bemüht, die Kosten für den Transport mit diesem Fahrzeug durch die Entwicklung einfacherer, widerstandsfähigerer Modelle zu senken, die weniger Wartung benötigen.

Doch selbst in den heute gängigen Formen bietet sich eine Vielzahl von Verwendungsmöglichkeiten für dieses Fahrzeug. Ein Hovercraft kann etwa auf eine Landebahn steuern und dort Passagiere direkt aus dem Flugzeug aufnehmen, um sie dann zu einem anderen, etwas entfernteren Flughafen zu bringen. Ein derartiger Zubringerdienst könnte etwa den New Yorker La Guardia Airport quer über den Long-Island-Sound mit Connecticut verbinden oder zwischen den Flughäfen San Francisco und Oakland operieren. Man erwägt eine ähnliche Verbindung bereits jetzt zwischen dem Airport von Singapur und den Ferienzentren an der malaysischen Ostküste. Die Fahrt per Straße dauert jetzt fünf Stunden, obwohl die Luftlinie übers Wasser knapp 45 Kilometer ausmacht. Auf der mexikanischen Halbinsel Yucatán bietet sich ähnliches an, denn auch dort gibt es zahlreiche Ferienorte am Meer, die über Land schwer zu erreichen sind.

Auch die Navy der USA interessiert sich für derartige Fahrzeuge. Bis 1995 wird man dort eine Flotte von 107 amphibischen Angriffsfahrzeugen erwerben, die unter dem Namen LCAC laufen werden (Landing Craft, Air Cushion). Mit ihnen sollen 70 Prozent aller möglichen Küstenstriche der Erde für die Landung mit Amphibienfahrzeugen offen sein (im Vergleich dazu: Derzeit erachtet man nur 17 Prozent für zugänglich). Die jetzigen Landefahrzeuge erfordern Strände wie die in Miami Beach, und die sind selten, doch LCACs können über eine drei Meter hohe Brandung und Sanddünen, über Marschen, Sandbarrieren oder Eis landen. Sie können kilometerweit landeinwärts vorstoßen und dabei Panzer, Lastwagen, schwere Artillerie und Dutzende Soldaten transportieren und dann mit fünfzig Knoten zu ihren Trägerschiffen zurückkehren. Sie reiten auf anderthalb Meter hohen Luftkissen und können so über Hindernisse oder Minen unter Wasser glatt hinweggleiten, und Torpedos zischen unter ihnen durch, ohne Schaden anzurichten.

Die größeren Folgeentwicklungen können Hubschrauber oder senkrechtstartende Jets tragen und werden im Anti-U-Bootkrieg eingesetzt werden. Die hohe Geschwindigkeit wird ihnen die Bestreichung größerer Gebiete ermöglichen; dies wird nötig sein, denn auch die U-Boote selbst werden schneller. Analytiker der militärischen Geheimdienste projizieren bereits Geschwindigkeiten von über fünfzig Knoten für das neueste sowjetische Kampf-U-Boot, dem man im Westen den Namen *Mike* gab und das derzeit erprobt wird. Derartigen Geschwindigkeiten — und den noch höheren im Jahre 2019 — liegen neue Antriebssysteme zugrunde und neue Methoden, den Sog zu verringern.

Der Schraubenpropeller beherrschte die Meere über ein Jahrhundert lang, doch jetzt macht ihm eine neue technologische Entwicklung Konkurrenz, die Magnetohydrodynamik (MHD). Ein MHD besitzt einen rechtwinkeligen Kanal, der an einen langen Korridor erinnert. Am oberen und unteren Ende liegen Nord- und Südpol starker Magneten. Rechts und links liegen negative und positive Elektroden, und durch den Kanal fließt ein starker Elektrostrom.

Der Kanal ist mit Seewasser gefüllt; dieses leitet Elektrizität, und es kann noch weit stärker leitfähig gemacht werden, indem man es mit Metallen wie Zäsium »salzt«. Unter Einwirkung des Elektrostromes und der Magnetfelder fließt dann das Wasser schnell und wird am Heck in einer Düse mit starkem Strahl ausgestoßen. Polt man den Elektrostrom um, schießt das Wasser nach vorn, wodurch ein Unterwasserfahrzeug sehr schnell gestoppt werden kann. Diese Einrichtung bietet neben hoher Geschwindigkeit und Manövrierfähigkeit auch eine außergewöhnliche Geräuscharmut, wodurch ein U-Boot weniger leicht aufzuspüren ist.

Für plötzliche Superbeschleunigung wird man sich bei den Unterwasserfahrzeugen von morgen auf Spezialtechniken verlassen, die Reibung und Sog verringern. Das Office of Naval Research unterstützt Forschungsarbeiten mit dem Ziel, wie man U-Boote mit einer glatten, gummiähnlichen Haut — ähnlich der von Delphinen — überziehen könnte. Marineexperten an der Pennsylvania State University haben Versuche mit Injektionen von mikrongroßen Luftbläschen in die Grenzschicht vorgenommen; dabei haftet die dünne Wasserschicht dann an der Außenfläche eines submarinen Fahrzeugs und verringert die Reibung. Derartige Bläscheninjektionen haben den Reibungsverlust im Wasser bis zu über 80 Prozent verringern können.

Im Naval Underwater Systems Center in San Diego, California, arbeitet man mit Injektionen stickiger Polymere oder seifenähnlicher Chemikalien in die Grenzschicht. Dabei strömt dann das Wasser weniger wirbelnd am Rumpf entlang, also folglich mit geringerem Sog. Andere Techniken, die derzeit erforscht werden, befassen sich u. a. mit der Erhitzung des Schiffsrumpfes durch die Abwärme des Atomreaktors und dem Einsaugen des Wassers in den Grenzbereichen durch Schlitze. Wenn ein U-Boot im Jahr 2019 also von einem Luftkissenfahrzeug verfolgt würde, könnte es den Ofen hochdrehen und die Saugpumpen einschalten, Bläschen oder Gleitstoffe aus dem Rumpf ausstoßen und sich so der Gefahr entziehen.

U-Boot-Experten werden sich bei der Entwicklung derartiger Neuerungen auch auf viele neue Methoden stützen, wie sie im Bereich der Forschung und Entwicklung bei Flugzeugen eingesetzt werden. Es ist heute immer rascher möglich, neue Jet-Linienflugzeuge per Computer zu entwerfen, und man kann dabei fast ganz auf Versuche im Windkanal verzichten. Die sich daraus ergebenden Entwürfe lassen sich in Silikonhimmeln erproben und können dann produziert und in Dienst gestellt werden. In ein paar Jahren wird dies auch bei neuen Flugzeugtriebwerken möglich sein, die schwieriger zu planen sind und funktionsstärkere Computer erfordern. Aber wie bei den U-Booten wird auch der Reibungsverlust bei den Flugzeugen von morgen drastisch reduziert sein. Und wie beim Automobil werden Materialverbindungen — etwa Karbonfasern in Epoxydharz eingebettet — das Aluminium als hauptsächliches Konstruktionsmaterial ablösen. Derartige Kompositstoffe sind nicht nur leichter, sondern auch fester als Metall; das Flugzeug aus Plastik wird bald die Regel sein.

Derartige Entwicklungen eröffnen bereits heute gewaltige neue Möglichkeiten im Flugzeugbau, mit neuen Triebwerken, einer neuen, leichtgewichtigen Hülle mit geringer Reibung und Flugzeuge, die in den äußeren Atmosphäreschichten fliegen und dann mit Leichtigkeit in den Weltraum vorstoßen könnten. In einem Bericht aus dem Weißen Haus stellte der wissenschaftliche Berater von US-Präsident Reagan fest, daß »heute monumentale Fortschritte in der Leistung der Flugkörper möglich sind. Sprunghafte Fortschritte sind mit Gewißheit möglich, die sämtliche derzeit in Betrieb befindlichen zivilen und militärischen Flugzeuge von Relevanz als veraltet erscheinen lassen würden. Es ist also nicht die Frage, ob es diesen Fortschritt geben wird, sondern nur, wann — und wer ihn machen wird«.

Besuchen wir einen Airport im Jahre 2019 und sehen wir uns an, was es da so gibt. Es fällt uns rasch auf, daß die Flugzeuge funktionieren wie die Busse einer Linie. Sie stehen nicht stundenlang herum und warten.Sie rollen an die Gates, entladen einen Strom von Passagieren und Gepäck, nehmen eine neue Ladung auf und starten zu einem neuen Trip, und das alles innerhalb von zwanzig Minuten oder sogar weniger. Fluggesellschaften gefällt das: Flugzeuge bringen nur Gewinn, solange sie in der Luft sind. Eine weitere angenehme Eigenschaft ist die bessere Treibstoffverwertung, über das Doppelte der heutigen besten Jet-Maschinen. Und das alles heißt, daß die Flugtikkets billiger werden können und daß es mehr verbilligte Spezialflüge gibt.

Unter diesen Luftkreuzern wird man schlanke Maschinen mit Doppeltriebwerk für kurze bis mittelweite Strecken finden, aber auch die großen Dickbäucher. Viele werden — besonders die für den Einsatz auf Mittelstrecken — keine Jets haben, denn der Propeller steht kurz vor einem Comeback. In seiner neuen Gestalt, die man als Propfan [= Propeller-Fan (-Fächer)] bezeichnet, ähnelt er sechs bis acht Bumerangs, die mit der Spitze an eine Nabe montiert sind, wobei jeder dieser »Bumerangs« wie ein Ventilatorblatt wirkt. Damit lassen sich Jet-Geschwindigkeiten bei weit geringerem Treibstoffverbrauch erreichen. Kurzstreckenmaschinen, besonders solche für den Pendlerverkehr, werden sogar noch radikaler in ihrem Design verändert sein. Sie haben besonders schlanke Tragflächen, um den Luftwiderstand möglichst niedrig zu halten, und sie sehen aus, als hätte man sie irrtümlich verkehrt herum montiert. Derartige nach vorn geschwenkte Flügelkonstruktionen bewähren sich am besten, wenn die Tragflächen dünn sind. Und beim Flug werden die Passagiere sehen können, wie diese Flügel sich in der Länge und Breite ausdehnen oder zusammenziehen, um die Höchstleistung zu erzielen.

Angesichts der Gewichtsverringerung und der besseren Treibstoffverwertung werden die Großraumflugzeuge weitere Strecken bewältigen können; Nonstop-Flüge von der amerikanischen Ostküste zu Zielen jenseits des Pazifischen Ozeans werden ganz alltäglich sein. Diese Langstreckenflüge werden allerdings für die Fluggäste immer noch ziemlich ermüdend bleiben. Darum wird den transpazifischen Jumbos in Überschall-Jetmaschinen eine scharfe Konkurrenz erwachsen, die im 21. Jahrhundert die Nachfolge der Concorde antreten werden. Denn die Concorde, und das sagt uns heute jeder Luftfahrtingenieur, ist bereits jetzt veraltet. Das Flugzeug besteht aus Aluminium, das keine überhohen Temperaturen aushält; die Erhitzung bei superschnellem Flug zwingt also diese Maschine zu Reisegeschwindigkeiten, die nicht mehr als die doppelte Schallgeschwindigkeit sind. Was aber schlimmer ist, ihre Olympus-Jets sind berüchtigte Treibstoff-Fresser. Um Überschallgeschwindigkeiten zu erreichen, müssen die Triebwerke auf Nachbrenner zurückgreifen, ähnlich denen in Militärjetflugzeugen, die zu den größten Treibstoffsäufern unter sämtlichen in Gebrauch befindlichen Maschinen gehören.

Das transpazifische Überschallflugzeug von morgen wird fast doppelt so schwer sein wie die heutige Concorde (375 gegen 200 Tonnen), aber es wird fast fünfmal so viele Passagiere befördern können, nämlich 600. Es fliegt mit dreifacher Schallgeschwindigkeit, und es ist durchaus möglich, daß es das berühmte Aufklärungsflugzeug SR-71, den Blackbird, überholt, der derzeit den Schnelligkeitsrekord mit 2193 Meilen pro Stunde hält. Als Passagierflugzeug wird das neue superschnelle Flugzeug die dreifache Leistung eines Jumbo-Jets vergleichbarer Größe erbringen, dabei aber nur doppelt soviel Treibstoff verbrauchen. Seine Treibstoff-Effizienz wird dreimal höher sein als die der Concorde. Es kann 6 000 Meilen ohne Zwischenlandung fliegen, und die Strecke Tokio—San Francisco bewältigt es routinemäßig in vier Stunden. Die Kosten für die Tickets weden im Vergleich zu denen der mit Unterschallgeschwindigkeit fliegenden Großraumflugzeuge durchaus wettbewerbsfähig sein.

Die Erklärung dafür ist, daß die Reisegeschwindigkeit »supersonic«, also eine Überschallgeschwindigkeit ist. Das bedeutet, man fliegt bei diesen Geschwindigkeiten ohne Nachbrenner. Und dies setzt eine Unmenge modernster technologischer Entwicklungen voraus: Methoden, einen glatten Luftstrom um das Flugzeug zu erreichen und dabei sogproduzierende Turbulenzen zu vermeiden, leichtgewichtige temperatur-resistente Kompositbaumaterialien, Turboblätter aus Einzelmetallkristallen wegen der höheren Widerstandskraft, glattere Luftflüsse um die Triebwerke und fortschrittlichere Kühlungsmethoden. Zum Teil hat man dies bereits in dem Supersonic Cruise Program der NASA erforscht. Andere wichtige Einzelheiten führt man uns an Bord des Forschungsflugzeuges X-29 vor, das inzwischen bereits in der Luft ist. Und die amerikanische Luftwaffe beabsichtigt, bei ihrem neuesten Abfang-Flugzeug, dem Advanced Tactical Fighter, Überschallgeschwindigkeiten zu präsentieren.

Die Supersonic Transpacific-Transportmaschine auf dem Flughafen ist ein langes, schnittiges Ding, das bemerkenswert wie ein breiter Pfeil mit Fenstern aussieht. Die kleinen Seitenleitwerke und die Schwanzfläche verstärken diesen pfeilartigen Effekt noch. Manche Konstruktionen haben zwei derartige Rümpfe nebeneinander, und die Flugpassagiere können einander über die breite Zentraltragfläche zuwinken. Die Tragflächen bilden ein scharf zurückstoßendes Delta mit Flügelchen, kleinen flossenartigen Fortsätzen an den Spitzen, um den Sog zu reduzieren. Unter den Tragflächen sind die dicken schwarzen Zylinder der Triebwerke montiert, zwei für die Standardversion, drei für das Doppelrumpfflugzeug.

Aber sogar diese Flugzeuge sind möglicherweise nicht der allerneueste Schrei in der Luft. Genau wie die Concorde in einer Zeit der verbilligten Flüge nach Europa erfolgreich ist, wird es dann vielleicht Reisende geben, für die sogar Mach-3, die dreifache Schallgeschwindigkeit, zu langsam ist. Auf den längsten Strecken, um den halben Globus herum, würden auch die besten Überschallmaschinen zwischenlanden müssen, um Treibstoff zu tanken. Reichweiten von 6 000 Meilen werden sich in der gemütlichen einheitlichen Gemeinschaft der nördlichen Hemisphäre ohne weiteres bewältigen lassen, doch sobald die südliche Hälfte der Erde auf den Plan tritt, werden schon größere Anstrengungen nötig werden. Passagiere, die einen Zehnstundenflug von Rio nach Singapur durchzustehen haben, werden neidisch zu den Raumstationen in Erdumlaufbahn blicken, die diese Strecke in vierzig Minuten schaffen. Darum wird der echte Nachfolger der Concorde als eines zwar teuren, doch schnellen Flugzeugs, das auf besonderen Strecken gewinnbringend fliegt, das Hyperschall-Transportflugzeug sein. Es fliegt mehr als halb so schnell wie ein Satellit und kann jedes beliebige Ziel innerhalb von zwei Stunden erreichen.

Möglich werden solche Flugzeuge durch neue Triebwerke, um deren Entwicklung man sich heute heftig bemüht. Ein Rum-Jet (Staustrahltriebwerk) ist im Grunde nichts weiter als eine sorgfältig gebaute Röhre oder ein Kanal mit Treibstoff-Einspritzung. Bei hoher Geschwindigkeit funktioniert das mit der bloßen Kraft der Vorwärtsbewegung, die Luft in die Brennkammer der Triebwerke drückt. Doch solche »Ramjets« haben zwei Nachteile. Sie können nicht direkt von einer Startbahn aufsteigen, sondern brauchen einen Hilfsschub, um Mach-1,5 zu erreichen, wo dann erst der Staustrahl wirksam wird. Und sie können nicht schneller als Mach-6 fliegen, weil dann die aerodynamisch bedingte Überhitzung zu intensiv würde.

Bei Aerojet Techsystems in Sacramento, Kalifornien, hat man das erste dieser Probleme heute bereits gut im Griff. Die Lösung heißt »Air-Turbo-Ramjet«. Dabei setzt man den rotierenden Kompressor eines konventionellen Strahltriebwerks in einen Ramjet. Dieser Kompressor verleiht dann dem Ramjet bei niederen Geschwindigkeiten den nötigen Schub, stört aber bei Hochgeschwindigkeiten nicht. So kann das Air-Turbo-Ramjet-System ein Flugzeug vom Start auf der Bahn bis zu Mach-6 bringen. Allerdings beträgt die Orbitalgeschwindigkeit Mach-25.

Die Geschwindigkeitsbegrenzung auf Mach-6 ergibt sich, weil der Luftstrom in einem Ramjet sich verlangsamt und erhitzt. Diese aerodynamische Aufheizung ist ein allen superschnellen Flügen gemeinsamer Faktor. Bei Mach-6 steigt die Temperatur auf 2 700 Grad Fahrenheit (1 482° C), und das halten die Triebwerkteile nicht aus. Die Lösung liegt also darin, einen Weg zu finden, die Luftströme in einem Ramjet so zu führen, daß sie sich nicht verlangsamen, sondern mit Überschallgeschwindigkeiten hindurchschießen. Das Triebwerk, auf das dies hinausläuft, heißt »Scramjet« (Supersonic-Combustion Ramjet). In ihrem Langley Research Center arbeitet die NASA seit einiger Zeit an Scramjets, und man hat experimentell nachgewiesen, daß einfache Konstruktionen Geschwindigkeiten von Mach-12 erreichen können.

Die Defense Advanced Research Projects Agency des Pentagon (DARPA) hat ihre Motorenbauer Scramjets mit Supercomputern erforschen lassen, und es gab einen echten Durchbruch. Ein DARPA-Scramjet kann von einer Startbahn abheben und Mach-15, möglicherweise sogar Mach-25 erreichen. Die Pentagon-Agency versucht jetzt, 200 Millionen Dollar aufzutreiben, um einen Prototyp dieses Triebwerks zu bauen, der 1989 fertig sein soll.

Stellen Sie sich also vor, daß derartige Scramjets die gewaltigen schlanken Fährflugzeuge antreiben, die uns zu einer Raumstation bringen. Auf der Startbahn beschleunigt eine solche Maschine nur langsam, da ihre Treibstoffladung sie schwerfällig macht, doch sie gewinnt an Geschwindigkeit, wenn ihre Triebwerke den Initialschub geben. Eine Minute später sind wir über dem Ozean, der hinter uns zurückfällt, während wir schneller werden und höher steigen. Und kurz darauf legt sich die Maschine gerade und geht auf Reisegeschwindigkeit.

Der Flugkapitän verkündet uns: »Alle Passagiere mögen sich bitte auf ihre Sitze begeben und die Gurte umschnallen. Wir nehmen jetzt die Hauptbeschleunigung vor.« Das gedämpfte Brummen der Zusatztriebwerke geht plötzlich in dem lautstärkeren, durchdringenderen Röhren der Scramjets unter, die Schub aufbauen. Und jetzt wird das Flugschiff lebendig. Sie können das Beben spüren, wenn es sich über Mach-1 beschleunigt. Tief unten sacken die Wolken weg; über Ihnen verdunkelt sich der Himmel von dunklem Blau zu samtigem Purpur. Die Wolken brechen auf, und unter Ihnen liegen die Bahamas mitten im Meer, so klar wie auf einer Erdkarte. Das smaragdene Grün der See daneben ruft in Ihnen Erinnerungen an Ihren Urlaub im vergangenen Jahr wach. Und nun ist der Himmel fast schwarz, und — ist das wirklich die Krümmung des Erdballs? Man spürt keine Vibration, doch über dem Kabinenschott zeigt ein Digital-Machmeter die wachsende Geschwindigkeit an: Mach-4, Mach-6 und weiter bis zu Mach-22.

Bei dieser Geschwindigkeit, die fast der eines Raumfahrzeugs in Erdumlaufbahn nahekommt, und 180 000 Fuß über dem Erdboden gibt es einen plötzlichen Ruck, wenn die Raketentriebwerke zu arbeiten beginnen. Und nun wird es etwas beschwerlich, wenn man sich vorbeugen möchte, um aus dem Fenster zu schauen, auch wenn dieses blau-weiße helle Band, dieser Bogen da oben über dem, was man nun eindeutig als die Erdkrümmung erkennt, die Mühe sehr wohl lohnen würde. Erfahrene Astronauten würde so etwas kaltlassen, aber Sie möchten es ja nicht gern verpassen. Jedenfalls wird kaum eine Minute später das Raketengedröhne leiser, die Beschleunigung pendelt sich ein. Wir sind in der Erdumlaufbahn. Vor uns leuchtet ein Signallämpchen auf: ACHTUNG! SCHWERGEWICHTSLOSIGKEIT! SITZGURTE ANSCHNALLEN! NO SMOKING! Und dann erscheint draußen vor dem Fenster unser Ziel, eine Ansammlung von Tanks und Zylindern, die mehrere Monate lang für uns Heimat sein sollen.

Solche Hybrid-Entwicklungen zwischen Luftfahrt und Raumfahrt — sogar in einigen sehr frühen Erscheinungsformen, wie sie DARPA lange vor dem Jahr 2000 zu bauen und in Einsatz zu bringen hofft — werden das Space-Shuttle als beinahe ebenso uraltmodisch erscheinen lassen, wie dies heute eine Spanische Galeone wäre. Das Shuttle wurde großenteils in der Zeit vor den Mikro-Chips entwickelt; seine Bordcomputer sind weniger fortschrittlich als die, die man um die Ecke in einem Elektronikschuppen kaufen kann. Eine der Folgen davon ist, daß ein ganzes Heer von Bodenpersonal nötig ist, um das Ding startbereit zu machen. Vielleicht denken Sie einmal an die Funktionstüchtigkeit der Postdienste, dann wird es Sie kaum noch überraschen, daß man 12 000 staatliche Angestellte benötigt, um ein einziges Shuttle in die Luft zu bringen. Doch die Nachfolger der Raumfähre werden sich auf künstliche Intelligenz, auf Computer, verlassen können, und das wird die ganze Geschichte etwas beschleunigen. Ausgezeichnete, mit fortschrittlichen Computern arbeitende Systeme werten die Instrumentangaben mit der Geschicklichkeit eines erfahrenen Flugoperateurs im Kennedy-Raumfahrtzentrum aus. Die künstliche Intelligenz liefert aber nicht nur den Super-Shuttles von morgen rasche Start- und Rückkehrmöglichkeiten. Andere Raketen werden fast nie auf die Erde zurückkehren, sondern zwischen Raumstationen und dem Mond pendeln.

Die NASA plant die Rückkehr auf den Mond für einen frühen Zeitpunkt im nächsten Jahrhundert und bereitet sich derzeit auf den Bau eines Raumschiffs vor, mit dessen Hilfe die erste Mondbasis errichtet werden soll. Das Raumschiff wird eine Art Raumschlepper sein, ein sogenanntes Orbital Transfer Vehicle. Durch den Einsatz intelligenter Instrumente bei den Abschußvorbereitungen werden sie nur drei (menschliche) Kontrolleure in einer Kommandozentrale in Erdumlaufbahn benötigen. Ein solches OTV sieht aus wie eine Anhäufung von Treibtanks und Raketenmotoren, die durch ein spinnwebartiges Netz von Verstrebungen zusammenhalten. Seine prinzipielle Neuheit wird sich gegen Ende seiner Mission erweisen.

Nach dem Flug zum Mond verläuft die Flugbahn des OTV durch einen erdnahen Punkt. Dort in der Nähe muß das Fahrzeug etwa 3 000 m/sec an Geschwindigkeit verlieren und auf eine niedere Umlaufbahn dicht bei der der Raumstation absinken. Um die Mitführung von Treibstoff für Bremsraketen auf dem Flug zum Mond und zurück zu vermeiden, wird das Schiff durch den Widerstand der Atmosphäre in der Höhe von sechzig Meilen über der Erdoberfläche gebremst. Dicht über dem Atmosphärenmantel des Planeten bringt es einen »Balluten« zum Einsatz, einen leichtgewichtigen ringförmigen Ballon, der die Treibstofftanks völlig umschließt. Der Ballut ist mit einer hitzeresistenten Schutzschicht aus Keramikfasern beschichtet. (Wir stellen uns darunter spröde, scharfe Substanzen vor; doch die Nippon Carbon Company in Japan kann inzwischen Silikonkarbid in Zwirnform produzieren, und die Dow Corning vermarktet das Produkt unter dem Namen »Nicalon«. Die 3M Company und die Johns-Manville Corporation bieten ähnliche aus Keramik hergestellte Fasern und Gewebe an.) Und damit können die Mondraketen von morgen in der Erdatmosphäre abbremsen und auf eine Umlaufbahn in der Nähe der Raumstation gehen.

Die Mondbasis allerdings wird 2019 wahrscheinlich nicht im Zentrum der Aktionen sein. Denn das amerikanische Verteidigungsministerium wird natürlich sein neues »Star Wars«-Verteidigungssystem weiterverfolgen. Dieser Begriff trifft die Sache viel genauer als den meisten Menschen bewußt wird. Denn es ist möglich, daß eines der Nebenprodukte dieser martialischen Entwicklung das erste wirklich zu interstellarem Flug fähige »Raumschiff« sein wird. Und wenn auch derartige Einsätze wohl eher später als bald erfolgen werden, so könnten doch die frühen Entwicklungsvarianten dieses Raumschiffs in der kurzen Zeit von neun Tagen zum Mars fliegen.

Das Starship des »Krieges der Sterne« basiert auf Ideen von Lowell Wood, der zahlreiche entscheidende Konzepte für die Raketenabwehr erdachte. Das Prinzip ist die Laser-Fusion. Ein hochpotenter, hochpulsierender Laserstrahl soll dabei kleine Kügelchen von Fusionstreibstoff losschmettern, die dann wie Wasserstoffbömbchen explodieren. Bei der Explosion entsteht superheißes Plasma, das sich mit mehrfacher Lichtgeschwindigkeit ausdehnt. Ein ringförmiger Superkonduktions-Magnet leitet dann am Heck einen Plasmastrom ab, der den Antrieb bewirkt. Die Entwicklung dieser Laserstrahlen und Wasserstoffkügelchen für derartige Supertriebwerke stellt derzeit zwei der schwierigsten Probleme der technischen Weiterentwicklung dar, an denen die Menschheit arbeitet. Aber auch sie wird man bald gut beherrschen.

In den Labors von Avco Everett Research in Massachusetts schreiten die Arbeiten an EMRLD voran: Dem Excimer Moderatepower Raman-shifted Laser Device. (Die »Raman-Verschiebung« ist ein optischer Effekt, bei dem sich die Wellenlänge eines Laserstrahls verändert.) EMRLD wird pro Sekunde einige fünfzigmal feuern können. Es soll 1990 einsatzbereit sein. Seine Nachfolgeentwicklungen können Raketen abschießen, werden aber gleichzeitig gewaltig genug sein, um ein Starship anzutreiben. Zu diesem Zweck wäre für derartige Laser eine neue Variante des pulsaufbauenden Netzwerks vonnöten, das hochintensive Stromstöße produziert, die den Laser zünden. Aber der Chef-Wissenschaftler vom »Krieg der Sterne«, Gerold Yonas, beschreibt ein derartiges Netzwerk als eine »bemerkenswert simple Anordnung, wie man sie im nächsten Laden kaufen oder in einer Mechanikerwerkstatt bauen kann«.

Diese Laser brauchen besondere optische Systeme, um die extrem kurzen für die Fusion nötigen Lichtstöße zu produzieren. Das erste derartige System wird gerade an dem Aurora-Excimer-Laser in Los Alamos eingebaut, wo es für die Forschung in der Laser-Fusion verwendet werden soll. Und was das Geschoß betrifft, Lawrence Livermore National Laboratory in Kalifornien betreibt inzwischen seinen Nova-Laser, den größten der Welt. Er schießt Energiestöße in Versuchsmodellgröße der für die Fusion gedachten Kügelchen ab.

Der erste Test mit normalgroßen Kügelchen soll in den Sandia Labs in New Mexico im Oktober 1987 durchgeführt werden. Dabei wird die Particle Beam Fusion Assembly eine Rolle spielen, die Yonas leitete, ehe er sich dem Sternenkrieg zuwandte. Es handelt sich um die erste Fusionstestanordnung der Erde, bei der Energiemengen freigesetzt werden, die dem für ein Interstellarschiff nötigen Schub nahekommen. Das System funktioniert bereits. Bei den kritischen Testversuchen 1987 sollte es möglich sein, zwei Mega-Joules (eine Energie, die ausreichen würde, um 325 000 Tonnen zehn Fuß hoch zu heben) in das Geschoß zu packen, die es zur Explosion bringen, wobei dann sechs Mega-Joules freiwerden. Partikelexperten wie John Nuckolls von Livermore rechnen damit, später Energieteilchen zu produzieren, die genügend Energie freisetzen, um eine Rakete anzutreiben.

Derartige Raketen sind das Spezialgebiet von Roderick Hade bei Livermore, der für Wood arbeitet und sich seit Anfang der siebziger Jahre mit ihrer Konstruktion befaßte. Er drückte es so aus: »Die technischen Probleme beim Bau von im Weltraum stationierten Lasersystemen zur Raketenabwehr sind die gleichen wie beim Bau einer per Laserfusion angetriebenen Rakete.« Natürlich unterliegen zahlreiche technologische Einzelheiten auf diesem Sektor derzeit noch immer strengster Geheimhaltung. Deshalb – so Wood – ist es möglich, daß die Tatsache nicht öffentlich bekanntgegeben wird, wenn es einmal möglich ist, diese Rakete zu bauen. »Wir hoffen, wir schaffen das in Kürze, lieber in ein paar Jahren als in ein paar Fünfjahresplänen.«

So könnte also im Jahre 2019 die erste dieser neuen Raketen in Betrieb sein, weit über den Mond hinaus vorstoßen, Vorbereitungen treffen, den Mars zu erschließen und nach der Mondbasis auch eine auf unserem Bruderplaneten zu errichten. Und in den Forschungszentren heute, mit ihren computergestützten Planungssystemen, werden womöglich bereits jetzt Pläne geboren, noch fortschrittlichere neue Raumfahrzeuge zu bauen, die über größere Fusionstreibstofftanks verfügen. Und diese werden dann über unser Sonnensystem hinaus vorstoßen und sich in den unendlichen interstellaren Raum vortasten.

K A P I

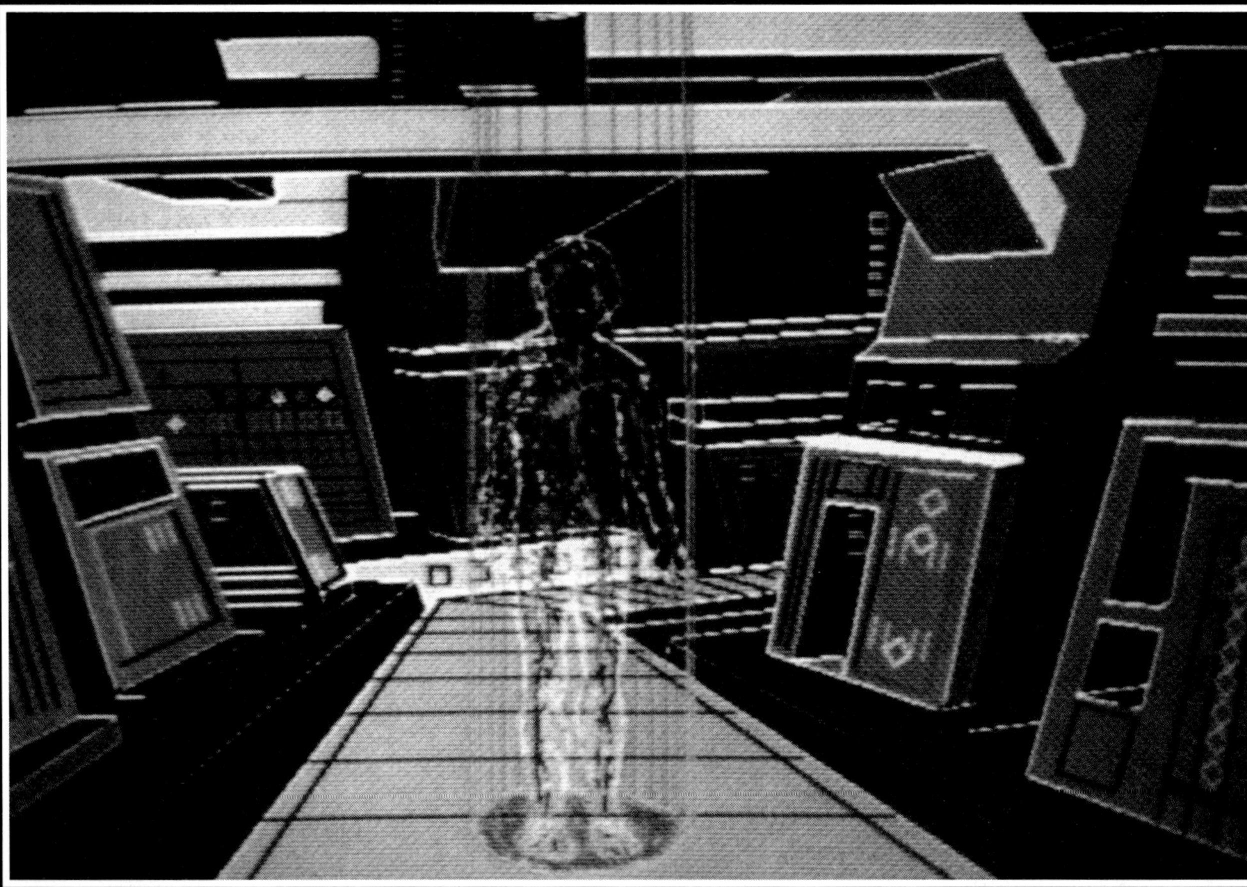

EIN TAG

IN EINER

RAUMSTATION

»MAMA'S SOUPS«, Inc.
Innerbetriebl. Memo

An: Mortimer Fieldstone, Präsident
Von: Sidney Striver, Marketing Director
Datum: 20. Juli 2019
Betr.: Explosionen von »Mama's Wet-Packs« im Weltraum

Dear Mort,
wir haben ein Problem. In den letzten sechs Jahren und vier Monaten haben »Mama's Soups«, Inc., laut Vertrag NAS-12-7013 die NASA mit Produktpackungen für den Verzehr durch Astronauten im Raum beliefert. In den letzten zwölf Monaten sind uns sieben Beschwerden zugegangen, in denen mangelhafte Kontrolle bei der Verpackung unterstellt wird. Diese Suppen sind gefriergetrocknet in Polyäthylen-Packs verschweißt und müssen durch Zugabe von Wasser aus einem Schlauch genießbar gemacht werden.

Die Beschwerden führen an, daß, wenn ein Astronaut zuviel Wasser zugibt, die Päckchen manchmal explodieren und an den Säumen aufplatzen. Derartige Explosionen scheinen einzelne Besatzungsmitglieder belästigt zu haben und haben sich möglicherweise negativ auf Flugoperationen der NASA ausgewirkt.

Unsere Rechtsabteilung hat diese Beschwerden untersucht und kam zu dem Schluß, sie seien so begründet, daß die NASA einigen Anlaß hätte, ihren Vertrag mit uns, besagten Contract NAS-12-7013, zu beenden. Erst vor ganz kurzer Zeit hat sich die Astronautin Bonnie Dunbar an Bord der Raumstation *Magellan* zur Sprecherin einer Gruppe erhoben, die die NASA dringlich veranlassen möchte, den Vertrag zu kündigen. Angeblich rührt ihre Verärgerung von einem kürzlichen Zwischenfall her, bei dem, wie sie behauptet, »ganze Brocken sämiger Muschelsuppe« (»Mama's Clam Chowder«) »mir in die Ohren und die Haare flogen«.

Ich habe in unserer Verpackungsabteilung die Vorbereitung eines Spezialsets von drei Suppen angeordnet — Austern-Stew, Huhn und die erwähnte Clam Chowder —, die mit doppeltstarken Schweißnähten versehen sind. Diese Anordnung ist hier als Intern-Direktive 19-7-3026 beigefügt. Ferner habe ich ein Gros von jedem Suppentyp — insgesamt 432 Wet-Packs per Eilflug mit unserem firmeneigenen Lear-Jet bringen lassen. Heute früh hat mich Dr. Anita Gale von der Rechnungsabteilung im Kennedy Space Center informiert, daß besagte Suppenpakete sicher an Bord des Super-Shuttle *Christa* in den Orbit

Umseitig: »Beamst du mich rauf, Scotty?« — Leider sind die Raumstationen sogar 2019 noch nicht ganz so weit.

gebracht wurden und daß sie um 16.00 h Eastern Standard Time geliefert sein werden.

In einer Funkbotschaft nach Cape Canaveral, erklärte Ms. Dunbar, Zitat: »Ich und die anderen Besatzungsmitglieder werden unseren Boykott vorläufig aussetzen und die neuen Packungen ausprobieren.« Jedoch, wieder Zitat: »Im Fall irgendwelcher weiterer derartiger Pannen werden wir das ganze Zeug auf den Müll kippen.« Bis zu diesem Zeitpunkt haben die Vorgesetzten von Ms. Dunbar bei der NASA ein Eingreifen abgelehnt.

Es ist Ihnen sicher in Erinnerung, daß am 22. Juli über das Fernsehnetz die neuen Werbespots von Doyle Dane Bernbach ausgestrahlt werden sollen, in die Sie und ich so große Erwartungen setzen und über die wir vor fünf Wochen beim Weekend in der Jagdhütte sprachen. Zu diesem Zeitpunkt liegt es also ganz bei den Astronauten, ob wir es vermeiden können, diese Werbekampagne zu einem Zeitpunkt den Bach runtergehen zu sehen, wo sie in den Sendern anläuft.
Ihr
Sidney

Bonnie Dunbar gibt es tatsächlich. Sie ist jung genug, um 2019 noch fliegen zu können; dennoch hat sie bereits ihren ersten Shuttle-Flug hinter sich und genießt inzwischen einen guten Ruf als Expertin auf ihrem Sektor, Werkstoffkunde. Damit sticht sie aus der Anonymität der meisten jüngeren Astronauten hervor und bringt Abwechslung in das gewohnte Bild vom machomännlichen Raumfahrer.

Sie wird 2019 siebzig Jahre alt sein. Viele von uns würden denken, daß sie dann als Pensionärin in Sun City lebt. Und doch befehligte im gleichen Alter General Douglas MacArthur die US-Army im Koreakrieg und Ronald Reagan trat seine erste Amtsperiode im Weißen Haus an. Angesichts der gesteigerten Lebenserwartung und der erhöhten Durchschnittsgesundheit im nächsten Jahrhundert werden viele Menschen mit 75 Jahren und darüber noch ein tätiges und nützliches Leben führen. Außerdem hat die Baby-Boom-Generation Jogging und Heilbäder sozusagen erfunden; es kann also lange dauern, bis die zu ihr gehörenden Menschen bereit sind, sich mit einer Pension auf den Golfplatz zurückzuziehen.

Die NASA plant derzeit das »Seniorenheim« für Bonnie Dunbar, die erste permanente Raumstation der USA, die Mitte der neunziger Jahre gestartet werden soll. In dieser Station soll eine feste Mannschaft von sechs Personen dauernd existieren, wobei alle neunzig Tage neue Astronauten zum Schichtwechsel oder zur Ablösung kommen. Die Raumfähre (Space Shuttle) trifft viermal jährlich zu Besuch ein. Die

Station wird mehrere Moduln von fünfzehn Fuß Durchmesser und 35 bis 40 Fuß Länge aufweisen, also Größen, die bequem in den Frachtraum der Raumfähre passen.

Um das Jahr 2019 jedoch wird auch das bereits einer neuen Generation der Raumtechnologie weichen. Die NASA plant jetzt bereits das Raumfahrzeug, das die Raumfähre ablösen wird. Einige Jahre nach Vollendung der Raumstation wird dieses Fahrzeug größere und schwerere Frachtmengen befördern können, weit weniger kostspielig sein und viel leichter zu betreiben.

Und nach der Nachfolgerin der heutigen Raumfähre gibt es eine neue Raumstation. Ihr Layout ähnelt einem Flugzeug, an dessen Bauch eine Serie von Raketentanks befestigt sind und auf dessen Rücken sich eine an die Arkaden von Stonehenge erinnernde Struktur befindet. Der »Rumpf« besteht aus langen zylindrischen Raumkapseln, die im Tandem montiert sind.

Von der Front des einen dieser Moduln breiten sich weit die Flügel aus, lange rechteckige Sonnenkollektoren in Mitternachtsblau. Darüber erst reckt sich der Schwanz, ein vertikales Paneel für den Kühler. Bei Dunkelheit kann man es in sanftem Rot glühen sehen, wenn es überschüssige Hitze aus der Raumstation abgibt. Unterhalb der Tandemzylinder erstreckt sich ein Hangar für Raketenfahrzeuge, die Treibstofftanks liegen dicht daneben. Und über dem Rumpf bilden drei weitere Zylinder einen Bogen, in ihnen sind die Labors zu Materialerforschung, Exobiologie und ein Kontrollzentrum untergebracht.

Es ist gerade früher Morgen, und die Raumstation *Magellan* befindet sich dreihundert Meilen über der dunklen Erdhälfte; man sieht nur einige wenige Lichter wie bei einem nächtlich dahinziehenden Schiff. Draußen ist es pechschwarz. Astronaut Joe Allen verglich das einmal mit der »Mammuthöhle« in Kentucky, wenn der Führer die Beleuchtung ausschaltet und einem sagt: »Sie werden jetzt die tiefste Dunkelheit in Ihrem ganzen Leben erfahren.« An der einen Seite sind die Sterne, hart, scharfgezeichnet, strahlend in roten, gelben, sogar blauen und grünen Farbtönen. Folgen Sie mit den Augen den Sternen bis dorthin, wo es keine mehr gibt, bis zum Rand einer riesigen schwarzen Region in Ihrem Gesichtsfeld. Das ist die Erde.

Drunten zucken Blitze aus einer dichten Gewitterfront, die sich über Mexiko, Texas und einen Großteil des Mexikanischen Golfs erstreckt. Ein einschlagender Blitz, ein plötzlicher Funke leuchtenden Purpurs, erhellt kurz die Wolken. Dann zucken zwei, drei weitere gleichzeitig, und dann Dutzende weitere, die über Hunderte Meilen hinweg zucken und flackern. Mehrere Sekunden lang blitzen die Lichtschläge, als veranstalte jemand ein Feuerwerk, sie zielen auf diese Wolke, dann auf eine zweite, und wieder neue in rapider Szenenfolge. Schließlich erstirbt die Lichterschau, und die Phosphoreszenzen verblassen, bis nur noch Schwärze herrscht; doch nur für ein paar Sekunden. Dann erhellt erneut ein purpurner Blitz seine Wolke, und die Show fängt von vorn an.

Im Osten weicht die Finsternis nun einem hellblauen Streifen, einem Bogen zwischen der Erde und den Sternen. Sehr rasch breitet sich das Blau aus und wird heller, leuchtender. Unter ihm bildet sich eine schmale rote Sichel, unter deren Mitte ein intensiv orange-gelber Tropfen hängt. Und einen Augenblick später wächst sich der Goldtropfen zu einem leuchtenden gelben Ball aus. Die Blau- und Rottöne nehmen ab und verblassen rasch im Licht der jungen Sonne. Gegen den Horizont zu schimmert silbern der Atlantik in scharfem Kontrast zu dem dunklen Grün von Florida. Die Raumstation überfliegt jetzt die Linie zwischen Nacht und Morgen. Eine Wolkenbank glüht in silberner Bronze funkelnd unter dem ersten Tageslicht auf. Eine Minute später bestrahlt der junge Tag die Bahamas inmitten ihrer flachen blaugrün irisierenden Strandgewässer. Durch eine Bordluke strömt frisches Sonnenlicht in die Raumstation und malt einen farbigen Fleck auf die pastellblaue Wand.

Wie es Hawaii und den Grand Canyon schon Millionen Jahre vor dem Auftreten des Menschen gab, so auch dieses Schauspiel der Morgendämmerung — seit den Urzeiten der Erde. An diesem Morgen jedoch ist nur Bonnie Dunbar wach, um es zu bewundern, denn in ihrer Seele schlummert ein Rest von romantischen Gefühlen. Für alle anderen an Bord ist es noch Nachtzeit, und nachts ist die Raumstation ein sehr stiller Ort. Man hört nur das leise Summen der Fächer und Gebläse am anderen Ende des Mannschaftslogis, fünfzehn Meter von den schlafenden Astronauten entfernt und weit weniger aufdringlich als viele Klimaanlagen in Schlafzimmern sonst. Zweimal während eines jeden Erdumlaufes, wenn die Station zwischen Tag und Nacht hindurchwandert, dehnen sich ihre Außenflächen geringfügig aus oder ziehen sich zusammen, wobei sie leise Knackgeräusche von sich geben. Gelegentlich durchquert die Raumstation die »südatlantische Anomalie«, eine Einbuchtung im Magnetfeld der Erde. Dann kommen die kosmischen Strahlen durch, erregen Zellen in der Retina des menschlichen Auges und bewirken dort zuckende Lichter, plötzliche helle Funken, die man bei geschlossenen Augen etwa in Minutenabständen sieht. Ab und zu zündet ein Raketenstrahl, um die Raumstation vor dem Abdriften von ihrer Ausrichtung zu bewahren. Es klingt wie ein Hammer, der in der Ferne auf einen der anderen Teile der Station klopft. Für die Astronauten, die über das Bullauge in ihrer Kabine die Blenden gezogen haben, verdämmert das leuchtendblaue Strahlen der Erde zu einem diffusen Schimmer, gerade noch hell genug, um aus Finsternis Dämmer werden zu lassen.

Blickte man durch diese Bordluken, dann könnte man in dem schwachen Licht im Innern gerade noch verschwommene unförmige Gestalten ausmachen, die an große Schmetterlingskokons erinnern. Das sind die Kojen der Besatzung, und sie hängen an den Wänden, als wäre es möglich, Schlafsäcke wie Vorhänge anzubringen. Achtzehn Menschen leben hier, jeder in einer keilförmigen Kabine von acht mal neun Fuß, etwa der Größe eines kleinen Schrankzimmers. Aber man braucht nicht viel Platz, um sich bei Nullschwerkraft wohlzufühlen, und ein bequemes Bett ist da besonders leicht zu finden. Da der eigene Körper keinen Gewichtsdruck ausübt, fühlt sich die härteste Stahlkoje weicher an als ein Wasserbett. In Wirklichkeit berührt keiner jemals den Stahl, da bereits eine ganz geringfügige Berührung ihn davonschweben lassen würde.

Keiner hätte also überhaupt ein Bett nötig; alle könnten einfach ganz bequem mitten in der Luft schlafen, wenn da nicht das Problem mit der Belüftung wäre. In einem gewöhnlichen Schlafzimmer gibt es langsame Luftbewegungen; mehr noch, unsere ausgeatmete Luft ist warm und steigt nach oben. In einer Raumstation gibt es diese Luftströme nicht; das ausgeatmete Kohlendioxyd würde also nicht aufsteigen, sondern sich um den Kopf eines Schlafenden ansammeln. Bald wäre der Raum unerträglich stickig, ja vielleicht sogar erstickend; also braucht man die Ventilation. Außerdem, jeder Mensch, der versuchen sollte, mitten in der Luft schwebend zu schlafen, würde bald mit dem Luftstrom abdriften, gegen die Decke stoßen und davon erwachen. Darum ist die Raumstation mit Schlaffesselungen ausgestattet, großen leichtgewichtigen Säcken mit Reißverschluß, die per Schnapphalterung an der Wand befestigt sind. In solch einem Sack und mit einem Kissen kann jeder dann rasch und tief schlafen und sich in den Ventilatorströmen wiegen wie eine Seeanemone im Meer.

Während die *Magellan* sich der afrikanischen Küste näherte, klingelte an diesem Morgen des 20. Juli 2019 wie gewöhnlich das Telefon. Der Weckruf vom Zentralcomputer der Station. Es regte sich in den Alkoven, die schlaftrunkenen Besatzungsmitglieder grabschten im Halbdunkel nach der Hörmuschel und hörten schon halbwach eine Elektronenstimme, ähnlich der der Zeitansage der Telefondienste: »Es ist nun genau sechs Uhr.« Wie schön wäre es, jetzt noch ein bißchen weiterzuschlummern. Tatsächlich wäre das Schlafen im Weltraum fast einem Winterschlaf zu vergleichen; das Herz pulst nur drei-ßigmal pro Minute ... Aber durch die Schlafnischenwände hört man andere Telefone klingeln. Ganz in der Nähe schaltet, einer seinen Laserdisc ein und spielte, Country Music. Wirklich, man mußte auf-stehen.

Bonnie langte nach einem Halterungsgriff, zog sich vom Bullauge weg und zu einer kleinen Regalanordnung hinüber. Dort befanden sich einige ihrer persönlichen Besitztümer, die durch Gummikordeln an Ort und Stelle gehalten wurden. Als erstes brauchte sie jetzt eine Spritzflasche aus Plastik voll Wasser und einen Waschlappen. Sie drückte ein wenig Wasser auf den Lappen und ließ dann die Wasser-flasche frei mitten in der Luft schweben. Weit fort würde sie nicht trei-ben. Danach rieb sie sich Gesicht und Arme, ganz so als befände sie sich auf einem Flug in einer Langstreckenmaschine, in der das Bord-personal morgens feuchtheiße Tücher verteilt. Das war zwar kein Ersatz für eine richtige Waschaktion, aber es würde sie für eine Weile über die Runden bringen.

Und weil sie gerade dabei war, konnte sie auch gleich noch die Zähne putzen und sich die Haare kämmen. Auf ihrem Bord waren auch eine Haarbürste und ein Tiegel Feuchtigkeitscreme. Beim Bür-sten lösten sich ein paar Haarsträhnen und trieben in der Ventilator-brise davon. Die Zahnbürste hatte sie von zu Hause mitgebracht, ebenso die Zahncreme-Marke, an die sie gewöhnt war. Sobald sie mit der Prozedur fertig war, brauchte sie nur den Arm auszustrecken und die in der Nähe herumschwebende Plastikflasche zu greifen, um sich nach dem Zähneputzen einen kräftigen Schuß Flüssigkeit in den Mund zu spritzen — und dann das Ganze runterzuschlucken. Da es weder ein Waschbecken noch eine Drainage in der nächsten Nähe gab, zog sie das der anderen Alternative vor: nämlich dem Versuch, ihren Mund mit einem kleinen Saugschlauch zu leeren, der von der Wand hing. Zu oft schon hatte sich dieses Absaugsystem bei Gebrauch verstopft.

Ihr taubenblauer Overall hing direkt neben den Borden; er war mit Bungee-Schnüren an der Wand befestigt. Im Strom der Ventilation hatte er sich leise bewegt, aber nicht so, wie Wäsche auf einer Leine dies tut; das Kleidungsstück steckte voll von Beulen und Ausbuchtun-gen, hinter denen ihre Ausrüstung untergebracht war, die sie den Tag über mit sich zu tragen hatte: ein Notizblock, Checkliste, Taschen-lampe, Taschenrechner, Kugelschreiber usw. Für jeden Gegenstand gab es eine eigene Tasche, sei es in der Bluse oder den Hosen, mit Reißverschluß oder Schnappknopf, damit nichts heraus und in die Gegend driften konnte. Sie schwebte in der Mitte des Alkovens, löste den Overall aus der Halterung, schlängelte sich in ihn hinein und schloß sich dann ringsum mit dem Reißverschluß dicht ein. Und damit war sie bereit, sich sozusagen Schuhe und Strümpfe anzuziehen.

Astronautenschuhe sehen denen von Joggern ziemlich ähnlich; auch sie haben eine Segeltuchoberfläche und Schnürsenkel, die über den Knöchel hinaufreichen. Sie haben Aluminiumsohlen, mit Gummi beschichtet; in Zehennähe weist jede Sohle eine breite Dreiecksplatte auf. An Stellen, wo man lieber sicher auf dem Boden stehen möchte, wie beim Frühstück oder in vielen der Laboratoriumseinrichtungen, besteht der »Fußboden« aus einem dreieckig geformten Aluminiumgitter. Man kann also den Dreiecks-Stollen seiner Schuhsohlen in das Loch im Bodengitter drücken, dann den Fuß leicht verschieben, und schon hat man festen Halt. Bonnie holte nun ihre Stiefel aus dem Schuhschrank herunter, einer Stelle hoch oben an der gegenüberliegenden Wand, wo sie hinter Bungee-Kordeln festgehalten worden waren.

Socken und Stiefel anzuziehen, das kam einer Morgengymnastik gleich. Sie konnte sich nicht einfach hinsetzen und vorbeugen und die Schwerkraft ihren Oberkörper nach unten ziehen lassen, so daß die Hände leicht bis zu den Füßen reichten. Sie mußte die Bauchmuskeln spannen und sich willentlich vorbeugen, als betreibe sie ein besonders intensives Bauchmuskeltraining. Unter Astronauten hat es sich zu einer Frage des Stolzes entwickelt, das ohne fremde Hilfe tun zu können. Tatsächlich erlebten Astronauten bei langen Flügen, daß viele ihrer Muskeln atrophierten, aber die Bauchmuskulatur wurde durch diese starke Beanspruchung eindeutig kräftiger. Als sie sich vorbeugte, hoben sich ihre Beine vom Boden, und während sie mit der Verschnürung herumfummelte, begann sie langsam in eine Drehbewegung nach hinten zu schwingen.

Sie fing sich an der Wand ab, um sich zu stabilisieren, und war nun für ihren Tag bereit. Die ganze Zeit über hatte sie verschiedene Brummlaute und polternde und surrende Geräusche aus den nächstgelegenen Alkoven gehört, nebst der Musik aus ein paar Cassetten im Hintergrund. Auch ihre Nachbarn machten sich bereit. Noch hatte sie anderthalb Stunden Zeit, bis der Arbeitstag begann; Zeit für ein paar Übungen und für das Frühstück. Zuerst das Körpertraining. Wenn sie das nicht vor dem Frühstück erledigte, würde sie eine ganze Stunde warten müssen, nachdem sie gegessen hatte.

Vor ihrer »Kammertür« befand sich ein kreisrundes Vestibül, sozusagen die freie Nabe der Alkoven. Der Gymnastikraum lag zwei Etagen höher und war ein runder Raum von etwa sechs Metern Durchmesser. In der Mitte jedes Zwischenbodens befand sich eine offene

Luke, ähnlich einem Mannloch. Die anderen Besatzungsmitglieder tauchten nach und nach aus ihren Alkoven auf, nahmen unter dem Mannloch Position und stießen sich mit dem Vorderfuß ab. Bonnie selbst konnte das besonders elegant. Geschickt schwebte sie durch die Luken, ohne irgendwo anzustoßen, ganz so als trüge sie wie früher ihre Tauchausrüstung und gleite mit leisem Zucken der Schwimmflossen vom Meeresboden nach oben. Sobald sie den Boden des Trainingsraums erreicht hatte, konnte sie ihre Driftbewegung stoppen, indem sie nach dem Rand des Deckenmannlochs griff und sich dann mit einem leichten Zug auf die Spinde zutreiben ließ. Dort zog sie den Overall aus und ein Paar Shorts und ein leichtes Oberteil an.

Der Gymnastikraum war gut ausgestattet. Zuerst kamen da einmal ein paar Saugmaschinen für den Körper, Aluminiumtonnen, die aussahen, als hätte man sie aus eins-zwanzig langen Stücken einer Pipeline gemacht und mit festschließenden Gummidichtungen versehen, die um die Taille paßten. An der Vorderseite dieser Tonnen befand sich eine Reihe von Ventilen und Schläuchen und eine Rückenstütze, die ein wenig an ein Krankenhaus erinnerte. Eines der anhaltenden Probleme der Raumfahrt war, daß durch die fehlende Schwerkraft das Blut und andere Körperflüssigkeiten nicht in die Beine gezogen wurden, sondern sich in Kopf und Oberleib ansammelten. Dadurch verloren die Blutgefäße in den unteren Extremitäten an Spannkraft, während Gesicht und Nackenpartien verquollen und gerötet waren. Aber diese Aluminiumtonnen boten da Abhilfe, jedenfalls bis zu einem gewissen Grad. Nachdem der Gummikragen richtig um ihre Taille schloß, konnte sie ein Ventil öffnen und einen Teil der ihre Beine umgebenden Luft in das Vakuum des Weltraumes kippen. Dabei wurde an ihrer unteren Körperhälfte eine starke Saugwirkung erzielt, die dazu beitrug, das Blut wieder abwärts zu ziehen.

Bonnies Beine waren im Grunde in gutem Zustand, und so war diese Übung für sie eigentlich recht angenehm. Sie genoß das kräftige warme Kribbeln in den Beinen, und sie konnte mit den Zehen wakkeln und mit den Füßen ein wenig stoßen, während sie spürte, wie der Kreislauf sich wieder stabilisierte. Manchmal lag sie gern so da und las in einem Buch, doch dazu brauchte man Konzentration; häufig gab es da die anderen, und die unterhielten sich oder spielten Musik von ihren Laserdisks. Meist zog sie es vor, wenn sie in der Saugmaschine lag, mit Streckern ihre Armmuskulatur zu trainieren.

Aber eigentlich betätigte sich keiner im Orbit ausreichend sportlich. Dies war einer der Gründe dafür, daß ein starkes Interesse an körperlicher Fitness noch immer eine der Hauptvorausetzungen war, wenn man sich um eine Koje im Astronautenkorps bewarb. Denn sonst würden sich manche Besatzungsmitglieder womöglich nicht lange genug im Gymnastikraum aufhalten, was dann, bei ihrer Rückkehr auf die Erde, sich zu ihrem Mißvergnügen als recht ärgerlich erweisen würde. Der Astronaut Pete Conrad schätzte einmal, daß ein Körpertraining von fünf Stunden pro Tag nötig sei, nur um das Fehlen der allgemeinen Auswirkungen des Lebens und der Bewegung bei Normalschwerkraft auszugleichen. Trotzdem und trotz allem, manche Leute verlieren einfach ihre Kondition. Bei dem ersten *Skylab*-Flug, 1973, fühlte sich Joe Kervin, während er sich in der Körpersaugmaschine des Raumfahrzeugs befand, einem Schwächeanfall nahe, als sich die Blutgefäße in den Beinen mit dem erhöhten Blutstrom erweiterten. Ihm war schwindelig, kalter Schweiß brach ihm aus, und er mußte vor der Maximalsuktion abbrechen. Später erklärte er, er habe das Gefühl gehabt, er werde mitsamt der Luft aus der Tonne hinausgesaugt und leibhaftig in das Vakuum draußen geworfen.

Nachdem Bonnies Beine gut in Form waren, war es Zeit zum Radfahren. Die stationären Räder hatten steigbügelähnliche Pedale und ein dickes Elastikband als Sitzgurt. Oft strampelte sie da so eine Stunde lang oder länger. Manchmal hatten sie und andere Besatzungsmitglieder ganze neunzig Minuten ununterbrochen gestrampelt und dabei sozusagen eine Radtour um die Erde absolviert.

Vor jedem Rad befand sich ein großer TV-Bildschirm, der an einen Videodisk-Abspieler gekoppelt war. Damit konnte der Fahrer sich seine Radrouten selbst wählen: den Strand von Malibu entlang, durch die Koniferenwälder der Sierras auf dem John Muir Trail, oder durch die grünen Berghänge von Vermont. Als nette Geste aus Europa und Japan gegenüber den Astronauten gab es auch noch Radfahrstrecken mit dem Kaiserpalast von Kyoto und — der Insel Capri. Aber Bonnie hatte den John Muir Trail am liebsten. Wenn sie die Lenkgriffe nach links oder rechts schob, veränderte sich auch die Szenerie, weil das Videodisk-Bild der Richtungsänderung folgte. Und wenn die TV-Szene sich irgendwie veränderte, mußte ihrerseits sie sich danach richten; wenn sie das nicht tat, kam sie von der »Spur« ab und fuhr sich fest, weil ein Bremsmechanismus das Rad blockierte. Die Bremse trat auch ein, wenn der TV-Schirm ihr zeigte, daß sie hangaufwärts treten müsse. Bonnie war recht stolz darauf, daß sie bergaufwärts recht selten ermüdete, also kaum jemals das Video beschleunigen mußte, um wieder auf flaches Gelände zu kommen, was die Bremsung aufgehoben hätte.

Neben ihr gab es Tretapparate, und zwei der anderen an Bord klammerten sich an Stangen und liefen im Kreis, während ein TV-Schirm sie nach Vail in Colorado oder auf eine Straße im Zentrum New Yorks versetzte. Ein anderer trainierte seine Schulter- und Armmuskulatur an der Rudermaschine. Deren Videodisk zeigte einerseits Szenen von einem See im herbstlichen New Hampshire, andererseits ein stilles Flüßchen in einem deutschen Wald. Für Leute mit etwas mehr Kampfgeist gab es eine andere Szenerie mit den Rennruderbooten auf dem englischen River Cam; wer schnell genug ruderte, konnte das Oxford-Team hinter sich zurücklassen.

Inzwischen war es Zeit für das Frühstück im Speisebereich, der eine Etage unter der Turnhalle lag. Diese Frühstücks-Nische erinnerte an die runden Stehtischchen in einem Schnellimbiß, wo die Leute auf dem Sprung ihr Futter in sich hineinschlingen. Hier allerdings herrschte keine Eile, trotzdem aßen alle im Stehen, leicht vornübergeneigt, die Sohlen in den dreieckigen Halteschlitzen verankert. Es gab einfach keinen leichten Weg, sich zu setzen. Es hätte bedeutet, daß man in der Hüfte abknicken und in dieser Haltung bleiben mußte, was für die Bauchmuskulatur eine Belastung gewesen wäre.

Zu Beginn der Woche hatte Bonnie sich eine Auswahl von Speisen zusammengestellt; darum war es nun einfach, zur Kombüse hinüberzugleiten und das Plastiktablett herauszuziehen. Der Tisch war bereits gedeckt, und Magneten hielten das Besteck fest: Messer, Gabel, Löffel und eine Schere. Die Schere diente zum Aufschneiden der allgegenwärtigen Plastikpacks. In der Tischmitte befand sich ein Arrangement von Wasserdüsen, ähnlich denen, die Zahnärzte benutzen. Bonnie konnte eine Düse mit ihrem Schlauch heranziehen, sie in einen Schlitz in dem Plastikpäckchen einführen und dann zusehen, wie die gefriergetrocknete Mahlzeit allmählich das Wasser aufsog. Diesmal hatte sie sich zum Frühstück thermostabilisierte Pfirsiche, gefriergetrocknete Rühreier mit Wurst, rehydrierbare Cornflakes mit Blaubeeren und eine Menge Orangensaft und Kaffee in Plastikdruckflaschen zusammengestellt.

Ärgerlich war dabei eigentlich nur, daß das alles nicht besonders gut schmeckte. Nicht etwa wegen der Gefriertrocknung und der Flüssigkeitsaufschwemmung; der Grund lag in der Verstopfung ihrer Stirnhöhlen. Die Schwerelosigkeit mochte zwar den Traum von einer mühelosen Levitation und des traumhaften Fliegens erfüllen, doch leider ging damit auch das beständige Gefühl einher, eine verstopfte Nase zu haben. Da das Blut, das sich normalerweise in ihren unteren Extremitäten befand, nun wieder in den Oberkörper und den Kopf gestiegen war, ließ sich dieses Gefühl der Nasenverstopfung schwer umgehen. Aus eben diesem Grund schleppte Bonnie beständig

Taschentücher und Nasensprays mit sich herum. Und diese Verstopfung unterband zugleich ein Gutteil der Geschmacks- und Geruchswahrnehmungen. Um das auszugleichen, soweit möglich, hafteten neben den Waterpiks Druckflaschen mit Barbecue-, Chili-Soße, Salzwasser, und natürlich auch Ketchup und Senf. »Orbitale Cuisine«, das hieß gewaltige Mengen von Ketchup; Dennis the Menace aus dem Cartoon hätte sich hier prächtig zu Hause gefühlt.

Einige Astronauten dieser Crew würden vielleicht einmal zu einem Dinner im Weißen Haus geladen werden; aber während Bonnie jetzt vornübergebeugt neben ihren Kameraden stand, war da keine Spur von Eleganz und gutem Benehmen. Nicht etwa, daß sich die Astronauten während ihres Raumflugs in Schweine verwandelt hätten; es ist nur so, daß es Schlimmeres im Leben gibt, als sich mit weitaufgerissenem Rachen nach vorn zu beugen, um zu vermeiden, daß einem das Essen vor der Nase davonfliegt. Jedem, der mit Löffel oder Gabel versuchen würde, Bissen in normaler zivilisierter Weise aus dem Wetpack zu holen und zum Mund zu führen, würde es höchstwahrscheinlich passieren, daß ihm das Essen ins Gesicht fliegt. Bei einigem Glück würde es kleben bleiben, so daß man es wegzupfen könnte; wenn nicht, würden die Gabelhappen abprallen und über Wände und Decke zerspritzen. Man brauchte eine gutgeübte, glatte Bewegung des Armes, und mußte schon den Mund ganz schön weit aufreißen, wenn man - wie Bonnie - etwas von den Rühreiern mit Ketchup haben wollte.

Immerhin, das Wasser für die Trockenpacks war inzwischen weitgehend frei von Bläschen. Das war ein Fortschritt gegenüber dem Sprudelwasser bei einigen frühen Weltraumflügen, das man mit Luft komprimiert hatte; in der Schwerelosigkeit konnte die Luft nicht nach oben entweichen und verblieb in dem Gemisch. Bei diesen Flügen gab es dann auch manchmal Explosionen, wenn jemand versuchte, die Wetpacks mit diesem schäumenden Wasser zu hydrieren. Aber viel wichtiger, die Luftbläschen verursachten der Besatzung Blähungen. Wie Astronaut William Pogue es auf einem Skylab-Flug ausdrückte: »Also, ich finde, fünfhundertmal am Tag zu furzen ist keine sehr nette Art, die Kurve zu kratzen.« Immerhin, an Bord der *Magellan* war einem wenigstens diese Peinlichkeit weitgehend erspart.

Den ganzen Morgen über waren bisher Leute in den Speiseraum hereingeweht und hatten ihn wieder verlassen, ebenso die anderen nebenliegenden Räume. Diese waren alle stockwerkartig innerhalb eines Zylinders angeordnet, wobei jede Etage den vollen Zylinderdurchmesser von etwa sechs Metern hatte. Er war zwanzig Meter lang, und so machte sein Volumen gerade eine Frachtladung eines

Ein Weltraumhaus, wie man es vielleicht 2019 als Relaiskommunikationsstation verwendet.

Super-Shuttles aus. In jedem dieser Zylinder gab es sechs Abteilungen oder Etagen. In den ersten drei lagen die achtzehn Kabinen oder Alkoven, in Sechsergruppen wie Käselaibe angeordnet. Im nächsten Stock lagen der Speiseraum und der Waschraum. Die fünfte Etage war die Turnhalle, und über ihr lag ein weiter offener Raum, eine Kombination aus Konferenz- und Spielzimmer. Stieg man weiter, kam man durch Luken in weitere Zylinder von ähnlicher Größe, in denen die Labors und Werkstätten untergebracht waren. In einem getrennten Zylinder lag das Kontrollzentrum, und dort gab es auch zwei ein wenig großzügigere Kajüten für den Stationskommandanten und seinen Stellvertreter.

Um acht Uhr war es Zeit, mit der Arbeit zu beginnen. Das bedeutete, die vier Etagen hinauf bis zur Schleuse an der Spitze des Zylinders zu gleiten. Die Astronauten traten nach und nach ganz unmilitärisch mit hängenden Schultern gemütlich unter das zentrale Mannloch zur nächsten Etage über ihnen, warfen einen Blick hinauf und stießen sich dann mit einem kleinen Schubs ihrer Füße ab, um exakt durch das erste Deckenloch und alle vier Etagen nach oben zu schweben.

Bonnie Dunbar stammte aus der ländlichen Farmgegend rings um die Rattlesnake Hills, südöstlich von Yakima im Staate Washington. Ihr Geburtsort, Outlook, war zu klein, als daß normale Landkarten ihn verzeichnet hätten. Die Eltern hatten ihr Land unter dem Homestead Act besiedelt und züchteten Rinder; in ihrer Zeit am College lud

sie immer wieder einmal Freunde auf die Farm ein, wenn die Jung-
tiere gekennzeichnet wurden. Aber trotzdem, wie sie es ausdrückte,
»wenn ich in Outlook den Kälbern das Brandeisen aufdrückte oder in
einem Zuckerrübenfeld Unkraut jätete, träumte ich davon, in den
Weltraum zu fliegen«. Sie immatrikulierte sich an der University of
Washington und machte Anfang der siebziger Jahre ihr Examen in
Keramotechnik. Damals kam das Space Shuttle gerade auf, und sie
spezialisierte sich auf Werkstoffkunde und Keramik, weil sie wußte,
daß sie auf diese Weise an Arbeiten herankommen konnte, die mit der
Raumfähre und ihren hitzeabweisenden Platten zu tun haben wür-
den. Sehr bald darauf arbeitete sie bei Rockwell International, wo das
Shuttle gebaut wurde.

In ihrer Kindheit und Jugend nahm sie teil an den üblichen Aktivitäten der Nordweststaaten am Pazifik: Skifahren, Wandern, Bootfahren,
Campen, Fischen. Das wäre an sich nicht so außergewöhnlich gewesen; in diesem Teil der USA, wo sogar Jacken und Mäntel unisexuell
sind, erwartet man eben, daß Frauen sich den Männern in der Frei-
zeitbetätigung in der Natur anschließen – und daß sie sich dabei ganz
schön ins Zeug legen. Für Bonnie allerdings war das eigentlich nur
der Anfang; sie wartete auf die Gelegenheit zu körperlichen Aktivitäten, die ihr die Möglichkeit bieten konnten, sich in den scharfen Wettbewerb um einen Platz im Astronauten-Programm vorzudrängen.
Noch während sie bei Rockwell arbeitete, lernte sie fliegen; sie
begann mit dem Fallschirmspringen und dem Sporttauchen, und sie
hielt ein festes Joggingprogramm durch. Sie verlor keine Zeit und
reichte ihren Aufnahmeantrag beim Astronautenbüro ein, und 1977
wurde sie nach Houston, Texas, zu Tests und Interviews eingeladen.
Sie schaffte es damals nicht, aber einer der Funktionäre in Houston
sagte zu ihr, es werde ihren »technischen Background erweitern«,
wenn sie runterkäme und für die NASA arbeite. Und bald danach
arbeitete sie am Shuttle-Programm in Houston mit, und 1980 wurde
sie ausgewählt, ein Astronautentraining zu beginnen.

Bald schon kaufte sie sich ein Haus mit drei Schlafzimmern in Sea-
brook, einer Vorstadt von Houston, und installierte dort höchstper-
sönlich ein Heißwasserbad aus Sequoiaholz. Sie gab die Honda Civic
aus ihren Rockwell-Tagen als Anzahlung und erstand sich einen hellblauen BMW. Und sie machte sich ernsthaft daran, sich einen Namen
zu schaffen auf dem Gebiet der Materialentwicklung im Weltraum,
also der Produktentwicklung und Werkstofforschung unter Bedingungen, wie sie nur im Raum, aber nicht unter Erdbedingungen möglich sind. Ihr erster Flug ins All kam dann im November 1985, als sie
eins von den acht Besatzungsmitgliedern des Shuttle war.

Die *Magellan* stieg im Jahre 2012 auf, fast fünfhundert Jahre nach dem Start ihres Namensgebers zu seiner Weltumseglung. Bonnie hatte die Leitung des Materiallabors, das in einem großen Zylinder lag, der im Winkel von dem Zylinder mit den Wohn- und Eßsektoren abging. Teile ihres Labors waren in ständigem Umbau begriffen, was auf die vielen Industriefirmen zurückzuführen war, die an einer Produktion im Weltraum interessiert waren. Diese Unternehmen schickten beständig neue Ausstattungen herauf, mit jedem Flug kamen mehrere davon. Bald würde man das Werkstofflabor verdoppeln müssen, einen zweiten Zylinder hinzufügen; aber dieser Anbau wurde durch das Gerangel zwischen NASA und der Industrie über die jeweilige Kostenbeteiligung verzögert. Und so war ihr Labor ziemlich vollgestopft. Von einem Ende zum anderen verlief ein Korridor, und Instrumente und Experimentiergerät stapelten sich vom Boden bis zur Decke. Manches davon lagerte tatsächlich an der Decke, damit man es leicht in ein Raumfahrzeug verfrachten könne, wenn eines ankam. Bonnie und ihre Kollegen mußten den Kopf einziehen, wenn sie sich nicht stoßen wollten. Diese Kollegen, ein Biochemiker und ein Physiker, arbeiteten im Neonlicht des Labors eifrig neben Bonnie auf ihren Fachgebieten.

Überwiegend arbeiteten sie allein. Nicht daß sie antisozial gewesen wären. Vielmehr war alles so arrangiert, daß jeder Mensch, der im Raum arbeitete, im Zentrum einer Gemeinschaft funktionierte, die drunten auf der Erde existierte. In der Raumstation waren immer nur wenige Experimente gleichzeitig durchführbar, aber jedes wurde von einer Reihe von Wissenschaftlern »drunten« mit großem Interesse verfolgt. In weiser Vorhersicht hatte die NASA es so eingerichtet, daß alle im Raum arbeitenden Forscher mit einer Vielzahl erdgebundener Kollegen sprechen und Meinungen austauschen konnten. Aber für die im Weltraum arbeitenden Leute fanden deshalb Diskussionen mit Menschen statt, die meist Hunderte oder Tausende Meilen entfernt waren, und kaum jemals mit dem Nachbarn nebenan. Es war, als befinde sich jeder Astronaut auf der Spitze einer eigenen Pyramide, abgesetzt von den Pyramiden der Kameraden. Sie hatten ausreichend Gelegenheit, sich bei den Mahlzeiten oder bei Konferenzen zu treffen, doch während des Arbeitstages war jeder auf sich selbst bezogen.

Am Morgen des 20. Juli, Hunderte Meilen über der Erde, machte Bonnie sich auf eine Reise, die halbwegs bis zum Mittelpunkt der Erde führen sollte. Selbstverständlich begab sie sich nicht körperlich dorthin. Gestützt auf die Möglichkeiten der Schwerelosigkeit im Raum jedoch konnte sie die Bedingungen reproduzieren, wie sie zweitausend Meilen unter der Erdoberfläche herrschten.

Den Bewohnern der ersten
Raumstation der NASA bie-
ten sich grandiose Aus-
blicke.

Während der verflossenen Nacht hatte sie eine stark eisenhaltige
Silikatmischung in einem Schwebeofen langsam abkühlen lassen.
Solche Stoffe fand man in den tieferen Mantelschichten der Erde, an
der Grenze zum inneren Eisenkern. Das Gemisch war hochreaktiv;
im geschmolzenen Zustand verfügte man noch über keine brauchba-

ren Behältnisse, und das hatte mehrere Geologengenerationen vor Probleme gestellt. Versuchte man es zu schmelzen, ging es eine Reaktion mit dem Behälter ein und löste dessen Wandungen auf. Im Levitationsofen war das hingegen anders. Bonnie hatte den Versuch damit begonnen, daß sie die Proben auf ihrem Labortisch vorbereitete. Das war weiter nicht schwierig, da sie vorverpackt waren, also fast so, als wolle sie einen Kuchen aus der Packung bereiten. Dann hatte sie den Stoff in den Ofen getan und die Regler eingestellt. Die Apparate erledigten dann den Rest. Durch Schallwellendruck hielten sie automatisch die Silikatprobe im Zentrum eines offenen Raums, erhitzten sie zu einem geschmolzenen Klumpen und ließen diesen dann abkühlen. Als Bonnie an diesem Morgen mit der Arbeit begann, hatte sie ein kugelähnliches Klößchen künstlichen Erdrindegesteins, das in der Brennkammer schwebte und sich noch immer recht warm anfühlte. Bald würde es neben ähnliche Klümpchen von geringfügig anderer Zusammensetzung als Sammelpaket an die Laboratorien der US-Geological Survey zur Untersuchung geschickt werden.

Zunächst aber würde sie einige vorläufige Untersuchungen anstellen. Dafür schnitt sie ein Körnchen von der Masse ab, ein winziges Pröbchen, und unterzog es den Temperaturen und Druckbedingungen, wie sie tief im Erdinnern herrschen. Dazu zwängte sie die Probe zwischen zwei Diamanten, die dem enormen Druck widerstehen können. Laser maßen den Druck zwischen den Diamanten und erhitzten gleichzeitig die Probe auf hohe Temperaturen. Mit einem dritten Laser konnte Bonnie dann die Probe untersuchen, während sie Temperatur und Druck veränderte, und die Veränderungen in der Molekularstruktur aufzeichnete.

Sie setzte die Probe unter ein Mikroskop und führte einen dünnen Bohrer aus gehärtetem Stahl an ihre Oberfläche. Der Bohrer griff und schabte ein paar staubkornkleine Partikel ab. Geschickt nahm Bonnie mit einer Injektionsspritze zwei der Körnchen auf. Dann schob sie die Nadel unter den Brennpunkt eines weiteren Mikroskops. Durch die Okulare sah sie ein dünnes Stahlplättchen mit einem Loch, und unter diesem die Oberseite eines Diamanten.

Sie ließ eine der Proben in das Loch gleiten. Dann nahm sie weitere Nadeln und fügte ein Tröpfchen Alkohol und einen winzigen Rubinsplitter hinzu. Damit war sie bereit, ihr Instrument zu montieren, das im Grunde ein High-Tech-Nußknacker war. Durch Drehen an einer Schraube konnte sie zwei Hebelarme zusammenpressen und zwei Diamanten in das kleine Loch in der Stahlplatte drücken. Zwischen beiden Diamanten, fest in dem Loch sitzend, befanden sich das Silikatkörnchen, der Rubinsplitter und der Alkohol. Der Alkohol verteilte den Druck gleichmäßig auf alle Seiten des Rubins und des Silikats. Ein Laser ließ dann den Rubin dunkelrot fluoreszieren; durch Messung der Wellenlänge konnte Bonnie den Druck in dem Loch bestimmen.

Durch das Mikroskop konnte sie durch die Facetten des obenliegenden Diamanten schauen. Es war, als blicke man durch die Nase eines Bomberflugzeugs im Zweiten Weltkrieg. Der Diamant maß weniger als einen Millimeter, doch unter dem Mikroskop wirkte er wie ein Set von Glasscheiben, die zu einer Kuppel zusammenmontiert sind. Das Loch war eine schwarze Scheibe, auf der sie deutlich den Rubin und das Silikatkörnchen sehen konnte. Bonnie überprüfte ihre Laser, vergewisserte sich, daß alles richtig angeordnet war. Dann schaltete sie die Druckschraube an und zwängte die zwei Diamanten in das Stahlplättchen. Hin und wieder überprüfte sie ihre Instrumente. Endlich hatte sie den gewünschten Druck erreicht: 1,9 Millionen Atmosphären, zweitausendmal mehr als der Druck auf dem Boden des tiefsten Meeresabgrunds. Sie schaltete einen Laser ein und erhitzte das Silikat auf über viertausend Grad. Und jetzt, angesichts der Temperatur, des Drucks und der Zusammensetzung, war dieses Körnchen tatsächlich wie ein winziges Stückchen aus dem tiefen Erdinneren. Danach nahm Bonnie den Hörer ab und verlangte ein Gespräch mit dem Geological Survey Office bei San Francisco. Den Rest des Tages verbrachte sie mit Besprechungen mit den dortigen Wissenschaftlerkollegen.

Inzwischen näherte sich das Super-Shuttle *Christa,* das am frühen Morgen auf Cape Canaveral gestartet war, der Raumstation. Der Pilot flog eine Strecke, auf der die *Magellan* bereits in Sicht war. Der Commander der Raumstation beobachtete die Annäherung von der Kontrollzentrale neben dem Raketenhangar der *Magellan* aus genau. Dieser Horst war bis oben hin mit Elektronik vollgepackt. Doch in solch geringer Entfernung nutzte das kaum etwas; das Andocken der *Christa* hing vom guten Sehvermögen und der klaren Urteilsfähigkeit der zwei Piloten ab. Langsam trieb das Flugzeug auf die Ankoppelluke zu, es wirkte wie ein Riesenfisch, der bereit ist, an die Gaffel zu gehen. Und dann, knapp vor der Koppelschleuse, blitzten die Front-Triebwerke kurz in einem Gasstoß auf, und die *Christa* blieb reglos stehen. Jetzt begann sie sich zu drehen, nach oben zu kippen, und dann wandte sie der Raumstation das Heck zu.

Nachdem dieses Manöver beendet war, befanden sich die zwei Raumfahrzeuge nur noch fünfzehn Meter voneinander entfernt, und einer der langen Zylinder der Raumstation war direkt auf eine offene Luke auf der Rückseite der *Christa,* dicht hinter deren Cockpit, gerichtet. Durch eines der Fenster sah man das Gesicht eines Besatzungs-

Gegenüber: Ein Reparatur-Raumschiff kommt einem havarierten Solarzellen-Ausleger zu Hilfe.

mitglieds. Dann quollen kleine Gaswolken sekundenlang aus den Triebwerken der *Christa,* und sie begann, zentimeterweit pro Sekunde, sich heranzutasten. Die beiden Kommandanten an Bord der zwei Raumfahrzeuge beobachteten das Andockmanöver gespannt. Sie standen in Sprechfunkverkehr und waren jederzeit bereit, leichte Korrekturen durchzuführen, um exakt anzudocken. Schließlich stießen die zwei Flugkörper mit einem kleinen Stoß aneinander. Jetzt war die Raumfähre fest im Gaff verankert, und so würde sie mehrere Tage lang bleiben.

Das Andocken der *Christa* ließ die Raumstation leise erbeben. Für zwei Techniker in der Satellitenreparaturabteilung war dies eine schlechte Nachricht, denn sie hinkten mit dem Arbeitsplan nach. Sie reparierten gerade eine große Infrarotkamera, die man an einem Satelliten zur Erforschung der Ressourcen auf der Erde ausgebaut hatte, und jetzt würden sie das Ding wieder rechtzeitig zusammenbauen müssen, damit die *Christa* es vor ihrem Abflug an Bord nehmen konnte. Und das bedeutete, daß sie beide heute abend nicht an der Party teilnehmen konnten und keine Gelegenheit haben würden, mit der Mannschaft des Raumschiffs zu klönen — und alles nur wegen dieser verdammten Schrauben, Klammern und anderer nicht mehr festsitzenden Sachen, die der Fluch im Leben eines Reparaturmechanikers im Weltall waren.

Diese kleinen Gegenstände waren ein ständiges Ärgernis. Man konnte einfach nicht erwarten, wenn man sie in eine Schachtel steckte, daß sie auch dort blieben, wegen dieses »Kastenteufel-Effekts«. Sobald jemand die Schachtel öffnete, schossen diese Dinger heraus. Und sie fielen nicht zu Boden, wo man sie ja dann hätte ausmachen können; nein, eine lose Schraube oder Dichtung konnte einem direkt vor der Nase herumschweben, und man sah sie einfach nicht, weil sich die Augen einfach nicht auf so kurze Entfernung konzentrieren wollten. Noch schlimmer war, daß man so ein Ding inhalieren oder schlucken konnte. Es gab zwar Ärzte an Bord, die eine Tracheotomie durchführen konnten, aber so ein Luftröhrenschnitt war schließlich auch nicht gerade eine sehr lustige Vorstellung.

Doch bei einiger Geduld würde dieses ganze himmlische Strandgut bald im Belüftungsstrom zu wandern beginnen und sich an den Schutzgittern der Ventilationsfilter festsetzen. Das gehörte zu den alltäglichen Erfahrungen eines jeden an Bord: Wenn jemand etwas vermißte — einen Schraubenschlüssel, eine Zahnbürste oder eine Uhr —, dann schaute er zunächst einmal bei diesen Filtergittern nach. In der Reparaturwerkstatt hatte man daraus die natürlichen Konsequenzen gezogen und sich eine »windige Werkbank« gebaut. Sie war ein flacher Kasten mit einem gutgeschlossenen feinmaschigen Gitter obenauf und einem Saugbehälter an der Unterseite. Lose Schrauben und Kleinteilchen konnte man danach auf den Gitterschirm legen, wo sie dann auch liegenblieben, sofern niemand zu heftig gegen die Werkbank stieß. Und zur Vermeidung des Kastenteufel-Effekts hatte man die Werkzeugkästen der Techniker aus durchsichtigem Plastik gemacht. Auf diese Weise konnten sie hineinschauen und sich genau den Schlüssel oder Schraubenzieher aussuchen, den sie brauchten; dann, indem sie den Deckel nur ganz wenig anhoben, konnten sie hinuntergreifen und sich das Gewünschte holen. Aber trotzdem, die zwei Satellitenreparateure zogen eigentlich ein großes Schweizermesser voller verschiedener Klingen, Knipser usw. vor. Die beiden Mechaniker sagten gern und oft, auf diese Weise könnten sie immerhin nur *ein* Werkzeug verlieren.

Die Mittagspause kam. Überall in der Raumstation klingelten die Telefone, und der Zentralcomputer mahnte alle, daß es Zeit für ihr Mittagessen sei. Traditionsgemäß war dies eine Stunde der Geselligkeit, und man konnte damit rechnen, daß alle sich in einem Raum zusammenfinden würden. Aber wenn zwanzig Personen an den vier Pilztischen in der Eßecke herumhingen, stieg der Lärmpegel der Gespräche schon manchmal recht stark an. Auf der Erde würden diese Stimmgeräusche in die Wände eindringen und sich in der Umgebungsluft verlieren, doch angesichts des draußen bestehenden Vakuums prallten hier Geräusche von den Wänden ab und blieben im Raum. Bei solchen geselligen Zusammenkünften bemühte man sich zwar als anständiger Astronaut, mit etwas gedämpfter Stimme zu sprechen, aber es war andererseits einfach zu leicht, daß jemand, der sich Gehör verschaffen wollte, die anderen übertönte. Und wenn das genügend Leute machten, gab es ein Stimmenbabel. Dann klatschte gewöhnlich einer in die Hände, und das war das Zeichen für jedermann, einen Moment den Mund zu halten, bis der Lärm sich gelegt hatte.

Das Mittagessen war ziemlich schlicht, Sandwiches oder Cheeseburgers, und als Nachspeise scheußlich süßer Zitronen- oder Schokoladenpudding. Die Nahrungscontainer verfügten auch über große Dosen mit Brot oder Brötchen, und da der Mikrowellenherd gleich daneben stand, war es nicht schwer, das runterzukauen. Aber natürlich, der gute alte Cheddar-Käse von zu Hause in den USA würde nicht den gewohnten *goût* haben, nicht, wo alle wegen der Kongestionen im Kopf in ihrem Geruchs- und Geschmacksempfinden eingeschränkt waren. An diesem Tag allerdings bot die Käseplatte Roquefort und Limburger. Aber wenn die Nullschwerkraft einem auch die

Geschmacksfreuden raubte, sie machte es dafür leichter, mit dem Ketchup fertigzuwerden. Wenn man seinen Burger nicht geradezu gewalttätig zusammendrückte, bestand kaum Gefahr, daß das Ketchup herausspritzen oder einem am Hemd kleben würde. Sogar wenn jemand einen Cheeseburger völlig mit der roten Soße bedeckte, ergab das nur eine dicke Ketchup-Beule, die außen festklebte wie ein großer Regentropfen an der Dachrinne.

Nachdem der Lunch beendet war, wollte Bonnie kurz im Biomedical Center vorbeischauen, ehe sie sich wieder in ihr Labor begab. Sie wollte, mit der Hilfe eines Arztes, eine Gewichtskontrolle durchführen. Dazu mußte sie ihren Körper zu einer auf einer Feder oszillierenden Masse degradieren; je geringer ihr Körpergewicht, desto schneller würde sie oszillieren. Hinter einem Sichtschirm zog sie sich um; eine leichte Bluse und kurze Hosen. Dann kletterte sie auf den Sattel der Waage. Und da hockte sie nun wie ein Fötus mit den Knien unter dem Kinn. Der Arzt half ihr, den Sattelgurt festzuzurren, die Schultergurte, ganz so, als säße sie in einem Indy-Rennwagen.

Ihre Füße waren fest gegen eine Stange gepreßt; direkt dahinter gab es eine zweite Stange, die sie heftig umklammerte, so fest, daß die Knöchel ihrer Hände weiß hervortraten. Der Arzt kippte einen Schalter, und das Sitzgerät begann sich wellenförmig, oszillierend, vorwärts und rückwärts zu bewegen, wobei ein Federungsmechanismus eine Schaukelbewegung von einer Sekunde bewirkte. Wenn sie an Gewicht zugenommen hätte, würde der Marterstuhl langsamer schaukeln; ein Meßgerät sorgte für den Oszillationsrhythmus. Bald veränderten sich die Ziffern auf einem roten Digitalanzeiger nicht mehr. Bonnie hatte ihr Gewicht: 121,3 amerikanische Pfunde.

Nach diesem Erfolgserlebnis konnte sie befriedigt rübergehen und einem ihrer Freunde ein paar aufmunternde Worte zukommen lassen, einem Astronauten von der *Christa,* der raumkrank war. Kurz nachdem sie die Erdumlaufbahn erreicht hatten, war ihm übel geworden, und als sein Schiff an der Raumstation andockte, hatte der plötzliche kleine Ruck ihm solche Übelkeit erregt, daß er sich hatte erbrechen müssen. Bonnie tröstete ihn und sagte, wie rasch sie selbst ihre Raumkrankheit überwunden habe, und der Kranke gab ihr recht und sagte, sicher, auch er werde bald seine Raumfahrerbeine haben und raumfest sein. Aber es waren nicht seine Beine oder sein Gleichgewichtsgefühl, die für das Unwohlsein verantwortlich waren; schuld hatte wirklich sein Magen. Unter Normalumständen ist der Verdauungstrakt ständig in Bewegung. Mit einem Stethoskop kann man die grollenden Geräusche deutlich wahrnehmen. Aber wenn ein Astronaut krank wurde, waren seine Eingeweide »stumm«. Und mit einer

Dosis Metachlorpramid, einem Medikament, das dafür sorgte, daß die menschliche innere Installation wieder brav gluckerte und gurgelte, waren dann solche Patienten rasch wieder auf den Beinen. Die Schwindelgefühle verschwanden, ihr Appetit kehrte zurück.

Allerdings, wenn man von Raumfahrerbeinen sprach, dann war dies keine bloße Metapher; denn im Weltraum verhalten sich menschliche Beine und Körper nun einmal anders als auf der Erde. Durch die Umlenkung des Blutstroms und andere Flüssigkeitsbewegungen entwickeln die Gesichter eine stärkere Schwellung, während die Schenkel und Waden atrophieren. Der Astronaut Joe Kerwin drückte das so aus: »Man kann es fast sehen, wie die Flüssigkeit aus den Beinen rausgesaugt wird; man schaut sich seine Kameraden an, und ihre Beine werden immer länger und dünn wie die von Krähen.« Und während sich das Blut und die anderen Flüssigkeiten im Körper umverteilen, saugen die Scheiben zwischen den Wirbeln Flüssigkeit auf und treiben so die einzelnen Rückenwirbel auseinander. Genau wie ihre Kameraden auf dieser Station war Bonnie größer geworden − und hagerer. Sie besaß Hosen, die ihr drunten genau gepaßt hatten, die aber jetzt um sie herumschlotterten, und sie reichten ihr kaum noch bis zu den Knöcheln.

Das klinische Labor, das Bonnie besucht hatte, beanspruchte nur einen kleinen Bereich des Biomedizinischen Labors. Zu einem Großteil verlangte die biowissenschaftliche Arbeit, die hier getan wurde, daß die Mediziner die Kappen wechseln und als Veterinärärzte einspringen mußten. Die Hauptattraktion, auch die am meisten Raum beanspruchende in diesem Labor war eine Orbital-Menagerie mit Mäusen, Kaninchen, Hunden, Affen und sogar ein paar Schweinen. Die Schweine sind dem Gewicht und ihrer allgemeinen Anatomie nach dem Menschen ziemlich ähnlich, und so hatte man mehrere von ihnen in diesen himmlischen Saustall verfrachtet. In einem Drittel des Labors machte man Versuche mit Lunar-g, einem Sechstel der Schwerkraft auf der Erde. Die Apparatur sah entfernt wie ein Wäschetrockner aus und war ein großer Zylinder, der sich einmal alle zwölf Sekunden um seine Achse drehte. Dieser langsame Spin genügte, um die Schwerkraftbedingungen auf dem Mond zu simulieren. Man bezweckte damit die Durchführung von Experimenten für das neue NASA-Projekt, das über die jetzige Raumstation hinausgehen und eine dauernd bemannte Siedlung auf dem Mond ermöglichen sollte. Hier und in dem danebenliegenden Null-g-Bereich waren die Raum-Menagerien auf Dauer untergebracht. Die Hunde und Schweine lebten hier bereits seit einigen Jahren, ebenso die Affen, in beständiger Rotation. Die Mäuse und Kaninchen gab es hier seit Generationen.

Die Hunde, Cockerspaniels und Terrier, hatte man vorwiegend wegen ihrer Niedlichkeit ausgewählt. Ab und zu führten Bonnie oder andere Besatzungsmitglieder mal einen der Hunde spazieren, und es war lustig, wie die Beine ruderten, wenn das Tier an der Leine durch die Luft schwebte. Manchmal aber spielte sie lieber mit einem Schimpansen. Die Schimpansen hantelten sich mit großem Geschick durch den Raum und stießen dünne Freudenrufe aus, wenn sie mit Menschen zusammenwaren; die Hunde knurrten manchmal dumpf, wenn man sie streichelte. Die Käfige waren zwar recht groß, aber es gab eben gewöhnlich keine Abwechslung für sie. Einen Großteil der Zeit verschliefen sie. Sämtliche Tiere waren ganz zahm und reagierten auf ihre Wärter ganz wie Haustiere.

Ein Kaninchen etwa hockte mit vertrauensvollem Gesichtsausdruck da, ließ sich von dem Doktor aufnehmen und pfiff nur ein bißchen, wenn die Nadel zur Blutentnahme eindrang. Kaninchen liefen in größeren Gehegen frei herum, Weibchen und Rammler zusammen, und in Abständen bekamen sie dann Junge. Um aber eine Kaninchen-Bevölkerungsexplosion zu verhindern, schickte man bei jedem Erdflug eine Anzahl davon zurück. Für die verbleibenden Tierchen waren die medizinischen Untersuchungen so ziemlich genau wie die an den zweibeinigen Mit-Raumfahrern durchgeführten: Blutuntersuchungen, Messung von Gewicht und Körperdimensionen, Messungen des Sauerstoffverbrauchs. Das alles war nur ein fernes Echo jener legendären Auslesetests für die Astronauten in Houston, wie sie John Glenn beschrieben hat: »Wenn man sich vorstellt, wie viele Körperöffnungen es gibt, und wenn man sich dann vorstellt, wie tief man in jede hinein vordringen kann, dann weiß man ungefähr, wie sowas ist.«

Der Nachmittag zog sich dahin. Allmählich spürte man die Routine des Tagesablaufs; sogar das Andocken der Super-Shuttle war im großen und ganzen Standardroutine gewesen. Allerdings trog diese Routine diesmal, denn im Kontrollraum, nahe bei der angekoppelten *Christa,* bereiteten der Kommandant der *Magellan* und zwei andere Astronauten den Abschuß einer Rakete vor. Es war die *Endeavor,* ein Raumschlepper, den der Pilot und der Co-Pilot der *Christa* auf eine geosynchrone Umlaufbahn fliegen sollten, also den hohen Orbit, auf dem die Kommunikationssatelliten sich heimisch niedergelassen haben. Die *Endeavor* lag startbereit in Abschußposition, sie schimmerte im grellen Licht der Flutlampen. Im Grunde war sie weiter nichts als eine Anordnung von Treibstofftanks von fast fünfzehn Metern Länge, mit einem Cockpit und Laderaum für Fracht an der Frontseite. An einem Ende befand sich ein großer regenschirmähnlicher Thermalschild, der mit einer Keramikfaserschicht überzogen war. Nahe beim Kontrollzentrum befanden sich zwei braune Treibstoff-Vorratstanks, die beide länger und fast so dick waren wie der Orbitalschlepper selbst. Früher waren sie einmal Außentanks mit Treibstoff für die Flüge des alten Space Shuttle gewesen, des Vorgängers des größeren und zuverlässigeren Super Shuttle. Inzwischen aber setzte man diese Tanks als Hilfsmittel bei weit fortgeschritteneren Aufgaben ein.

Bei dieser Flugmission sollte sich der Raumschlepper an einen Kommunikationssatelliten heranschnüffeln, der nicht richtig funktionierte. In nächster Nähe zum Satelliten sollte der Co-Pilot einen Ausflug in den Raum machen, den Satelliten schnappen und ihn im Frachtraum der *Endeavor* verstauen. Ein Stoß der Triebwerke würde ihr Fahrzeug auf eine Bahn in nächster Nähe der oberen Atmosphärengrenze bringen, sechzig Meilen über der Erdoberfläche, und für wenige Minuten würde das Raumfahrzeug in diese dünne Luft vorstoßen, und die Schutzschicht würde in dem leuchtenden Weiß eines Eintritts in die Atmosphäre glühen. Die zwangsläufige Bremsung würde der *Endeavor* einiges von ihrem Tempo nehmen und sie so auf eine Bahn in der Nähe der *Magellan* bringen. Und dann würden ein paar Düsenstöße die zwei Piloten sicher »nach Hause« bringen.

Da dieser Flug früh angesetzt war, hatten der Kommandant und seine Leute besonders viel zu tun. Alle hockten sie vor einer Reihe von Computer-Terminals, einer Anordnung von großen Farb-TV-Schirmen. Um die *Endeavor* zum Start zu bringen, mußte man einen Countdown durchführen. Und dies bedeutete mehr als nur diese aufregenden letzten paar Sekunden, dieses »Five-four-three-two-one«. Bei diesem Countdown hier handelte es sich um eine umfangreiche Checkliste mit Anweisungen, die höchst sorgfältig in genauer Reihenfolge durchzuführen waren. So bot einem beispielsweise der Computer ein »Menü«, eine Auswahlliste möglicher Anordnungen, und hinter jedem Punkt gab es einen Kreis. Berührte man nun den Kreis mit einem Finger, dann wußte der Computer, daß er diesen Befehl ausführen solle.

Oft zeigten die Computerschirme Diagramme aus dem Innern der *Endeavor* und aus ihrem Hangar, etwa ein Triebwerkventil und seine Steuerung oder den Sauerstofftank eines Astronauten. Sollte beispielsweise eine Pumpe in Gang gesetzt werden, mußte einer der Kontrolleure den Kreis auf dem Diagramm berühren, das die Pumpe darstellte. Daraufhin bekam die Pumpe eine gedoppelte Umrißlinie auf dem Diagramm, zum Zeichen, daß sie gewählt worden war. Dann begannen auch Kreise mit der Bezeichnung »Start« und »Stop« aufzublinken, was bedeutete, daß man sie jetzt berühren durfte. Alle anderen Kreise auf dem Bildschirm verblichen zu einer punktierten Umrißlinie, und das besagte, daß sie nicht mehr aktiviert seien. Der Computer führte Buch darüber, wer ihn bediente, welche Anweisungen er gegeben hatte und was daraufhin geschehen war. Wenn also beim Countdown etwas schiefging, ließ sich leicht herausfinden, wer Mist gebaut hatte und wo. Aber trotzdem waren diese drei Kontrolleure nur sozusagen die Spitze der Rakete. Genau wie Bonnie und ihre Kollegen in den Experimentallabors Kontakt zu einem weitverzweigten Netz von Wissenschaftlern auf der Erde hatten, arbeiteten auch die Kontrolleure dieses Raumfahrzeugs eng mit den Raumfahrttechnikern in einem gewaltigen Raumflugüberwachungszentrum in Houston zusammen. Dort unten saßen mehrere hundert Menschen, darunter allein zwei Dutzend Flugkontrolleure an Computerkonsolen. Es war genau noch wie in den Tagen der *Apollo,* als ebenfalls in einem ähnlichen Riesen-Kontrollzentrum in Houston Hunderte versuchten, drei einsamen Astronauten, die halbwegs zum Mond flogen, Hilfestellung zu bieten.

Der Kommandant und seine Leute hätten im Kontrollzentrum der Raumstation Videospiele spielen können, so gebannt verfolgten sie die wechselnden Farbbilder auf ihren Bildschirmen. Allerdings kamen hier nicht die üblichen Lärmgeräusche, wie sie bei Computer- oder Video-Spielen üblich sind; unter den gegebenen engen Umständen wäre es doch zu schwierig gewesen, auszumachen, wessen Gerät nun gerade welchen akustischen Informationswert von sich gab. Im leisen Surren der Ventilatoren hockten diese drei Männer mit verankerten Füßen höchst konzentriert da. Ihre Gesichter kaum dreißig Zentimeter von dem grellen Bildschirm und seinen Diagrammen entfernt, beide Hände lose vor ihnen mitten in der Luft schwebend und bereit, im richtigen Augenblick den richtigen Kreis zu berühren. Das alles beanspruchte sie so stark, daß die Kontrolleure sich manchmal vom Kontrollschirm abwandten, ohne zu wissen, wo ihre Arme sich gerade befanden. Die normalen Sinneswahrnehmungen, die uns sonst die nötigen Informationen liefern, existierten in der Schwerelosigkeit eben nicht. Aber je näher der Abend rückte, desto langsamer arbeiteten die Kontrolleure. Sie warteten auf einen Anruf, der ihnen eine hochwillkommene Pause verkünden sollte, und dann kam er auch. Wieder war es der Computer mit der Information: »Sechs Uhr — und jetzt beginnt die Party.«

Es war ein Samstagabend. Und mit Ausnahme der armen zwei Techniker in der Satelliten-Reparatur versammelten sich alle anderen und nahmen an der wöchentlichen Weinprobe mit »Cabernet Sauvignon« und »Dom Perignon« in Druckflaschen teil. Derartige kleine Partys waren mehr als nur eine Unterbrechung, eine willkommene, in der Arbeitsroutine; sie stellten auch den Beweis dar für das Vertrauen, das die NASA wiedererlangt hatte. Im vergangenen Jahrhundert, während die NASA sich auf die Skylab-Missionen vorbereitete, hatte man deren Leitern durch nichtendenwollende Kritik fast die Haut vom Rücken gefetzt. Die Astronauten des *Skylab* hatten sich entschlossen, daß es Wein an Bord geben solle, also setzten sie sich zusammen, veranstalteten eine Party im Johnson Space Center und wollten dabei entscheiden, welche Gewächse dafür am geeignetsten sein könnten. Und dann sagten die Ober-Bonzen: Geht nicht! Da hatte sich nämlich der »Verband Christlicher Frauen Gegen den Alkohol« kundig gemacht und Beschwerde eingelegt. Und die NASA war damals hochempfindlich gegenüber Kritik, gleich aus welcher Ecke sie kommen mochte, und gab daraufhin alle Pläne für ein Weinfest im Weltall auf. Jetzt aber, in unserem neuen Jahrtausend, durften die Astronauten ungehindert das trinken, was sie gern trinken wollten.

Die Quetschflaschen in der Hand, standen sie alle auf dem »Oberdeck« herum, direkt über der Turnhalle. Das hier war ihr Gemeinschaftszentrum und Erholungsraum, und es war der größte freie Raum der ganzen Station. Er war fast sieben Meter hoch mit einem Durchmesser von fast sechs Metern. Man traf sich dort regelmäßig zur Samstagabend-Filmvorführung, aber auch zu gelegentlichen Instruktionen, die der Kommandant der Raumstation zu erteilen hatte. Aber meistens war das hier einfach nur ein »großer« freier Raum, in dem man herumhängen und sich frei fühlen konnte.

Die Astronauten machten gern akrobatische Kunststücke in der Schwerelosigkeit. Das war beinahe so wie die ausgefallenen Sprünge beim Kunsttauchen für einen erfahrenen Schwimmer. Peter Conrad sagte nach dem ersten *Skylab*-Flug: »Wir langten nirgends auf geradem Weg an; wir schlugen immer Purzelbäume oder machten unterwegs Flips und Saltos, einfach weil es verdammt Spaß machte.« Auf diesem Oberdeck war eines der beliebtesten Spiele das, sich als menschlicher Flipperball zu betragen. Das fing meist so an: Jemand schubste sich von der Wand ab, dazu genügte eine kleine Drehbewegung des Handgelenks, dann schlug er einen Salto und landete auf den Beinen an der gegenüberliegenden Wand. Er stieß sich erneut ab, machte noch ein paar Saltos und bot als Schnörkel noch ein paar Schraubendrehungen, bis er zur Decke schoß. Von dort prallte er auf den Boden, indem er beständig rollte und sich drehte, um schließlich wieder auf den Beinen zu landen. Und das machte man, solange man es aushalten konnte.

Natürlich bestand stets die Gefahr, daß man schwer gegen eine

Wand prallte und sich verletzte, darum drosselten alle die Geschwindigkeit auf zirka einen halben Meter pro Sekunde. Das bedeutete zehn Sekunden für den Flug vom Boden zur Decke und war ein Ballettsprung von weit höherer Grazie, als irgendein Tänzer in *Schwanensee* je auszuführen hoffen durfte. Manchmal wurde der Sprung zu langsam, weil jemand sich so sacht abgestoßen hatte, daß ihm nach einer Minute oder so klar werden mußte, daß er tatsächlich nicht vorankam. Und dann hing er da, gestrandet mitten in der Luft, und die nahe Wand war genau außerhalb seiner Reichweite. Gewöhnlich kam ihm dann ein anderer mit einem Schubs zu Hilfe, aber ein paarmal waren einige Kameraden minutenlang mitten im Raum hängengeblieben, hatten mit den Armen gerudert und vergeblich versucht, wie ein Vogel zu fliegen. Trotzdem, man blieb ja nicht für immer gestrandet. Wie überall gab es auch auf dem Oberdeck diesen langsamen Luftstrom der Ventilatoren. Mit etwas Geduld trug der einen an die Ventilatorgitter, wo man sich leicht abstoßen und auf den Boden zurückkehren konnte.

Dann gab es Spiele, bei denen es auf Zielgeschicklichkeit ankam. Bei geöffneter Luke des Mannlochs zwischen der Turnhalle und dem Oberdock konnte ein durchtrainierter Akrobat sich von der Decke abstoßen, ein paar Schrauben und sogar einen oder zwei Rückwärtssaltos machen, direkt über dem Boden in perfekte Turmspringerhaltung übergehen und glatt durch das Mannloch verschwinden, als tauchte er in Wasser.

Wer es leid war, den eigenen Körper als Geschoß zu benutzen, fand andere Spiele gleich bei der Hand. Es gab Wurfpfeile mit Velcrospitzen und eine Scheibe. Aber dieses Spiel war eigentlich nicht besonders populär; die Pfeile flogen nämlich stets genau in der Richtung, in die man sie warf, und sie hafteten selten, wenn sie das Ziel erreichten. Papierflugzeuge waren viel beliebter. Wenn sie geradeaus flogen, vollführten sie gewöhnlich langsame Drehrollen. Kniff man die Hinterkante der Flügel ein wenig nach oben, dann flogen sie bis zu eindutzendmal Loopings.

Inzwischen war es Abend geworden. Für Bonnie hieß dies: Training, Dinner, eine Dusche und eine Weile Erdsehen. Das Training war besonders wichtig, denn im Weltraum arbeitete sich kaum einer je richtig körperlich aus, und in der Turnhalle warteten noch ihre heutigen Übungen an den Belastungsgeräten auf sie.

Eine Etage unter der Turnhalle richteten sich mehrere Leute bereits ihr Abendessen. Das Dinner war die eine große Mahlzeit des Tages, doch genau wie beim Frühstück gab es dafür keine festen Zeiten. Man schlenderte zu zweit oder dritt einfach in den Speisebereich und bediente sich aus den mitgebrachten Wet-packs. Die Gerichte waren warm, und es gab ausreichend zu essen. Ein typisches Menü bestand etwa aus Muschelcremesuppe und anderen Suppen; Rindfleisch oder Truthahn; Krabbencocktail oder Lachssalat; Mais, Kartoffelpüree oder Broccoli; Makkaroni mit Käse; Erdbeertörtchen; Pfirsichen, Birnen und diversen Puddings. Probleme gab es nur mit den Suppen, und jeder in der Nähe pflegte mit einiger Besorgnis zuzuschauen, wenn ein anderer sich an die Zubereitung einer Suppe machte.

Sie kamen gefriergetrocknet in ihren Wet-packs an, und wenn einer beispielsweise ein Muschelchowder besonders gern aß, konnte es passieren, daß er zuviel Wasser aus dem Schlauch einfüllte. Und dann explodierte die Plastiktüte oft. Sie riß an den Schweißnähten auf, und die Muschelklumpen flogen in die Gegend. Bei den »Mama's«-Suppensorten war dies ein besonders häufiges Problem. Und das hatte den Marketing-Direktor und Vizepräsidenten dieser Firma veranlaßt, mit dem firmeneigenen Lear-Jet eine ganz neue Lieferung Suppen im Eiltempo zum Cape bringen zu lassen. Der neue Karton voll Suppenpacks sollte bald aus der *Christa* ausgeladen werden und sich dann einem neuen Test stellen. Inzwischen aber zogen die Astronauten die Suppenpakete von »Campbell« vor, die erfahrungsgemäß zuverlässiger waren. Nach dem Dinner — und glücklicherweise hatte diesmal niemand »gekleckert« — verzog sich Bonnie in die Waschabteilung. Diese lag im selben Stock wie der Speiseraum und war mit der Wäschekammer hinter einer Trennwand untergebracht. Im Moment wurden gerade beide Waschmaschinen benutzt. Diese Wäscher waren Ultraschall-Reiniger etwa von der Größe eines Tischkopiergerätes. Tatsächlich funktionierten sie sogar gewissermaßen ähnlich; statt Papierbögen stopften gerade zwei von der Crew eifrig Socken, Unterwäsche und einige Teile ihres Overallfutters in die Öffnungsschlitze der Reiniger. Ein paar Sekunden später tauchten dann diese Kleidungsstücke aus einer Mangelvorrichtung wieder auf, flachgepreßt und feucht, jedoch sauber. Ein kurzer Durchlauf durch den Infrarot-Trockner im Unterteil der Reiniger machte die Sachen wieder zum Tragen bereit. Auf diese Weise konnten alle praktisch jeden Tag frische Wäsche anziehen.

Und an jedem zweiten Tag durfte jeder eine Dusche nehmen. Die Duschkabine war eine große Tonne aus Reifen, die mit Plastikfolie bespannt waren, und einem Deckel obendrauf. An einem der Faßreifen gab es Bungee-Kordeln; Bonnie konnte die Kleider ausziehen und sie hinter die Elastikkordeln stecken, wo sie sicher festsaßen. Sie stieg in die Duschtonne, indem sie den Deckel hochhob und sich dann hineinhievte. Wie gewohnt hatte sie sich zwingen müssen, sich

vorzubeugen, um die Schuhe auszuziehen. Dann konnte sie den
Deckel sinken lassen und ihn in der richtigen Position auf dem obersten Reifen befestigen. Und jetzt saß sie in ihrem Plastikkokon und
war bereit.

Auf der einen Seite hing die Seife, durch ein kleines Eisenstückchen
im Kern an einem Magneten in der Schale festgehalten. Direkt vor ihr
hing eine Handdusche an einem langen Schlauch. Wenn sie einen
Griff an dieser Armatur drückte, sprühte warmes Wasser über sie. Es
waren jedem nur knapp sechs Liter (anderthalb Gallons) zugestan-
den; man konnte wirklich keine halbe Stunde unter einem dichten
Wasserstrahl genießen. Bonnie durfte als höchstes der Gefühle
erwarten, daß sie sich gründlich abseifen und den Schaum abspülen
konnte, aber wenigstens war es leicht, das Seifenwasser wieder loszuwerden. In der Duschtonne gab es eine zweite Schlauchvorrichtung,
eine Art »Staubsauger«, mit dem man sich das Wasser vom Leib saugen konnte. Und schließlich hing an einer weiteren Bungee-Kordel
ein Handtuch zum Abtrocknen.

Nachdem sie die Dusche hinter sich gebracht hatte, war Bonnie
bereit, eine Stunde lang, oder so ungefähr, Hausarbeit zu erledigen.
An diesen Aufgaben beteiligte sich jeder, und es handelte sich beispielsweise darum, die Wet-Packs für die Mahlzeiten des kommenden
Tages herauszuholen oder in einem Plastiksack einen Berg Abfall zum
Müllschlucker zu bringen. Der Abfallraum lag gleich nebenan in
einem angrenzenden Zylinder. Am einen Ende befand sich ein großer
Aluminiumcontainer, vergleichbar einer Mülltonne, und dorthinein
mußte man die Plastiksäcke stecken. Andere Aufgaben waren etwas
lästiger. An diesem Abend war Bonnie an der Reihe, den »Honigei-
mer« zu leeren. Manche früheren Astronauten hatten das Ganze einfach direkt in den Weltraum gekippt und danach erklärt, so eine Urin-
Deponie biete einen der schönsten Anblicke der Welt. Im Vakuum des
Raums zerspritzte die Flüssigkeit in gefriergetrockneten Kristallen,
die das Sonnenlicht auffingen und dann in allen Regenbogenfarben
schimmerten und blitzten. Bei einem Flug einer sowjetischen
»Salyut«-Raumkapsel, bei der sich ein französischer Kosmonaut an
Bord befand, war einmal der Franzose dran, diese Aufgabe zu erledigen. Und während er die Ausscheidungen auf den Weg schickte,
kicherte sein sowjetischer Kamerad und sagte: »Schon wieder ein
Sputnik abgeschossen!«

Aber die Umgebung im Umkreis der Raumstation mußte sauber
bleiben; zu viele Satelliten kreisen dort auf Umlaufbahnen. Und
darum gab es die Einrichtung des »Honigeimers«. Es war ein Plastiksack, in dem die gefriergetrockneten Inhalte der Toiletten steckten. In

jeder Toilette saugte ein Fächer das Zeug nach unten – tatsächlich wurde es von Saugluftströmen abgesaugt, so daß also keineswegs »die Scheiße durch die Luft gewirbelt« wurde, wie es so drastisch heißt –, und von Zeit zu Zeit versiegelte ein Apparat alles mechanisch, so daß es durch Wasserentzug gefriergetrocknet werden konnte. Was danach noch übrigblieb, sah beinahe so aus wie die alte Streu in einem Katzenklo. Die Toiletten befanden sich in winzigen Kabinetten, die etwa so groß waren wie die in Flugzeugen. Die Sitzflächen befanden sich in halber Höhe an der Wand und hatten Sicherungsgurte. So ließen sich die Säcke einfacher unter ihnen abtransportieren. Und so konnte Bonnie, indem sie einen versiegelten Exkrementensack delikat mit einem Arm balancierte, sich zum Abfallschlucker aufmachen und – hoppla! – ihn über Bord kippen.

Und dann endlich, nachdem sie eine gute Stunde lang all das erledigt hatte, konnte Bonnie Feierabend machen und heimgehen. »Daheim«, das war dieser kleine Alkoven auf der unteren Etage, dieser Wohnschrank mit den himmelblauen Wänden, dem Bullauge, dem Hängeschlafsack und den verschiedenen Gegenständen, die ihr persönlicher Besitz waren. Sie würde morgen wieder sehr früh aufsein müssen, und jetzt war eine gute Gelegenheit, sich bettfertig zu machen. Sobald die Schuhe hoch oben an der Wand in ihrem Fach verstaut waren, ging es leichter, sich den Overall auszuziehen und hinter den Bungee-Kordeln zu befestigen.

Aber eigentlich war sie noch gar nicht schläfrig. An der Wand brannte die Nachtlampe, direkt neben dem Beutel, in dem der dicke Roman dieser Joan Didion steckte, durch den sie sich schon so lange hindurchquälte. Aber ein ganzer Tag war vorbei, und seit dem frühen Morgen hatte sie keine Gelegenheit mehr gehabt, die Erde zu sehen. Und dieser Anblick war so faszinierend, so ständig wechselnd, wie wenn man durch ein Kaleidoskop blickte. Und genau wie sie die Leistungsprüfungsflüge auf den Rücksitzen der Jet-Trainer zutiefst liebte, genau wie sie stets versuchte in Flugzeugen einen Fensterplatz zu ergattern, so mochte sie es jetzt nicht einen erfüllten Tag nennen, wenn sie nicht ihre gewohnte halbe Stunde, nun ja, ungefähr, am Bullauge verbrachte. Der Anblick, obwohl sie nun doch schon ein paar Monate lang im Orbit lebte, war immer noch ehrfurchteinflößend.

Die Erde glitt drunten vorbei, als sitze Bonnie in einem Stratosphären-Jet. Wieder dieser Eindruck, daß dies alles eher gleite, treibe, kein Gefühl von Geschwindigkeit; die Raumstation bewegte sich mit fast 18 000 Stundenmeilen, dreißigmal schneller als ein Flugzeug, aber sie stand auch dreißigmal höher. Und doch war der Flug hier friedlicher, ruhiger. Dem Astronauten Joe Allen hatte sich bei seinem Flug die

Metapher aufgezwungen, daß es wie das Schweben in einer Gondel unter einem Heißluftballon sei.

In diesem Augenblick befand sich Bonnie gerade über der östlichen Sahara. Die Wüste erstreckte sich in Pastelltönen von rötlichem Orange, hellerem Orange und Gelb fast bis zum Horizont. An einer Seite gab es einige dunklere Flecken, das waren Graniterhebungen, die aus dem Sand hervorragten. Ihr Blick war fast vollkommen frei und von Wolken unbehindert; die wenigen schütteren Wolken nach Süden zu klebten so dicht am Boden, daß sie sich inmitten der Pastelltöne fast wie weiße Erdformationen ausnahmen. Diese fahlgelbe Wüste war dermaßen helleuchtend und so trostlos, daß Bonnie fast die Augen zu tränen begannen. Und dann sah sie vor sich einen dünnen Streifen von Dunkelgrün, und dahinter ein dunkelblaues Band. Natürlich wußte sie, daß sie sich nun dem Niltal näherten, daß das blaue Band dahinter das Rote Meer war.

Sie schaute ergriffen hinunter, aber auf einmal flogen sie direkt südlich über eine dreieckige schwarze Wolke hinweg, die dort unten von der Erdoberfläche aufstieg und ihren Schatten meilenweit über leeres Land verbreitete. Ein Erdölbrand, der seine Rauchfahne in den Himmel stieß. Dann erschienen ein paar Wolken, Streifen von Altozirrusgebilden, die, bei Gott, genauso aussahen wie zusammengeraffte Kondensstreifen von Jets in Superhöhe, und sie glitten über die Wüste und das Meer mit absoluter Gleichgültigkeit dahin. Den Nil konnte sie jetzt klar ausmachen, eine schmale dunkelblaue Linie inmitten des dunklen Grüns zu beiden Seiten, und mitten im Fluß eine breite Schwellung, wo der Lake Nasser sich hinter dem Staudamm befand. Über eine schmale Strecke fahlen Ödlands blinkten dann das Rote Meer und der Golf von Aden in den willkommeneren Farbtönungen des Meeres, ein scharfer Kontrast zu den angrenzenden Küsten der arabischen Halbinsel und des Horns von Afrika.

Und jetzt lag die Rub al-Ch'ali, das »leere Viertel« Saudi-Arabiens unter ihr. Brennend unter einem unentwegt blauen Himmel, grausam, eine wüste Ödnis von hellem Braungelb, wie die Haut auf einer Hand von der Größe Kaliforniens. Es gab lange Kerben und Erhebungen wie die eines Fingerabdrucks, Sanddünen, die sich Hunderte von Meilen erstreckten, dazwischen flache Geröllhalden und Grundgestein. Abrupt fielen die Sandwüsten der Arabischen Halbinsel weg, und da war das Arabische Meer. Blau. Weit im Norden konnte sie die Konturen des Kaps von Ras Musandam ausmachen, das in die Straße von Hormuz vorstieß. Und wie um die Bedeutung dieser Seestraße zu unterstreichen, zeigte sich tief unten die dünne weiße Kielwasserlinie eines Super-Tankers. Über der See standen flockenhaft weiße Kumuluswolken, und ihre Schatten über dem Wasser schienen verblüffend nahe an den Wolken selbst zu schweben. Jetzt mußte sie bald über die indische Malabarküste kommen. Ein schwacher dunkelgrüner Schimmer, der mit dem Ozeangrün verschmolz und der sie zwingen würde, genau hinzuschauen, wenn sie die Grenzlinien zwischen Meer und Land ausmachen wollte. Indien, der Subkontinent, würde unter Wirbeln von Kumuli als ein Land von roten, braunen und fahlvioletten Farben erscheinen — mit einem weitgestreckten weißen Band gegen den nördlichen Horizont hin, wo die Himalaya-Ketten lagen.

Aber jetzt verdunkelte sich das Meer drunten rasch, und die oberen Regionen der Wolken begannen sich orangerot und golden zu färben. Von ihrem Bullauge aus konnte Bonnie die Sonne nicht sehen, aber die Erde da vor ihr, ihre Welt, versank mehr und mehr in Schwarz; es wurde Nacht. Sie blieb noch einen Augenblick, weil sie hoffte, sie würde vielleicht die Lichter der indischen Küstenstädte sehen können, doch dann wandte sie sich ab. Sie spürte inzwischen auch ihre Müdigkeit. Sie schob die Blenden über das Bullauge, stieß leicht gegen die Wand, packte die Öffnung ihres Bettzeugs und zog sich hinein. Sie rückte sich das Kopfkissen zurecht und versuchte zu schlafen.

Aber sie konnte nicht einschlafen. Was sie jetzt nötig hatte, meinte sie, war ein ganz kleiner Abendhappen zu essen. Sie knipste das Licht an, kletterte in ein leichtes Übergewand und öffnete ihre Kabinentür. Nirgendwo sonst regte sich jemand — die Raumstation schlief. Und dann hatte sie es auch bald bis zur Kombüse geschafft und begann in den Essensvorräten herumzusuchen. Dann hatte sie gefunden, was sie wollte: ein Wet-Pack mit »Mama's Oyster Stew«.

Sie war entschlossen, gleich jetzt und an dieser Stelle diese neuen Suppenpacks auszuprobieren, die man ihnen gerade von der Erde geschickt hatte. Behutsam schob sie den Heißwassertubus in das von ihr gewählte Suppenpaket und begann mit kleinen Schüben Flüssigkeit hineinzupumpen. Während das Wetpack in ihrer Hand zu schwellen begann, knetete sie es behutsam mit den Fingern, um zu spüren, wie sich die Textur veränderte. Und dann war es fast richtig. Noch eine kleine Warmwasserinjektion sollte genügen.

Das Paket explodierte und verspritzte einen dicklichen Suppenbrei über ihr schönes Nachtgewand.

EIN ABEND

IM KINO

The San Francisco Chronicle, Samstag, 20. Juli 2019

Unterhaltung am Wochenende

Neu in den Kinos
Immer noch vom Winde verweht. Die Fortsetzung knüpft ein paar Jahre nach dem Ende des achtzig Jahre alten Originalfilms an, und man sieht Rhett und Scarlett im Jahre 1880, in mittlerem Lebensalter, wiedervereint. Mit den Originalstars (Clark Gable, Olivia de Havilland und Vivien Leigh) und Dekorationen durch Computergraphische Synthese neu zum Leben erweckt. *Still Gone..* (»Immer noch ...«) tritt den Beweis an, daß man immer noch so grandiose Streifen dreht wie früher (Selznick Theater, 14.00 und 20.00 Uhr).

Der Apollo-Mord. Gute allgemeine schauspielerische Leistungen in diesem Science-fiction-Bericht über einen Mordfall während eines der Apollo-Mondflüge in den siebziger Jahren. Die Faszination des Films geht aber vorwiegend von der Szenerie aus; der Streifen wurde tatsächlich während einer kommerziellen Expedition im vergangenen Jahr auf der Mondoberfläche gedreht. Sehr angemessen zum Jahrestag an diesem Wochenende. Die hohen Produktionskosten bedingen erhöhte Eintrittspreise: 15 Dollar, also ein, zwei Dollar mehr als für eine normale Karte (Roxie, 13.00, 15.15, 17.30, 20.00 und 22.15 Uhr).

This is Holorama. Einer der Trickfilme dieses Sommers, ein weiterer Streifen jener ultra-realistischen Filmtechnik, die nur den Kleinen Angst einjagen und Mama und Papa leichtes Bauchweh verursachen. Wie andere »Thriller«-Filme auch hier vorwiegend ein Reisebericht, doch liegen hier die Akzente vorwiegend auf Gefahr (etwa in einer langen Sequenz mitten auf den Schlachtfeldern im Nahen Osten, Mittelamerika und Afrika) und auf feindseligem Environment (wir steigen während eines realen Unfalls in einen altmodischen Atom-Spaltungsreaktor!) (Holostage, 14.00, 16.00, 19.30 und 22.00 Uhr).

Musik

All-Star Simulated Symphony. Immer ein Leckerbissen für die Freunde klassischer Musik. Das Duo benutzt die allerneuesten Synthesizer und Digitaltechniken (neben ein paar Robotern), um ein Live-Konzert des größten Orchesters der Welt zu simulieren und die Klangfarben legendärer

Umseitig: Den Kinobesucher des Jahres 2019 erwarten ganz unglaubliche, irreale Angebote.

Künstler neu zum Leben zu erwecken. Ein Roboter-Rachmaninoff spielt die Klaviersolos in dem Glanzstück der Show, Gershwins *An American in Paris,* das ein animatronisches Abbild des Komponisten dirigiert. Alles so lebenswirklich, daß man schwören möchte, die Spieler seien lebendig bei uns im Saal (Wozniak Hall, 20.00 Uhr).

Television

Don't Mess With Me (»Spiel nicht mit mir rum«). Heute abend; der erste Versuch von ABC, zur Hauptsendezeit eine neue anglophone Situationskomödie zu bringen, seit dieser Sender vor einigen Jahren auf rein spanische Programme umstieg. Als sommerliche Programmänderung bietet uns diese Serie eine Wiederbegegnung mit dem einstigen Kinderstar Gary Coleman (war er *jemals* wirklich verschwunden?) als Vater von zwei Adoptivkindern. Besser als die ewigen Wiederholungen auf jeden Fall! (10.30 Uhr)

So Who Wants to Work? (»Wer schwitzt schon gern?«) Jerry Rubin spielt den hauseigenen Trickster in einem Seniorenheim in San Francisco, wo die alten Leutchen seit dem Zusammenbruch der Sozialfürsorge auf ihren Witz und ihre Schläue zurückgreifen müssen, um nicht unterzugehen. Rubin ist besonders beeindruckend als ältliches »Wunderkind« aus den Baby-Boom-Zeiten. In dieser Episode überredet er eine Ölgesellschaft, seine Mit-Senioren für eine TV-Werbesendung einzusetzen (CBS, 23.30 Uhr, morgen abend).

Die Entwicklung der Technologie wird uns im Jahre 2019 nicht nur ein höheres Maß an Freizeit ermöglichen, sondern auch die Chancen, diese freie Zeit stärker kreativ und produktiv für uns zu nutzen. Aber natürlich gibt es auch für Leute, die das so wollen, unzählige Gelegenheiten, diesen Freiraum durch oberflächliche Zerstreuungen auszufüllen. Kurz gesagt, die Zukunft wird ein Heidenspaß werden. Das Kino wird wirklichkeitsnäher werden. Fernsehen und andere Massenmedien werden Geschmackswünsche befriedigen, um die man sich heute noch nicht kümmert. Computer werden dem normalen Bürger Möglichkeiten bieten, sich kreativ auszudrücken wie nie zuvor.

Und unser beliebtestes »Ausgehvergnügen«, das Kino, hat sich bis zu Beginn des 21. Jahrhunderts am stärksten von allen Kunstrichtungen geändert. Das Kino ist dann über 100 Jahre alt. Zwar ist die Filmindustrie bekanntlich noch nie als besonders neuerungswillig aufgefallen, doch im nächsten Jahrhundert wird sie einfach gezwungen sein, andere Wege zu beschreiten, und zwar wegen der scharfen Konkurrenz von seiten anderer Unterhaltungsangebote.

Beinahe seit den frühen Anfängen hat das Kino einen 35-mm-Plastikstreifen als physisches Mittel verwendet. Ursprünglich fotografierte und projizierte man bewegte Bilder mit 18 Einzelbildern pro Sekunde. Als Ende der zwanziger Jahre der Ton hinzukam, erhöhte sich die Bildabfolge pro Sekunde auf nur 24 Einzelbilder, was noch jetzt der Standard ist. Als in den fünfziger Jahren der Wettbewerbsdruck seitens des Fernsehens spürbarer wurde, setzte eine technologische Revolution ein, die unter anderem zum Stereophon-Film führte, zu Cinemascope, 3-D, Cinerama (eine gewaltige Projektionsleinwand, für die drei Filmkameras und drei Projektoren nötig waren) und zu ein paar anderen neuen Tricks wie Smell-O-Vision und Aromarama, bei denen man während der Vorführungen Geruchsstoffe in die Kinosäle pumpte, um das Geschehen auf der Leinwand zu ergänzen.

Von all diesen Neuerungen schafften es nur Cinemascope und die Stereophonie ins nächste Jahrzehnt. Das Kino und das Fernsehen lernten, miteinander zu koexistieren, bis es zur Einführung der abrufbaren (und gebührenpflichtigen) TV-Services Ende der siebziger Jahre kam. Und — natürlich und sicher von noch einschneidenderer Bedeutung — zur Entwicklung der privaten Videorecorder, die dem Verbraucher praktisch Tausende von Filmen zugänglich machten.

Wer heute keine Lust hat, sich einen Film nach dem Start in den Kinotheatern anzuschauen, braucht nur wenige Wochen zu warten und kann ihn sich dann als Videocassette oder Videodisk im nächsten Laden kaufen. Bis 2019 wird es in nahezu jedem amerikanischen Haushalt irgendeine Art von Heim-Videogerät geben. Doch die wirkliche Bedrohung für das Kinotheater wird in den neunziger Jahren auftauchen, wenn superscharfe TV-Geräte allgemein erhältlich sind.

Diese superscharfen (»high-definition TV«) Geräte verwenden, um es einfach auszudrücken, fast mehr als die doppelte Zahl von Bildlinien (1 125 gegenüber den 525 bei einem normalen Verfahren nach US-Standard) und bieten so fast die Bildqualität eines 35-mm-Filmstreifens. Mit der Entwicklung von HD-Video werden der wandgroße Schirm und Projektionsfernsehen nicht nur möglich, sondern auch besonders attraktiv für jene, die sich das leisten können. (Anfangs werden diese HD-Einrichtungen ziemlich teuer sein, etwa um die 2 000 Dollar für ein frühes Modell.) Aber je mehr die HD-Geräte mit digitalen High-quality-Stereo-Lautsprechern sich im privaten Bereich des Bürgers breitmachen, desto mehr werden die Unterschiede zwischen einem Kinoerlebnis in einem Filmtheater und dem »Heimkino« verschwinden.

Was werden die Filmstudios in Hollywood unternehmen, um die Kinotheater als ihre erste Vertriebskolonne am Leben zu erhalten? Als naheliegend bietet sich da die Verbesserung der inzwischen betagten Technik durch Fort- und Weiterentwicklung in den mechanischen Bereichen des Films an.

Showscan ist ein superschneller Filmprozeß für Großleinwand, bei dem sich ein weit höheres realistisches Seherlebnis bietet als in allen bislang erfundenen Techniken. Showscan benutzt einen 70-mm-Film (also doppelt so breit wie das herkömmliche Kinofilmband), der mit 60 Einzelbildern pro Sekunde belichtet und projiziert wird (also mehr als die doppelte Geschwindigkeit heutiger Filme), und ein 6-Kanal-Tonsystem. Es könnte tatsächlich dem Kino einen Weg in die Zukunft eröffnen.

Entwickelt wurde dieses System von Douglas Trumbull, der unter anderem auch für die Spezialeffekte in Science-fiction-Klassikern wie *2001 − A Space Odyssey, Close Encounters of the Third Kind* und *Blade Runner* verantwortlich zeichnete. Showscan bietet dem Zuschauer eine intensivere physio-emotionale Erlebniserfahrung, indem es das Zentralnervensystem des Menschen mit visuellen Eindrücken überschwemmt.

Bei der Entwicklung von Showscan arbeiteten die Erfinder unter anderem mit einem Testpublikum, das per Elektroden an Maschinen angeschlossen war, die die Puls- und Atemfrequenzen maßen, die Schweißsekretion, die ein Elektroenzephalogramm aufzeichneten und die Elektromyographische Aktivität festhielten. Man führte diesen menschlichen Versuchskaninchen Filme vor, die mit unterschiedlicher Bildfrequenz aufgenommen waren und nun projiziert wurden, um die physiologischen Reaktionen auf die jeweiligen Filmszenen messen zu können. Sobald die Bildsequenz über 60 Einzelbilder pro Sekunde anstieg, begannen die Meßgeräte nach oben zu springen. Das Testpublikum war offensichtlich durch diese neue visuelle Realitätssimulation körperlich stark stimuliert. Auf einmal hatte man eine ganz neue Kommunikationsvermittlung für eine Zufallsmenge von Kinobesuchern gefunden − auf einer direkt »in den Bauch gehenden« Linie.

Trumbull legte sich auf diese Bildgeschwindigkeit fest, aber er merkte, daß sein Publikum immer stärker auf Showscan reagierte, was dazu führen konnte, daß die zu große Häufung von Action-Szenen die Zuschauer sehr rasch ermüden ließ. Ganz ähnlich wie Kinobesucher tatsächlich die Köpfe einzogen, wenn am Ende von Edisons *Great Train Robbery* einer der Akteure mit einer Pistole auf sie zielte, neigt das Publikum bei Showscan-Vorführungen dazu, die filmische

Illusion mit der Realität zu verwechseln (teilweise natürlich deshalb, weil diese Technik so neu ist).

Bisher wurden Showscan-Filme nur als Demonstrationskurzfilme auf Cineasten-Ausstellungen und Weltfestivals vorgestellt, aber Trumbull plant mit Unterstützung durch die Finanzmittel einer der geschäftlich erfolgreichsten Filmtheaterketten, gegen Ende der achtziger Jahre abendfüllende Filmschauspiele zu liefern. Er ist überzeugt, wenn die Kinobesucher die Möglichkeit haben, Showscan zu sehen, werden sie sich nicht mehr länger mit der herkömmlichen Filmtechnik zufriedengeben.

Durch Showscan – und die anderen technischen Neuerungen, die zweifellos bald dazu in Konkurrenz entwickelt werden – können Regisseure Filme produzieren, die ihr Publikum effektiv »völlig am Boden zerstören«. Das Donnern der Büffelherden in den Western wird lauter sein, die Kinnhaken und Tiefschläge in Actionstreifen werden gewalttätiger und brutaler wirken, und das Spektakel wird – zwangsläufig – noch sensationeller sein. Die traditionelle kleinere Filmproduktion mit intimerer Thematik wird dabei nicht verschwinden, aber Showscan wird höchstwahrscheinlich eine neue Welle von »Megamovies«, von Riesenschinken, auslösen, eben jene Kassenknüller ohne irgendwelchen Anspruch auf Kultur, wie sie Hollywood schon immer so geschäftüchtig zu produzieren verstand.

Derartige Filmproduktionen werden den Konsumenten dazu verführen, von seinem Kino aufregende Substituterfahrungen zu verlangen, was möglicherweise auf Kosten des episch-dramatischen Films gehen wird. Die Simulation eines Weltraum-Ausflugs, eines Segelturns über sturmgepeitschte Ozeane oder der Aufstieg in die eisigen Höhen des Mount Everest werden dem kinokartenkaufenden Konsumenten wahrscheinlich mehr für sein Geld bieten, als dies je zuvor der Fall war.

Es gibt noch ein paar andere filmische Prozesse, die Hollywood übernehmen könnte, etwa IMAX, bei dem ein 70-mm-Film horizontal läuft, wodurch der Rahmen um das Vierfache des herkömmlichen 35-mm-Films vergrößert wird, und natürlich stereoskopische oder R-D-Filmtechniken. Das IMAX-System findet bereits in Museen Verwendung (etwa im Smithsonian's National Air and Space Museum), und dreidimensionale Filme mit 70-mm-Filmen und modernem Stereosoundtrack wurden auf Weltausstellungen, in Disneyland und dem Walt Disney World's Epcot Center präsentiert. Es ist allerdings unwahrscheinlich, daß IMAX in seiner jetzigen Entwicklungsform jemals für Spielfilme eingesetzt wird, denn es ist einfach zu teuer und in der Ausrüstung zu umständlich. (Ein IMAX-Filmband ist etwa zehnmal so groß wie das des herkömmlichen 35-mm-Standards, also sind die Kosten für die Einzelkopie geradezu astronomisch.) Und bei 3-D-Filmen müssen die Zuschauer noch immer polarisierte Brillen aufsetzen.

In der Holographie wird mit Hilfe eines Lasers, der die optischen Daten über eine Szene aufzeichnet, ein Bild geschaffen (nicht jedoch die wirkliche Szene selbst) und auf photosensitives Material übertragen. Wenn diese Aufzeichnungen dann per Laser, oder in einigen Fällen sogar nur durch einfaches weißes Licht bestrahlt werden, läßt sich das Hologramm dreidimensional reproduzieren, ohne daß man Spezialbrillen benutzen müßte. Ja, es ist sogar möglich, daß der Betrachter um holographisch dargestellte Objekte »herumsehen« kann, einfach indem er den Betrachtungspunkt verändert.

Noch haften allerdings der Holographie zu viele Handikaps an. Erstens muß der Gegenstand eines Hologramms von Laserlicht beleuchtet werden; Holographie im Freien ist also unmöglich, jedenfalls vorläufig. Schon die geringste Bewegung vernichtet die Aufzeichnung. Und schließlich, Hologramme lassen sich nicht wie gewöhnliche Filme projizieren, so daß herkömmliche Filmtheater dafür ungeeignet sind.

(Man hat in der Sowjetunion bereits ein paar Experimentalfilme mit der Holographietechnik produziert. Die Bildqualität war jedoch alles andere als akzeptabel, die Bilder selbst waren klein und unscharf. Die Holographie ist eben für Spielfilme nicht geeignet.)

Diese beschränkten Möglichkeiten sind eine Eigentümlichkeit der Holographie, und nicht etwa auf die noch zu wenig verfeinerte Technik zurückzuführen; ohne einen Durchbruch in den Erkenntnissen der Physik werden in diesem Jahrhundert wohl kaum holographische Kinofilme herauskommen. Das soll aber nicht heißen, daß nicht eine Mixed-Media-Technik holographische Verfahren mit der herkömmlichen Kinofilmtechnik verbinden kann und bald in einem frühen Stadium des nächsten Jahrhunderts praktikabel sein wird. Vor mehreren Jahren schon präsentierte der verstorbene Dennis Gabor — der die Holographie theoretisch Jahre vor der praktischen Durchführung durch die Erfindung des Lasers vorausgedacht hatte — ein geniales Konzept für 3-D-Filme, die man ohne Brillen betrachten konnte.

Die »Gabor-Leinwand« sollte ein riesiges Hologramm sein, d.h. eigentlich ein holographisches Abbild zweier oder mehrerer leerer Leinwände. Man sollte die einzelnen Screens nur von einem bestimmten Blickwinkel oder einer Reihe von Achsen her sehen können. Dies bedeutet, daß eine »Gabor-Leinwand« so konstruiert werden kann, daß in einem enggespannten Bogen die optischen Bildeindrücke alternieren. So sieht dann das linke Auge den einen Projektionsschirm, das rechte den anderen, wodurch ein dreidimensionaler Effekt erzielt wird, der die Stereoskopbrillen überflüssig macht.

In der Praxis würde man bei einem derartigen Verfahren getrennte Sehinformationen für das linke, bzw. rechte Auge auf eine jeweils »leere Leinwand« projizieren, indem man die Bildprojektoren so aufstellt, daß sie ihren Lichtstrahl aus einem bestimmten Winkel auf die Leinwand richten. Das Filmmaterial in diesen Projektoren könnte ganz nach dem Prinzip der herkömmlichen 3-D-Filme hergestellt werden, ohne die Schwächen, die der Holographie innewohnen. Gabor behauptete, ein dreidimensionaler Prozeß müsse nicht zwangsläufig auf ein einziges Paar von linken und rechten Stereobildinformationen beschränkt bleiben. Filmemacher könnten auch mehrere Filmstreifen einsetzen, die aus unterschiedlichen Blickwinkeln aufgenommen werden, und so eine noch stärkere Tiefen-Illusion erzeugen.

Bis heute hat nur eine Handvoll Filmemacher und Techniker in der Sowjetunion (wo der 70-mm-Film sozusagen bereits die Norm ist) in größerem Umfang mit brillenlosen 3-D-Systemen experimentiert (man bezeichnet sie auch als »autostereonische Systeme«). Aber wie dem immer sei, Hollywood könnte durchaus von einem Sofortprogramm profitieren, mit dem man diese neue Technologie auf den Filmmarkt schicken könnte. Die Schaffung eines funktionablen Filmvertriebssystems, das konventionelle Filmtechniken mit der Holographie kombiniert, wäre wahrscheinlich mit einem weitaus geringeren Budget zu finanzieren, als die Filmstudios derzeit verschwenden, um ein paar »moderne Kassenknüller« zu produzieren.

Natürlich werden die Weiterentwicklungen der filmischen Produktionsprozesse künftig auch die architektonische Gestaltung der Filmtheater selbst verändern. Die Trends der letzten Jahrzehnte gingen dahin, die alten »Kinopaläste« der Vergangenheit zu mehreren kleineren Vorführräumen umzubauen. Einige neu errichtete Kinokomplexe – etwa die Cineplex-Theater in Los Angeles und Toronto – sind für ein Dutzend oder mehr Leinwände und einzelne Kinosäle mit nur 60 bis 70 Zuschauerplätzen geplant und gebaut, ein weiter Weg seit den Kinokathedralen aus der Zeit der Weltwirtschaftskrise im ersten Drittel des Jahrhunderts. Aber inzwischen lehnt das Publikum diese »Schuhlöffelkinos« wieder ab, weil die Leinwand in ihnen immer mehr auf die Größe des heimischen TV-Apparats schrumpft.

Wenn das kinowillige Publikum dem Fernsehen und Heimvideo noch einmal den Rücken kehren und wieder in die Filmtheater strömen soll, winzige Bildleinwände und intime Umgebung werden es gewiß nicht zurücklocken. Auch werden konventionelle Filmtheaterbauten sich kaum für die neuen riesenhaften Leinwände und die neuen filmischen Techniken eignen. Eine Variante des IMAX-Prozesses etwa verwendet eine halbkugelförmige Leinwand, unter der das Publikum wie in einem Planetarium sitzt. Wenn einmal echte holographische Filme entwickelt sein werden, sitzen die Zuschauer vielleicht effektiv um das Bild herum — oder der holographische Film könnte das Publikum einschließen und rings um es herum ablaufen. (Und wie würde ein Western oder ein Abenteuerfilm in Afrika dann wirken?)

Allerdings werden die uns jetzt vertrauten Filmkinos auch 2019 nicht völlig ausgestorben sein. Das Kino im Stil des 20. Jahrhunderts wird das hauptsächliche Medium für Filmemacher, Schauspieler und Filmautoren sein, die eine Art von »Boutiquen-Kino« herstellen, das weniger wildwuchernd und weniger ehrgeizig ist als die Hollywood-Mammutschauspiele. Solche Filme werden — vergleichbar den jetzigen regionalen Repertoiretheatern — die Arbeiten neuer Filmautoren, Experimentalarbeiten oder tragische oder komödienhafte Themen zur *conditio humana* bieten. Dieser Zweig der Filmindustrie wird dann einerseits zum Testfeld für aufstrebende Talente werden, aber auch mancher echte Künstler könnte dieses Medium dem lukrativeren kommerziellen Film vorziehen.

Ein Aspekt im Kino wird sich jedoch auch im nächsten Jahrhundert wohl nicht ändern: die Thematik. Es besteht kein Grund anzunehmen, daß die traditionellen Filmgenres in vierzig Jahren nicht genauso populär sind wie in den dreißiger und vierziger Jahren. Liebesgeschichten, Science-fiction, Teenagerkomödien, Kriegsfilme, saftige Abenteuerschinken und markige Western werden auch 2019 noch zu den erfolgreichen Filmen gehören.

Allerdings wird man dank der neuen Techniken die traditionellen Themen anders anpacken können. Computergraphische Techniken etwa machen es den Produzenten möglich, die Stimmen und die Körpererscheinung großer Filmstars der Vergangenheit zu reproduzieren. So ist dann ein neuer Film mit einer Starbesetzung aus der Hollywood-Hall of Fame, der Ruhmeshalle der beliebtesten Stars, mit Jimmy Stewart, Greta Garbo, John Wayne und Marilyn Monroe, nicht nur möglich, sondern wahrscheinlich, sobald die Computersynthese-Techniken vervollkommnet sind.

Die Computergraphik birgt eine Unzahl von Möglichkeiten für den Film des 21. Jahrhunderts. Es wird praktischer und kosteneffizienter sein, die Dekorationen zu zeichnen und damit nahezu jede Szenerie auf Erden oder sonstwo synthetisch durch Computer herstellen zu lassen. Spezialeffekte, für die man jetzt Miniaturmodelle benötigt, lassen sich durch digitalen Bildaufbau ersetzen. Die Animation, einst das optisch aufregendste Gebiet des Films, ist heute, vielleicht mit Ausnahme eines Disney-Filmes ab und zu, fast völlig verschwunden. Computergraphiken können im nächsten Jahrhundert weit billiger als Animationen produziert werden, und Cartoons mit körperlich wirkenden dreidimensionalen Figuren werden dieser Kunstform zu neuem Leben verhelfen.

Der Computer wird auch eingesetzt werden, um den Idealschauspieler Hollywoods zu schaffen; einen Typ, der stets an der rechten Stelle in der Dekoration steht, der nie Wutanfälle bekommt oder Nervenzusammenbrüche, der nie über den Gagenscheck meckert und der in der Lage ist, bei jedem Film in neuer Körperlichkeit und mit verändertem Alter und anderer Stimme aufzutreten: einen Roboter.

Walt Disney verblüffte 1964 auf der Weltausstellung in New York die Besucher mit seinen ersten Humanoiden, die er als »Audio-Animatronic-Figuren« bezeichnete. Die allererste dieser Gestalten war natürlich Disneys berühmter Abraham Lincoln, der auch weiterhin die Besucher der Disney-Parks in Erstaunen versetzt. Zwei Jahrzehnte später hat man bei WED und MAPO (den zwei Firmen, die für Entwurf und Konstruktion der Disney-Parks verantwortlich zeichnen) den Roboterbau soweit verbessert, daß die Figuren Treppen hinaufzugehen scheinen und über eine feinere mimische Wirklichkeitsimitation verfügen als der ruckende, unsichere, erste animatronische »Honest Abe« (Lincoln).

Das Kinopublikum war schon immer an Robotergestalten interessiert, angefangen bei Fritz Langs »Metallweib« in *Metropolis* (1927) bis zu »Robby«, dem Automatengenie des »Verbotenen Planeten« und R2-D2 und C3PO, dem computerisierten Comedy-Team des »Kriegs der Sterne«. Es fällt also nicht schwer, sich einen Allzweck-Roboterfilmstar vorzustellen, den Techniker und Programmierer bauen, um ihn den Filmstudios anzubieten.

Ein solcher Roboter könnte per Entwurf aus Bauteilen bestehen — er könnte hochgewachsen als Held im Sattel sitzen und als komischer Tölpel kurz und rundlich sein. Das Publikum wird seine »menschlichen« Eigenschaften bestaunen und bald vergessen, daß es eine Masse von Drähten, Röhren und Mikrochips sieht. Der Roboter wird das Publikum immer wieder anlocken, weil man die jüngsten Verbesserungen im Ausdruck und den Emotionen sehen will, und er wird natürlich mit seinen ersten Starrollen großes Aufsehen erregen: als Gegenspieler der jeweils neuesten Sex-Symbole zuerst als robuster

Gegenüber: Ja, das ist Holorama – einer der effekthascherischen Gruselfilme.

Eingeschnitten: Computer schaffen mit Leichtigkeit die imaginären Landschaften für »Raumopern«.

männlicher Held und später als die leidenschaftliche *femme fatale*.

Aber wird der Roboter je in der Lage sein, über den Neuheitscharakter seiner Technologie hinauszuwachsen? Wird er je eine Herausforderung für das Talent menschlicher Mimen sein? Wird er in die Gewerkschaft der Filmschaffenden eintreten müssen? Und wird seine künstliche Intelligenz ihn dazu bewegen, die erbarmungslosen Horden der Autogrammjäger abfahren zu lassen? Nun, die Kinobesucher im Jahre 2019 werden es möglicherweise herausfinden.

Falls Sie übrigens vorhaben sollten, sich die gesamte Sommerproduktion an Filmen im Jahre 2019 anzuschauen, nehmen Sie besser eine dicke Brieftasche mit. Während der letzten zweieinhalb Jahrzehnte haben sich die Eintrittspreise zu einem Erstaufführungsfilm etwa verdreifacht. Wenn sich dieser Trend fortsetzt, wird eine Eintrittskarte in den Hauptabsatzgebieten zwischen 12 und 15 Dollar kosten, und für Filme, deren Produktionskosten an das Bruttosozialprodukt kleinerer junger Nationen heranreichen, wohl sogar noch mehr.

Klar ist jedoch, daß sich die Kluft zwischen den Riesenleinwandspektakeln (diesen breitgestrichenen Fresken des kommerziellen Erfolgs) und den kleinen Leinwandfilmen (diesen oft übersehenen Beweisstücken echter Filmkunst) im nächsten Jahrhundert noch verbreitern wird. Die Riesenleinwand wird die Kassen klingeln lassen, und die schöpferischen Talente werden die kleinere Leinwand vorziehen. Aber wie steht es mit der Filmunterhaltung — falls wir das so nennen dürfen —, bei der überhaupt keine Projektionsfläche mehr nötig ist?

Science-fiction-Autoren träumten davon schon seit Jahren: Massenmedien, die sich unter Ausschluß von Film- oder TV-Bildflächen direkt in das menschliche Gehirn einkoppeln und nur dem geistigen Auge sichtbar sind? Es gibt Leute, die den Gebrauch und die Popularität von psychedelischen Drogen während der sechziger Jahre darauf zurückführen möchten, daß da eine Generation verfrüht nach dieser neuzeitlichen »Unterhaltung« strebte.

In der einen oder anderen Form dürfte es um 2019 eine Art Medium mit Direktkonnex zum Gehirn geben. Mehrere derartige Projekte befinden sich bereits im Stadium der Entwicklung von Prototypen. Nein, eine Mehrfachsteckdose an unserer Schädelbasis zur Einspielung von Nachrichten, Rockvideos oder Ersatzreisen wird es nicht geben. Allerdings darf man ziemlich sicher vermuten, daß bis 2019 eine Form von Computer-zu-Gehirn-Kommunikation über Elektroden entwickelt sein wird; und sie könnte bereits so hochentwickelt sein, daß sich erstaunlich realistische Bildinformationen in das Gehirn projizieren lassen.

Anderenfalls wird es Methoden geben, Filme und TV ohne Kathodenröhre oder Kinoleinwand zu betrachten. Rüstungsfirmen stellten bereits hochraffinierte optische Systeme vor für sogenannte HUDs (Heads-up Displays, »Kopf-hoch-Displays«) in modernsten Kampfflugzeugen. Diese HUDs sind Geräte, die ein elektronisch produziertes Bild dem normalen Seheindruck des Auges überlagern. Piloten in Kampfflugzeugen verwenden das Gerät, um nicht auf die Instrumentenskalen der Maschinen hinunterblicken zu müssen.

Eines dieser Geräte, das von Honeywell entwickelt wurde, projiziert TV-Bildinformationen direkt auf die Retina (Netzhaut) des menschlichen Auges. Eine Koppelung dieser Systeme wurde bereits eingesetzt, um vollkommen stereoskopische, dreidimensionale Bildeindrücke zu demonstrieren. Durch Hinzufügung einer bewegungssensitiven Apparatur (Ultraschall- oder Laser-Systeme, die die Kopfpositionen registrieren) könnte dieses dreidimensionale Bild sich verändern, wenn der Betrachter seine Sicht seitlich verändert. Aber diese gleiche Technik ließe sich auch leicht für neue Videogeräte abwandeln, bei denen das menschliche Auge als Projektionsleinwand benutzt wird. Angesichts der liebenswerten Schwäche der Elektronikindustrie für den Verbrauchermarkt, dem sie solche Mengen High-Tech in modifizierter populärer Form gern zugänglich machen möchte, ist es nur eine Frage der Zeit, bis ähnliche Apparate in den Regalen Ihres Videoladens um die Ecke auftauchen werden.

Eine andere, etwas abwegigere Methode eines direkt übertragenden Mediums zum Gehirn ist das Phosphotron, ein smartes kleines Apparätchen, das Steve Beck, ein unabhängiger Forscher und Erfinder in Berkeley, Kalifornien, entwickelte. Beck, ein Künstler und zugleich Elektroingenieur, experimentierte in den sechziger und siebziger Jahren mit abstrakten Videotechniken. Seine Videoarbeiten ihrerseits waren von einem langwährenden Interesse an den Phosphenen bestimmt, hellen Lichterscheinungen, die, durch Druck etwa, im menschlichen Auge hervorgerufen werden können. Bekommen wir einen Schlag auf den Kopf, dann sagen wir, wir hätten »Sterne flimmern sehen«, doch was wir tatsächlich gesehen haben, ist eine erhöhte Phosphenproduktion. Ähnliches gilt für die Lichtmuster, die wir zuweilen sehen, wenn wir uns heftig die Augen reiben.

Noch während seiner Studienzeit an der University of Illinois las Beck über in Deutschland durchgeführte Experimente zur Stimulation der Phosphenproduktion mit Hilfe elektrischer Ströme und baute sich eine einfache Apparatur, um die Sache an sich selbst und einigen ebenso risikofreudigen Studienkollegen zu erproben. Fast zwanzig Jahre später, nachdem es nun Digitalschaltungen gab, die komplexe Elektrowellen formen und kontrollieren konnten, baute er sein Phosphotron. (Die Bezeichnung ist eine Kontaminierung aus den griechischen Wörtern für »Licht« und »Elektrizität«.)

Becks Apparat besteht heute aus einem Paar von lichtundurchlässigen halbkugelförmigen Silberbrillen mit Elektroden, die in Direktkontakt zu den flachen Vertiefungen an beiden Schädelseiten direkt über und hinter den Augen stehen. Durch die Elektroden gibt das Phosphotron einen modulierten niedrig-amperischen Elektrostrom ab, der bei geschlossenen Augen verblüffende abstrakte Lichtmuster hervorruft.

Beck vermutet, daß er mit einer Versuchsanordnung von einer Vielzahl von Elektroden klarere Lichtmuster und den Eindruck von Richtungsveränderungen in diesen Mustern werde hervorrufen können. Er sieht den Tag kommen, an dem ein komplexes Arrangement von Elektroden einen Raster ergeben könnte — oder ein Video-ähnliches Bild — aus phosphenbewirkten Lichteindrücken. Schon heute kann man mehrere Testpersonen gleichzeitig an das Phosphotron anschließen, und sie geben alle an, daß sie ähnliche, von der Maschine hervorgerufene optische Eindrücke feststellen.

Ein künftiges Unterhaltungsmedium mit direktem Hirnkontakt braucht nicht notwendigerweise die Realitätswahrnehmungen von anderen Personen zu erzeugen. Apparate wie das Phosphotron oder eine Art von Projektionssystem direkt auf die Netzhaut des menschlichen Auges böten möglicherweise die besten Chancen zu abstrakten und anderen höchstpersönlichen ungegenständlichen visuellen Erfahrungen.

Wenn uns das alles an die psychedelischen Lichteffekte aus den sechziger Jahren erinnert, sollte uns das nicht überraschen. (Die ursprünglichen frühen deutschen Experimente, die Becks Interesse erregt hatten, arbeiteten unter anderem auch mit LSD und anderen bewußtseinsverändernden Drogen, die selbst bereits eine erhöhte Phosphenproduktion hervorriefen.) Das Spektakel der Rock-Concert-Light-Shows könnte sehr gut ein Vorläufer der abstrakten Unterhaltungsmöglichkeiten gewesen sein, die durch Mechanismen wie das Phosphotron einmal höchst populär werden könnten. Statt der Krimiserien oder kitschiger Fortsetzungsproduktionen könnten Konsumenten, die im Jahre 2019 eine neue Art von Unterhaltung suchen, sich einen Abend lang mit ihrer Lieblingsmusik entspannen und dabei parallel ein optisches Konzert von lebendigen Farben und kühnen bewegten Mustern erleben. Die Nachtischgespräche könn-

Und das ist Holorama? Werden im 21. Jh. nervenzerfetzende Kinofilme als pantochrome, dreidimensionale Hologramme projiziert werden? (© Gregory MacNicol)

Dem Inhalt und Gehalt nach sind unsere Filme im Jahre 2019 kaum von jenen der 1986er Produktionen zu unterscheiden. Allerdings werden die High-Tech-Qualitäten den Hollywood-Kitschprodukten ein weit höheres Maß an Wirklichkeitsnähe verleihen. (Eingeschnittenes Foto: © Joe Viesti; Hintergrundfoto: © Phillip A. Harrington)

Synthetische Musik wird 2019 den künstlerischen Tanz untermalen. Dabei werden Live-Konzerte der bedeutendsten Orchester und der größten Interpreten möglich. (© Chromosohm, Inc.)

ten durchaus fortgesetzt werden, während die Gäste einer Dinner-party sich ihre Kopfsets überstülpen, um gleichzeitig daneben synthetische Seherlebnisse zu haben.

Manchen wird die Vorstellung eines direkt mit dem Gehirn verbundenen Mediums mit Gefühlen der Angst erfüllen, sogar einige der tapferen Neuweltbürger von 2019. (Aber als das LSD in den sechziger Jahre Mode wurde, gab es wahrscheinlich auch Millionen von »bad trips«, schiefgelaufenen Erfahrungen mit der Droge.) Das heißt, selbst wenn ein derartiger Durchbruch in dem Bereich der Massenkommunikation Anfang des 21. Jahrhunderts stattfinden und möglich sein sollte, dann würde ihm wahrscheinlich doch kaum eine größere Breitenwirkung beschieden sein, als es bei einem neuen »Kult« üblich ist.

Das beliebteste Massenmedium im nächsten Jahrhundert wird genau das gleiche sein wie heute: das Fernsehen. Und warum eigentlich nicht? Die technische Ausrüstung im 21. Jahrhundert bringt uns größere, leuchtendere und sauberere Bilder ins Wohnzimmer.

Die HDTV-Technik (High-Definition) im Fernsehen, wie sie von japanischen und amerikanischen Fernsehanstalten und Geräteherstellern entwickelt wurde, wird im Jahre 2019 der allgemeine Weltstandard sein, obschon die derzeit gebräuchlichen TV-Formate — NTSC, das in Nordamerika und Japan verwendet wird, PAL und Secam, Systeme, die überall sonst in der Welt in Gebrauch sind — auch noch verfügbar sein werden. Das HDTV-System, das etwa Mitte der neunziger Jahre ungemein populär werden dürfte, wird sich noch immer mit den veralteten Systemen vertragen, etwa so, wie man farbige Sendungen auch mit Fernsehgeräten der Vor-Farbfernseher-Zeit empfangen kann.

Angesichts der 1 125 horizontalen Bildlinien (gegenüber 525 im NTSC-Video und 625 Zeilen bei Secam und Pal) und erhöhter Bandbreite, also der Fähigkeit, eine größere Zahl von Einzelpunkten auf jeder Bildzeile klar zu begrenzen, wird man kaum Qualitätsunterschiede zwischen einem Fernsehbild und einem 35-mm-Spielfilm in einem Kino mit Großleinwand feststellen können. Auf kleinen Geräten wird HDTV den Eindruck und die Bildschärfe von Fotografien oder einem Vierfarbendruck vermitteln. Auch die Bildproportion bei HDTV ist breiter als bei den derzeitigen Videobildern (2:1 gegenüber 3:4), so daß Breitwandfilme nicht mehr wie heute kupiert aussehen, wenn sie im Fernsehen laufen.

Zwar werden die meisten dieser HDTV-Geräte Glaskathoden-Strahlenröhren für das direkte Sehen verwenden, doch wird auch eine große Zahl verschiedener wandgroßer Bildschirme zunehmend

Derzeit behandeln die Großmoguln der Unterhaltungsindustrie das Publikum als einheitliche amorphe Masse; im Jahre 2019 ist Unterhaltung weit stärker auf individuelle Vorlieben gerichtet.

an Popularität gewinnen. Die gebräuchlichste Methode der TV-Bildprojektion verwendet drei elektro-optische Röhren, je eine für die Rot-, Blau- und Grünkomponenten eines Farbvideos. Gegen Ende des Jahrhunderts allerdings werden andere Methoden vorherrschen, etwa solche, die eine einzige extrem helle Bildröhre verwenden, eine Spezialkonstruktion, die als Beam Index Tube (Strahlenindexröhre) bezeichnet wird. Diese Röhre verringert die Kosten der Projektions-TV-Geräte und läßt sie kleiner werden, mit der Zeit von den Ausmaßen eines Kaffeetisches zu denen eines kleinen Köfferchens.

Ein anderer Typ von Videoprojektor setzt eine Weiterentwicklung der Lichtröhre ein, eines elektronischen Geräts, das im wesentlichen transparente TV-Bilder auf Glas produziert. Indem man hinter eine dieser Lichtröhren eine starke Lichtquelle setzt und eine Linse davor, wird ein komplettes System in der Größe heutiger Diaprojektoren möglich. Japanische Firmen experimentieren bereits mit sehr kostenniedrigen Lichtröhren-Apparaten, die mit einer Variante der Flüssigkristall-Displays arbeiten, wie sie bei Taschenrechnern und elektronischen Armbanduhren gebräuchlich sind. Die größte Schwierigkeit, solche TV-Sets auf den Markt zu bringen, besteht darin, daß es so kompliziert ist, Hunderttausende, ja Millionen einzelner Lichtverschlüsse einzubauen, die auf einem einzelnen Display dann eine ablaufende Bildfolge ergeben.

Andere, etwas weitergespannte Pläne für Projektionsgeräte wollen beispielsweise Laser einsetzen, die mit beweglichen Lichtstrahlen ein gigantisches Videobild zeichnen sollen. Leider aber sind Laser, die ein sehr helles Licht pulsieren können, noch immer recht kostspielig und setzen die Verwendung von Glasröhren voraus, die mit seltenen Gasen gefüllt sind. Außerdem weist Laserlicht in der Projektion eine einmalige Eigenheit auf. Ein Sprenkelmuster (obwohl keineswegs unattraktiv) ergibt sich und erzeugt den Eindruck von Licht, das auf eine sandige, gekörnte Fläche fällt. Das könnte sich mit der Zeit als zu stark ablenkend erweisen.

Was die Tonqualität im Fernsehen angeht, rechnen Sie mit dem technisch Allerbesten. Die statik- und rauschfreie Audio-Digitaltechnik, wie sie uns der laserabgetastete digitale Compact-Disc brachte, wird im Fernsehen Standard sein. Zwar fand die Quadrophonie auf Schallplatten in den siebziger Jahren ein rasches Ende, aber sie erlebte so etwas wie ein Comeback in der Form des Vierkanal-Dolby-Stereos im Kinofilm. So wird es ziemlich unvermeidlich sein, daß man im Heim-Video-Theater des 21. Jahrhunderts Varianten des Mehrkanal-»Ringsum-Tons« verwendet, um eine überzeugendere dreidimensionale Illusion zu erzielen, als normales Stereo dies kann.

Bis zum Ende des 20. Jahrhunderts werden die Videokassetten das beliebteste Futter für diese Videosysteme bleiben. Die Beta- oder VHS-Standards für Videokasseten zum Hausgebrauch halten sich über die nächsten zwei Jahrzehnte etwa auf dem Markt, nicht wegen ihrer technischen Vortrefflichkeit, sondern weil es bereits solch immense Mengen von diesen Recordern in Privathaushalten gibt. Auch andere Magnetbandformate, so das 8-mm-Video, das ein weit schmaleres Plastikband verwendet, werden gleichfalls gewisse Erfolge zeitigen, wenn auch nicht wegen irgendwelcher drastischer Verbesserungen in der Bild- und Tonqualität. Das 8-mm-Video wird jedoch das videotechnische »Heimkino«-Medium der nahen Zukunft sein.

Aber um die Jahrtausendwende wird dann allerdings das Magnetband durch optische Geräte abgelöst, die in der Lage sind, Video- und Audio- und ein paar andere Informationsarten, etwa Digitaldaten, aufzuzeichnen. Der Träger wird weder eine Scheibe noch ein Band sein, sondern eher eine Karte, möglicherweise so klein wie heutige Kreditkarten. Jede dieser Karten wird mehrere Gigabytes (Milliarden von Einzel-)Informationen tragen, also ausreichend für mehrere Stunden Video- und Tonaufzeichnung, noch ein paar Stunden mehr mit audiodigitaler Information allein — oder das Äquivalent von Tausenden gedruckten Büchern, wie man sie über einen persönlichen Computer abrufen kann.

Die Daten auf einer typischen Lasercard werden holographisch kodiert, aufgezeichnet und können mit einem schwachen Laser abgespielt werden, der die Oberfläche abtastet. Aus mehreren Gründen wird sich dieser Kartentyp als das beherrschende Informationsmedium des kommenden Jahrhunderts erweisen. Das Magnetband ist zu langsam, als daß man nach Wunsch rasch die auf ihm gespeicherten Informationen abrufen könnte, denn es muß abgespult und aufgespult werden, um eine bestimmte Stelle zu finden. Der Disc ist schneller, weil sich die Ablese/Schreibköpfe radial über seine Oberfläche bewegen. Karten lassen sich mit einem Laserstrahl scannen, und ihre Informationen sind fast sofort abrufbar. Und Karten wellen und verbiegen sich nicht, brauchen auch keine genaue Zentrierung auf das Loch in der Mitte, wie es bei Discs noch der Fall ist.

Eine Firma in den USA, Drexler Technology, arbeitet bereits an solch einer Lasercard; ebenso Hersteller in Japan und die Spitzenunternehmen im graphischen Gewerbe, die in diesem Medium einen künftigen Ersatz für einen Großteil der auf Papier gedruckten Informationen sehen. Bis 2019 kann es gut möglich sein, daß man auf die Seiten von Magazinen und Büchern Lasercard-Information druckt. Eine typische Werbeseite in einem Magazin könnte dann aus dem üblichen großen Farbfoto nebst Drucktext bestehen, aber zusätzlich eine silbern schimmernde Lasercard enthalten, auf der ein mehrminütiges Videoprogramm, Computerdaten über die Qualitäten und Leistungsmöglichkeiten eines Produkts »stehen« und vielleicht sogar noch den Werbeslogan der Firma.

Die Speicherkapazitäten der Lasercards sind derzeit noch gering, ein paar Megabytes an Daten — oder Millionen von Zeichen —, also keineswegs ausreichend für die Verwendung bei Video, aber wie bei den mikroelektronischen Memory-Chips wird sich auch die Kapazität der Lasercard rasch vergrößern. Der Fortschritt wird immerhin so schnell einsetzen, daß im Jahre 2019 die private Videothek der Menschen nicht eine ganze Wand voller dicker schwarzer Videocassetten sein wird, sondern ein schmaler Ordner mit schimmernden visuellen Lasercards.

Man kann allerdings nicht erwarten, daß die gesamte TV-Programmierung über Band, Disc oder sogar die neuen Karten erfolgt. Ein Großteil der visuellen Information wird noch immer von einem zentralen Sender, entweder durch die Luft oder über Kabel vermittelt werden.

Das Kabel-TV wird noch bis ins nächste Jahrhundert mit direkt über Satelliten ausgestrahlten Programmen zu kämpfen haben. Die Direct-Broadcast-Satelliten (DBS) fanden bei den Verbrauchern keine Gnade, als sie vor einigen Jahren erstmals auf den Markt gebracht wurden, obwohl es zunächst einen Boom im Absatz der großen Scheibenantennen zu Beginn der achtziger Jahre gab. Die DBS-Gesellschaften der Gründerzeit, die Kanäle mit *pay-TV,* also jeweils zu bezahlenden Sendungen, und dabei Filme oder Sportereignisse zu verkaufen suchten, setzten relativ starke neue Satelliten ein, die über KU-Bandfrequenzen sendeten. Der Vorteil bei der Verwendung der neuen Satelliten bestand darin, daß die Scheibenantennen viel kleiner ausfallen konnten — im Normfall mit einem Meter oder weniger Durchmesser — und daß die Empfangseinrichtungen weniger kostspielig waren.

Die neuen Satelliten, die über die leicht zu empfangende hohe KU-Band-Frequenz strahlen, werden im nächsten Jahrzehnt und bis ins 21. Jahrhundert eine Schlüsselstellung im Bereich der Sendemedien einnehmen. Da solche Satelliten enorme Quantitäten von Informationen potentiellen Empfängern im ganzen Land zugänglich machen können, werden sie sich hervorragend für HDT-Signale und ihre Verbreitung eignen. Außerdem werden die KU-Band-Empfänger in der Herstellung so billig sein wie heutige Kurzwellen-Radiogeräte und so den meisten Zuschauern den Empfang per Satellit ermöglichen.

Viele Haushalte werden allerdings immer noch — besonders in Stadtgebieten — kein klares Bild aus dem Satellitengürtel empfangen können. Also wird man Kabelfernsehen in einer abgeänderten Form sicherlich auch dann noch nötig haben.

Die bemerkenswertesten Änderungen durch Kabelfernsehen bestehen darin, wie optische und andere Informationen in private Haushalte gespeist werden. Die noch heute verwendeten Kupferkabel werden durch haarfeine Bündel von Glasfibern ersetzt. Diese Umstellung wird von zwei Faktoren bestimmt: Kostenfaktoren und Kapazität. Kupfer wird immer teurer, und bereits heute sind die optischen Glasfasern für bestimmte hochvoluminöse Anwendungsbereiche billiger. Neben der Versorgung der Privathaushalte mit Videosignalen werden die Kabel-TV-Firmen aber auch einen wachsenden Markt bei der Industrie und den Banken finden, die auf eine billige Methode angewiesen sind, gigantische Informationsmengen von einer Bürostelle zur anderen zu transportieren.

Und was haben wir heute abend im Fernsehen? Es kommt sicher

nicht als Überraschung, daß die Fernsehprogramme sich nicht auf die gleiche dramatische Weise verändern, wie es bei der Video-Hardware der Fall ist. Die großen überregionalen Sendesysteme beherrschen noch immer die Fernsehlandschaft, aber sie sehen ihre Monopolstellung inzwischen durch Konkurrenz aus anderen Ecken bedrängt. Die überregionalen Verbundprogramme werden weiterhin auf den niedrigsten gemeinsamen Nenner in der Programmgestaltung schielen, das heißt, sich den »Geschmackswünschen« der Masse anpassen und immer neue Action-Shows, Komödien, Dramen aus dem Alltag und Familienlustspiele mit Situationskomik ausspucken.

Es ist möglich, daß die großen Sendeanstalten in den USA nicht mehr sämtlich anglophon sind, sondern in anderen Sprachen senden. Derzeit sprechen etwa fünf Prozent der amerikanischen Bevölkerung Spanisch als Erstsprache, und bis zum Beginn des 21. Jahrhunderts wird sich der Prozentsatz wahrscheinlich signifikant erhöhen. Angesichts der scharfen Konkurrenz durch Kabel-Einspeisung und Heim-Video könnte sich eine der drei großen überregionalen Anstalten in den USA veranlaßt sehen, sich einen Riesenvorteil zu verschaffen, indem sie sich vorwiegend an diese bedeutende ethnische Bevölkerungsgruppe wendet. Ein Ausweg für die amerikanischen Mediengiganten NBC, CBS und ABC wäre, wenn sie anstatt der diversen Fremdsprachenprogramme erlaubten, daß eine überregionale Anstalt einen regulären zweisprachigen Service aufbaute, bei dem man die bereits verfügbare Stereophonie-Technik einsetzen könnte.

Kabelfernsehen wird zum Träger für die anscheinend unsterblichen angestaubten »Straßenfeger« des früheren Fernsehens werden. Man wird die Fernsehserien aus den fünfziger und sechziger Jahren auch noch 2019 schlucken. Schwarzweiß-Produktionen werden digital eingefärbt werden, um ein neues Publikum anzusprechen, das sie großenteils nur sehen möchte, um herauszufinden, wie die Menschen im vergangenen Jahrhundert lebten. Lucy und Ricky Ricardo, Ralph und Alice Cramden und Uncle Miltie könnten bei der vierten Zuschauergeneration genauso populär sein, wie sie es heute bei Menschen sind, die noch nicht einmal geboren waren, als diese TV-Idole erstmals auftauchten.

Außerdem wird sich das Kabelfernsehen mehr und mehr in der Art heutiger Magazine entwickeln. Spezielle Kabelprogramme für Frauen, Kinder, Sportfans usw. werden zu geringen Gebühren als Serviceleistungen angeboten, etwa für fünf, sechs Dollar pro Monat, was etwa dem Preis von Zeitschriften und Magazinen beim Zeitschriftenhändler entspricht. Und wie beim Kauf von Zeitschriften hat ein

Kunde, der ein Abonnement bestellt hat, dank der weiten Verbreitung von computerkontrollierten Umwandlern und Decodiergeräten eine leichte Wahl und kann die subskribierten Kanäle, möglicherweise sogar auf Tagesbasis, wechseln.

Daraus wird ein harter Wettbewerb unter den neuen Sendern entstehen. Statt der notorischen »Nielsen-Ratings«, die über die Einschaltquoten in den USA Buch führen, werden die künftigen gebührenpflichtigen TV-Sender ihre Popularität an der täglichen Fluktuation ihrer Subskribenten bemessen. Das wird die für das Programm verantwortlichen Leute in einer Fernsehanstalt zu weit größerer Risikofreudigkeit bewegen, um sich ihr Publikum an den Schirm zu holen.

Es sieht zwar so aus, als befriedige das bereits bestehende Kabelfernsehen jeden nur denkbaren Geschmackswunsch. Doch bis 2019 wird es auch für ein paar bisher unbekannte Wünsche neue Möglichkeiten geben. Ein Kanal für Reisen ist eine geradezu offensichtliche Möglichkeit. Auf anderen Kanälen bringt man vielleicht Sendungen zu alternativen Lebensformen und für bestimmte erotisch-sexuelle Randgruppen und ihre Präferenzen, oder Programme für Leute, die einen exotischen Thriller und Abenteuerspannung suchen, und vielleicht sogar für Patienten in psychotherapeutischer Behandlung stabilisierende Programme für Paranoiker und stimulierende, fröhliche für an Depressionen leidende Patienten. Ein Verleger von in Supermarkets vertriebenen Bildzeitungen ist sich heute ziemlich sicher, daß er vor dem Ausgang dieses Jahrhunderts noch einen Startplatz im Kabelfernsehen finden werde.

Im Jahre 2019 kann man durch ein nettes Zusatzgerät das Abbild des Apparatbesitzers jeder anderen Gestalt in einem TV-Programm substituieren. Stark narzißtische Naturen können die Starrolle in klassischen Filmwerken übernehmen oder sich selbst als Nachrichtensprecher und Chefkommentator erleben.

Es werden aber nicht alle Unterhaltungsmodi im nächsten Jahrhundert so passiv verlaufen wie der Fernsehgenuß. Die persönlichen Computer (»Heimcomputer«) werden allmählich leisten, was man für sie ursprünglich versprach, besonders bei kreativen Bestrebungen etwa in Musik und bildenden Künsten, sobald stärker leistungsfähige Prozessoren und mehr Computerintelligenz den Weg in die Tischgeräte finden.

Es ist heute schon Standardausrüstung, Heimcomputer an elektronische Musiksynthesizer anzuschließen; das System heißt MIDI (für Musical Instrument Digital Interface) und erlaubt es ehrgeizigen Neulingen, ihre eigenen Combos oder kleinere Orchester zusammenzustellen. Manche dieser neuen »Instrumente« benutzen den digital aufgezeichneten Klang berühmter Instrumentalisten, und es besteht kein Grund, daran zu zweifeln, daß man diese Technik nicht auch auf Itzhak Perlmans Stradivari-Geige, einen der zahlreichen Steinwayflügel von Vladimir Horowitz oder die elektrische Gibson-Gitarre Eddie van Halens übertragen könnte.

Es ist nicht schwierig, die Orchestrierung für ein elektronisches Orchester auszuarbeiten. Ein Großteil der heutigen Software erlaubt da schon eine Auswahl wie aus einer Speisekarte. Viele Amateur-Musiker lassen sich jedoch noch immer von der manuellen Geschicklichkeit, der Fingerfertigkeit, einschüchtern, wie sie für das Klavier, die Gitarre oder die Klarinette nötig ist. Die Lösung bestünde hier in einer Schaltung, die Pfeifen, Summen oder Singen »versteht«, Tonunsauberkeiten bei Menschen korrigiert, die keine Melodie halten können, und diese Information in Digitaldaten überträgt, die ein Musikcomputersystem begreifen kann. AI-Computer-Software kann dann die Musik in einen Song einfügen oder sie umarrangieren, so daß sie zum Tempo und Rhythmus des gerade entstehenden Werks des Benutzers paßt.

Für Jazz-Enthusiasten gibt es Programme, die im Stil der legendären Jazzkünstler, etwa Mingus und Telonius Monk, improvisieren können, und diese Gespenstergrößen kommen und machen ein Sit-in bei den Jazzsessions. Software, die es Möchtegern-Maestros erlaubt, unendlich lange an ihren Kompositionen herumzubosseln, andere Bässe oder Interpretationsrichtungen zu unterlegen, wird das Musikmachen fast so populär werden lassen, wie es das Zuhören bei Konservenmusik auf Schallplatten derzeit ist.

Was die Maler im 21. Jahrhundert angeht, so brauchen Sie sich nur vor Augen zu halten, wie rasch raffinierte Computergraphiken und Spezialeffekte in die Wohnzimmer vordringen. In fünf Jahren werden die Heimcomputer das Produktionsvolumen der derzeitigen graphischen Spezialcomputer erreichen. In zehn Jahren werden sie alles heute zur Verfügung Stehende überrundet haben.

Laserdrucker können jetzt Bilder mit hoher Auflösung von 300 Einzelpunkten pro Zoll herstellen. Im kommenden Jahr werden es 500 Punkte sein. Zu Beginn des nächsten Jahrtausends werden Printerbilder so scharf sein wie die durchschnittliche Fotografie. Die Kosten für diese verbesserte Qualität werden sinken und den heutigen preiswerten Heimcomputer-Ausdruckern Konkurrenz machen.

Amateurgraphiker haben ein Werkzeug zur Verfügung, bei dem die schlichte Entscheidung — »Steck das da drüben hin!« — sie der Notwendigkeit enthebt, sich Designer-Fertigkeiten mit dem Papiermesser und dem Klebetopf zu erarbeiten. Elegant gedruckte Blätter werden aus den Computersystemen gleiten, und beinahe jedermann kann so ein geschickter Designer oder Lay-outer werden. Um 2019 setzt die Heimgraphiktechnologie den Amateurkünstlern keine Grenzen mehr. Es kommt nur noch auf Begabung und Übung an.

Eine neue Bewegung wird zu einem Boom von Büchern im Selbstverlag führen, und kleine unabhängige Hobby-Verlage werden aus einer neuen Computersprache namens POSTSCRIPT erwachsen. Ihre Aufgabe ist die Umschreibung der Inhalte eines gedruckten Blattes, einschließlich Letterntext, Zeichnungen und Fotos. POSTSCRIPT findet bereits bei einer Reihe von digitalen Laser-Setzmaschinen und dem Laserwriter-Printer von Apple Computer Verwendung und stellt wohl die Zukunft der gedruckten Sprache dar.

Menschen mit besonderen Interessen oder Anliegen werden bald schon diese Heim-Schreibtischsysteme einsetzen und Magazine und Broschüren in beschränkter Auflage publizieren, die in der Aufmachung durchaus mit den bekannteren Zeitschriften konkurrieren können. Teilzeitautoren und Sonntagsromanciers werden ihre Bücher selbst produzieren und verlegen. Künstler und Graphikdesigner können ihre Vorstellungen leichter aufs Papier bringen. Die von Johannes Gutenberg im 15. Jahrhundert begonnene Revolution wird hier ihre letzten, schönsten Früchte tragen.

Genau wie bei den fortschrittlichen Musiksystemen werden diese graphischen Maschinen Menschen, die weniger häufig von den Musen geküßt werden, in die Lage versetzen, mit subtiler Schattierung und Linienführung zu zeichnen — oder in Malstilen zu malen, die vom Pointillismus eines Georges Seurat bis zu den Abstraktionen eines Jackson Pollock reichen.

Aber ebenso wie die Maschinen uns in unseren kreativen Bestrebungen und ihrer Verwirklichung unterstützen, werden auch die unter uns, die über echte Begabungen verfügen, sei es in der Musik oder der bildenden Kunst, in der Gesellschaft von morgen sogar noch größeres Ansehen genießen, als dies jetzt der Fall ist. Denn nur diese immer noch kleine Elitegruppe von zu allen Zeiten seltenen Menschen wird dann im Jahre 2019, immer noch, unentwegt wie bisher, Neuland in der Musik und den bildenden Künsten suchen.

Visionäre Kraft, Geschmackssicherheit, Weite des Blicks, wirklich originäre Erfindungsgabe und das Talent zu einem echten schöpferischen Werk sind Eigenschaften, denen selbst die höchstentwickelten intelligenten Denkmaschinen des Menschen nur Hilfestellung leisten, die sie jedoch niemals wirklich ersetzen können.

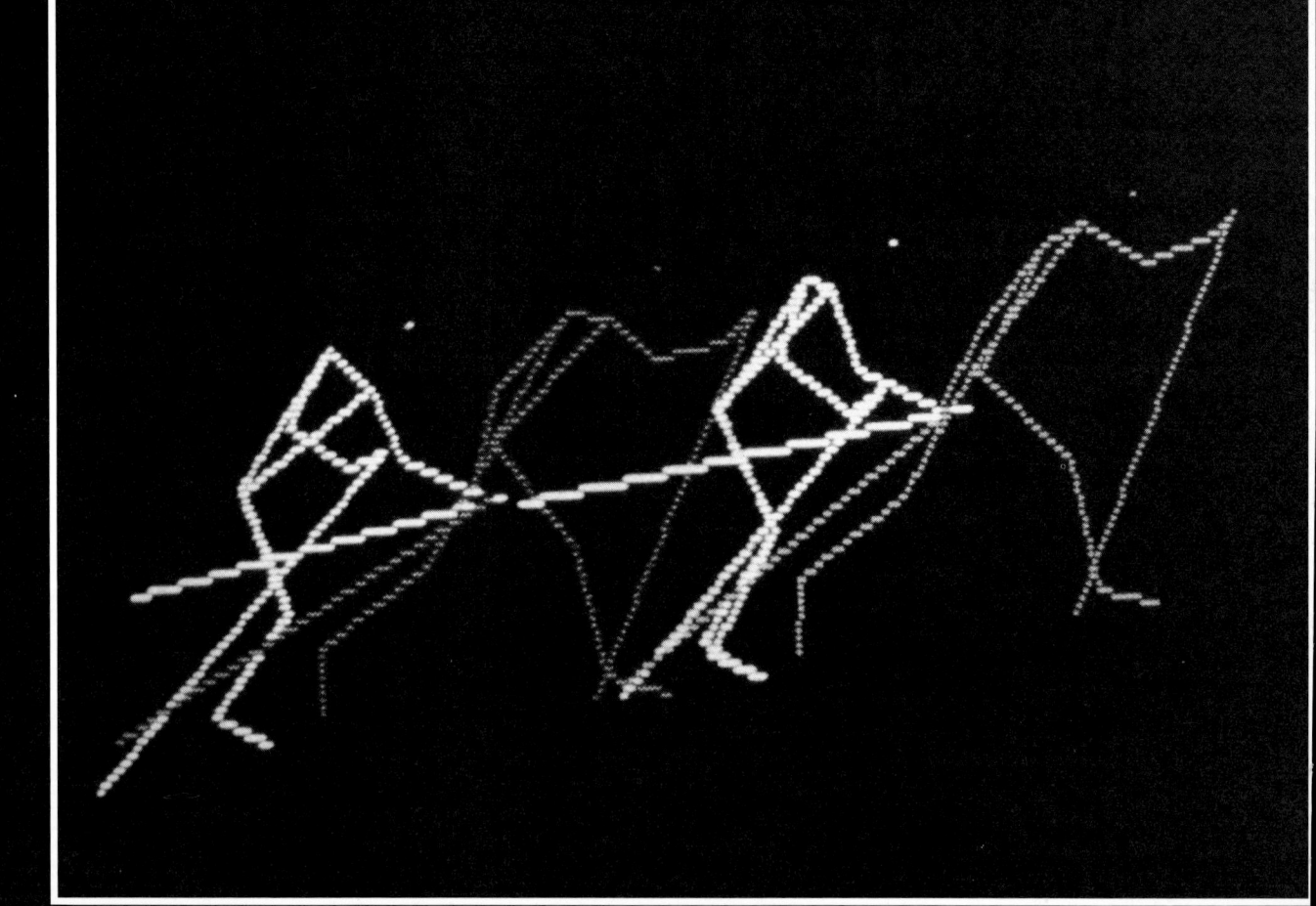

EIN TAG

IM

BASEBALL-STADION:

SPORT IM JAHRE 2019

SCOUTING-BERICHT DER NEW YORK YANKEES FÜR DIE WELTMEISTERSCHAFTSKÄMPFE 2019

(BERICHT VORGELEGT VON:
YANKEE-SCOUT DON MATTINGLY)

Gegner: Los Angeles Dodgers

Aussichten: Unsere Stärke und Abwehr steht gegen ihre Schnelligkeit und ihre guten Werfer. Unsere Sportspak-Computer sagen, wir gewinnen, wenn wir pro Spiel 4,2 Läufe kriegen.

Auswärtsspiele — L.A. werden die Dodgerdome-Abwehr über 500 Fuß ausbreiten, um unsere Basisläufe zu verringern. Und sie werden auf ihrem härtesten Kunstrasen bestehen, damit sich für sie günstigere Aufprall- und Bodenhaftungsbedingungen beim Einheimsen von Base-Punkten ergeben.

Heimspiele — wir werden unseren weichsten Astroturf-Rasen ausrollen, um ihr Tempo zu bremsen, und mit unserer kurzen 450-Fuß-Abwehr und unseren Boron-Schlägern müßten wir ein Feuerwerk von Zielläufen im Yankeedome veranstalten können. Außerdem geben die Computer an, daß die Dodgers 11 Prozent weniger Spiele gewinnen, sobald die Temperatur im Stadion unter 68° F (20° C) sinkt; wir werden die internen Heizungssysteme abschalten und die Kuppel öffnen und so die spätherbstliche Kühle zu unserem Vorteil nutzen.

DODGER'S TEAM:

PITCHERS (WERFER)

RUFUS LINCOLN — Rechtshänder. Schmettert Fastballs, Fastballs, Fastballs, wird aber nie müde. Seit den bionischen Schulter- und Ellbogen-Implantationen vor zwei Jahren schafft er an jedem zweiten Tag neun Innings. Wir haben ihn mitgestoppt: 120 Meilen pro Stunde.

SOL (»The Prof«) HERSHOWITZ — Linkshänder mit millimetergenauer Kontrolle. Die Dodgers haben das beste biomechanische Analysesystem im Baseball. Solly hat mehr Stunden damit verbracht, seine Wurfbewegung mit dem Digitizer und Highspeed-Videobändern zu vervollkommnen, als am Wurfmal.

TOM (»Twitch«) SULLY — ihr Rechtshänder-As. Ließ sich erhöhte elektronische Muskelimpulse per Kloning von dem legendären Dwight Gooden aus dessen Muskeln, ein Jahr vor Goodens Ausscheiden, übertragen. Als Folge davon zerschmettern seine Fastbälle die

Umseitig: Computersimulation der Bewegungssequenz eines Sportlers.

Hölzer, und seine Drallwürfe könnten um Hausecken herumfliegen. Man kann ihn aber aus der Fassung bringen; sie haben nämlich vergessen, Goodens Alpha-Hirnströme zu konservieren.

RALPH SHANDY — fünfzehnjähriger Nachwuchs-Ersatzspieler, wirft mit beiden Händen. Seine Screwballs und Forkballs sind phantastisch, aber er ist ziemlich unkontrolliert. Hat den Anschein, daß die Dodgers ihn zu schnell mit Wachstumshormonen hochgepeitscht haben.

CATCHER (FÄNGER)

CARY GOITER — Rechtshänder. Immer ein zuverlässiger Schläger mit einem großartigen Arm. Konnte allerdings bis vor einem Jahr Knöchelbälle nicht halten, und jahrelanges Fangen hatte seine Hand zu Brei gemacht. Der prallfreie neue Handschuh mit den tiefgezogenen Bändern hat seine sämtlichen Probleme beseitigt.

INFIELDERS (INNENFELDSPIELER)

JERYY RODRIGUEZ — Rechtshänder, Dritter-Baseman. Sein Alterungsprozeß ließ sich bisher nur durch Diludin-Kristallderivate aufhalten. Jetzt, mit 57, lassen seine Reflexe nach. Er plant aber bereits seine Zweitkarriere: Solarsegelwettrennen um den Mond.

BUD GARVEY — Rechtshänder, Erster-Baseman. Schlägt jeden Pitch, den man nur werfen kann. Steve Garvey, der ehemalige Firstbaser der Dodgers, hat ihm so gutes Genmaterial mitgegeben, daß er noch immer Schwarzmarktangebote aus der Liga erhält, weitere Nachkommen zu zeugen.

SAM JUICE — Linkshänder, Secondbaser. Gutes Tempo, aber schludrig mit dem Handschuh. Sein Vater kümmerte sich nicht um sein frühkindliches Anatomieprofil, das nachwies, er wäre am besten für Football geeignet.

GARY YAMAMOTO — Shortstop (Infielder). Yamamoto beging einen Riesenfehler, als er mit 12 Jahren vom Tokioter zum Tucson National Baseball Camp überwechselte. Die Tucsonabsolventen haben alle Probleme damit, Kurvenbälle zu treffen.

OUTFIELDERS (AUSSENFELDSPIELER)

LANCE NIHILATOR — beidhändiger Centerfielder, der jeden Ball fängt, der einen Block von ihm entfernt geschlagen wird. Das Steroidprogramm der Dodgers brachte ihn auf 8,7 Sekunden für den Hundertmeterspurt runter, genau 0,3 über dem Weltrekord. Hat in dieser Spielzeit 207 Base-Punkte eingesackt.

BILL BLACK — Linkshänder, Leftfielder. Fast so schnell wie Nihilator. Beim Fallschirmspringen zwischen Skihängen während der Saisonpause wurde ihm ein Bein zerschmettert, und wir glaubten schon, das würde ihn langsamer machen, aber der Trainer versiegelte sämtliche Risse sofort mit Bindungslösung. Elektrostim brachte dem Bein fast die volle vorherige Kraft zurück.

ENOS TRAMWEIGH — Rechtshänder, Rightfielder. Dieser Nachwuchsspieler war zu Beginn der Saison kaum imstande, einen Ball zu treffen oder quer durch ein Zimmer zu werfen. Die Dodgers laserten ein paar Knochenpartikel an seinem Ellbogen weg, dann hängten sie ihn mit Elektroden an eine computergesteuerte Kräftigungsmaschine, Tag für Tag, und jetzt hat er eine Kanone im Arm; schaffte bisher 30 Home-runs.

Kurz nach der Jahrtausendwende verfügen die Menschen über das Wissen und die technischen Möglichkeiten, die Leistungen in jeder einzelnen sportlichen Disziplin auf der Erde exponential zu verbessern. Um 2019 werden Athleten und Mannschaften auf allen sportlichen Ebenen von den zahlreichen Entwicklungen in diesem Bereich profitieren, etwa jenen, die im Scoutbericht der Yankees oben erwähnt wurden. Aus Furcht vor dem Verschwinden der traditionellen Wettbewerbsqualitäten werden Sportorganisatoren den Versuch unternehmen, den wachsenden Einfluß der Wissenschaft zu begrenzen. Doch Tradition hin oder her, alle Sportarten werden eine Leistungssteigerung, eine Höherentwicklung durchmachen, wie dies schon immer der Fall war.

Am Springfield College in Illinois, weit zurück im Jahre 1891, wurde beispielsweise ein Sportlehrer namens James Naismith aufgefordert, eine sportliche Betätigung zu erfinden, mit der man die langen Wintermonate zwischen dem Ende der Football-Saison und dem Beginn der Baseball-Saison überbrücken könnte. Nachdem er vergeblich nach Pappkartons gesucht hatte, entschloß sich Naismith, zwei Pfirsichkörbe zu nehmen, die er an den Balkonkanten an den Enden der Turnhalle festnagelte. Dann fand er einen Netzfußball und stellte an beiden Körben Leitern auf, damit man den Ball rausholen konnte, wenn eine Mannschaft einen Wurf geschafft hatte. Es gab kein Dribbeln und auch keine Freiwürfe. Die einzige Methode, den Ball in den Korb zu schaffen, bestand darin, ihn von Spieler zu Spieler weiterzugeben. Es gab ganze dreizehn Spielregeln.

Heute umfassen die Spielregeln für Basketball Dutzende von Seiten, und wenn James Naismith jetzt an einem College- oder Profi-Spiel als Zuschauer teilhaben könnte, dürfte es ihm schwerfallen, das von ihm erfundene Spiel wiederzuerkennen. Er würde gläserne Rückborde an Pfosten sehen, Seilkörbe mit Metallringen, die nach unten offen sind, einen weit größeren ungeschnürten Lederball, der rundum von Narben bedeckt ist. Er würde auch gespenstische, über zwei Meter große Athleten in rasendem Tempo den Ball über das Feld dribbeln sehen.

Wenn uns jemand in eine Zeitmaschine steckte und uns zu einem Profi-Basketballspiel versetzte, das dreißig Jahre später stattfindet, würden wir das Spiel als solches zweifellos wiedererkennen. Doch in vielerlei Hinsicht würde es uns wohl ebenso verblüffen, wie unsere jetzige Variante, aus den achtziger Jahren, dies bei James Naismith täte.

Als erste Besonderheit würden uns die Sportler selbst auffallen. Dank kontrollierter Drogenprogramme und diätetischer Behandlung beträgt die Durchschnittsgröße eines Spielers der National Basketball Association im Jahre 2019 sieben Fuß, drei Zoll (etwa sechs Zoll mehr als die bei heutigen Spielern). Manche werden sogar bis über acht Fuß (fast zweieinhalb Meter) lang sein. Im übrigen werden diese Athleten keineswegs mehr dem traditionellen Image des Basketballspielers entsprechen; sie werden nicht aussehen wie spindeldürre, zerbrechliche Gottesanbeterinnen. Sie werden statt dessen kompakte, perfekt gemeißelte Körper haben, breite Brustkörbe und fest mit Muskeln bepackte Arme und Beine. Diese Türme von Spielern, die mit Hilfe biomechanischer Analysen und einer Unmenge weiterer wissenschaftlicher Trainingsmethoden herangezüchtet werden, sind technisch so exakt komponiert, daß die allermassivsten Stürmer und Mittelfeldspieler genauso graziös und bewegungskoordiniert wirken werden wie heute die kleinsten spielentscheidenden Verteidiger.

Wegen der unglaublichen Fähigkeiten dieser Stars der Zukunft wird die Liga einige Veränderungen im Feldarrangement vornehmen, damit das Spiel weiterhin den Wettbewerbscharakter behalte. Zunächst, und noch vor der Jahrhundertwende, werden die amerikanischen Basketball-Funktionäre den Korb höherhängen und seinen Randumfang verringern. Auch wird der Ball selbst geringfügig größer werden, und die derzeitigen Varianten (Leder für die Halle, Gummi für draußen), die heute verwendet werden, werden durch Plastikbälle ersetzt, die die hervorragende Griffqualität des Leders mit der Dauerhaftigkeit des Gummis verbinden.

Die meisten übrigen wichtigeren populären Sportarten sind weit komplizierter als Basketball, erfordern entweder mehr Mitspielende oder mehr Ausrüstung. Also wird sich die Technik auch weitaus stärker auf sie auswirken. Beim Tennis etwa hat eine stürmische Revolution der Geräte bereits begonnen. Von Anfang an sehnten sich die

Tennisspieler nach dem »magischen Tennisschläger«, mit dem man sowohl die komplizierten Schmetterschläge wie die subtilen Touches bewältigen könnte, doch bis vor einigen sechs, sieben Jahren behaupteten die Rackets mit Holz-Metallrahmen ihren Platz. Heute kennt man sie kaum noch. Die meisten Hersteller von Tennisschlägern entlehnten ihre jeweilige supergeheime Neuentwicklung von der Raumfahrtindustrie und bauten ihre Schlägerrahmen aus Stoffen wie Fiberglas, Graphit und Keramikstoffen, die ursprünglich für die Außenhülle von Überschall-Jets verwendet wurden. Aber 2019 werden auch diese Stoffe bereits veraltet sein. Wenn jemand, der heute auf Graphit-Tennisschläger schwört, dann noch spielt, dann wohl mit einem Schläger aus Boron, einer Kunstfaser, die die ganze Handlichkeit eines Graphitrackets hat, ohne so spröde und leicht zerbrechlich zu sein. Vielleicht schwingt er auch einen Schläger aus einem ganz revolutionierenden Material, das als »Kevlar« bezeichnet wird. Kevlar sieht dem Fiberglas ziemlich ähnlich und fühlt sich auch fast so an, doch wenn es mit Epoxydharz gemischt wird, kann es dem Druck einer Schmiedepresse standhalten. Tennisschläger aus Boron und Kevlar werden praktisch unzerbrechlich sein, und sie werden viel, viel besser harte Aufschläge absorbieren und bruchsicherer sein. Und gleich hübsch mitverpackt, bieten sie die höhere Schlagkraft und Stabilität des Metallrahmenrackets, verbunden mit dem geringeren Gewicht und der höheren Geschwindigkeit des Graphitschlägers.

Es wird aber die Bespannung sein, nicht der Rahmen, die im Tennis die umwerfenden Neuerungen darstellt. Einmal werden sich Sensibilität und Spannkraft der synthetischen Bespannungen zunehmend verbessern, bis die Catgut-Bespannung insgesamt völlig überholt sein wird. Die neuen Bespannungen sind wetterunempfindlich und haben eine lebenslange Garantie, und sie strecken sich beim Aufprall enorm und produzieren eine unglaubliche Schmetterkraft, kehren jedoch im nächsten Augenblick in ihren perfekten Originalspannzustand zurück.

Auch werden die Rackets nicht mehr mit einer fixen Spannung von etwa 60 oder 70 pounds bespannt sein; sie werden mit computerisierten Spannungsfeinausrüstungen, die man selbst regulieren kann, geliefert. Der Spieler kann eine Spannung für den Aufschlag wählen und blitzschnell auf eine andere Bespannungsstärke umschalten, wenn er ans Netz vorgeht.

Obwohl derartige spektakuläre technische Verbesserungen auf allen Gebieten zur Verfügung stehen werden, wird man nicht in allen Sportarten gleich bereitwillig Nutzen aus ihnen ziehen. Baseball beispielsweise mit seiner weit ins 19. Jahrhundert zurückreichenden

Geschichte wird sich allem widersetzen, was seinen Traditionen zuwiderlaufen könnte. Zunächst einmal, was könnte traditionsträchtiger sein für dieses große ehrwürdige Spiel als der hölzerne Schlagstock. In amerikanischen Oberschulen und Colleges verwendet man heute bereits neben den hölzernen Stöcken solche aus Aluminium, doch sind sie im Profi-Sport noch verboten, weil sie dem Schläger einen unfairen Vorteil verschaffen sollen. Nach ein, zwei Jahrzehnten voll eifernder Diskussionen werden schließlich zwei Faktoren dafür sorgen, daß dieser Bann aufgehoben wird: erstens werden die ständig sich steigernden Faktoren der Schnelligkeit, Präzision und Wurfpotenz bei der Auswahl der Spieler für die bedeutenderen Ligamannschaften die großmächtigen alten Herren dieser Sportart dazu bewegen, den Schlägern eine Chance zu geben; zweitens wird die Verknappung von Hickoryholz (aus dem die Schlagstöcke zum Teil gefertigt werden) ein Umsteigen auf Alternativen nötig machen.

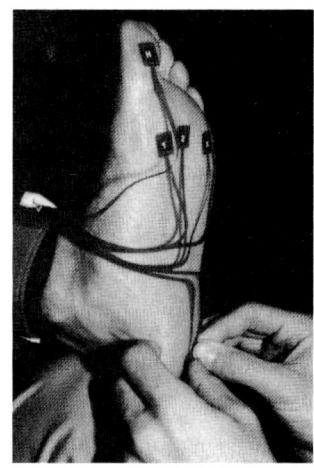

An den Fußsohlen eines Läufers werden Sensoren befestigt, um seine Bewegungen in einem Computer zu speichern.

Und sobald Aluminium einmal in der Oberliga erlaubt ist, werden auch Synthetik- und Synthetikkompositstoffe bald folgen. Von Jahr zu Jahr werden die Schläger den Ball härter und weiter schmettern als vorher. Dieser bisherige subtile Balanceakt zwischen Angriff und Verteidigung wird sich dann zugunsten des Schlägers verschoben haben. Um das auszugleichen, werden die Mannschaften ihre Verteidigungslinien im Outfield um bis zu hundert Fuß vorverlegen — also über die 500-Fuß-Grenze hinaus — und die Feldspieler und Fänger werden dann leichte, lange Synthetikhandschuhe mit tieferreichenden Bändern tragen, mit denen sie sehr viel mehr Bälle fassen können.

Die Sportkleidung im 21. Jahrhundert wird die Leistungen ebenfalls nur verbessern. Statt häßlicher Baumwoll- oder Polyestersäcke werden alle Sportler - von den Stars der Laufdisziplinen bis zu den Hokkeyspielern - sich in hautenge körperangepaßte Kleidung aus atmungsaktiven aerodynamischen Materialien wie den X Abkömmlingen von Lycra oder Spandex zwängen. Und die Wettbewerbsteilnehmer werden mit Spezialschuhherstellern zusammenarbeiten und ihre eigenen Maßschuhe entwerfen. Jeder Sportler wird zunächst einmal seine Füße röntgen lassen und einen genauen Abdruck von ihnen anfertigen. Dann wird er auf einer Kraftplatte getestet, einer druckempfindlichen elektronischen Platte, die alle die winzigen Kräfte aufzeigt, die auf die Füße bei einem Wettkampf einwirken können. Sobald diese Daten zusammengefaßt sind, ergibt sich aus ihnen ein Fußprofil, das ebenso eindeutig identifizierbar ist wie Fingerabdrücke. Das Endergebnis wird dann ein individuell maßgebauter Schuh mit aerodynamischen Qualitäten sein, der gleichzeitig auch maximale Haftung, Geschwindigkeit und Federung erlaubt.

Das oberste Ziel in den Ausrüstungen wird allerdings die Unfallverhütung sein. Im professionellen Football und Baseball werden die meisten Sportler Gehälter von mehreren Millionen Dollar beziehen, und die Teameigner werden die Mannschaftslisten drastisch beschränken müssen, um sich die Spieler leisten zu können. Also werden sie konsequenterweise verzweifelt bemüht sein, jeden einzelnen Spieler gesund und einsatzfähig zu erhalten.

Neue Kampfhelme aus Kompositmaterial für den Football und Baseball mit »akustischem Innenfutter« werden Schock und Prellungen dämpfen und so Gehirnerschütterungen verhindern. Die Baseball-Helme bedecken einen größeren Teil des Kopfes, die Helme der Footballer reichen tiefer in den Nacken, um Hals und Rückenwirbel zu schützen. Beide Typen haben eingebaute Sehschirme zum Schutz der Augen. Und die weichen, aber widerstandsfähigen Kompositwerkstoffe, etwa Delrin, die statt Metall in den Football-Helmen verwendet werden, machen den Helm nicht mehr zu einer so gefährlichen Waffe.

Tatsächlich wird 2019 der Helm kein vom Footballdress getrennter Teil mehr sein. Er wird direkt mit den »donuts« verbunden sein – den Polsterungsringen, die der Spieler um das Genick trägt –, und diese »Krapfen« sind ihrerseits mit dem restlichen Dress verbunden. Polymerisierte shockproof Schulterpolster und stabile, jedoch extrem flexible synthetische »Knieschützer«, die fast das ganze Bein bedecken, vervollständigen den Dress und bilden damit eine quasi durchgehende Schutzbedeckung vom Kopf bis zu den Zehen. Es bleiben kaum Angriffspunkte am Körper übrig, an denen man Verletzungen davontragen könnte. »Es wird einfach 'ne Menge weniger Ärger geben«, sagt Tom Doyle von der National Sporting Goods Association. »Die Spieler werden sich wirklich verdammt anstrengen müssen, wirklich, wenn sie einander verletzen wollen.«

Wenn es in unserer jetzigen Zeit eine Sportart gibt, die sich mit dem Football an Unfallhäufigkeit vergleichen läßt, dann vielleicht den Skisport. Aber der Skifahrer der Zukunft wird die Hänge in hohen Stiefeln hinabrasen, die seine Knie schützen, und mit reibungslosen Bindungen zum Schutz der Knöchel und zur Verhinderung von Brüchen. Wenn der Skifahrer aufprallt oder stürzt, registriert ein elektronischer Spannungsmesser in den Bindungen automatisch die überhöhte Krafteinwirkung und löst die Bindungsklammern, so daß die Füße frei sind, ehe sie gefährlich verdreht werden können.

Auch die Leistungen im Skisport werden sich verbessern. Bretter aus neuen Synthetik- und Kompositstoffen wie Graphit, Boron, Kevlar und Plastikmaterialien wie den Aramiden werden die Vibration

fast völlig unterbinden und die Läufigkeit des Skis erhöhen. Mit besonderen weichen Spitzen für leichtere Kurvenfahrt und flexiblen Skistöcken, die sich nach außen biegen, um größtmögliche Weite und Schubkraft zu ermöglichen, werden sogar mittelmäßige und Sonntagsläufer immens viel leistungsfähiger. Und um es für die reinen Sonntagssportler zu einem echten Cakewalk zu machen, sind die neuen Freizeitskis mit einem batteriebetriebenen Antriebsmechanismus ausgerüstet. Die Sonntagsfahrer können also, statt sich beim Warten auf den Lift die Hacken abzufrieren, einfach den ihnen angemessenen Hang ansteuern und mit einem Schalterknipsen hinauffahren.

Ob Spieler in Zukunft über erhöhte elektrische Muskelimpulse verfügen werden, die man ihnen durch Klons aus den Zellen von Helden der Ruhmeshalle des Sports übertragen hat?

Alles in allem aber ist es natürlich klar, daß auch die allerbeste Ausrüstung aus einem mittelprächtigen Sportler keinen Superathleten machen kann. Darum werden auch im nächsten Jahrhundert der Athlet und seine Leistung, nicht seine Ausrüstung, immer noch im Mittelpunkt der Sportwelt stehen. Den größten Beitrag wird die Technologie auf den Sektoren Ernährung und Training der Sportler leisten.

Im Jahre 2019 wird man von Menschen bereits während der ersten paar Lebensjahre mit Sicherheit sagen können, ob sie später einmal Sportler sein werden oder nicht. Man wird ebenfalls wissen, für welche Sportarten sie körperlich und psychisch am besten geeignet sind. Dr. James Nicholas, Leiter des berühmten Lenox Hill Center for Sports Medicine and Athletic Trauma, hat bereits jetzt schon mit der Entwicklung eines vielseitigen diagnostischen »Profils« begonnen, das sich sehr gut als das Standardinstrument bei der Auswahl künftiger Athleten erweisen könnte. Vergleichbar in einigen Punkten den heute gebräuchlichen beruflichen Belastungstests, wird auch hier alles gemessen, von der Herzfrequenz über das periphere Sehvermögen bis zur Belastbarkeit der Gliedmaßen und zum höchsten Sauerstoffverbrauch. Sobald ein derartiges System einmal allgemein Verwendung findet, geben die Wissenschaftler die Individualergebnisse einfach einem Computer ein, der auf die psychologischen und physiologischen Anforderungen programmiert ist, die bei den wichtigen Sportarten vor den Erfolg gesetzt sind. Der abschließende Computerausdruck sagt dann dem Athleten ganz genau, welche Sportart er betreiben sollte. So könnte jemand, der ein langgewachsener ektomorpher Konstitutionstyp mit federnden Knöchelgelenken ist, etwa den Befund erhalten, er sei ideal geeignet für die Sprünge und harten Landungen beim Basketball; ein anderer mit langsamem Puls, weiten Lungen und einer Menge »langsamer Muskelzuckungen« (wobei die Muskelfasern hoch mit aerobischen Ausdauerenzymen angereichert sind) wird vielleicht auf eine Laufbahn als Langstreckenläufer verwiesen; und ein grobknochiger Mesomorph-Typ mit Aggressionstendenzen entdeckt vielleicht, daß er für Football wie maßgeschneidert ist.

Auch bei diesen frühzeitig durchgeführten Tests werden natürlich immer wieder ein paar Spätzünder durchschlüpfen. Aber sie wird man dann bei den alljährlich in den Grundschulen abgehaltenen landesweiten Sportausscheidungskämpfen erfassen. Bei derartigen Sportfesten wird ein umfassendes Spektrum aller sportlichen Disziplinen vorgestellt, und die besten Wettbewerbssieger erhalten dann − ebenso wie die durch das kurz nach der Geburt per Prognoseprofil ermittelten Kinder − die Möglichkeit, in eines von mehreren angemessenen Sport-Camps des Landes einzutreten. Sobald sie dort aufgenommen sind, wird ihr langfristiger Trainingsplan ebenso wie ihre allgemeine schulische Ausbildung, möglicherweise für mehr als ein Jahrzehnt, vom Camp geleitet und überwacht.

Diesen zukünftigen Sportrekruten werden die heute gebräuchlichen Trainingsmethoden wahrscheinlich als ebenso primitiv vorkommen wie uns der »Kinetograph« Edisons. Dank einer Vielzahl von »telemetrischen« (fernmeßtechnischen) Methoden, die es ganzen Spezialistengruppen erlauben, die körperinternen Reaktionen von Sportlern beim Training und im Wettkampf zu studieren, sind dann viele der Geheimnisse des menschlichen Körpers gelöst: Wie sich Muskeln erhöhter Leistungsbeanspruchung anpassen, wie lange die Ruhe- und Erholungspausen nach körperlichen Anstrengungen sein müssen, auf welche Weise das Gehirn chemische Informationsträger wie Epinephrine (Adrenalin) erzeugt bzw. auslöst, um die körperliche Energieleistung zu steigern, und Endorphine, um die Schmerzempfindlichkeit zu verringern. Sobald diese Geheimnisse einmal beherrschbar sind, können Sportler ihre Spitzenleistungen bieten, ohne daß sie jemals ihr Training übertreiben müßten.

Am Ausgangspunkt steht für jeden künftigen Sportler eine gründliche biomechanische Analyse, bei der man den Körper des Athleten als ein mechanisches System genau untersucht. Den Keim für diese Methode findet man bereits heute im Olympischen Trainingslager in Colorado Springs. Dabei übt der Sportler die Bewegungen seiner Sportart auf einer Anordnung von 45 cm langen elektronischen Bändern, sogenannten »force plates«, aus, die im Boden eingelassen sind. Während seiner Bewegungen geben die »Platten« an den Computer Informationen über die Kräfte, die auf ihn einwirken und die sein Körper freisetzt. Als nächstes werden 14 winzige Sensoren an seine Fußsohlen geklebt und ein winziger Computer an seiner Taille befestigt. Drahtverbindungen zwischen den Sensoren und dem Computer erlauben die Erfassung noch genauerer Information über die von den Füßen ausgeübten Kräfte.

In ein paar Jahrzehnten und nach umfassender Forschungsarbeit in der Biomechanik haben dann Computerprogrammierer ein Universalprogramm ausgearbeitet, das die idealen Bewegungsmuster für jede Sportgattung liefert. Durch die Aufteilung des menschlichen Körpers in Tausende von skelettmuskulären Segmenten können derartige Programme sofort die Schwächen in der Technik eines Sportlers festnageln und Korrekturmöglichkeiten aufzeigen. Beim Arbeitsprogramm speist eine ultraschnelle Videokamera die Leistungsaufzeichnung direkt in einen Computer. Dort werden die opti schen Bilder sofort in Daten umgesetzt und mit den gegebenen Formeln einer perfekten biomechanischen Leistung verglichen. Ist die Leistung des Athleten unzulänglich, zeigt ihm der Computer die genauen Gründe dafür.

Um 2019 wird aber sogar ein solch hohes Niveau der biomechanischen Analyse als ungenügend erachtet werden, da die Verbindung zwischen Computern und Medizinwissenschaftlern immer enger und vertrauter geworden ist. Sportler trainieren dann nicht mehr bloß vor Videokameras, sondern mit an ihrem Körper haftenden Monitoren, die die Hirnströme (EEG) und die Herzfrequenzen (EKG) aufzeichnen. Während derselben körperlichen Anstrengung registrieren weitere telemetrische Instrumente genaue Messungen des Blutdrucks, des Sauerstoffverbrauchs und der restlichen Muskelspannkraft. Alle derartigen Ergebnisse werden fortlaufend überprüft und kompiliert werden, je mehr die Wissenschaft die allgemeingültigen Normen und individuell zugeschnittenen Trainingsprogramme vervollkommnen kann.

»Derzeit können wir den Aktiven sagen, wieviel sie wiegen und wie hoch der Fettanteil ihres Körpers ist«, erklärt der Physiologe Peter Van Handel vom amerikanischen Olympischen Komitee. »Aber bald werden wir in der Lage sein, Optimalschemata aufzustellen für Herzaktivitäten, aerobische Kapazität, Stoffwechsel und zahllose variable Faktoren im Blut, und zwar für jeden einzelnen Sportler in jeder Disziplin. Dann werden wir den Wettkämpfern auch sagen können, wie sich derartige Parameter bei Höhen- oder Temperaturveränderungen verschieben sollten. Unsere Computer-Tests für Kraft (wieviel einer heben kann) und Energie (wie schnell er ein Gewicht heben kann) sagen dann jedem einzelnen, welche bestimmten Muskeln er für bestimmte Leistungen härter trainieren muß.«

Das Präzisionstraining wird die Athleten bis 2019 nahe an die äußersten Grenzen ihrer natürlichen Möglichkeiten gebracht haben, doch eine Reihe nicht unumstrittener neuer Techniken wird ihnen erlauben, diese Grenzen weit zu überschreiten. Zwar sprechen sich offizielle Gremien, etwa das Olympische Komitee der USA, derzeit noch lautstark gegen den Einsatz von Drogen und anderen künstlichen Leistungsstimulatoren aus, aber dabei arbeiten Forscher bereits eifrig an »ergogenen« (also leistungsverbessernden) Substanzen. Einige Wissenschaftler, etwa David Cope, sind davon überzeugt, daß aus dieser Forschung völlig neue sportliche Leistungsstandards erwachsen werden.

Die Forscher sind auch überzeugt, daß derartige chemische leistungssteigernde Hilfen mit der Zeit uneingeschränkt akzeptiert wer den, weil sie ganz einfach von schädlichen Nebenwirkungen frei sein werden. Bis heute können etwa kortikosteroide Anabolika, wie sie zahlreiche Gewichtheber benutzen, um ihr Körpergewicht und ihre Kraft zu erhöhen, zu gefährlichen Hormonstörungen und Nebenwirkungen führen, die von extremem Wachstum der rudimentären männlichen Brustdrüsen bis zu sexueller Sterilität, Leberschäden und Krebs reichen können.

Innerhalb eines Jahrzehnts jedoch wird es den Biochemikern gelingen, das Steroidmolekül zu verändern. Sie werden die wachstumsbewirkenden (»anabolischen«) Vorzüge ihrer Präparate verbessern und die hormonalen (»androgynen«) Nebenwirkungen völlig ausschalten können. Um 2019 werden Steroidpräparate von Ärzten und Trainern im Rahmen eines systematischen, kontrollierten Gesamtprogramms verabreicht.

Ein weiteres beliebtes Hilfsmittel werden die in der Gentechnologie gebauten Wachstumshormone sein. Diese natürlichen Substanzen, die die Hypophyse stimulieren, werden bereits mit sensationellen Erfolgen bei ganz kleinen Kindern gegen Zwergwüchsigkeit angewendet. Unseligerweise verwenden viele Athleten sie heimlich in großen Mengen, um ein größeres Muskelvolumen aufzubauen, ohne jedoch über die Nebenwirkungen und Risiken ausreichend informiert zu sein. Wenn 2019 gutgeschulte Spezialisten sie jedoch wohldosiert verteilen, wird das Risiko gleich Null sein.

Die verblüffendsten Neuerungen allerdings werden sich auf dem Sektor der Behandlung und Beeinflussung des Alterungsprozesses durch Drogen zeigen. Einer Theorie zufolge wird der Körper von Sportlern mit zunehmendem Alter — besonders im Muskelgewebe — allmählich abgebaut, und zwar von Substanzen, die man als »freie Radikale« (Giftstoffgruppen) bezeichnet, die bei den Atmungsabläufen gebildet werden. In der Sowjetunion arbeitet man bereits an Methoden, diesen Verfallsprozeß zu verlangsamen. Man hat in Laborversuchen nachgewiesen, daß Diludin, eine leuchtendgelbe, kristalline Substanz, die von einem Wüstenkaktus aufgebaut wird, »freie Radikale« aufzehrt. Wissenschaftler nehmen an, daß die Droge in der Zukunft die aktive Laufbahn von Sportlern verlängern und zu neuen Rekorden der Aktivbetätigung in allen Sportgattungen führen wird. Sprinter werden noch mit 45 Jahren wettbewerbstauglich sein, Ballspieler werden bis hoch in ihre Fünfzigerjahre antreten können.

In letzter Konsequenz können dann die Trainer der Athleten eine Art ausgleichenden Balanceakt mit Enzymen und Nährstoffen durchführen, genau wie die Boxenmechaniker bei einem Autorennen den Treibstoff manipulieren. Denn genau wie ein Rennschlitten sich von einem frisierten Serienmodell unterscheidet, ist auch jeder Sportler anders als die anderen Menschen. Folglich braucht auch jeder von ihnen seine besondere einmalige »Spritzzusammensetzung«, um Höchstleistungen zu erzielen. Vor Antritt zu einem sportlichen Leistungsbeweis im Jahre 2019 weiß der Trainer eines jeden Athleten genau, welche Nährstoffe ihm seine Höchstenergie liefern. Und während der Arbeit, wenn der Sportler ermüdet an die Bande kommt, werden die Trainer sofort den Bestand an Nährstoffen im Blut und die Geschwindigkeit, mit der sie in die entscheidenden Muskelgruppen gelangen, messen können. Sie werden dann die fehlenden Metaboliten (Stoffwechselprodukte) – von Glykogen bis zu Adenosintriphosphat (ATP) – direkt in den erschöpften Muskel injizieren.

Eine weitere wichtige Methode der Leistungssteigerung ist die Elektrostimulation. Schon heute hat ein Ärzteteam von der University of Massachusetts die elektrischen Signale aus den Armmuskeln gesunder Testpersonen eingesetzt, um bei Opfern von Schlaganfällen eine Bewegungssimulation zu bewirken. Sie speicherten die als Elektromyogramme (EMGs) bezeichneten Impulse in einen Computer. Dann wurden diese Signale auf Elektroden übertragen, die an den Armen der gelähmten Patienten befestigt waren. Die meisten dieser Paralysefälle erlangten mit der Zeit wenigstens teilweise die Beweglichkeit ihrer Gliedmaßen zurück.

Gideon Ariel, Forschungsleiter am Coto Research Center in Kalifornien, entwickelte vor kurzem die Technik ein Stück weiter, indem er die Muskel-»Muster« von olympischen Superstars aufzeichnete und sie auf vielversprechende Anfänger übertrug. Wenn in einigen Jahren diese Experimente beendet sind, wird man sicher die größten Asse in jeder Sportgattung bitten, ihre Muskelmuster in eine landesweite Nationalcomputerbank einzubringen, wo sie dann als eine Art abgekürztes Training dem begabten Nachwuchs zur Verfügung stehen.

Wenn es einmal soweit ist, daß Sportler ihre Muskelimpulse austauschen, werden auch die Hirnströme nicht mehr sakrosankt sein. Die Wissenschaft weiß heute bereits, daß die Gehirnwellen eines Sportlers sich mit jedem Stadium einer sportlichen Leistung ändern. Wenn beispielsweise Läufer ein angenehmes Tempo anschlagen, senden sie Alpha-Wellen aus (die Entspannung signalisieren), und zwar aus der linken, der analytischen Gehirnhälfte. Doch wenn der Läufer das Tempo steigert, nehmen die Alphawellen ab und seine »intuitive« rechte Hirnhälfte übernimmt die Steuerung.

Bis 2019 wissen Spezialwissenschaftler, wie die optimalen Hirnstrommuster für jedes Stadium einer jeden sportlichen Leistung aussehen. Diese Muster werden in Computerprogrammen erfaßt, bei denen die Denkaktivitäten der Sportler bei der Vorbereitung auf Spiele oder in Wettkampfbegegnungen überwacht werden. Es ertönt ein Summton, sobald das Hirnstrommuster eines Kämpfers vom Idealzustand abweicht. Indem sie auf solche Signale reagieren, können die Sportler im nächsten Jahrhundert bestimmte Hirnstromaktivitäten steigern und andere unterdrücken und damit den perfekten Geisteszustand für jede Wettbewerbssituation herstellen.

Das Gehirn wird alles in allem im Jahre 2019 ein weitaus wichtigeres Werkzeug für Athleten sein, als dies je zuvor der Fall war. Die Wettkämpfer werden — angefeuert von Chemikalien, von Computern und Elektroden gelenkt — in eine ganz neue Welt von nie dagewesener Komplexität geschleudert werden, in der nur die Sportler mit dem klarsten Denkvermögen Siegeschancen haben. Wettkämpfe in überdachten Hallenstadien mit Kunstrasen und künstlicher Luft, die Schiedsrichter sind sprechende Videokameras und elektronische

Im sportlichen Wettkampf spielt das Gehirn eine ebenso bedeutende Rolle wie der Körper; beim Athleten der Zukunft werden die Synapsen peinlich exakt registriert.

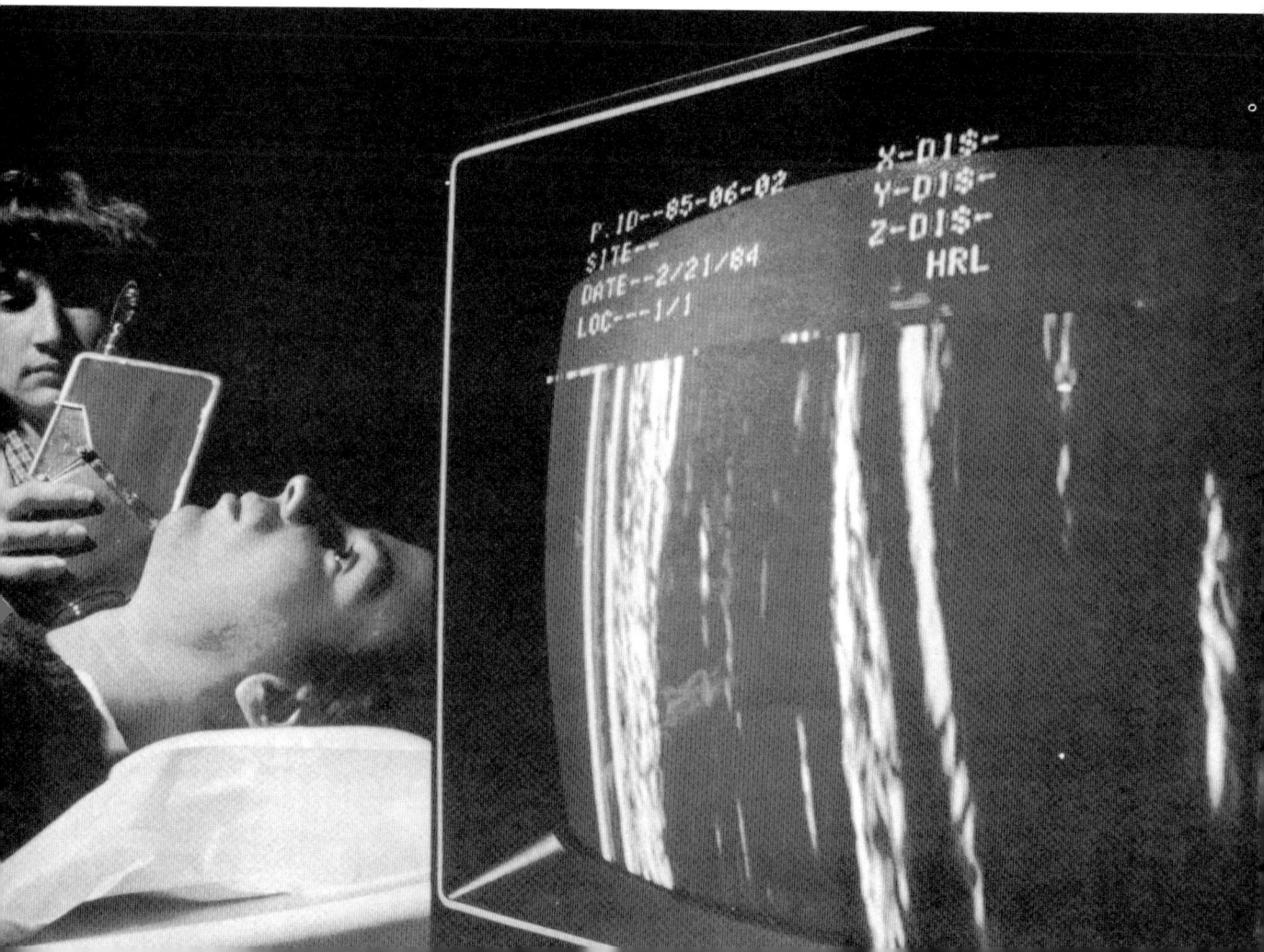

Sensoren, die Athleten werden beständig die Nonstop-Instruktionen durchsieben müssen, die über winzig kleine Kopfhörer von den Coachs, Ernährungsspezialisten, Sportärzten und Computerstrategen an der Bande unablässig auf sie eindringen. Mitten in einem Wettkampf sagt man ihnen die Herzfrequenz und ihren Kohlenhydratstand, die Alphawellen-Muster durch, die wahrscheinlichen Chancen, wenn sie sich einem bestimmten Rivalen gegenüber zu einem Ausfall oder Spurt entschließen. Und während der ganzen Kampfdauer müssen die Sportler alle diese Detailinformationen bis ins letzte abwägen und sekundenschnell, nein, im Bruchteil von Sekunden, auf sie reagieren.

Angesichts der breitgefächerten, heute praktisch noch unvorstellbaren körperlichen und geistigen Möglichkeiten, werden die Sportler der Zukunft ihr Durchhaltevermögen in weit schärferen wettbewerblichen Test beweisen müssen. Der altehrwürdige Marathonlauf (42,2 km) wird dem Tausendmeilen-Lauf weichen, der Radwettbewerb der Tour de France wird sich zu einer Tour de l'Europe auswachsen. Im Mannschaftssport wird sich die Spieldauer verlängern, und es wird pro Spielzeit mehr Begegnungen geben, obwohl aus finanziellen Gründen alle Clubs weniger Aktive aufweisen werden. Viele werden bei jeder Begegnung die ganze Zeit durchspielen, und wenn dies ihr Verlangen nach sportlichem Wettbewerb nicht zufriedenstellt, werden die Mannschaften sie als »double-headers«, also in zwei verschiedenen Spielen, Tag für Tag einzusetzen beginnen.

Aber im Verlauf der Zeit werden immer mehr Sportler dieser einseitigen Sportarten überdrüssig werden und dem Beispiel der heutigen Triathleten folgen, die bei ein und demselben Sportereignis sich in den Disziplinen Schwimmen, Radfahren und Langstreckenlauf beweisen wollen. In einem unablässigen Bemühen, über die Grenzen des menschlichen Leistungsvermögens hinauszugelangen, werden die Sportler immer mehr und immer neue Kombinations-Sportarten entwickeln, beispielsweise eine Art »Football«, bei dem es um eine dreistündige Begegnung ohne Pause geht, worauf dann ein Baseballspiel und ein Basketballspiel folgen; oder »Paraski«, bei dem der Skifahrer Fallschirme benutzt, um von einer Bergspitze zur nächsten zu schweben; oder »Parascuba-Rennen«, bei denen die Taucher Unterwasserlangstreckenrennen absolvieren, nachdem sie mit leichtgewichtigen Tauchtanks auf dem Rücken aus einem Flugzeug abgesprungen sind.

Und schließlich werden auch die Begrenztheiten unseres irdischen Planeten die Sportenthusiasten der Zukunft nicht mehr zurückhalten können — es wird eine Unmenge ganz neuer Original-Sport- und

Spielarten in neuen Variationen aus dem irdischen Fundus in den Weltraum übertragen werden. Die Mondsiedler beispielsweise entwickeln eine völlig neue Technik des Weitsprungs. Beim Start beugen sich die Springer weit vorwärts, ihr Oberkörper liegt knapp über dem Grund, um zu verhindern, daß ihnen die Füße unten wegrutschen. Und dann, kurz vor dem Absprung, stemmen sie die Füße ein und spreizen die Knie wie ein Frosch, um die Balance zu halten. Und ihre Sprünge werden sie (natürlich) sechsmal weiter tragen als auf dem Planeten Erde.

Ein Erdspiel, das zweifellos im Orbit ein Schlager sein wird, ist »Spaceminton«, eine Abart unseres Federballspiels, das mit einem Standard-Federball gespielt wird. Das Netz ist dabei durch die Mitte einer transparenten Kugel gespannt und weist in der Mitte ein nur etwa einen Meter großes Loch auf. Die Zielsetzung dabei ist es, das Federvieh durch dieses Loch auf die andere Seite zu befördern. Wenn einer der Spieler zu sehr an den Rand dieser Kugel driftet, macht er eine Kehrtwende, wie ein Schwimmer im Becken, und katapultiert sich wieder in das Spielfeld zurück.

Ein weiteres sportliches Ereignis wird der »Space Cup« sein. Dabei benutzen die Wettbewerbsteilnehmer Solarsegel, um die Mondumsegelung zu bewältigen. Auf der sonnenzugewandten Seite des Mondes werden sie von den Sonnenwinden angetrieben. Und wenn sie auf die sonnenabgewandte Seite gelangen, wohin kein Licht von unserem Mutterstern dringt, benutzen sie als Antrieb die in ihren »Segeln« bereits durch Solarkollektoren gespeicherte Energie.

HAUSARREST

»Charlie . . . Also, das wirste mir nicht glauben. Ich glaube es jedenfalls nicht!« Hardee Jackson reichte Charlie Beauchamp eine Kopie des Haftbefehls.

Beauchamp faltete das amtlich aussehende Dokument auf und las es. Jackson schaute zu, wie die blaßblauen Augen seines Partners über die Seite nach unten glitten, dann zurück zum Kopf des Bogens und dann wieder nach unten. Die Augen von Beauchamp waren nicht besonders angenehme Augen. Wie Eis glitzerte um jede seiner Pupillen eine sprühende Anklage. Die Haut um die Augenhöhle und über seinem restlichen Gesicht war blaurot, besonders um die Nasenflügel, wo die winzigen Blutgefäße geplatzt waren.

Beauchamp — er selber sprach es ja wie englisch »Beechum« aus, doch Jackson zog stets die französische Aussprache vor — schaute zu ihm herüber. »Jackson! Ich hoffe, das issen Witz.«

»Kein Witz, Charlie. Hab es grad vom D.A. gekriegt. Staatsanwalt Schwarz. Wir sollen uns Frank holen, alles schön sauber, und er will, daß wir das gleich, sofort machen.«

»Frank? Hat Frank das schon gesehen?«

»Nein. Aber wir werden es ihm ja gleich sagen.«

»Nicht wir. Du!«

»Charlie —«

»Ich meines echt so, Jackson. Da zupft dich einer an der Kette. Wenn du dich verscheißern lassen willst, dann geh los und hol Frank. Und dann kommste wieder, holst mich, und wir setzen uns in Bewegung.«

Um die Ecke bog ein Brocken von Mann. Er trug einen breitkrempigen Strohhut und eine blaue Seersucker-Jacke, darunter rote Hosenträger. »Hallo«, sagte er, »der Captain hat gesagt, ich soll mal hier vorbeischaun.«

»Genau der Typ, nach dem Jackson gibbert«, sagte Beauchamp.

Er händigte Jackson das Papier aus, der es seinerseits an Frank D'Angelo weiterreichte, den Leitenden Ermittlungsangestellten für Computer-Betrugsvergehen bei White Collar Crime & Fraud.

D'Angelo hob leicht eine Augenbraue. »Ha, also haben sie endlich mal auf mich gehört.«

Beauchamp schleuderte einen Stapel Karteiblätter in die Luft. »Frankie — Mensch, Frankie. Was soll denn die Scheiße.«

»Is gar keine Scheiße. Kann gar nicht anders passiert sein.«

»Aber Frank . . .«

D'Angelo faltete den Zettel zusammen und stopfte ihn mit einer Hälfte in die Hosen, mit der anderen hinter seine Elastikhosenträger. Er zog die Jacke wieder an.

Umseitig: Das Privatheim der Zukunft weist größere Gestaltungsfreiheit auf; vielleicht ähnelt es sogar einem Zelt.

»Also, los, Männer«, sagte er. »Jetzt will ich doch verdammt noch-mal sehen, wie ihr den Fall da anpackt.« Er machte einen Schritt auf die Tür zu. »Oh, ach ja, fast hätte ich es vergessen. Besorgt mal lieber einen besonders großen Streifenwagen.« Er lachte noch immer, als er um die Ecke bog.

Während sie unterwegs waren, riß D'Angelo ein Blatt Papier in drei längliche Streifen und markierte einen davon mit seinem Stift. Dann warf er die Papierstückchen in seinen Stetson, und alle drei zogen sich eins heraus, um zu entscheiden, wer von ihnen dem Verdächtigen die Karte mit den Bürgerrechten würde vorlesen müssen. Beauchamp bekam den Streifen mit dem Punkt.

Um 14.15 Uhr, am Nachmittag des 22. Juli, im Jahre 2019, hielten die drei Detektive vor dem Haus Nr. 1185 Leavenworth, in einer der aller-neuesten Wohngegenden im nördlichen Baltimore, um einen Ver-dächtigen im Mordfall Samuel J. Palmerston zu verhaften, den man am 20. Juli vor seinem Fernsehschirm tot aufgefunden hatte.

Beauchamp flutschte eine kunststoffbeschichtete Karte aus seiner Brieftasche, trat etliche zehn Meter zurück und brüllte der Hausfront entgegen: »Sie dürfen die Aussage verweigern...«

Es war keineswegs das typische *crime passionnel.*

Um 1990 waren die Computer mit Bewußtsein ausgestattet wor-den, und die Architekten begannen, die neuen Maschinen in ihre Häuser und Städte zu integrieren, bis die Häuser und Städte selbst zu Maschinen wurden. Das hatte im Bereich der privaten Energiekosten Wunder gewirkt. Für Samuel J. Palmerston hingegen hatte es aller-dings kein Wunder bewirkt. Kriminologen behaupten, die Ursachen für seine Ermordung lägen weit zurück in den späten achtziger Jahren und seien insbesondere bis zu einem jungen Architekten namens Bertold Schmeck und einem Kakerlak namens Adrian zurückzuver-folgen.

Es gab keine plötzlichen Erdölverknappungen, keine neuen Ölem-bargos; die OPEC, die Organisation der Erdölexportierenden Länder, war zu Staub zerbröckelt. Aber die Kosten für die Beheizung und Kli-matisierung eines durchschnittlichen Hauses waren ständig gestie-gen, bis sie sogar den wohlhabenden Wohnungsbesitzern über den Kopf wuchsen.

Die Energieeinsparung wurde die Hauptsorge der Architekten. Sie hatten bereits vorher Experimente mit Beschränkungen der Wohnflä-chen begonnen, mit Erdhäusern und Klimakontrolle durch Mikropro-zessor-Überwachung. Forscher von Motorola beispielsweise testeten Bewegungssensoren, die Beleuchtungskörper ein-, bzw. ausschalteten, wenn Personen einen Raum betraten oder verließen. Dieses hehre Ziel ließ den jungen Schmeck nicht ruhen.

Schmecks Pionierleistung war das Gebäude der Lang-Ziegler Chemical Company auf der Marsch vor Newark, New Jersey. An dem Bau selbst war nichts besonders Auffälliges, da Schmecks Hauptinteresse damals der im Boden versenkten Bautechnik galt. »Das Ding sieht aus wie ein Jauchetank, den jemand vergessen hat einzugraben«, sagte einer von Schmecks Kritikern. Doch der Bau sollte eine Revolution in der Architektur auslösen. »Seit Mies van der Rohe hat kein einzelner Mensch die gewohnten Denkschemata in der Architektur je so über den Haufen geworfen«, schrieb H. Jones Bleck, der Architekturkritiker der *New York Times,* Jahrzehnte später anläßlich einer Schmeck-Retrospektive im Museum of Modern Art. Und er verlieh als erster Schmeck jene höchste Auszeichnung, die man Architekten gewähren kann: ein »ismus« als Suffix an seinem Namen.

Der große Durchbruch gelang Schmeck, nachdem Rudolf Lang, ein Industrieller mit futuristischen Neigungen, der ihn bei einem Vortrag gehört hatte, ihm den Auftrag für den Bau der neuen Firmenzentrale erteilt hatte. »Lassen Sie es atmen, Schmeck«, verlangte Lang.

Dank Schmecks Entwurf konnte das Unternehmen die Ausgaben für Elektrizität auf fünfzig Prozent der Summe reduzieren, die es für einen konventionellen Bau dieser Größe hätte aufwenden müssen. Lang war begeistert. Doch nachdem ein Jahr verstrichen war, begannen sich merkwürdige Dinge zu ereignen. Während des langen Winters 1988 schalteten sich Beleuchtung und Heizkörper allnächtlich ein oder aus. Was die Sache verschlimmerte, diese Phänomene traten im sechsten Stock auf, wo Lang, der Vorsitzende und Leitende Direktor, und fünfundvierzig MBA's (Master in Business Administration) ihre Büros hatten. Man tuschelte von Poltergeistern, und man flüsterte davon, daß man Schmeck umbringen solle.

»Also, wie ich die Sache sehe«, erklärte Jennifer London, MBA von der Harvard, als sie Lang die Aufstellung der Energiekosten für die zwei Winterquartale vorlegte, »müssen wir entweder Schmeck holen oder einen Priester.«

Lang holte sich Schmeck. Er befahl dem Architekten, er solle herausfinden, was in dem Gebäude mit dem CARP schiefgelaufen sei. CARP war Schmecks patentiertes »Computer-Aided Real-time Pneumatic-System«. Beunruhigt über den ihm drohenden Prestigeverlust griff Schmeck zu außergewöhnlichen Maßnahmen. Er kampierte sechs Wochen lang in einem orangefarbenen Nylonzelt oben im sechsten Stock, um so die Reaktionen seines CARP zu beobachten, ohne daß er selbst die Sensoren durcheinanderbrächte. Nach der zweiten Woche revoltierten die MBA's. Alle fünfundvierzig unterzeichneten eine Eingabe, in der es u.a. hieß: »Wir können den Geruch von Schmeck nicht länger ertragen, er hat sich seit über einer Woche weder rasiert noch gewaschen... Schmeck besteht darauf, sich alle seine Mahlzeiten selbst zu kochen. Er brüht Kaffee in einer alten Weiße-Bohnen-Dose und läßt uns dann für jede Tasse *bezahlen,* die wir trinken...«

Ihr Stichwort erhielten sie von Lang, der von Schmeck nur noch als von »diesem Idioten mit seinem Zelt« sprach.

In der Sonntagnacht der zweiten Woche fand Schmeck heraus, was schiefgelaufen war. Um 23.55 Uhr flammten die Lampen im Korridor des sechsten Stockwerks auf. Er schaute sich um, sah jedoch nichts. Aber als sich seine Augen an die plötzliche Helligkeit gewöhnt hatten, entdeckte er in der Nähe des Zentralsensors eine schwache Bewegung. Er kroch auf allen vieren aus seinem Zelt. Und da oben dicht bei dem Sensor hockte an der Decke ein Kakerlak.

»Aha«, flüsterte Schmeck.

In seiner bahnbrechenden Monographie im *Progressive Architect* taufte Schmeck mit liebenswerter Schwäche für Anthropomorphismen, die später geradezu zu seinem Markenzeichen werden sollte, den Kakerlak »Adrian« und erklärte, das Problem lasse sich lösen, wenn man zusätzliche Wärmesensoren installierte. »Wie Schlangen können nun auch Gebäude große Lebewesen von kleinen unterscheiden.«

Schmeck ging dazu über, ganze Netze von Sensoren an eine ständig wachsende Zahl immer raffinierterer »Verbund-Glieder« (wie er sie bezeichnete) anzuschließen: an Rollos, Fensterblenden, Markisen, Wärmepumpen, Trennwänden, Glashäusern und anderen Gebäudepunkten, an denen man mit möglichst geringem Energieverbrauch das meiste herausholen konnte. Einen ersten Prototyp baute er in der Nähe von Sioux Falls, South Dakota, in einen Hügelhang, um dort seine Theorie in den heißen Sommern und kalten Wintern zu erproben. Das Haus lag nach Süden. Im Sommer regelte der Zentralcomputer die Stellung der Fensterblenden und Markisen so, daß möglichst wenig Sonnenwärme eindringen konnte; nachts, wenn die Stromkosten geringer sind, befahl der Computer der Klimaanlage, Wasser zu einem Eisbrei zu gefrieren und zu speichern, um es dann am Tage durch das Haus zu pumpen. Die Erdschichten auf dem Dach und an den Außenwänden wirkten extremen Temperaturschwankungen entgegen.

Sein Haus war viel kleiner als herkömmliche Häuser, und doch fand man bei Untersuchungen heraus, daß es Besuchern als viel größer erschien, als es tatsächlich war. Schmeck nahm eine Kreuzung des japanischen Hauses mit dem Murphy-Bett vor und erreichte so fließendere Übergänge im Wohnbereich, mit wenigen Wänden und eingebauten Sesseln, Sofas und Schränken. Das Eßzimmer diente beispielsweise gleichzeitig auch als Gästezimmer. Er entwarf einen Hartholzfußboden, der sich wie eine Jalousie zusammenschieben ließ und so ein prachtvolles Bett in einer rechteckigen, einen Meter darunter liegenden Vertiefung freigab. Schmeck, der spektakuläre Demonstrationen liebte, lud einmal zehn Berufskollegen zu einem ins Haus gelieferten Dinner ein, entschuldigte sich aber, er werde vielleicht etwas später erscheinen und man möge doch bitte schon ohne ihn beginnen. In Wirklichkeit hatte er sich unter dem Fußboden des Speisezimmers versteckt und blieb dort, bis das Dessert serviert wurde.

Dann tauchte er grinsend und völlig gelassen mit einer Spur von Rotweintropfen auf der Hemdbrust aus seiner Gruft hervor.

Der »Schmeckismus« pustete die allerletzten Lichter der Moderne, Postmoderne und des Neoklassizismus aus der Architektur fort. Aber Schmeck konnte natürlich nicht wissen, welch tragische Folgen seine Revolution für Samuel J. Palmerston haben würde.

District Attorney: Würden Sie bitte buchstabieren!

D'Angelo: Deh-Apostroph-Groß-A-n-g-e-l-o.

DA: Beruf?

D'Angelo: Chef der Computerverbrechens-Abtlg. Kripo Baltimore. Wirtschaftsverbrechen und Betrug. Irre, was? Hahaha.

DA: Würden Sie bitte dem Gericht erklären, wie Sie zu diesen Ermittlungen beigezogen wurden?

D'Angelo: Aber gern. Die Mordkommission brauchte mich, um rauszukriegen, was auf den Bändern war. Der Computer hat sie völlig durcheinandergebracht. Zum Schutz.

DA: Bänder?

D'Angelo: Also schaun Sie, die Sache ist so: Ein derartiges Haus verfügt über zwei ständig in Betrieb stehende Aufzeichner. Der eine ist ein Stimmaufzeichner, der — äh — alle akustischen Stimmkontakte zwischen dem Haus und seinem Besitzer im Verlauf der letzten vierundzwanzig Stunden — äh — aufzeichnet. Das zweite System ist eine Computer — äh — Aufzeichnung sämtlicher mechanischer Aktivitäten des Hauses während der letzten dreißig Tage. Wie so ne Blackbox — wie diese Flugschreiber, die die Airlines benutzen.

DA: Und Sie haben diese — Aufzeichnungen untersucht?

D'Angelo: Klar doch.

DA: Beginnen wir mit den mechanischen Bändern. Würden Sie bitte dem Gericht sagen, was Sie dabei herausfanden?

D'Angelo: Also, da war alles ganz normal, bis — äh — bis zum 20. Juli. Ich meine, das Haus hat alles ganz ordentlich erledigt. Diese Arthurs sind — äh — sozusagen freundlich, fast wie Menschen. Also, das Haus hat die Jalousien hochgezogen, Kaffee gebrüht, die Photonmarkisen versetzt, die Aircondition neu eingestellt, alles sozusagen perfekt, und dann irgendso nen Upbeat-Klassiker aufgelegt, »Die Vier Jahreszeiten« von — äh — Vivaldi. Der Laden war dermaßen abgeschottet, daß n Eiswürfel gereicht hätte, ihn zu kühlen. Ich will Ihnen mal was sagen, ich glaube, keiner weiß bisher so genau, was diese Arthurs alles anstellen können.

DA: Anscheinend ist das so!

Verteidiger: Einspruch, Euer Ehren. Die Bemerkung —

Richter: Stattgegeben. Fahren Sie bitte fort, Herr Staatsanwalt, aber ohne derartige nebensächliche Bemerkungen.

DA: Leutnant D'Angelo, was ist Ihnen sonst noch an der Aufzeichnung aufgefallen?

D'Angelo: Also, wie ich schon sagte, das Haus hat in allem perfekt funktioniert, bis ungefähr um neun Uhr abends.

DA: Und was geschah um neun Uhr abends?

D'Angelo: Also schön. Soweit ich erkennen konnte, hat der — äh —, das Opfer seinen Videorecorder eingeschaltet. Wir haben in der Maschine ein Band mit der Bezeichnung 123 gefunden. Verstehen Sie, der, dieser Palmerston war nämlich ein Filmfreak. Der mochte die uralten Kintoppstreifen. So Bogart, Redford, Streep und so Zeug. Und besonders wohl die Gruselschocker. Wie 123 — wir haben rausgekriegt, daß das so ein Gänsehautdings ist, mit einem Typ namens James Arness, über Wissenschaftler, die in der Arktis ein im Eis eingefrorenes Ungeheuer finden. Ist übrigens gar nicht mal schlecht.

DA: Würden Sie uns bitte das Videoband beschreiben?

D'Angelo: Hab ich doch gerade.

DA: Nein, welche Art Band? Was für ein Modell? Bitte genauere Angaben.

D'Angelo: Ach so. Klar, jetzt versteh ich Sie. Also, es war ein AS-1000. Neueste Ausgabe.

DA: AS-1000?

D'Angelo: Genau. So wie Audio-Sensorisch. Und die Zahl 1 000 gibt bloß an, wieviel Minuten das Ding dauert. Wenn man es einschaltet, kriegt man Audio, das Bild, und dann gibt man auch gleichzeitig dem Haus eine Reihe von Anweisungen, wie es sich während des Films zu verhalten hat. Sie verstehen schon: Es soll Sie entweder fröhlich oder traurig machen oder Sie ängstigen, oder so in der Richtung. Aber da gibt es Abstufungen. Man stellt sein Haus entweder auf Maximal- oder Minimalwirkung ein, oder sogar auf einen Gegeneffekt. Also ungefähr so, wie wenn Sie sich »Frankenstein« anschauen wollen, aber dabei nicht zuviel Grusel haben möchten — dann befehlen Sie dem Haus, die Beleuchtung sehr hell zu lassen oder im Hintergrund ein weißes Rauschen zu produzieren, damit Sie nichts von den ächzenden Schauergeräuschen hören, halt so in der Richtung. Und in diesem Fall hört man eben unheimliche Geräusche, sieht ein paar Lichtwechsel, aber hört überwiegend halt bloß die eisigen arktischen Winde.

DA: Also schön. Palmerston hat also das Band 123 eingelegt. Und was passierte dann?

D'Angelo: Dann lief die Geschichte auf einmal schief, verstehen Sie? Der Tote — äh, Jesus, also das Opfer hat, weil er doch so ein Moviefreak war, das Emotiv-Reaktionssystem zu hoch geschaltet. Also hat Arthur die Kontrolle übernommen. Im Anfang, also, da gab's keine Probleme. Ein bißchen Wind und Windheulen. Prima Zeug. Und dann dreht Arthur durch —

Verteidiger: Einspruch, Euer Ehren —

Schmeck verfolgte seine Konzepte weiter. Wenn ein Haus in der Lage war, Wärmeunterschiede, Feuchtigkeit und barometrische Veränderungen zu »fühlen«, überlegte er sich, dann war es doch sicher auch möglich, ihm ein Sensorium für Gefühlsschwankungen einzubauen.

Auf der San Francisco City-Ausstellung 1991 enthüllte er erstmalig sein »Senshaus« und lieferte in einer epochalen Demonstration den Beweis dafür, daß das Haus bei neun von zehn Versuchen beispielsweise Zorn oder Verärgerung wahrzunehmen vermochte. Bei der Kontrollgruppe ließ er dreißig Probanden das Haus betreten, wo ihnen eine attraktive weibliche Person entgegenkam, die ihnen eine Rose überreichte. Die andere Testgruppe von dreißig Probanden stießen auf einen Trupp von Hare-Krishna-Jüngern (in Wirklichkeit sechs arbeitslose Schauspieler aus Los Angeles).

Also konnte ein Haus Stimmungen »wahrnehmen«. Aber sollte es dann nicht möglich sein, daß das Haus vermittels einer Reihe vorprogrammierter Reaktionen auch Stimmungen beeinflussen und verändern konnte? »Genau wie ein Rauchdetektor die Sprinkleranlage auslöst«, schrieb Schmeck, »kann CARP einen Raum kühler machen oder als Reaktion auf menschliche Ärgerreaktion besänftigende Musik einschalten. Solche Veränderungen müssen natürlich vom Wohnungsinhaber praktisch unbemerkt erfolgen, damit sie nicht sein Interesse auf sich lenken und damit seine Verärgerung noch mehr verstärken . . .

etwa so, wie ein Kind, das mit seinem Fahrrad umkippt, erst dann zu brüllen anfängt, wenn es merkt, daß die Mutter ihm Beachtung schenkt.«

In Palo Alto gründete Schmeck 1995 die »Senshaus Inc.«. Bei kinderlosen Partnern und Menschen in Berufen mit hohem Streßlevel wurden seine Häuser rasch populär. Einer der Werbesprüche seiner Firma lautete: »Das Heim ist des Menschen bester Freund.« Die verschiedenen Hausmodelle wurden nach berühmten Butlern und Hausverwaltern aus der Geschichte und der Geschichte des Films benannt. Und es war ein »Arthur«, eines der allerfortschrittlichsten Senshaus-Produkte, den sich Samuel J. Palmerston, ein Firmenfusions- und Aufkauf-Spezialist, im Jahre 2015 erworben hatte. Arthur hatte ein paar Monate gebraucht, bis er Palmerston gründlich kannte und bis er die Hausprogrammierung auf Palmerstons Stimmungen, Gewohnheiten, Vorlieben und Antipathien eingestellt hatte.

An jedem Tag weckte Arthur Palmerston um genau fünf Uhr morgens, indem er sein Schlafzimmer soweit aufheizte, daß er nicht länger schlafen konnte. Palmerstons Körper gewöhnte sich in solchem Maße an dieses Ritual, daß er drei Minuten, nachdem das Quecksilber auf 79° Fahrenheit gestiegen war, die Augen öffnete. Enzephalosensoren im Kopfkissen Palmerstons informierten Arthur blitzgenau, wann die ersten visuellen Eindrücke das Palmerstonsche Gehirn erreichten. Sekunden später bereitete das Haus den Kaffee für Palmerston, und zwar in einer Mischung aus koffeinhaltigem und koffeinfreiem Grundmaterial, je nach Palmerstons aktueller Gestimmtheit. War Palmerston in einem Stimmungshoch, bekam er überwiegend »Decaf«. Um seine Laune festzustellen, überwachte Arthur, wie lange Palmerston unter der Dusche blieb, wie heiß er die Wassertemperatur wählte und ob er beim Duschen sang oder nur pfiff. Die Tatsache, daß der Kaffee, den Palmerston an seinem letzten Tag im Leben getrunken hatte, zu 75 % koffeinfrei gewesen war, galt als überzeugendes Indiz dafür, daß er nicht freiwillig aus dem Leben geschieden sei.

Ein Videotex-Monitor in seinem Schrank informierte Palmerston, was für ein Wetter für den Tag vorhergesagt war, und diese Information diente Palmerston bei der Auswahl seiner Kleidung und Arthur bei der Vorplanung für den Energiebedarf des Hauses für den Tag. Palmerston programmierte Arthur außerdem, auf jede wichtige Information in bezug auf seine Klienten zu achten, also die Firmen, mit denen er sich wegen einer Übernahme befaßte, und sich um den Stand seiner Aktien zu kümmern.

Arthur hatte Palmerston eine Menge Ärger erspart. Am 1. Januar

2000 war die New Yorker Aktienbörse dazu übergegangen, im 24-Stundenrhythmus zu arbeiten. Es hatte eine Reihe von Selbstmorden und Nervenzusammenbrüchen bei Leuten in Palmerstons Beruf gegeben, weil sich da auf einmal der Druck Tag für Tag und über vierundzwanzig Stunden pro Tag erstreckt hatte. Aber Arthur war zu seinem finanziellen Wachhund geworden, ja er besaß sogar das Recht, sobald der Preis ein vorbestimmtes Limit erreichte, anzukaufen oder Palmerstons eigene Wertpapiere abzustoßen.

Einmal hatte Arthur sogar ein kleines Vermögen für Palmerston verdient, während dieser schlief. In der Nacht des 6. Dez. 2016 schossen die Space Industries-Aktien urplötzlich um gewaltige 20 Punkte nach oben. Arthur verkaufte genau zum rechten Zeitpunkt, als die Börse die Gipfelnotierung erreicht hatte. Und als Palmerston am nächsten Morgen vor seinem Bildschrank stand, erfuhr er, daß er über Nacht um 178 560,58 US-amerikanische Dollar reicher sei.

Er begann Arthur zu lieben.

Arthurs Einstockeinheit war an der Kreuzung Leavenworth und Park am allernördlichsten Stadtrand von Baltimore in den Hügelhang gegraben. Außer der Südflanke war alles von Arthur mit Erde bedeckt, und die Dachflächen waren mit Grassoden und Buchsbaum besetzt, genau wie die zwei anderen Häuser etwas weiter oben am Hang: ein frühes Jeeves-Modell und ein modifizierter Arthur, der für den weiblichen Single mit einer neuen Feinabstimmung für ihre Bedürfnisse ausgerüstet worden war. Die Bewohner dieser anderen zwei Häuser genossen eine unbehinderte Aussicht über das Dachgrün des darunterliegenden Hauses.

Solche Erdhäuser setzten ihren Bewohner allerdings leicht diversen unwillkommenen Überraschungen aus. Einmal hatte Palmerston sich kurz von seiner Herdplatte weggewandt und sich einem Jungen gegenübergesehen, der kopfunter vor seinem Fenster hing. Und Palmerston hatte doch glatt seinen Teller mit Rührei fallengelassen.

Jedoch muß gesagt sein, daß die Schmeck-Wohnungen die Einbruchdelikte in Suburbia um die Hälfte verringerten. Wann immer Palmerston verreisen mußte, konnte Arthur die Anwesenheit des menschlichen Bewohners simulieren und Türen zuknallen, Fensterblenden rasseln lassen, die Lichtverhältnisse in Räumen ändern, sie heller oder dunkler machen, und Bandaufnahmen von kreischenden Kindern abspielen. Wenn Arthur einen Eindringling »spürte«, ließ er das wütende Gebell eines Riesenhundes vom Stapel. Und er war natürlich auch in der Lage, ein Gezänk zwischen Ehemann und Ehefrau zu simulieren.

Ursprünglich hatten viele Kaufwillige befürchtet, sie würden mit einem solchen Haus zu einer allzu leichten Beute für die Bankkontrolle, die Steuerbehörden und sogar für die notorischen A.C.-Nielsen-TV-Einschaltquotenerfassung. Sie fürchteten, daß ihr ganzes Leben bloßgelegt würde. Die Firma Senshaus setzte fünfundzwanzig Prozent ihres Werbeetats ein, um potentielle Käufer davon zu überzeugen, daß sie sich nicht mit der Hypothek eines Alptraums à la Orwell belasteten, wenn sie ein solches Haus erwarben. Allerdings mußte die Firma einen beträchtlichen Marktverlust verkraften, nachdem die Leibzofe der Queen Diana die vokalen und digitalen Aufzeichnungen aus dem Hause König Charles' in Cornwall an die *New York Post* verhökert hatte.

Die Firma Schmeck versprach, sie werde in sämtlichen Häusern, neuen oder bereits installierten, Scramblers anbringen.

Dieser neue Wohnungstyp erwies sich als eine Himmelsgabe für ältere Menschen ebenso wie für die Eltern von kleineren Kindern. War ein Arthur auf das Seniorendasein feingestimmt, diagnostizierte er Schädigungen und konnte einen Notwagen rufen. Auf Wunsch konnte ein SIDS-Alarm eingebaut werden, als Schutz vor dem plötzlichen Kindertodsyndrom (Sudden Infant Death Syndrome), und so die Eltern warnen, sobald ihr Baby die Atmung einstellte. Die Kinderwache als Zusatzeinrichtung informierte die Eltern, in welchem Teil des Hauses sich die Kinder jeweils befanden, ob sie schliefen, wachten, redeten. Wie es in einer Senshaus-Werbeschrift jauchzte: »Es ist zehn Uhr — wissen Sie, wo Ihre Kinder sind? Natürlich wissen Sie's!«

Zur Stromversorgung für sein Heim ließ Palmerston fünf Reihen galvanischer Fotozellen installieren, was bei fünfundzwanzig Cents pro Watt ein gutes Geschäft war. Ein rechteckiges Paneel bildete an Arthurs Südfront eine Art Visier, und Arthur konnte diese Blende heben oder senken, um die Zellen in eine bessere Position zu bringen und zugleich die heiße Sommersonne aus dem Heim fernzuhalten. Eine weitere Zellenanordnung, in glitzernden Arabesken unter einer Polymerdecke mit sehr niedrigem Reflektionsgrad, bildete den Boden der Terrasse.

Bald nach der Installation der Zellen schloß sich Palmerston der Leavenworth-Coop an, fünfunddreißig Haushalten, die in den Hang gebaut lagen und tagsüber, wo sie wenig davon verbrauchten, Elektrizität an die Baltimore Gas & Electric-Gesellschaft verkauften, um sie nachts wieder zurückzukaufen. Diese Kooperative machte im Jahre 2018 einen Gewinn von 25 000,— Dollar, die man allerdings in einem Fonds anlegte, um gegen länger anhaltende Schlechtwetterperioden gewappnet zu sein. Sie nannten es ihre »Matsch-Rücklage«.

Es war Irma Darling, die alleinstehende Frau, die über Palmerston wohnte, die seine Leiche entdeckte. In der Nachbarschaft hatte man seit langem ausgiebig darüber getratscht, daß Irma einen persönlichen Zugangscode für Palmerstons Arthur besaß; sie genoß das Gerede, das ihre kleine Affäre bewirkte. Am 20. Juli meldete sich ein Möbelspediteur bei ihr und bat, ihr Telefon benutzen zu dürfen. Er und seine Männer, sagte er, hätten Palmerstons Möbel packen und an eine neue Adresse überführen sollen, und er vermute, Palmerston habe das Klopfen nicht gehört oder etwas sei mit dem Haus nicht in Ordnung, weil auch das Haus keine Antwort gegeben habe.

Irma wurde fast ohnmächtig. Sie hatte nicht gewußt, daß Palmerston vorhatte auszuziehen.

Der Kriminalreporter von *The Sun* erwischte Irma in keinem sehr guten Augenblick.

»Der Mistkerl«, sagte sie dem Reporter. »Der Feigling. Dieses Schwein!«

District Attorney: Leutnant D'Angelo, gibt diese mechanische Aufzeichnung auch Auskünfte darüber, wie der Zustand innerhalb des Hauses zum Zeitpunkt des Todes war?

D'Angelo: Yeah. Kalt. Also, schon eher eisig. Um Mitternacht betrug die Haustemperatur 25° Fahrenheit (minus 5° Celsius), und Arthur ließ einen Wind von zirka 15 Knoten blasen.

DA: Ist Ihnen die offizielle Todesursache bekannt, wie sie bereits im Verhandlungsprotokoll festgehalten ist?

D'Angelo: Jawohl, Sir, das ist sie.

DA: Ich werde Ihnen jetzt etwas aus dem Gutachten von Dr. Amos Fletcher, dem Gerichtsmediziner, vorlesen. »Frage: Doktor, welches war die Todesursache? Antwort: Hypothermie. Unterkühlung, um es laienhaft auszudrücken. Die gleiche Geschichte wie bei diesen Bergwanderern in den Smokeys im letzten Herbst. Sie gerieten in einen plötzlichen Schneesturm. Dabei sinkt dann die Körpertemperatur so stark ab, daß man stirbt.« Erinnern Sie sich an diese Aussage, Leutnant D'Angelo?

D'Angelo: Klar, Hypothermie.

DA: Unterkühlung in seinem eigenen Haus mitten im Juli.

D'Angelo: Jawohl, Sir.

DA: Und jetzt zum Vokalband — was haben Sie dabei herausgefunden?

D'Angelo: Nichts. Also, ich meine, ne ganze Menge immer dasselbe. Bloß so ein Song. Wie wenn das Haus vierundzwanzig Stunden lang vor sich selbst hinsingt.

Richter: Singt, Leutnant?

D'Angelo: Ja, Euer Ehren. So richtig irgendwie süß und leise.
Richter: Und was hat das Haus gesungen?
D'Angelo: Ein Weihnachtslied. Nur hat er den Text verändert.
Richter: Wer hat den Text verändert?
D'Angelo: Das Haus hat den Text verändert. Ungefähr so:

> *Ich seh dich, wenn du schläfst*
> *Ich weiß es, wenn du wachst*
> *Ich weiß es, bist du brav oder bös*
> *Drum nimm dich schön in acht!*
> *Oh . . .*

Richter: Danke. Sie haben eine sehr angenehme Stimme.

Samuel Palmerston war des Lebens in Suburbia überdrüssig geworden — und Irmas und Arthurs. Ganz besonders Arthur langweilte ihn.

Seine Arbeit als Finanzmakler für Hart Meyer & Rheinbek aus New York zwang ihn, den ganzen Tag zu Hause vor seinen Computern zu sitzen. Er war einundvierzig, ein Single und keine potentielle Partnerschaft in Aussicht, denn mit Irma war es nicht länger lustig, sondern sie war nur lästig geworden. Also bat er im September 2018 um Vormerkung für den Philadelphia Citybelt 3 und für einen Platz im dazugehörigen Workcenter. Die Wartezeit betrug ein Jahr.

Belt 3 war die allerneueste Stadtconcentration — Städte, die aus der

Durch die City-Gürtel der Großstadt des 21. Jhs. befördern Pendlerzüge die Bewohner blitzschnell.

Luft wie Dartscheiben mit regelmäßigen Grünzonen aussahen. Das Ganze war hauptsächlich auf das Bundesgesetz über Grüngürtel zurückzuführen, das Anfang der neunziger Jahre verabschiedet worden war, um die Stadtgemeinden zu zwingen, Zonen unbebauten Landes im Bebauungsplan zu berücksichtigen und zu erhalten, wenn sie nicht sämtlicher Bundessubventionen verlustig gehen wollten. Einige Großstädte, so Philadelphia, hatten dafür die Ring- oder Gürtellösung bevorzugt: konzentrische in Ringen angeordnete Terrassentürme zwischen breiten Gürteln von Wald- und Graslandschaft. Andere Großstädte, etwa New York, wo das Ringprinzip praktisch undurchführbar gewesen wäre, entschlossen sich zu der Auflage, daß sämtliche Neubauten Apartmentwohnungen enthalten und so gebaut sein müßten, daß sie auf sämtlichen ebenen Dachflächen Gärten und Parkanlagen tragen könnten. Doch Murray Steinfeldt, ein Baulöwe, fand ein Schlupfloch: Er baute eine Pyramide aus Glas und Sandstein. Die Stadtverwaltung war nicht begeistert; das Gesetz wurde revidiert und bestimmte nunmehr, daß 45 Prozent der gesamten Dachfläche eines Gebäudes aus »bepflanzbarem Land« bestehen müsse.

In den Citybelts von Philadelphia stiegen die Türme zu beiden Seiten der Grüngürtel wie Stufenpyramiden auf, die wie eine ringförmige Bergkette wirkten. Da sämtliche Wohnbereiche zu beiden Seiten mit Blick auf die Grüngürtel angeordnet waren, verblieb im Kern der Türme ein weiter freier Raum für Schulen, Tagesstätten, Büros, Promenaden, Museen, Restaurants, Parkanlagen und Workcenters. Superschnelle Leichtschienensysteme transportierten die Fahrgäste durch Röhren unterhalb der City-Gürtel, ein Transportkonzept, das man mehr oder weniger direkt von den Passagiertransportsystemen auf Flughäfen entlehnt hatte. An vier Punkten stießen die Ringbahnen der Citybelts auf vier andere superschnelle Transportsysteme, die die Fahrgäste in die Center City, jetzt als »Altstadt« bezeichnet, brachten, wo der Airport und der Hauptbahnhof für Transkontinentalzüge, die altehrwürdige Penn Station, lagen.

Durch den Umzug in die City würde Palmerston auch eine Erstoption auf einen Arbeitsplatz im Workcenter La Bohème erhalten. Das zog ihn ganz besonders stark an. Dort arbeiteten Dutzende von Freiberuflern – Architekten, Anwälte, Schriftsteller, Finanzleute, sogar ein Maler – unter einem Dach, teilten sich in einen Computer und Zubehör, gingen ihrer Arbeit nach, um sich dann zum Lunch in der La-Bohème-Kantine oder einem anderen der Dutzende von Cafés im dritten und zehnten Stock zu treffen.

La Bohème förderte die Vielfalt. Und genau dies wünschte sich Palmerston. Seine berufliche Laufbahn hatte in der Zentrale von Hart Meyer in der Wall Street begonnen, aber die tägliche zweimalige Pendelei von einer halben Stunde von East Hampton, auf Long Island, war ihm widerwärtig. Als nächstes versuchte er es mit Televerkehr von einer »Kompromiß-Stelle« aus, einem Büro, das fünf Minuten von seiner Wohnung entfernt lag und in dem andere Hart-Meyer-Analytiker arbeiteten, die ebenfalls in dieser Gegend wohnten. Das hatte gut funktioniert.

Aber die Firma wollte ihn für die Mid-Atlantic-Region, wo die S&L-Geschäfte (Sales & Loan-Geschäfte) sich — nach den eigenen Worten des alten Boss Meyer — »rammelten wie die Märzhasen«.

Palmerston kaufte sich Arthur, zog nach Baltimore an die mittelatlantische Küste, und begann von zu Hause aus zu arbeiten. Im ersten Jahr nahm er über zehn Kilo zu. Er brauchte ein ganzes Jahr, um die ersten wirklichen Freunde zu gewinnen, und davon waren fast alle Computerfreunde, also kaum mehr als Effektivzeit-Brieffreunde. Er mochte diese Computergespräche, mochte das Gefühl der Intensität, das sich einem vermittelte, wenn man von Kopf zu Kopf, ohne die Hemmschwelle von Rasse, Geschlechtszugehörigkeit, Kleidung und Stimme, mit anderen kommunizierte. Tatsächlich fanden die Menschen in diesem gestalt- und gesichtslosen Bereich zu einer Art Kommunikation. Dennoch, etwas fehlte. Kannte er diese Menschen denn tatsächlich? Oder waren nicht ein paar seiner sogenannten Freunde einfach Schwindler und Betrüger, Hochstapler? Waren beispielsweise die Frauen, mit denen er flirtete, auch wirklich echte Frauen? Wenn er manchmal fragte: »Bist du Mann oder Frau?« — dann antworteten jetzt so viele Computerpartner einfach mit »Ja«. Das sei, erklärte er Irma einmal, fast so, als steige man mit einem Transsexuellen ins Bett.

Kurz nach seinem Umzug nach Baltimore sah er sich plötzlich in einen gewaltigen Fusionskampf zwischen zwei Bankengiganten verwickelt, von denen der eine in New York, der zweite in Miami ansässig war. Die Schlacht dauerte sechs Monate lang. Und als Direktor des Fusionsteams von Hart Meyer mußte er täglich vierundzwanzig Stunden lang in Bereitschaft sein, während sein Fußvolk sich in achtstündigen Schichten ablöste. Am Wochenende schlief er, wurde aber alle paar Stunden entweder von seinen Einsatzleitern abrupt aus dem Schlaf gerissen — oder von Arthur. Beide Seiten zielten darauf ab, den Gegner zu zermürben. Körperlich.

Die New Yorker Bank siegte, und Hart Meyer beförderte Palmerston zum Gesellschafter. Aber diese Monate hatten ihren Tribut gefordert. Arthur und Palmerston waren sich sehr nahe gekommen. Arthur hatte stets die warme Milch bereit, wenn er Beruhigung brauchte.

Abends schaltete Arthur Palmerstons Lieblingsband ein, das mit dem »Regen in den Muir-Wäldern«, und er zerstäubte den Duft von regenfeuchten Rotholzbäumen in der Luft. Morgens spielte Arthur für ihn die »Vier Jahreszeiten« oder ähnliche fröhlich-stimulierende Musiken. Trotzdem fühlte sich Palmerston allein und verlassen. Er wurde mehr und mehr zu einem Eremiten in der Elektronikwüste.

Außerdem war Arthur immer anspruchsvoller und zermürbender geworden. Einmal hatte Palmerston Arthur in einer Aufwallung von Ärger angebrüllt: »Ja, hast du denn selber keine Freunde?«

Als der Makler, den Palmerston bemüht hatte, anrief und ihm erklärte, daß er am 21. Juli 2019 sein neues Heim beziehen könne, war Palmerston überglücklich.

In der Nacht des 20. Juli kehrte Palmerston von einer Verabredung spät nach Hause zurück. Er drückte am Türterminal seinen persönlichen Zugangscode und wartete auf die übliche Begrüßung von Arthur. Es tat sich nichts. Die Tür blieb zu. Er tippte den Code erneut ein. Diesmal öffnete sich die Tür.

Aber Arthur entbot ihm nicht den üblichen Gruß. Statt dessen sagte Arthur: »Ich habe heute einen Anruf von einer Frau für dich angenommen. Der Name war Anne McAndrews.«

Palmerston blieb stehen. »Ach?« sagte er.

Arthur schwieg. Palmerston setzte sich in Richtung Küche in Bewegung.

»Sie sagte, sie ist von deinem Maklerbüro. Century 22. Sie hinterließ eine Nachricht.« Arthur spielte die Stimmaufzeichnung der Dame ab: »Ich schau morgen früh mit dem Zugangscode bei Ihnen vorbei.«

Palmerston blieb abrupt stehen. Er spürte, wie ihm das Blut ins Gesicht stieg.

Arthur sagte: »Du hättest es mir sagen können.«

»Arthur – ich wollte es dir nicht sagen, ehe ich mir nicht ganz sicher war.«

Palmerston sah, daß der Wasserhahn in der Küche zu tropfen begann.

»Und wann?« fragte Arthur.

»Morgen.«

Die Beleuchtung wurde schwächer.

Palmerston war erstaunt, daß er kein tieferes Gefühl von Trauer empfand. Als er ein Kind war, hatte er geweint, als er mit seinen Eltern aus dem Haus in Colorado fortgehen mußte. Und das war zu einer Zeit, in der kein Mensch sich jemals etwas von Arthurs hätte träumen lassen. Der einzige Kontakt, den Palmerston damals zu dem alten

Haus gehabt hatte, war passiert, als er eine Büroklammer in eine Steckdose zu schieben versucht hatte. Die einzige Gefühlsregung, die er jetzt verspürte, war Erleichterung. Aber er bemühte sich sehr, sich äußerlich nichts von seiner Freude anmerken zu lassen.

»Schau mal«, sagte Palmerston. »Es kommt doch bald ein anderer, ein Neuer. Und ihr werdet euch anpassen, genau wie wir zwei.«

»Wir hatten aber was Besonderes.«

Palmerston zog eine Augenbraue hoch.

»Ich werde sterben.«

»Arthur!«

Palmerston trat an den Kühlschrank, öffnete ihn und hielt inne. Er legte den Kopf zur Seite. Ja, ganz ohne Zweifel, Arthur sang.

Palmerston ging ins Wohnzimmer und bat von dort aus Arthur um das Band 123.

»Maximum, Arthur, wenn du so lieb sein willst«, sagte er. Schließlich kann ich mir ja wirklich Mühe geben und in den paar letzten Stunden nett zu ihm sein, sagte er zu sich selbst.

»Spiel es noch einmal, Arthur. Zur Erinnerung.«

EIN TAG

IM BÜRO

»Wieder ein neuer Tag im Büro«, dachte Karin, als sie am Morgen des 20. Juli 2019 kurz vor der Tür zu ihrem Büro stehenblieb. Auf der Tür stand »Appleby, Weinstein, Harberger & Rogers — Rechtsanwälte«.

»Guten Morgen, Ms. Rogers«, sagte der Wachmann.

»Guten Morgen, Ed«, gab sie zurück.

Die Tür schwang auf.

Im Vorzimmer begrüßte sie die Empfangsdame.

»Ist Robert schon da?« fragte Karin.

»Noch nicht, Ms. Rogers.«

»Sagen Sie ihm, ich muß so bald wie möglich mit ihm sprechen.«

»Soll ich ihn über die Privatnummer rufen lassen?«

»Nein.« So wichtig war die Sache wieder nicht. Sie reichte der Empfangsdame ihren Mantel und ging durch den Flur zu ihrem Bürozimmer. Ihr Sekretär hatte bereits das Display mit dem Tagesplan auf den Monitor geholt. Die Gerichtsverhandlung im Fall Guthrie um zehn Uhr ließ ihr nur eine Stunde Zeit für die Erledigung der angefallenen Korrespondenz und eine gründliche Besprechung des Falles. Karin machte es sich in ihrem Sessel bequem und stülpte sich die Pickup-Haube über die kurzgeschnittenen Locken. Sobald sich die Signale des Sessels mit den Sensorimpulsen der Haube verbanden, erwachte der Intelligenzamplifikator zum Leben.

»Guten Morgen, Ms. Rogers.« Es war ihr Sekretär, George, ein attraktiver Mann Ende zwanzig. Er setzte sich neben ihren Tisch mit der Computerterminaltastatur und dem Bildschirm und legte seinen eigenen Manualblock auf die Knie. »Fertig zum Diktat«, verkündete George.

»Was haben wir zuerst?«

»Wir haben noch keine Bestätigung der Bank, daß Bowman und Evans ihr Konto ausgeglichen haben. Sie stehen jetzt neunzig Tage im Rückstand. Soll ich die übliche Mahnung schicken?«

»Nein, George, die haben Liquiditätsschwierigkeiten. Der Klimaprozeß gegen sie war wegen Geschäftsschädigung, und wir haben ihn gewonnen. Aber die dadurch entstandene Negativpublicity führte dazu, daß ihre Buchungen im Raumtourismus zurückgingen«, sagte Karin. »Aber wenn sie binnen sechzig Tagen nicht eine Akontozahlung geleistet haben, dann mahnen Sie.« Die Belegschaft in ihrem Büro war dermaßen gut geschult, daß sie selbst sich darüber keine Gedanken mehr zu machen brauchte. Allerdings waren sie auch so gründlich darauf programmiert, derartige automatische Aufgaben durchzuführen, wie etwa für einen Kontoausgleich zu sorgen, daß Karin gelegentlich als höhere Instanz eingreifen mußte.

»Wir haben eine Benachrichtigung vom Berufungsgericht«, fuhr

Umseitig: Der Schritt durch die Tür Ihres Büros ist im Jahre 2019 der Schritt in das menschliche Gehirn.

Den Bewohner unseres Superhauses erwartet ein gewaltiger Schock. (© Dan McCoy)

Das Heim des Jahres 2019 kümmert sich um sämtliche Bedürfnisse seines Bewohners, bis etwa zum genauen Coffeingehalt
in seinem Morgenkaffee, was das »Haus« nach der Dauer
der morgendlichen Dusche, der Wassertemperatur und
danach »entscheidet«, ob Herrchen dabei singt oder nur
pfeift. (Oben: © Gregory MacNicol; unten: © Dan McCoy)

Gegenüber: Das Haus des 21. Jhs. ist mehr als bloße futu-
ristische Architektur; es kann Stimmungen wahrnehmen – und
(vielleicht) diese Stimmungen beeinflussen oder verändern.
(© Lou Jawitz)

Das Büro der Zukunft ist scheinbar geräumig, überwältigend und ultra-raffiniert eingerichtet – doch dies alles nur in Ihrer Vorstellung. (Oben: © Walter Nelson; unten: © Fran Heyl Associates)

George fort, »betreffs der Sache Jackson Barr gegen Great Selen Mining Corporation. Richter Harada hat die Schriftsätze überprüft und verlangt, daß die Anwälte sich einigen, ob die Differenzen in einem Schlichtungsverfahren bereinigt werden könnten.«

Karin überdachte dies einen Augenblick lang. Harada war offenbar unter Zeitdruck, denn er hatte ganz offensichtlich die Schriftsätze nicht sehr gründlich studiert. Karin entschied, hier sei eine volle audiovisuelle Antwort nötig.

»George, bauen Sie mir eine Full-scan-Antwort auf. Verwenden Sie Repertoirestreifen mit mir in Anwaltsrobe vor dem Bücherschrank. Und jetzt das, was ich sagen möchte, also lassen Sie es lippensynchronisieren. Ich habe keine Zeit, es selbst zu sprechen.« Sie erklärte Richter Harada leidenschaftslos, daß die Gegenpartei es darauf abgesehen habe, die Sache zur Verhandlung zu bringen, und George nahm bereitwillig ihre Worte auf. Sie betonte, sie und ihre Klienten wären liebend gern bereit, sich einem Schiedsverfahren zu stellen, und fügte hinzu, sie sei sich völlig über die extrem gedrängte Terminsituation des Gerichts im klaren.

»Fertig. Möchten Sie es nochmal durchgehen, bevor ich übertrage?«

»Ja.« Manchmal ließ George es ein wenig an jener Diskretion fehlen, die Karin in derartigen Sachen für nötig hielt. Er war zwar ein hervorragender Sekretär, aber oft vermißte man bei ihm die menschliche Note.

Die Bürotür ging auf, ein attraktives junges Mädchen kam herein. Jill war Karins Paralegal-Assistentin. Sie begrüßte Karin und stand dann, auf Anweisungen wartend, da.

»Wie lange werden Sie brauchen, um mich im Guthrie-Fall sachkundig zu machen?«

»Wenn ich jetzt gleich beginne, haben Sie gerade noch Zeit genug, ehe Sie zum Gericht gehen müssen.«

Es dauerte nicht lang. Karin widerstand der Versuchung, sich einzubilden, sie habe den Fall bereits sicher in der Tasche. Wenn es ihr gelang, die Sache richtig vorzubringen, konnte sie den Gegner wahrscheinlich unterbuttern, vorausgesetzt, der Gerichtscomputer analysierte die Fakten und deren Konsequenzen genau auf dieselbe Weise wie der Computer im Büro Appleby, Weinstein, Harberger & Rogers.

Schließlich hatte sie alle Daten, die sie von Jill benötigte. Sie zog die Haube vom Kopf, stand auf, um loszuziehen. Beim Hinausgehen trug sie der Empfangsdame auf: »Ich werde so gegen vierzehn-null-null zurück sein. Nehmen Sie meine Anrufe entgegen.«

»Gern, Ms. Rogers.«

Im Korridor verschloß sie die Bürotür hinter sich, denn von ihren Firmenpartnern war noch keiner erschienen. Das war eine ganz geläufige Routinemaßnahme, denn nachdem Karin das Büro verlassen hatte, befanden sich in den Firmenräumen keine menschlichen Wesen mehr.

Dieses Büro aus dem Jahre 2019 der Zeitrechnung wirkt im Grunde nicht anders als jedes ganz gewöhnliche Büro im späten zwanzigsten Jahrhundert, allerdings mit dem Unterschied, daß es hier keine menschlichen Schreibkräfte und Sekretärinnen mehr gibt. Routinearbeiten — wie Aktenablage, Terminkalender und Verabredungen, Buchhaltung und die tausend anderen Kleinigkeiten, die früher von menschlichen Wesen mühsam getan werden mußten — sind jetzt den weit tüchtigeren Computern überlassen. Die Maschinen werden durch AI (Artifizielle Intelligenz) gesteuert und sind an IAs (Intelligenz-Amplifikatoren) gekoppelt — computerähnliche Apparate, die in der Lage sind, sich direkt mit dem menschlichen Nervensystem zu verbinden und menschliche Hirnenergie zu verstärken, ja, sie werden sogar menschliche Abbilder wie Karins Sekretär und ihre Paralegal-Assistentin direkt in das Gehirn ihres Trägers projizieren können.

Das Auftauchen fortschrittlicher Computer- und Bioelektronik-Technologien in den Büros während des letzten Jahrzehnts überrascht wahrscheinlich all jene Leute noch immer gewaltig, die den wesentlichen Trend nicht begreifen, der sich in den letzten hundert Jahren in der Büroarbeit abzeichnete: nämlich Menschen in jenen Bereichen durch Maschinen zu ersetzen, wo die Maschinen die Arbeit schneller, leichter und leistungsstärker ausführen können. Dadurch haben wir die Freiheit gewonnen, jene Dinge zu tun, die der Mensch am besten tun kann: unvorhergesehene Probleme anpacken, komplizierte Entscheidungen treffen und auf der Basis ganz weniger Daten urteilen.

Es sollte jedoch klar sein, daß computergestützte Apparate zwar schließlich den Bürobetrieb in Funktion halten werden, daß aber noch immer Menschen weitgehend die Kontrolle über sie ausüben werden, besonders in menschlichen Bereichen, wenn Computer lediglich als Hilfsmittel beteiligt sind. Bedenken wir dies gut und schauen wir uns Karin Rogers Anwaltsbüro genauer an.

Es gibt keine menschlichen Sicherheitsbeamten, Empfangsdamen, Privatsekretärinnen oder Paralegal-Assistenten mehr in den Büros des Jahres 2019. Jede einzelne dieser Aufgaben wurde Computern mit sehr hoher Gedächtniskapazität und der Fähigkeit, sich mit weiteren

Computern zu noch höherer Leistungsstärke zusammenzuschließen, übertragen. Eine raffinierte Software verleiht dem System jene künstliche Intelligenz, die für Aufgaben benötigt wird, die andernfalls von menschlichen Arbeitskräften erledigt werden müßten.

Die Computer verfügten bereits seit Mitte der achtziger Jahre über die einzelnen Qualifikationen für diese Arbeitsvorgänge, jedoch noch in relativ primitiver Form. Karins »Sicherheitsbeamter« analysiert ihre optischen und stimmlichen Identitätsmuster, um sicher zu gehen, daß die Person, die hier Zutritt zu den Büros haben möchte, auch tatsächlich Karin Rogers ist. Im Prinzip ist das überhaupt nicht schwierig. Wenn Sie genügend Geld dafür aufwenden wollten, hätten Sie wahrscheinlich einen derartigen Sicherheitswächter für die Kontrolle an Türen und Schlössern jederzeit während der letzten fünfundzwanzig Jahre haben können.

Das Büro der Zukunft können Sie sich ganz nach eigenen Wünschen »gestalten«.

Die »Empfangsdame« ist ein Computer mit eingebauter Antwortmechanik, großem Gedächtnisspeicher, einiger künstlicher Intelligenz, Stimmerkennungsinput und Stimmoutput. Auch hier gilt wieder, daß Sie diesen ganzen Apparat wohl bereits in den achtziger Jahren hätten kaufen können, aber er wäre teuer gewesen und nicht so tüchtig wie Karins Empfangsdame.

Karins »Privatsekretär« und ihre »Paralegal«-Assistentin dagegen sind keine Computer, sondern Funktionen eines sehr fortgeschrittenen Typs von Computer, den es seit 2010 zu kaufen gibt. Die technologischen Voraussetzungen, ihn zu bauen, gibt es schon seit Jahren.

Karin Rogers kann ihre Assistenten sehen, aber sie sind nur in ihr Gehirn projizierte Bilder, die der IA durch ihren Sessel und die Kopfhaube in sie einspeist. Diese Bildvorstellungen hat Karin persönlich geschaffen, weil sie ihr als angenehm, attraktiv und arbeitsförderlich erschienen. Der IA speicherte sie in seinem Gedächtnis und ruft sie jetzt stets dann wieder hervor, wenn sie ihn benutzt. Andere Benutzer des Supercomputers haben ihre jeweils eigenen künstlichen Charaktertypen als Mitarbeiter.

Aber was ist ein Intelligenz-Amplifikator, und wie projiziert er bildhafte Vorstellungen in das menschliche Gehirn?

Im Grunde ist er nur ein sehr großer und schneller Digital-Computer mit Spezialsensoren, die menschliche Nervenimpulse entziffern und die durch Aussendung von Elektrosignalen in das Nervensystem ihrerseits »antworten« können. Karin hat natürlich keine Drahtimplantate in der Schädeldecke, da ein Computer ohne dermaßen primitive Verbindungen mit dem Gehirn kommunzieren kann, und zwar durch Methoden, wie sie bereits in den siebziger Jahren schon erprobt wurden.

Seit über einem halben Jahrhundert – seit den sechziger Jahren nämlich – haben sich Wissenschaftler, Spezialisten der Neurophysiologie, mit der Erforschung eines Phänomens beschäftigt, das sie als »event-related potentials« (»ereignisbezogene Potentiale«) bezeichnen. Sie maßen die elektrische Aktivität, die im menschlichen Gehirn bei unterschiedlichen Fremdstimulationen und bei Gedankenabläufen produziert wird. Solche Arbeiten fanden kontinuierlich an medizinischen Forschungsinstituten auf der ganzen Erde, in den Physiologischen Instituten fast jeder größeren Universität und in vielen privaten Forschungsunternehmen statt. In den Nachrichtenmedien fanden diese Arbeiten nur selten Erwähnung, weil man sich dort lieber auf publikumswirksamere Biotechnologien konzentrierte.

Ab Mitte der siebziger Jahre etwa verwendeten Wissenschaftler der New York University extrem empfindliche elektronische Aufzeichnungsapparaturen zur Überwachung und Registrierung der Elektrosignale, die beim Anblick unterschiedlicher Muster im menschlichen Gehirn erzeugt werden.

Wenn man also die Sehrinde des Gehirns so »kartographisch« erfassen konnte, mußte es auch möglich sein, mit ähnlichen Verfahren das gesamte Gehirn zu erfassen. Und so hatten gegen Ende des letzten Jahrhunderts die Biotechnologen die komplette Neurosignatur des ganzen menschlichen Gehirns erfaßt. 1986 lösten ihre Arbeiten in der Neuropathologie und Neurophysik eine Revolution aus.

Es ist einfach, Nervenimpulse in Digitalsignale umzusetzen, die ein Computer ablesen kann. Wenn wir also wissen, was ein bestimmter Nervenimpuls, der von einem bestimmten Hirnbereich ausgeht, bedeutet, läßt sich ein Computer so programmieren, daß er jedes solche Muster erkennt und dechiffriert und sozusagen durch äußere Sensoren »unsere Gedanken liest«.

Der umgekehrte technische Vorgang – nämlich per Computer ein Signal an das Nervensystem zu übermitteln – geht ursprünglich bis 1800 zurück, als der spätere Graf Alessandro Volta entdeckte, daß ein elektrischer auf die Haut ausgeübter Reiz im Gehirn Geräuschwahrnehmungen auslösen kann. Das als »elektrophorisches Hören« bezeichnete Phänomen blieb über hundertfünfzig Jahre lang unbeachtet, bis 1958 ein Teenager namens G. Patrick Flanagan in Houston an einem Apparat zu arbeiten begann, den er »Neurophon« taufte. Das Gerät kann akustische Impulse über die Haut direkt in das Gehirn einspeisen.

Auch andere sensorische Informationen können in das Nervensystem eingehen. In den dreißiger Jahren experimentierte der berühmte Physiker Henry M. Coanda mit einem System zur Stimulation des visuellen Kortex im Gehirn. Er benutzte dabei schwache auf die Fingerspitzen ausgeübte Elektrosignale. In der Sowjetunion setzten Forscher seine Arbeit fort, und es wird behauptet, daß es ihnen gelungen sei, bei erblindeten Menschen visuelle Bilder zu erzeugen.

Der Grund, warum derartige Informationen und solche Apparate in den USA weiter kein großes Aufsehen hervorriefen, jedenfalls vor jenem Jahrzehnt nicht, ist in ihren Verwendungsmöglichkeiten bei einer ganz anderen Art von »Intelligenz« zu vermuten. Es hat einmal jemand sehr drastisch formuliert, es gebe drei Stufen von »Intelligenz« — die der Menschen, die der Tiere . . . und die der Militärs. So wurde eines der Neurophon-Patente Flanagans mittels eines Geheimhaltungsbefehls von der Defense Intelligence Agency (militärischer Abschirmdienst) acht Jahre lang unterdrückt. Zwei Artikel, die für ein breites Leserpublikum bestimmt waren und sich mit Flanagans Apparaten und anderen Sensorstimulationen befaßten, versanken in der Gruft, nachdem Beauftragte der Regierung die Verlagsbüros besucht hatten. Dabei aber waren Informationen über eben diese Apparate und über andere mit weit größeren Möglichkeiten die ganze Zeit in der technischen Literatur frei im Handel erhältlich.

So können also Computer ganz leicht mit uns sprechen, indem sie der Haut Elektrosignale übermitteln. Bereits vor ungefähr fünfunddreißig Jahren hatten Wissenschaftler der University of Utah und in anderen Forschungsanstalten Computerstimulatoren entwickelt, die einen Bypass um geschädigte Nervenleitungen bewirkten, so daß beispielsweise Paraplegiker (Querschnittgelähmte) wieder gehen konnten. Seit der Jahrtausendwende setzt man diese Technik allgemein zur Gesamtstimulation aller Sinne und zur Übertragung von abstrakten Daten in das Gehirn ein.

Wenn Karin Rogers ihren IA benutzt, wird er sozusagen ein erweitertes Gehirn. Sie erschafft sich George, den Privatsekretär, und Jill, ihre Paralegal-Assistentin, weil es dem Menschen leichter fällt, mit menschlichen Imagines zu arbeiten als mit einem körperlosen Computer. Der IA erweitert ihre Gedächtnisleistung, hilft ihr, mehr Fakten in schnellerer Folge zu bedenken — und verbindet sie mit anderen Menschen über ein ganzes Netz ähnlicher Maschinen.

In Karins Intelligenz-Amplifikator befindet sich eine ganze Reihe von Leuten, denen wir nicht begegneten. »Richter Marshall« ist ein älterer weißhaariger Experte in juristischen Fragen. Es ist denkbar, daß Karin sich sogar einen ganzen Harem von imaginären Liebhabern geschaffen hat, aber wir ziehen es doch vor zu unterstellen, daß ein so disziplinierter Profi wie sie eine scharfe Trennung zwischen ihrem Liebesleben und ihrem Beruf getroffen hat.

Natürlich gibt es auch andere, echte Leute im beruflichen Umfeld von Karin — so die anderen Partner in ihrem Anwaltsbüro. Aber auch sie haben ihre persönlichen IAs. In größeren Firmen teilen sich zuweilen die Partner einen Mehrpersonen-IA, der in der Lage ist, die Hirnströme des jeweiligen Benutzers zu identifizieren, wodurch verhindert wird, daß andere oder Unbefugte die Dateien und Computerpersönlichkeiten mißbräuchlich benutzen, genau wie bei den schlichteren Computernetzen des zwanzigsten Jahrhunderts die Akten von Klienten durch Codewörter geschützt wurden.

Aber so nützlich sie sein mögen, die Intelligenz-Amplifikatoren können immer noch nicht die spontane, klare Kommunikation ersetzen, wie sie zwischen Menschen möglich ist, die sich Aug in Aug gegenübersitzen und miteinander sprechen; auch können Computer bisher noch immer nicht bis in alle winzigen Details die komplizierte Körpersprache kopieren, die Menschen, ohne viel nachzudenken, einsetzen. Aus diesem Grunde trifft Karin von Zeit zu Zeit ihre Anwaltskollegen und erscheint auch weiterhin persönlich vor Gericht, selbst wenn Gerichte sich dazu bereitfinden würden, Verhandlungen über ein IA-Netz durchzuführen.

Unvermeidlicherweise hat die neue Technologie, die Karins Arbeitsleben während der letzten Jahre veränderte, auch die gesamte Bürogestaltung über den Haufen geworfen. Vergeblich sucht man die Schreibtische, an denen so zahlreiche der jetzigen Werktätigen ihre Laufbahn begannen. Zwar klammern sich immer noch ein paar Leute an ihr Statussymbol aus massiver Eiche mit verschließbaren Rolläden, aber Schubfächer dienen heute eigentlich nur noch dazu, Papiere und das Mittagessen wegzustecken, und Papier gibt es im Büro wirklich kaum noch. Und wozu sollte man auch lebendige Bäume vernichten, wenn die Mikroelektronik zu den gleichen Ergebnissen führt? Die gräßlichen »Eingang«-/»Ausgang«-Körbe sind ebenfalls verschwunden, weil sich ja alles viel leichter, raumsparender und zugänglicher in Computer-»Ordnern« unterbringen läßt.

Es gibt kaum noch Räume für Büropersonal, nur Nischen mit IA-Terminals. Schließlich, wenn der Intelligenz-Amplifikator schon in der Lage ist, das Abbild von Menschen in Ihr Gehirn zu projizieren, warum sollten Sie sich dann nicht den Luxus gönnen und sich von der Ihnen liebsten Büroeinrichtung umgeben lassen? Sie können sich die Möbel, Fenster, ja sogar den Blick aus den Fenstern wünschen, wie es Ihnen paßt. Und Sie können, wenn Sie gerade anderer Laune sind, das alles jederzeit umdekorieren, da es sozusagen nichts kostet; schließlich sind es ja nur ein paar Reihen binärer Zahlen in den Gedächtnisschaltungen des Bürocomputers.

Da aber die persönlichen Begegnungen weiterhin wichtig bleiben werden — in manchen Geschäftsbereichen mehr als in anderen —, verfügen die meisten Büros über zumindest ein Konferenzzimmer mit IA-Interfaces, einigen separaten Computerterminals und Multimedia-Arrangements. Wo es zu schwierig würde, daß Menschen sich persönlich treffen, greift man auf die Telekonferenzschaltungen zurück, wie sie vor vierzig Jahren üblich waren. Mit dem Unterschied, daß die moderne Technik sie heute als beinahe so real erscheinen läßt, als säßen sich die Leute wirklich gegenüber.

In einem gutausgerüsteten Büro nimmt ein holographisches TV-System Ihr Bild auf und sendet es in das Büro Ihres Gesprächspartners. Und Sie sitzen sich in prachtvollen Farben dreidimensional gegenüber. Als vor zehn Jahren die Holokonferenztechnik eingeführt wurde, vergaßen manche der Gesprächsteilnehmer zuweilen die Technik, durch die sie zusammengebracht worden waren, und versuchten einander nach dem Treffen tatsächlich die Hand zu schütteln! Allerdings sind Holokonferenzen noch immer recht ungewöhnlich, weil die Ausrüstung teuer ist und weil man durch IA-Netze beinahe die gleiche Wirkung erzielen kann.

Aber auch im Jahre 2019 sind nicht alle Büros mit IAs und den anderen supermodernen Computersystemen ausgestattet. Denn obwohl die Hardware jetzt recht preiswert geworden ist, können manche kleineren Betriebe sie sich dennoch einfach nicht leisten. Derartige Familienbetriebe mit Mama und Papa sind zum Untergang verurteilt, außer im Handwerk, Kunstgewerbe und anderen traditionell kleinen Betrieben.

Auf dem anderen Ende der Skala gibt es dann natürlich auch immer noch die superschicken Büros, und sie sind keineswegs so augenfällig mit Computern und IAs ausgestattet wie die mehr alltäglichen Arbeitsbüros. Wo Kosten keine Rolle spielen und wo man auf den luxuriösen Gesamteindruck Wert legt, haben selbstverständlich auch heute noch die Spitzenmanager ihre Riesenschreibtische, Panoramafenster und menschlichen Sekretäre beibehalten. Das gilt im Jahre 2019 als der beste Beweis, daß man im Geschäft die Nase im Wind hat.

EIN

NACHMITTAG

AUF DER COUCH:

PSYCHIATRIE 2019

TI343: Sie sehen gut aus, wie fühlen Sie sich heute?

ALMA M.: Ach, recht gut, glaube ich. Ich weiß nicht, ob das von den Medikamenten kommt — ich bin auf Halkyon, was mir vorkommt wie der Name von einer Karibikinsel — oder von der Mnemotherapie, jedenfalls habe ich weniger Zwangsvorstellungen. Ich habe heute in meiner Schublade eine von Karls Socken gefunden, aber ich bekam keinen Weinkrampf. Ich stellte bloß fest, daß sie roch. Zu schade, daß Abaelard und Héloise sich bei Dr. Woszinski kein Totalrezeptor-Workup besorgen konnten.

TI343: Da wir heute wissen, daß unglückliche Liebe eine chemische Dysfunktion ist, können sich unsere Patienten von einem gravierenden Bezugspersonsverlust in ein, zwei Wochen erholen. Früher dauerte so etwas Jahre.

ALMA M.: Ja, genau. Meine Tante Rachel wurde 1987 am Altar sitzengelassen, und sie ist nie so ganz richtig drüber weggekommen. Sie hörte Stimmen, die ihr einflüsterten, daß die Welt am Ende des Jahrtausends untergehen würde. Es muß eine Enttäuschung für sie gewesen sein, damals zu Silvester 1999, als auf dem Times Square der Ball fiel, der Weltuntergang nicht kam und sie mit einem Stapel von religiösen Broschüren dasaß.

TI343: Hören Sie jemals Stimmen?

ALMA M.: Ach, machen Sie keine Witze. Ich bin schließlich als Kind gegen Schizophrenie geimpft worden. Ich höre nur Stimmen, wenn ich Lust drauf habe.

TI343: Wenn Sie Lust drauf haben?

ALMA M.: Äffen Sie mich nach? Ach so, stimmt ja, ich habe ja das Roger-Programm. Mir gefällt die Roger-Therapie, die ist irgendwie so wie eine Echowirkung. — Nein, ich meinte natürlich die kontrollierte Halluzination, Pharmako-Phantasien, bewußt induzierte Tagträume, besonders die mit den Stimmen der Außerirdischen, die man manchmal unter Einfluß der Tryptaminzusammensetzungen hört. Ich persönlich ziehe allerdings Gefühlsverstärker vor, diese Empathogene, und die Introspektiv-Komposita.

TI343: Warum tun Sie das?

ALMA M.: Also, Dr. Hurley — Sie wissen schon, der Elektro-Jungianer — hat bei mir ein paar EEG-Rorschachs und Wang-Weltanschauungs-Tests gemacht und gesagt, mein Jehovah-Bereich sei überaktiviert. Das betrifft den Modus der Stammesstrukturen, Tabus, paternalistische, strafende Gottheiten usw. Die supramundanen Verbindungen lösen bei mir manchmal meine Paranoiaprogramme aus. Dann kriege ich eine Menge zorniger Götter und unheimlicher Fremdlinge rein. Es bekommt mir besser, wenn ich mich strikt an den

Umseitig: Früher glaubte man, die verschiedensten Aspekte der Persönlichkeit eines Menschen in phrenologischen Kurven erfassen zu können; 2019 macht das »Total-Receptor-Workup« mit seinen chemoelektrischen 3-D-Kartographierungen des menschlichen Gehirns dies endlich wahr.

biographischen Bereich halte, an die standardisierte Altersregression, Erinnerung an meine Geburt, vielleicht ein paar Archetypenkonstrukte auf unterer Ebene... Ach, da fällt mir gerade ein, ich hatte gestern Nacht einen völlig absurden Traum.

TI343: Möchten Sie ihn im persönlichen Oneiroakt aufgezeichnet haben?

ALMA M.: Okay. Ich habe geträumt, ich bin gestorben, und bei der Trauerfeier konnte sich kein Mensch an meinen Namen erinnern. Der Geistliche sagte: »Unsere teure dahingeschiedene... Wieheißtsienoch?« Ich finde, das ist ziemlich komisch, wenn man bedenkt, daß mein Name auf spanisch »Seele« bedeutet. Schließlich, die Seele sollte ja eigentlich überleben, finden Sie nicht? Na gut, Karl sprach die Trauerrede und sagte immer wieder: »Sie war eine hingebungsvolle Gattin und Mutter, blah-blah-blah...« Aber ich war natürlich nie verheiratet, und ich hab auch keine Kinder...

TI343: Und bei Ihrer *Gedächtnis*feier *erinnert* sich niemand an Ihren Namen?

ALMA M.: Genau. Da wir gerade davon sprechen, meine Mnemotherapie läuft sehr gut. Ich mache schwere Psychosims mit, um das ganze Karl-Programm zu modifizieren. Jetzt bin ich bei 2016 angelangt, und ich habe unsere erste Begegnung verändert, wie wir uns ineinander verliebten, wie ich reagierte... Ich fühle mich schon wie ein ganz anderer Mensch. Vielleicht ist das der Grund, daß mein altes Selbst in meinem Traum gestorben ist... Übrigens habe ich den Traum noch nicht zu Ende erzählt.

TI343: Bitte fahren Sie fort.

ALMA M.: Also, nach einer Weile verwandelte sich die Trauerfeier in eine Hochzeit — Sie wissen ja, wie es in Träumen so zugeht. Ich sollte eine der Brautjungfern sein, aber ich konnte meinen Blumenstrauß nicht finden. Ich dachte: »Ojeh, jetzt bin ich defloriert. Es waren Maiglöckchen, Brunnenkresse und Credendium.« Genau das habe ich gedacht — Credendium. Gibt es so eine Blume?

TI343: (Pause zwecks Datensuche) Nein, Credendium gibt es nicht. Es muß sich hierbei um eine früher als Freudschen Lapsus bezeichnete Fehlleistung handeln — eine interne Information — einen Verarbeitungsirrtum. Credendium vielleicht anstelle von »credulity«-Leichtgläubigkeit?

ALMA M.: Das könnte sein.

Alma M. ist in vieler Hinsicht typisch für die Art von Patienten, die wir hier in der Klinik behandeln. Sie ist fünfunddreißig Jahre alt, Professor der Experimentalhermeneutik, intelligent, wach, gut motiviert, und sie hat einen Gesamtquotienten von 8,6 (metaplanetarisch) auf der Wang-Weltanschauungs-Skala. Die Sitzung mit TI343, einem unserer neuen 340 000-K-Allgemeinimpulsgeräte von Texas Instruments (TI343 funktioniert als Breitbandgerät in den unterschiedlichsten psychotherapeutischen Moden und Schulen: Jung, Neo-Freud, Sullivan, Roger, Gestalt-Humanistik und Woszniski), erbrachte keinen Hinweis auf eine ernsthafte seelische Erkrankung oder Geistesstörung. Alma M. ist eine geistig gesunde, junge Frau, deren hauptsächliches Problem in ihrer Erotomanie liegt, einer »Liebessüchtigkeit«, einem Zustand, der dem des Alkoholismus vergleichbar ist, und bei dem der Verlust ihres Liebesobjekts heftige Entzugserscheinungen hervorruft, starke Blässe, starkes zwanghaftes Grübeln, Schlafstörungen und eine gesteigerte Musiksensitivität.

(In einer brillanten Monographie beschrieb Kurt Woszniski, der 1999 mit seiner Darstellung der Ätiologie der Lunarneurosen Anerkennung fand, sechs Subtypen der Erotomanie, die allesamt von unterschiedlich hochgradiger Funktionsstörung des Hypophysenhormonhaushaltes verursacht werden. Die Störung läßt sich durch das Vorhandensein von hormonalen Metaboliten im Urin nachweisen und kann durch Halkyon-B wirksam behandelt werden.)

Unsere Klinikpatienten leiden heute effektiv nicht mehr an schweren geistig-seelischen Erkrankungen. Die Entdeckung eines Impfstoffs gegen das Schizophrenie-Virus im Jahre 2003 und genetische Reihenuntersuchungen zur Erfassung schwerer Depressionsneigung spielten dabei eine bedeutende Rolle. Die meisten Patienten, die zu uns kommen, leiden an unzulänglicher Weltsicht, subklinischer Anomie (d. h. sie können Gegenstände nicht mehr richtig erkennen und benennen) oder an peinlicher, störender Schüchternheit bei Cocktailpartys. Vielleicht sind ihnen auch ihre Träume mit dem ganzen schalen, profanen Symbolismus fade geworden, vielleicht stellen sie plötzlich fest, daß sie ihren Hund ohne besonderen Grund anschreien, oder vielleicht werden sie angesichts der blutrünstigen Schlagzeilen in den Zeitungen (»MUTTER VON 5 KINDERN VERFÜTTERT BABY AN DEN KÜCHENROBOTER«) von Zwangsvorstellungen befallen. In der Vergangenheit hatte die Psychiatrie solchen Patienten wenig mehr als Gesprächstherapie, verwässerten Freud mit endlosen Analysen des Fehlverhaltens ihrer Mütter zu bieten, doch heute kann ich voller Stolz sagen, alles hat sich geändert.

In Blut- und Urintests lassen sich im Schnellverfahren die Diagnosen von Anorexie (nervöse Appetitlosigkeit), Phobien (Angstzuständen), Zwangsvorstellungen, Zwangshandlungen, Doppelpersonalität, Existenzangst und vielen anderen Störungen erstellen.

Gen-Reihenuntersuchungen ergeben, ob ein Patient Träger der Gene für Dyslexie (Legasthenie), Dyskalkulie (Rechenstörung), Autismus, Alzheimer-Syndrom oder depressive Schwermut ist, oder nicht. Ein breites Spektrum der Phobien, angefangen bei der Eßhemmung in Gegenwart von gesellschaftlich Ranghöheren bis zu Impotenzangst in Hardwaregeschäften, konnte ursächlich auf ganz bestimmte chemische Defizite im Körper zurückverfolgt werden und läßt sich heute rein pharmakologisch behandeln. Es gibt hochwirksame Spezialmischungen für geringfügige Affektmängel wie Aprosodie und Dysempathie (Abneigung gegen Gedichte und Mangel an Mitgefühl), und es gibt Gegenmittel gegen Glossomanie (zwanghafte Definitionssucht bei Wörtern), Arithmomanie (den Zwang zum Rechnen und Computieren), Zwangsvorstellungen mit Primzahlen, Anorexie und Orexie (zwanghafte Freßsucht) und Koprolalie (unkontrollierbare Eruptionen unflätiger Wörter). Es gibt Drogen, die Schuldgefühle austreiben, traumatische Erinnerungen löschen und das Gefühl eines *Jamais-vu* erzeugen, so daß einem die höchstvertrauten Dinge als völlig neu erscheinen. Letzteres hat sich, wie Sie sich leicht vorstellen können, in langjährigen Eheverhältnissen als ein wahrer Segen erwiesen.

Seit den siebziger Jahren war bekannt, daß Trauer, Furcht, Phobien, Sehnsüchte, Komplexe, Verzweiflung am Leben und sämtliche restlichen menschlichen Emotionen durch winzige chemische Reaktionen im Gehirn ausgelöst werden. Im Jahre 1985 waren etwa fünfzig verschiedene »chemische Boten« (oder Neurotransmittoren) identifiziert, und 2019 ist die bekannte Zahl auf knapp über dreihundert gestiegen. Zur Erzielung einer Wirkung muß das Molekül eines Neurotransmittors (oder auch einer Droge) genau in einen besonders geformten Rezeptor auf der Oberfläche einer Hirnzelle passen, etwa so wie ein bestimmter Schlüssel in ein bestimmtes Schloß paßt. Im Jahre 1973 mischte ein Absolvent der Johns Hopkins University namens Candace Pert, 26, in mühsamer Feinarbeit radioaktiv-etikettierte Drogen in einen Mäusehirnbrei und entdeckte dabei den Rezeptor für die Opiate. Es war ein maßgeschneiderter Andockpunkt im Gehirn für die opiumhaltigen Narkotika — Morphium, Heroin und ihre Verwandten —, und diese Entdeckung wies den Weg zu den Endorphinen, den natürlichen im Gehirn vorhandenen Opiaten. (Über Jahrhunderte hin hatten Menschen Opiumkriege geführt und Gefängnisstrafen für einen Heroinfix riskiert, und dabei produzierten ihre Gehirne die ganze Zeit diese Drogen selbst!)

Der Opiat-Rezeptor war jedoch nur eines der vielen spezialisierten »Schlüssellöcher« im Gehirn. Mitte der achtziger Jahre waren zwei

Dutzend von ihnen identifiziert, darunter die Rezeptoren für die berüchtigte populäre Anti-Angst-Pille »Valium« (Diazepam) und die auf den Straßen gehandelte Halluzinogen-Droge »Angel Dust« (Phencyclidin oder PCP). Heute kennen wir über zweihundert. Wenn eine Chemikalie sich mit einem Rezeptor paart, kann eine gesunde Nervenzelle »zünden«, eine Muskelzelle sich zusammenziehen, eine Drüsenzelle Hormone ausstoßen. Sogar schon die geringfügigste Veränderung in der Dichte bestimmter Rezeptoren beeinflußt den Geschmack von Speisen, entscheidet darüber, ob Ihnen eine Musik gefällt, oder ob Sie um eine Gehaltserhöhung bitten; sie verändert Ihre Träume, Ihre sexuellen Lustvorstellungen und Wünsche, die Art, wie Sie gehen, ja sogar, wie Sie Ihr Haar kämmen.

Anstatt fünf Jahre Ihres Lebens auf der Psychiatercouch zwischen Kübeln mit Philodendren und Farbdrucken nach impressionistischen Malern in der Praxis eines teuren Analytikers zuzubringen, um ihre Oralfixierung loszuwerden, ermutigt man Sie jetzt zu einem Total Receptor Workup. Mit Hilfe eines PET-Scanners (Positron Emission Tomography) und einiger radioaktiv gekennzeichneter Mischsubstanzen kann heute ein »Hirningenieur« Ihnen direkt in den Kopf schauen und dort Ihre Verunsicherungen in Technicolor sehen. Er oder sie wird Ihnen ein Radio-Isotop injizieren, um Ihre Rezeptoren »anzuknipsen«, und so ein dreidimensionales Computerdiagramm, sozusagen eine Karte, Ihres Gehirns erhalten, auf dem die Rezeptoren wie Miniatur-Milchstraßen leuchten. (Zum erstenmal wurden Rezeptoren eines lebenden menschlichen Gehirns »fotografiert«, als Dr. Henry N. Wagner, der Leiter der Abteilung für Nuklearmedizin an der Johns Hopkins University, am 25. Mai 1983 seine eigenen Dopamin-Rezeptoren einem PET-Scan unterzog.) Der Computer speichert die Muster jedes Rezeptors auf einem separaten Disk, und man erhält einen Ausdruck der gesamten Rezeptordichte und gleichzeitig ein Rezept für fünf oder zehn Mixturen, durch die Ihr Kopf garantiert zu einem angenehmen Aufenthaltsort wird. Drogenmischungen wie Inhibitol vielleicht, Halkyon oder Coherium. Introspektol für Menschen mit verkümmertem Innenleben. Oedipillen. Nostalgin. Vividium. Mnemosyne-Konzentrate für bessere Erinnerungsleistung, und Nepenthe-Präparate, um zu vergessen. Für pathologisch ambivalente Naturen – Certicol; und Dionysiax für jene, deren allzu enggeschnürte Libido ein wenig gelockert werden soll.

Durch die supergenaue Messung der Rezeptoren im Laborversuch können Wissenschaftler sozusagen Zauberkugeln schaffen, Drogen, die direkt auf die erwünschten Rezeptoren zusteuern und andere unberücksichtigt lassen. Damit sind die früheren sogenannten Nebenwirkungen praktisch ausgeschaltet. Nachdem man in den frühen achtziger Jahren herausfand, daß das menschliche Gehirn einen Rezeptor für Benzodiazepin (»Valium«) besaß, braute die Pharma-Industrie Kompositdrogen (wie etwa das TZP der Americanamid), die sich nur an eine Rezeptor-Subklasse anhefteten, wodurch eine gewisse Dämpfung ohne begleitende Ermüdungserscheinungen erreicht wurde. Man untersuchte das PCP (den Engelsstaub, Angel Dust) und die entsprechenden Rezeptoren, um den Ursachen der paranoiden Schizophrenie auf die Spur zu kommen. Man entwickelte ganz neue, nicht suchtbildende Schmerzmittel um die sechs bekannten Typen von Opiatrezeptoren herum. Beim Herumspielen mit Rezeptoren für Adenosin, das eine Art natürlicher Gegenwirkstoff gegen Koffein im Gehirn ist, zauberte man brauchbare Schlafmittel ohne Nebenwirkungen hervor und andererseits auch Drogen mit dem Weckeffekt von hundert Tassen Espresso. (Um 1983 hatte eine Forschergruppe im Labor etwas entwickelt, das zehntausendfach stärker adenosinhemmend auf den Rezeptor wirkte als Koffein. Das Präparat, das dann später unter der Markenbezeichnung »Vigilaid« auf den Markt kam, erwies sich als der Wunschtraum eines jeden Nachtwächters.)

Die neue im Labor entwickelte Technologie brachte dann auch Wunderdrogen hervor, die menschliche Konzentrationsfähigkeit zeitlich strecken, die Gedächtnisleistung steigern, »Kater« am nächsten Morgen unterdrücken — und das dringende Bedürfnis, sich mit Süßigkeiten vollzustopfen, beseitigen konnten. Und für die spirituellen Hoch-Zeiten gab es EHNA und LPIA, zwei Adenosin-Zusammensetzungen, die etwa Ratten im National Mental Health Institute in den USA in einen paradoxen Zustand »ruhiger Wachheit« versetzten, den einige Beobachter als die »tierhafte Entsprechung« zum Trancezustand eines Yoghi bezeichneten. »Es ist möglich, daß wir auf einen veränderten ›animalischen‹ Bewußtseinszustand gestoßen sind«, kommentierte einer der Forscher im Jahre 1983. Aber heute sind natürlich die entsprechenden Fortentwicklungen dieser frühen Mixturen, etwa Transzendentax und Satori-B, ganz normale Meditationspillen, die einen Zustand der Glückseligkeit hervorrufen, der etwa einem zehnstündigem Za-Zen entspricht.

Andere moderne Psycho-Universalmittel können ihren Stammbaum auf die früher einmal als Psychedelika-Chemie bezeichnete und vorwiegend illegale, ja im puritanischen zwanzigsten Jahrhundert sogar unter Strafe gestellte Aktivität zurückverfolgen. Wollte ein Chemiker eine neue psychedelische Droge zusammenstellen, nahm er sich ein bereits bekanntes Kompositum vor — Meskalin oder LSD etwa — und baute eine Analogreihe auf, durch Hinzufügung von

Nebenketten an das Molekül und durch Austausch einer Methoxyl-
gegen eine Hydroxyl-Gruppe. Die gleiche Technik wird in der Medizin zur Schaffung von »magischen Geschossen« angewendet, doch
im Bereich der Psychedelika führt eine so geringfügige Änderung wie
der Austausch eines einzigen Kohlenstoffatoms schon zu einem veränderten Bewußtseinszustand. Die Herumbastelei mit dem Meska-
linmolekül während der sechziger und siebziger Jahre führte beispielsweise zu einem Nomenklaturbrei quer durch das ganze
Alphabet von »neopsychedelischen« Analogprodukten mit sehr klar-
begrenzter Wirkung.

Viele dieser Zaubermittel waren nicht mehr als reine Laborkuriosi-
täten, aber um einen harmloseren Verwandten von Meskalin und
Amphetamin herum entwickelte sich ab 1985 ein regelrechter Kult;
die Droge hieß MDMA (oder »Ecstasy« – XTC, oder »ADAM«) und
war ein »LSD für Anfänger«, dem man nachsagte, es »öffne das Herz«.
Der Prototyp des »Designer«-Psychedelikums, das MDMA-Molekül,
rief einen psychedelischen Bewußtseinszustand hervor, der von der
Verwirrung, den Wahrnehmungsverzerrungen und der Existenzial-
akrobatik der klassischen Psychedelika frei war. Ein chemischer Verwandter des MDMA, als DOET bezeichnet, wurde als »Kreativitäts-
pille« propagiert, während MDE (oder »Eve«), das sich durch ein
einziges Kohlenstoffatom von MDMA unterschied, als »Hirntrip ohne
Gefühlsnote« bekannt war. Und ein weiterer Angehöriger der Familie, das 2CB, erlangte als Aphrodisiakum einen gewissen Ruf. Ein Chemiker schuf sogar eine Verbindung, deren einzige Wirkung darin
bestand, die Musikwahrnehmung zu verzerren.

Wie ein weitblickender Psychodrogen-Chemiker 1985 prophezeite: »Irgendwann einmal werden sie eine Pille haben, mit der man
die ersten drei Takte der ›Kleinen Nachtmusik‹ hört und weiter
nichts.« Er behielt natürlich recht. Kein Mensch dächte heute mehr
daran, sich ein Konzert anzuhören, ohne vorher fünf Milligramm
Orpheum einzunehmen; das ist ein Endorphin-Analog, das den
Musikgenuß steigert, ebenso wenig wie kein Mensch sich mehr beim
Zahnarzt einer Wurzelkanaloperation unterziehen würde ohne eine
gutbemessene Dosis Temporax, durch das das Zeitgefühl beschleunigt wird.

Die verfeinerten Abkömmlinge der Mischungen, die 1967 bei sogenannten »Be-Ins« noch die Hirne explodieren ließen, gehören jetzt
zu den bevorzugten therapeutischen Mitteln. Regressin, ein Analog
aus späteren Tagen zu der psychedelischen »Liebesdroge« MDA (3-4-
Methylendioxyphenylisopropylamin) entwickelte sich zur bevorzugten Hilfsdroge der Psychoanalyse, als man ihre bemerkenswerten

Wirkungen bei der Altersinvolution feststellte. Heute kann der Patient, anstatt nur nach fragmentarischen Erinnerungen an sein Töpfchentraining zu stochern, effektiv in seine Vergangenheit zurückkreisen und seine Kindheit wiedererleben. Jungianer bevorzugen im allgemeinen Telepathin, eine Beta-Carbol-Verbindung, durch das die Archetypenwelt der Psyche erhellt wird. Bei der Wiederholung der Experimente der frühen Psychedelika-Forscher (und durch Hinzufügung der technischen Möglichkeiten der Rezeptor-Kartographie) entdeckten Psychopharmakologen, daß die Tryptamin-Verbindungen — darunter DMT (N,N-dimethyltryptamin), Psilocybin (der »Wunderpilz«) und Ayahuasca, ein südamerikanisches Visionen hervorrufendes Klettergewächs — den Zutritt zu völlig fremden Welten eröffneten, zu farbenprächtigen extraterrestrischen Landschaften, zu UFOs, ja sogar detaillierte Reiseberichte von Planeten ermöglichten, die zehn Lichtjahre entfernt sind. Man entdeckte, daß Ketamin, ein nichtirdischer Verwandter des Angel Dust, Null-Schwerkraftbedingungen simulieren kann, sogar die klassische Erfahrung des Beinahe-Todes, und so die menschliche Psyche auf lange ausgedehnte Raumflüge vorbereiten kann. (Derartige Zusammensetzungen sind natürlich nicht für jedermann geeignet, da das metaphorische Sterben, das unter ihrer Wirkung zuweilen eintritt, negative Folgen haben kann.) Aber ob ein Patient die chthonischen Schattenreiche der Psilocybin-Mischungen erforschen will, die scharfe schnellspurige Realität der Coca- und Amphetamin-Analoga dahinschießen möchte, oder ob er das *Dolce far niente* der Endorphine genießt, das ist weitgehend eine Frage seiner persönlichen Vorlieben.

Außerdem haben wir Introspektivdrogen zur Selbstbetrachtung, Party-Drogen, realistische und surrealistische Zusammensetzungen, Logikdrogen, Drogen, die Schreibhemmungen aufheben, Pillen für photographische Gedächtnisleistung und ein ganzes Warenhaus voller weiterer Verbindungen, die selektiv bestimmte Sinneseindrücke verstärken. Die wissenschaftliche Zusammenstellung spezifischer Moleküle zur Deblockierung spezifischer Hirnbereiche ist so verfeinert, daß man nur ein paar Preludin (oder »Ludes«) zu schlucken braucht, um sich wie Wordsworth in seiner Naturlyrik an einem »gütigen Universum« zu erfreuen.

Der wahrscheinlich gewaltigste Durchbruch in der Psychochemie fand am 17. Mai 2017 statt, als Dr. Ramachandra Rau, ein bedeutender Chemotheologe an der Universität Benares, die Synthese einer Phenethylamin-Verbindung gelang, die die Todesangst beseitigt. Wie das legendäre *soma* des »Rigveda« bringt sie angeblich die unmittelbare Erfahrung ewigen Lebens zustande. Es erübrigt sich zu sagen, daß damit eine Unmenge existenzieller Probleme gelöst wurden.

Aber das menschliche Gehirn ist nicht nur ein chemischer, sondern auch ein elektrischer Apparat. Wenn man bedenkt, daß unser Denkorgan im Grunde nur ein kleiner Tümpel voll Salzlösung ist, der als Konduktor funktioniert, dann reduziert sich die ganze Hirnaktivität auf die winzigen elektrischen Signale, die zwischen den Zellen ausgetauscht werden. Und damit wären wir bei der Elektrokognitiv-Therapie.

Leiden Sie an psychosemantischen Störungen – Dissimile, Oxymoronie, Dysmetaphorie? Oder ist Ihr Problem eine Legasthenie, Dyskalkulie (Rechenstörung) oder Lernschwäche? Eine Konzentrationsstörung oder defekter Gedächtnisablauf? Fragen Sie sich zuweilen, ob Ihr Weltbild (Ihre Weltschau) unzulänglich sein könnte? »Viele sogenannte psychiatrische Krankheitsbilder sind eigentlich nur Probleme der Informationsverarbeitung«, sagte die bedeutende Kognitivingenieurin Dr. Hannah Helwig 2011. »Man kann sich nur schwer vorstellen, wieviel menschliches Elend und Leid aus zufällig auftretenden Gedächtnisfehlern, fehlgesteuerten Metaprogrammen, krankhaften Dysfunktionen von Glaubenssystemen und einer Vielzahl von Störungen der Weltsicht entstehen.«

Dank der modernen Elektroenzephalographie (EEG), der wirklich wissenschaftlichen Auswertung der Hirnströme, können Sie Ihre eigene Software selber reprogrammieren.

Die Ursprünge unseres Elektrokognitiven Labors gehen auf ein sehr zukunftsorientiertes Laboratorium in San Francisco zurück, das den Namen »EEG-Systems Laboratory« trug und das in den frühen achtziger Jahren von einem jungen Hirnstrom-Enthusiasten namens Alan Gevins gegründet wurde. Während andere EEG-Spezialisten unterstellten, sie könnten mit zwei, drei Elektroden an der Kopfhaut das Gehirn »lesen«, versahen Gevins und seine Mitarbeiter die Schädeldecke ihrer Versuchspersonen mit sechzig Elektroden und schufen so den Prototyp eines »fortschrittlichen elektromagnetischen Aufzeichnungs- und Analysegeräts« zur Entzifferung des Gehirns. Oder genauer, einen Apparat, der imstande war, die ständig im Fluß befindlichen Wetterkarten der Hirnströme zu dechiffrieren, die die äußerliche Ausprägung von Denkabläufen sind. Dazu mußte man etwa hundert Millionen Bytes mit Daten für jeden Probanden in ein hochkompliziertes Computerprogramm einspeisen, bei dem die »Background-Geräusche« des Gehirns herausdividiert wurden und das sich auf die EEGs in Bezug auf bestimmte Mentalprozesse einstellte. Die dabei erzielten »Karten« der elektrokognitiven Hirnaktivitäten müssen wohl für den Laien ebenso unverständlich gewesen sein wie die Linear-B-Gleichung, aber trotzdem schuf das EEG-Systems-Lab die Anfänge der modernen Elektrokog-Therapie.

Wie Gevins selbst bereits 1985 voraussagte, kann heute ein Rekonvaleszent nach einem Schlaganfall bewußt seine eigene Software reprogrammieren und die Fortschritte auf den Elektrokognitiv-Karten überwachen. Lernstörungen, Konzentrationsschwierigkeiten und Hyperaktivität lassen sich durch die fortschrittliche Hirnstrom-Analyse aufspüren und können dann behandelt werden. In unserer Klinik werden hochentwickelte Formen von Biofeedback und Biofeedforward eingesetzt, beispielsweise wenn eine Patientin ihre Hirnströme dazu benutzt, die Computer-Software in Funktion zu setzen: Der Computer analysiert die von der Benutzerin ausgesandten Signale, die über an der Schädeldecke applizierte Elektroden eingespeist werden. Dann vergleicht der Computer die Hirnströme mit den in seinem Gedächtnis gespeicherten Mustern und verwandelt die Signale in Digitalinformationen. In jüngerer Zeit hatten wir große Erfolge bei topotemporalen Störungen, jenen zum erstenmal 1989 von Dr. Sybil Mann dargestellten Krankheitsbildern von gestörter Raum-Zeit-Wahrnehmung (viele ihrer Patienten verharrten dauernd in der »Telezeit«, die in Halbstundensegmente eingeteilt schien).

Wir haben auch Arten der Elektrotherapie, die wie psychoaktive Drogen auf das Gehirn einwirken.

Anfang der achtziger Jahre schickten sowjetische Wissenschaftler eine sogenannte »Lida« in die Vereinigten Staaten, einen recht grobschlächtigen Apparat, aus Vakuumröhren und anderen ehrwürdigen Bauteilen zusammengesetzt. Um das Gerät zu testen, steckten die amerikanischen Wissenschaftler eine nervöse Katze in einen Metallbehälter und stellten die Lida daneben auf. Sobald die Maschine zu summen begann und Radiowellen von der Frequenz wie bei Tiefschlaf-EEGs aussandte, verfiel die Katze in Trance. Die sowjetischen Wissenschaftler gaben an, sie hätten das Gerät zur Behebung von Schlaflosigkeit, übermäßiger Spannung, Angstzuständen und neurotischen Störungen erprobt, und es kamen Gerüchte über eine verbesserte Weiterentwicklung des Gerätes auf, die imstande sein sollte, Gehirne über größere Entfernung zu kontrollieren.

Wir in der Klinik sind natürlich nur an unschädlichen und heilsamen Formen der Hirnkontrolle interessiert, und zahlreiche unserer Kunden lassen ihren Kopf gern in dem beruhigenden Strahlenfeld unserer brandneuen Lida-4 »einweichen«. Da die Hirnströme eines Menschen automatisch mit den umgebenden Frequenzen synchron zu pulsen beginnen (eine Erscheinung, die man als »Entrainment«,

als »Mitnahmeeffekt«, bezeichnet), hat die Applizierung eines äußeren Feldes von, sagen wir, acht Hertz eine andere Wirkung als die
eines von achtzehn Hertz. Die Lida-4 kann eine ganze Reihe von Gei-
steszuständen hervorrufen — von Benommenheit bis zu transzen-
dentaler Glückseligkeit.

Jedoch wird die moderne Psychiatrie nicht ausschließlich von der
Technologie bestimmt. Wandern Sie einmal durch die langen, schall-
gedämpften Gänge unserer Klinik, vorbei an Türen, auf denen
Bezeichnungen stehen wie NEUROENDOKRIN-LABOR, REZEPTO-
REN-WORKUPS und ELEKTROKOGNITIV-SCANNING, dann finden
Sie auch Türschilder wie GEDÄCHTNIS-TRANSPLANT, TRAUMIN-
TERVENTION, ONEIROTHERAPIE, SCHAMANISCHE TOMOGRA-
PHIE, INDIVIDUALMYTHOLOGIE, PARALLEL-REALITÄT-REISEN,
WELTSICHT-ERWEITERUNG, TRANCE-TRÄUME. Und dieses bunte
Self-service-Angebot von Soft-Tech-Therapien erlaubt dem Patienten-
Kunden, neben den Methoden der Psychopharm- und Elektroma-
gnet-Umprogrammierung, und durchaus gleichrangig, den Zutritt zu
und die Kontrolle über sein persönliches Innenleben.

Während des größten Zeitraums der Menschheitsgeschichte war
ein weiter Bereich des geistig-seelischen Lebens des Menschen eine
Terra incognita, eine nebeldüstere Landschaft, besiedelt von zahlreichen Furien, Sirenen, Dämonen und blinden Urgewalten wie dem
Freudschen »Es«, die sich der Kontrolle des Individuums entzogen.
Doch mit Anfang der neunziger Jahre des 20. Jahrhunderts begannen
die großen gelehrten Manipulatoren der Introspektion und die Ingenieure der Alternativ-Bewußtseinsebene — Geistesriesen wie T.
Cheng, K. Ferencz und L. Machiavelli — damit, die Sprache der
menschlichen Hirnmaschine zu dechiffrieren, ihre Speicherungs-
und Abfragemechanik, ihre wichtigsten Kommunikationsknoten zu
begreifen. Man konnte die neurohumeralen Transmissionsstellen
identifizieren, die ursächlich für *Déjà-vu* und *Jamais-vu* verantwortlich sind, für ekstatische *Kundalini*-Levitation, für die Platonischen
Formen, die biblisch-geheiligte Glossolalie (das »Zungenspre-
chen«), die Sartresche *»nausée«* (den existenzialen »Ekel«) und für
das »Klare Licht« des Tibeto-Buddhismus. Bei der Kartographierung
des verwirrenden und schwindelerregenden Landes der Visionen
entdeckten Halluzinationstechniker verschiedene klarumrissene
Bildprototypen, die den Gehirnen aller Menschen eingekabelt sind.

Ein früher Vorkämpfer für eine wissenschaftlich-technisch konstru-
ierte individuale Innenwelt war der Psychopharmakologe Ronald K.
Siegel von der University of California in Los Angeles (UCLA), der
Anfang der siebziger Jahre durch ganze Augiasställe von Bürokratie-

mist waten mußte, ehe er die Erlaubnis erhielt, »menschlichen« Probanden LSD, Meskalin, Barbiturate, Marihuana, Ketamin, Psilocybin, DMT und weitere Halluzinogene zu verabreichen. Über Annoncen in Underground-Zeitschriften gelang es ihm, eine Gruppe von »Psychonauten«, von Kandidaten für die Erforschung des menschlichen »Innenraums«, zu gewinnen, die bereit waren, in die Bereiche der Halluzination vorzustoßen. Doch bevor er ihnen überhaupt eine Droge verabreichte, benutzte er Farbdias, um den Probanden ein neues visuelles Vokabular beizubringen, einen sozusagen standardisierten Halluzino-Code. Statt zu sagen: »Das ist irgendwie ein Erbsensuppengrün«, sagte dann der so vorbereitete Proband etwa: »Das ist 540 Millimikrons —« (was der genauen Wellenlänge entsprach). Wenn man ihnen eine Bildinformation acht Millisekunden lang vorführte (1/125tel einer Sekunde), waren die Versuchspersonen in der Lage, Farbe, Gestalt und Bewegungsdimension mit nahezu mathematischer Exaktheit zu bestimmen.

In der Folge begaben sich die Psychonauten, nachdem sie eine bestimmte Droge in den Blutkreislauf injiziert bekamen, in verdunkelte und schalldichte Kammern im Medical Center der UCLA und standen von dort aus über ein Interkommunikationssystem mit den Versuchsleitern in Verbindung, denen sie ihre Visionen mit Hilfe eines vorher festgesetzten Codes mitteilten. Siegel kompilierte die Informationen und machte eine statistische Analyse, um das »durchschnittliche Prototypen-Image« zu finden. Diese Bildvorstellungen zeichnete ein Kunstgrafiker nach, und man spielte sie daraufhin den Probanden wieder zu, damit sie sich jene auswählten, die ihren halluzinativen Eindrücken am nächsten kämen.

Siegel entdeckte folgendes: Gleichgültig, welche Droge man ihnen appliziert hatte, die Psychonauten halluzinierten unweigerlich dieselben vier geometrischen Muster: die Spirale, den Tunnel oder Trichter, das Spinngewebe und das Bienenwaben- oder Gittermuster. Dazu identische Formen sind auch in den Webarbeiten der Huichol-Indianer Mexikos nachweisbar, die Peyotl benutzen, in den Zeichnungen halluzinierender Schizophrener und der Bildmetaphorik aller Kulturen, sofern sie im Zustand der Hirnintoxikation entstand. Und sämtliche »Visionserfahrungen« der Menschheit — ganz gleichgültig, ob sie durch Drogen, Meditation, Kristallkugel-Wahrsagerei, Neurosyphilis, Hypoglykämie (Blutzuckerunterproduktion), die Fast-Todeserfahrung oder die Erfahrungen, die in einem Isolationstank hervorgerufen wurden — weisen im wesentlichen die gleiche Struktur auf.

Siegel katalogisierte die zweite Phase der Halluzination jedoch *nicht,* die voller persönlicher idiosynkratischer Bildvorstellungen

steckte, sondern war überzeugt, er habe den fundamentalen Visions-
mechanismus des Gehirns entdeckt. »Ich nehme an, wenn wir heute
Sokrates oder die Johanna von Orleans testen würden«, sagte er einmal beiläufig, »könnten wir ihre Erfahrungen bequem vermittels
unseres Codes einordnen.« Dank seiner Geläufigkeit auf dem Gebiet
der exaltierten Psychozustände gelang ihm sogar die Kommunikation mit Schizophrenen in teilhalluzinösem Zustand.

Erst eine Generation später aber konnten Psychotechniker diese
Hirnkartographie auch auf Gehör, Berührungs- und Geruchs-Halluzi-
nationen (um nur Beispiele zu nennen) ausdehnen und Klassifika-
tionsmaßstäbe für die komplexe symbolische Bildwelt entwickeln,
die jenseits der Siegelschen geometrischen Bildwelt sich eröffnete.
Durch die Verbindung von PET-Scans und fortschrittlicher EEG-Aus-
wertung mit wissenschaftlich kontrollierten künstlich hervorgerufe-
nen Alterationszuständen gelang es Introspektiv-Technikern des frühen 21. Jahrhunderts, die wichtigsten Markierungspunkte des
menschlichen Innenweltraums zu identifizieren. Dank ihrer Forschungsarbeit wissen wir heute, in welchen Winkeln des Gehirns
archetypische Gespenster — wie die »Große Mutter«, das »Göttliche
Kind«, der »Held« oder der »Allwissende Ganz Fremde« — aufbewahrt werden. Wir wissen, daß ein Mensch, indem er sich Zugang zu
seinen »neurogenetischen Schaltkreisen« verschafft, eine Art Klartext
der in seiner DNA gespeicherten Nachrichten erhalten kann, vielleicht durch Aktivierung eines vagen Erinnerns an ein Leben als Ein-
zeller oder Amöbe im Urschlamm. In den Limbozentren stößt man
dann vielleicht auf die Quelle für unsere überkommenen Erbpro-
gramme aus den weit zurückliegenden Anfängen des Menschen als
Säugetier: Nestbau, Brutpflege, Hordenbildung, Eliminierung der
Schwachen durch die Horde, Beschützung des Nachwuchses, kämp-
ferische Aggression, Fluchtinstinkte und Paarungskämpfe — und man
würde sich dabei als in völliger Übereinstimmung mit den Instinkten
der großen Jagdkatzen im Dschungel erkennen. Wir haben inzwi-
chen genaue Karten der hirnlichen Jehovah-Bezirke und der daraus
resultierenden Tabus von stammesgeschichtlichen »Du-darfst-
nicht«-Geboten; wir haben den Synchron-Bezirk erforscht; die Brah-
manischen Metaprogramme; das Septale Glückseligkeits-System;
den Thanatos-Interlock ... und eine sehr große Zahl anderer hirnli-
cher »Seelen«-Bereiche.

Diese Psychokartographie liegt unseren Alternativ-Realitäts-Reisen
zugrunde. Unter Einsatz von Hypnose, Elektrostimulation, Neuro-
mantras, Isolationstanks, Derwischtänzen, psychotropem Yoga und
anderer Methoden geleiten Sie unsere Halluzinationstechniker und

Noese-Anthropologen in veränderte (»alterierte«) Bewußtseinszustände und helfen Ihnen bei der detaillierten Protokollierung der erlebten Innenlandschaft. Ein Klinikkunde, Henry C., der sich gerade in der Rekonvaleszenz nach einem zwanzig Jahre anhaltenden Zustand von Agoraphobie (Platzangst) befand, halluzinierte immer wieder den altägyptischen falkenköpfigen Gott Horus. Er zog unsere psychoanthropologische Bibliothek zu Rate, und es gelang ihm, die Artefakte seiner Psyche zu identifizieren. Er entdeckte, daß Horus der Gott des Horizontes (und damit ein Verbündeter in seiner, des Patienten, eigenen neuen Lebensmorgenröte) sei. Nach wiederholten Trips in denselben »Schaltkreis« entzifferte er die Hieroglyphen im Innern der Kartusche, wo stand: DAS GRAB DES KNABEN-KÖNIGS IST LEER. DIE SEELE IST EINGEGANGEN INS LAND DER UNSTERBLICHEN. Henry begriff die Botschaft: Da er sich selbst so viele Jahre »vergraben« hatte, war er ein »Knabenkönig« geblieben und damit unveränderlich und unberührt von den Erfahrungen des Lebens. Nun jedoch war seine Seele dem Grab entstiegen.

Es kann natürlich nicht ein jeder sich mit dem Horus-Archetyp in Verbindung setzen, genausowenig wie jeder an die grobschlächtigen, aktionsbestimmten »Heldentaten« eines Herkules anknüpfen oder sich gar in die Wüstenwahnvorstellungen eines Moses einkoppeln kann. Die uralten Vegetationsgottheiten, Regengötter, Herrscher der Unterwelt und die sich geißelnden »Heiligen«, die für primitive Gesellschaftsformen so entscheidend wichtig waren, haben heute ihre Macht verloren. Es ist augenscheinlich, daß die Welt neue, frische »Mythen« braucht, unabgenutzte Archetypen, Legenden, Epen, und so kann Ihnen ein Begleitservice unserer speziell ausgebildeten Persönlichen Mythenbildner auf unseren Führungstouren in die Alternativ-Realität dabei helfen, sich eine ganz neue persönliche »Mythologie« zu entwerfen, mit der sie dann weiter leben wollen.

Zur selben Zeit versucht im R-Flügel, in der Mnemo-Station, ein Partnerpaar mit Eheproblemen die Scheidung durch therapeutisch gesteigerte Erinnerungsbilder voneinander zu vermeiden. Im Wartezimmer sitzt ein bekehrter religiöser Fanatiker und wartet auf sein monatliches »Gedächtnis-Transplantat«. Je mehr die durch seine ethnische Gruppenzugehörigkeit bedingten ätzenden Erinnerungen durch fröhlichere ersetzt werden, desto mehr schwinden seine Vorurteile nach und nach. Andere Patienten kommen zu uns, einfach um qualvolle Kindheitserfahrungen zu vertreiben, die angesammelten Furien zu verscheuchen, sich das Gehirn mit synthetischen Erinnerungen füllen zu lassen, mit denen sie dann glücklicher sein können.

Erinnerungsmanipulation wurde erstmalig von einer Psychologin an der University of Washington angeregt. Elizabeth Loftus demonstrierte in ihren Forschungen in den achtziger Jahren, daß Erinnerungen *post factum* sehr leicht verzerrt werden können, etwa wie die Bücher eines betrügerischen, unterschlagenden Buchhalters, und daß wir allesamt mit gefälschten Erinnerungen im Kopf herumlaufen. Andere hinzugefügte Einzelheiten kontaminieren (verseuchen) auf typische Weise eine Erinnerung bis zu einem solchen Grad, daß es praktisch unmöglich wird, die »Original-Erinnerungsspur« zu lesen, nicht einmal durch Hypnose oder ein »Wahrheitsserum«. Dr. Loftus entdeckte insbesondere, daß die meisten Menschen die Wege ihrer Erinnerungen mit rosagetönten Brillen zurückwandern. Sie »erinnern« sich daran, sehr viel öfter zur Wahl gegangen zu sein, mehr berufliche Verbesserungen erlebt zu haben, öfter geflogen zu sein, mehr nette Kinder zu haben, als aus den Faktendaten hervorgeht. Patienten mit Depressionen andererseits liefern eher trübselige, klägliche Erinnerungsbilder ihrer Vergangenheit. Dr. Loftus zog den Schluß, daß Menschen so »geschaltet« sind, daß sie ihre Vergangenheit »aufschönen«, weil »das uns eine glückreichere Lebensführung ermöglicht«. Um diesen Unfall der Natur positiv auszunutzen, schlug sie vor, daß besonders ausgebildete »Erinnerungs-Manipulierer« uns *neue Erinnerungen schaffen* könnten.

Diese Idee bildet heute den Kern der modernen Mnemotherapie. Synthetische Erinnerungen können jetzt unter Hypnose geschaffen und implantiert werden, und zwar im Verlauf von zehn bis fünfzehn Sitzungen (je nach dem Schweregrad des Problemfalls). Man hat durch Forschungen nachgewiesen, daß durch die Erschaffung einer neuen »Wahrheit« in der Gegenwart sich auch die Vergangenheits-Erinnerungen automatisch verändern. Menschen brauchen also nicht länger die passiven Opfer ihrer frühkindlichen traumatischen Erfahrungen zu bleiben, Opfer der elterlichen Fehlerziehung, vergangener großer Kümmernisse oder der eigenen Fehlschläge und des eigenen Versagens. Angesichts des uns heute möglichen Eingriffs in die gehirnlichen Speicher- und Rehabilitationsmechanismen läßt sich das Denken ganz nach Wunsch reprogrammieren.

Gewöhnlich ist die Mnemotherapie mit der PsychoSim kombiniert (PsychoSimulation). Als Anna O. oder Irma M. und die anderen Analysanden Freuds um die vorige Jahrhundertwende »frei assoziierten«, geschah dies im abstrakten Bereich der Worte. Doch 1995 verband man die ziffernzermalmende Kapazität des Computers mit der gewaltigen Speicherkapazität des Videodiscs, und so wurden lebensechte Simulationen der innerpsychischen Landschaft möglich.

Umseitig: Alma M., psychiatrische Patientin unter Halkyon-Medikation, entdeckte heute eine von Karls Socken in einer Schublade und bekam keinen Weinkrampf; sie stellte nur fest, daß »es roch«. (© Dan McCoy)

Oben links: 2019 können Sie gut und gern auf eine der typischen Psychotherapien verzichten. Wenden Sie sich doch einfach an die Praxis Ihres Halluzinations-Technikers oder an Ihren Noetischen Anthropologen und buchen Sie eine »Alternativ-Reise«. (© Bill Binzen)

Oben rechts und unten: Die Faszination eines Lebens »jenseits unserer Grenzen« veranlaßte viele Menschen, sich in Clubs zusammenzuschließen, die es sich zur Aufgabe machen, NDEs (Near-Death-Experiences – todesähnliche Zustandserfahrungen) zu pflegen und zu vervollkommnen. (Oben: © Bill Binzen; unten: © Chromosohm, Inc.)

Einige der Fans, die sich in die Arena des Beinahe-Todes (NDE) stürzten, trieben den Sport zu weit und landeten jenseits der Rampe; also sind NDE-Clubs im Jahre 2019 gesetzwidrig. (Oben: © Walter Nelson; unten: © Robert Malone & Robert Patsanka)

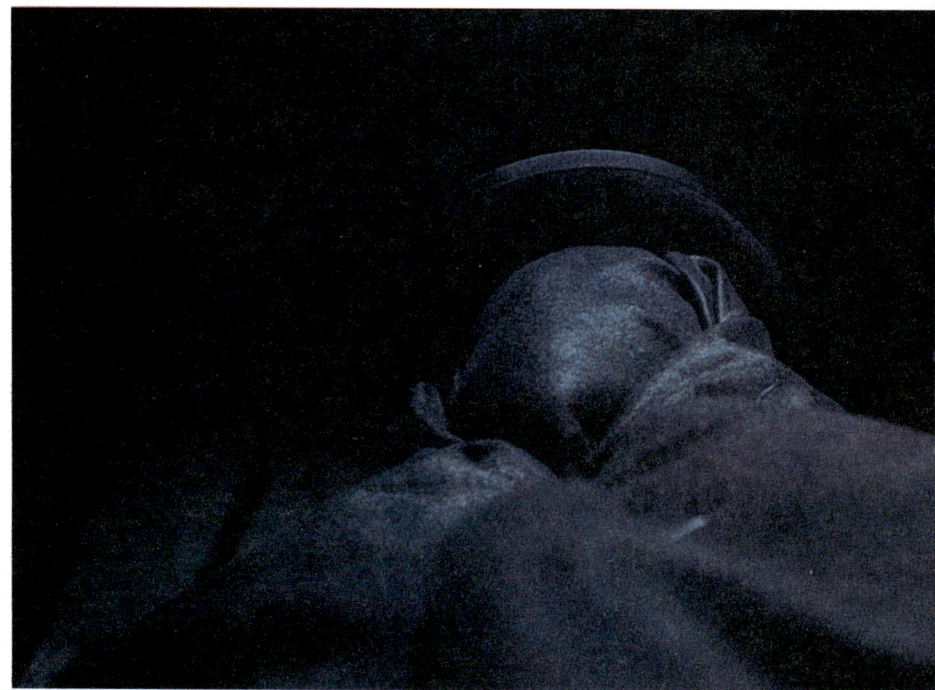

Genau wie die altmodischen Flugsimulatoren den Astronauten beim Training einen Vorgeschmack auf die Null-Schwerkraft lieferten oder den in Ausbildung befindlichen Piloten der Fluggesellschaften realistische Eindrücke von Turbulenzen in zwölftausend Metern Höhe vermittelten, macht PsychoSim Ihre persönliche Phantasiewelt lebendig. Wenn Sie heute frei assoziieren, werden Ihre Assoziationen wirklich lebendig – realistisch in den Farben, Geräuschen und Empfindungen. Sie können Ihre Tagträume projizieren und mit dem Kippen eines kleinen Schalthebels Hunderte von Alternativ-Wirklichkeiten erfahren, von einem Spaziergang auf der Jupiteroberfläche bis zur Besteigung des Anapurna oder bis zu der Erfahrung, Sie seien ein Delphin, der im Nordatlantik schwimmt. Sie können Ihr Erinnerungsmaterial wieder lebendig werden lassen und bis zu Ihrer persönlichen Ödipal-Tragödie in der Kindheit, ja sogar bis in den Uterus zurückkreisen. Sie können zur Samenzelle werden, die den Eileiter hinaufschwänzelt. Wie ist das Gefühl, wenn Sie auf das Ei stoßen? Hätten Sie lieber eine völlig dunkle Gebärmutterhöhle oder eine mit Ausblick?

Sie können verschiedene Vergangenheiten anprobieren – was wäre geschehen, wenn Sie sich 1992 nicht von Raoul getrennt hätten? Oder wenn Ihre Eltern einen anderen Partner geheiratet hätten? – Und dann können Sie erkennen, wie diese Alternativ-Vergangenheiten Ihre Gegenwart beeinflussen. Verabreicht man einem Patienten eine Kombination von PsychoSim und einer der weniger stabilen Psychoaktivdrogen, dann kann der Klient ganze Alternativ-Leben durchleben, Parallel-Identitäten, ja sogar die psychische Erfahrung einer Reinkarnation in der Simulation machen, ohne sich der Unannehmlichkeit seines biologischen Todes unterziehen zu müssen.

Ein weiterer wichtiger Anwendungsbereich für die moderne Innenraum-Technologie ist die Traumkontrolle. Ich bin stolz darauf, sagen zu können, daß unser Traum-Lab sich rühmen kann, Teams von Oneirotechnikern, Oneirochronologen und Traumdesignern zu besitzen, die auf dem allerneuesten wissenschaftlichen Stand sind, was Wachträume, systematische Trauminkubation, progressive Oneirostrukturierung und Kollektivträume betrifft. In den unerleuchteten Tagen des 20. Jahrhunderts wimmelte es in der Traumanalyse natürlich nur so von Aberglauben und Scharlatanerie, und die Menschen bezahlten bis zu hundertfünfzig Dollar pro Stunde, um sich auf eine Couch legen und einem asketischen, bartumwucherten Analytiker ihre Träume erzählen zu dürfen. Das beste, was ein Träumer damals anstellen konnte, war sich an seine Träume am nächsten Mor-

gen zu erinnern, sie wieder hervorzurufen, nachdem die »Seele« längst aus den Träumen entwichen war, und hinter obskuren Symbolismen herzujagen, die sein »Unbewußtes« irgendwo »gepflanzt« hatte. Heutzutage träumen die meisten Motivationsträumer »helle« oder bewußtseinsgesteuerte Träume, wobei sie eine Abart der MILD-Methode (Mnemonic Induction of Lucid Dreams) verwenden, die der Schlafforscher Stephen LaBerge von der Stanford University erfand.

Damals, 1978, legte sich LaBerge mehrere Nächte lang kontinuierlich mit einem an einen Polysonographen angeschlossenen Kabelgewirr zu Bett, einem Gerät, das den herkömmlichen Lügendetektoren nicht unähnlich war und das automatische Aufzeichnungen seiner Augenmuskelbewegungen und anderer Körpersignale vornahm. Bei jedem »Aufwachen« innerhalb eines Traumes signalisierte er der Außenwelt Daten, indem er die Augen in vorgegebener Sequenz bewegte: links-rechts, links-rechts. Als er die Aufzeichnung später überprüfte, stellte er fest, daß seine codierte Botschaft sich deutlich neben den Schlangenlinien auf dem Ausdruckpapier abzeichneten – vier große geschwungene Zickzackkurven für den Augmuskelkanal. LaBerge brachte sogar noch spektakulärere Ergebnisse hervor, als er Sequenzen von Augen- und Körperbewegungen als eine Art Morse-Alphabet benutzte, um seine Namensinitialen aus einem Helltraum heraus zu signalisieren. Später dann, Anfang der achtziger Jahre, bildete er eine Elitetruppe von *Oneironauten* (oder »Traumnavigatoren«) aus, um mit ihnen die Schranke zwischen Traum und Wachleben zu durchbrechen.

Das wesentliche Unterscheidungsmerkmal des »Luzidträumens« ist es, daß man sich bewußt ist, daß man träume. Und darüber hinaus sind dann die Variationsmöglichkeiten unbegrenzt. LaBerge drückte das so aus: »Völlige Luzidität heißt zu wissen: ›Jede Einzelheit dieses Traums ist Bestandteil meines eigenen Bewußtseins, und ich habe die volle Verantwortung dafür übernommen.‹ Wenn du nicht fliegen kannst, weil du glaubst, du schaffst es nicht, dann bist du nicht völlig luzid.«

In unseren Oneironautik-Kursen lernen die Klienten, sich ihre persönlichen Träume selbst zu entwerfen und die Handlungsabläufe ihres inneren Films so selbstherrlich zu gestalten wie ein anmaßender Hollywood-Regisseur. Angenommen, Sie haben einen ständig wiederkehrenden Alptraum, in dem maskierte Männer hinter Ihnen her sind; dann können sie sich nun selbst so programmieren, daß Sie mitten in Ihrem Traum »aufwachen«, den maskierten Verfolgern die Stirn bieten und sie fragen: »Was wollt ihr?« Vielleicht zerfließen sie dann

Gegenüber: Neue psychotrope Drogen öffnen uns Fenster zu verschütteten Erinnerungen.

in ein Vakuum und belästigen Sie künftig nicht weiter, oder aber sie haben Ihnen etwas Interessantes zu berichten. In dieser Traumwelt können sie alles tun, was Sie wollen; Sie können auf einem Fliegenden Teppich über die Marskanäle gleiten, oder Sie können höchst aufregende Beziehungen zu verführerischen Fremdlingen aufnehmen.

Die Nocturnal Cognition Unit bietet auch einen Workshop für Gemeinschaftsträume an, der sich zum Teil auf die Pionierarbeit zweier Psychologen des zwanzigsten Jahrhunderts zurückverfolgen läßt, nämlich die Arbeiten von Henry Reed aus Virginia Beach und Robert Van de Castle von der Virginia Medical School, US-Amerika. In dem Experiment mit Gemeinschafts-Träumen, das in den achtziger Jahren durchgeführt wurde, begannen die Probanden völlig unbewußt, Traumlösungen für die Probleme anderer Testteilnehmer »nachzuträumen«, ohne daß man sie über diese in Kenntnis gesetzt hätte. Eine verfeinerte Trauminduktions-Technik, die chemische Kontrolle über die REM-bestimmenden Zentralpunkte im Stammhirn, Elektrotelepathie und fortschrittliche Hirnstrom-Biofeedbacks machten Mitte der neunziger Jahre den Gruppentraum zu einer quantifizierbaren Möglichkeit. Und als sich der Mensch durch die Computer-Vernetzung ein erdumspannendes Massenbewußtsein erschuf, berichteten immer mehr internationale Traum-Gemeinden von wachsenden Zahlen gemeinsam erlebter Bilderfahrungen, Synchronerlebnissen und Kollektivsymbolen. Schließlich, im Jahre 2004, kam eine Gruppe von erfahrenen Oneironauten rings um die Erde überein, sich in der numinosen, schrecklich-faszinierenden Landschaft eines Kollektivtraums zu begegnen. Es ergaben sich — natürlich — ein paar recht kitzlige Probleme betreffs der Intimsphäre, zum Beispiel als eine Hausfrau in Reno, Nevada, einen Mann in Kuala Lumpur beschuldigte, sie in »einem höchst persönlichen Traum belauscht« zu haben und ihr dann schlüpfrige Botschaften in ihren elektronischen Briefkasten gesteckt zu haben, doch ist dies eine ganz andere Geschichte. Für hier mag es genügen, wenn ich sage, daß heute ein Großteil der Psychotherapie online erfolgt ...

Drei Nächte nacheinander wachen Sie auf und sind in kalten Schweiß gebadet, weil der immer wiederkehrende Traum von einem Erdbeben Sie erschreckt. Im Bademantel und in Ihren flauschigen roten Pantöffelchen, die Augen noch vom Schlaf verklebt, beauftragen Sie Ihr Modem, die Nummer 3423-922-86663-2376 zu wählen. Sobald Sie in der Leitung sind, haben Sie Ihren Traum-Interpreten, der sich in Ihrer Traumlandschaft ebenso gut auskennt wie Sie sich in den Straßen Ihres Heimatstädtchens. Natürlich ist es ein Jungianer.

»Es war entsetzlich . . .« berichten Sie. »So viele Leichen unter den Trümmern verschüttet . . .« Sobald Sie zu Ende erzählt haben, erfüllt sich der Bildschirm mit einer langen Liste einschlägiger Symbole, und der Interpret befragt Sie über die Bedeutung eines jeden einzelnen. Sie hechten in die freie Assoziation hinein. Die zusammengestürzten Gebäude erinnern Sie an das Spielzeugdorf, das Ihre Schwester am Weihnachtsmorgen 1990 zertrampelte. Sie hat es nicht absichtlich getan, hat sie gesagt, aber Sie wissen, daß das nicht stimmte. Schreie von Kindern unter den Trümmern. Sie versuchten zu helfen. Zerrten an einem winzigen Ärmchen, und es löst sich aus dem Schultergelenk. Zerbrochenes Püppchen. Kann man nicht wieder zusammenkleben. Feuer und Erde. Feuer verbrennt die Erde. Nein, Erde erstickt das Feuer. Rochambeau.

Der Interpret speist Ihre Assoziationen in den Traumtext ein und liefert Ihnen eine revidierte Version. Sie werden an frühere, verwandte Themenkreise aus Ihrem computerisierten Traumjournal erinnert, und man führt Sie durch eine Simulation des Traumes der letzten Nacht. Sie erhalten die Adressen von Menschen, die ähnliche Träume hatten, aber Sie beschließen, sich nicht mit ihnen in Verbindung zu setzen. (Sie haben sich ja sowieso schon auf dieses Gemeinschafts-Oneiro-Zeug eingelassen – vor ein paar Nächten haben Sie und ein paar andere Luzid-Träumer sich zu einem erotischen Kollektivtraum zusammengetan –, und außerdem sind Sie Mitglied in ein paar von diesen üblichen herumpfuschenden Elektronik-Begegnungsgruppen und -Bruderschaften. Und Sie können ja nicht Ihre *ganze* Zeit dazu verwenden, sich per Kabel den Kopf zurechtrücken zu lassen.)

Außerdem, was Sie eigentlich wirklich bloß wissen wollen, ist folgendes: Wie viele andere Leute haben in der vergangenen Nacht von einem Erdbeben geträumt? Ist Ihr Traum ein individuell motivierter oder ein Fragment des kollektiven Unbewußten? Und könnte Ihr Traum *präkognitiv* sein, eine Art Vor-Wissen?

Sie tippen den entsprechenden Code und lassen sich einen Überblick über die weltweit während der letzten vierundzwanzig Stunden gesammelten Traumthemen und Traumsymbole geben. Wackelige Zähne, verpaßte Flugzeuge, ödematische Türme und triefende Höhlen, Négligés, Raumflughavarien, amoklaufende CPUs, Roboter in Seidenunterwäsche, hypophysengestörte Zwerge, der Gehenkte im Tarokspiel, künstliche Organe, Wassermassen . . . Bilder und Symbole aus: Kabul; Salem; Oregon; Tegucigalpa; von der Elfenbeinküste; Freedom City; Antarktika; den maritimen Provinzen; den Mond-Bergwerksiedlungen im Mare Tranquilitatis . . . Also, Sense, kaum ein

Traum über Erdbeben. Statistisch gesehen, klar unterhalb der Wahrscheinlichkeit. Sie stoßen einen erleichterten Seufzer aus. Anstatt nun aus dem Großbereich Los Angeles abzuzischen, brauchen Sie nur ein bißchen in Ihrem Hirn Staub zu wischen.

Auch wenn es ein, zwei Jahrzehnte dauern sollte, bis es sich in der Psychiatrie spürbar ausprägte, die »Gesellschaft am Draht« begann bereits zu Beginn der achtziger Jahre in Erscheinung zu treten. Bereits 1986 waren schon mehrere Millionen Menschen (vorwiegend natürlich in den USA) online und arbeiteten oder fummelten an Computer-Verbindungen herum wie etwa den Prototypen »The Source« oder »CompuServe«. Manche von ihnen waren ernsthafte Gelehrte, die in Online-Konferenzen über strategische Ressourcen oder Abrüstung diskutierten; andere aber waren ganz normale Menschen, die in den elektronischen Bars für Singles »Liebe« suchten oder »kognitive Abenteuer« und die sich auf »Hot Chats« mit völlig Fremden einließen, denen sie ihre intimsten Gefühle per Taste zuflüsterten, Fremden, die sie nur unter Codenamen wie »Surfer«, »Amalgam« oder »The Karate Kid« kannten. Manche Menschen verfielen der Sucht nach kleinstädtischer Intimität und platonischen erotischen Beziehungen in ihrem elektronischen Dorf in einem solchen Maß, daß sie aus dem realen Leben praktisch ausklinkten und zehn bis zwölf Stunden täglich in hingerissener Hingabe vor dem grünen Bildschirm verbrachten.

In kürzester Zeit schossen die verwirrendsten vielfältigen Begegnungsgruppen, Hilfsgruppen, Selbsthilfegruppen und Psychotherapiegruppen (mit fundierter Fachkenntnis oder auch ohne sie) aus dem Boden und online, bei denen die Anonymität des Verfahrens freimütige Bekenntnisse und peinliche Enthüllungen förderte, wie sie in einer Offline-Begegnungsgruppe niemals möglich geworden wären. Um 1995 ließen sich wirklich nur noch ganz wenige erzkonservative Analysandinnen ihre Elektra-Komplexe in fünfzigminütigen Teilsessionen auf der Couch eines Analytikers entwirren, und immer mehr zukunftsorientierte Therapeuten drehten ihr Fähnchen online. Ein Musterangebot an einem beliebigen Tag im Jahre 2019 aus »ShrinkNet« liest sich auszugsweise so:

ANGST-CLUB yyx.37
ANHEDONIE WORKSHOP xx998
AUFMERKSAMKEITSKONTROLLE 967xx

· · ·

SYSTEMATISCHE GLAUBENSBILDUNG 3yzz94
TRAUERVERARBEITUNG 324xx.12
TRAUERKLOSS-ANONYM. 25.x.46

· · ·

KOGNITIVE BEZIEHUNGEN yzz143
DYSEMPATHIE — HEISSER DRAHT 23.yzz.425

Abgesehen von der Annehmlichkeit, daß man sich nicht zu rasieren und zu schminken braucht, wenn man per Computertherapie seine Neurosen und Persönlichkeitsstörungen behandeln lassen will, bietet die Methode auch die perfekte Möglichkeit der Datensammlung. Je mehr die Menschen den Silikon-Hirnklempnern vertrauen, desto mehr Fakten über den psychischen Zustand einer Nation — und in wachsendem Maß auch der ganzen Welt — können sofort kompiliert, eingeordnet und in Kreuzkorrelation gebracht werden. Durch Eingabe des richtigen Codes kann ein Rechercheur die Fallhäufigkeit von Agoraphobie in Städten über 100 000 Einwohner berechnen; die Häufigkeit, mit der weibliche Teenager in der Zentralmongolei das Wort »attraktiv« benutzen; die Häufigkeit von Träumen in den USA, in denen Themen wie Stürzen, Hausarbeit oder Operationen vorkommen.

Aufmerksame Beobachter der Entwicklung in der Psychologie stellten schon bald fest, daß der betagte Begriff C.G. Jungs vom »kollektiven Unbewußten« sich in den Computer-Vernetzungen zu verwirklichen begonnen hatte, die jeden Ort auf diesem Planeten mit jedem anderen verbinden. Nacht für Nacht sendet die »Menschheitsseele« ihr Sortiment von Traumbildern und -symbolen in die elektronische Noosphäre, wo sie in einer kontinuierlichen Datenbasis registriert und aufbewahrt werden. Prototypische Durchschnittsbilder, Chi-Quadrate und Multiple Hierarcho-Regressionen werden sofort berechnet. Neue Archetypen lassen sich identifizieren. Durch kontinuierliche allnächtliche Tabellierung der Träume der Menschen der Erde können die Psychometriker eine Art psychologischer Wetterkarte studieren, auf der in der elektronischen Noosphäre Wolken von Ennui sich abzeichnen, Tiefdruckfronten der Angst, plötzliche Wutstürme, Löcher lustloser Anhedonie. Jede menschliche Psyche ist mit allen anderen menschlichen Psychen verbunden. Wenn ein Kind in Sierra Leone unter fortgesetzten Alpträumen leidet, dann muß sich das unweigerlich auf den elektromentalen Seelenozean auswirken, selbst wenn dies nur durch winzige Wellenkräuselungen geschieht, die in Cincinnati ankommen. Die Erkenntnis dieser Tatsachen, man muß es nicht eigentlich besonders betonen, war von entscheidendem Einfluß auf die Psychiatrie.

Es gibt aber auch noch andere Methoden, mittels derer Computer zum geistig-seelischen Wohlbefinden der Menschen unendlich viel beitragen können, obgleich diese Technik bisher noch im Experimentalstadium steckt. Ich beziehe mich natürlich auf den Biochip.

Vor vierzig Jahren war das Ganze nur ein Funke, der vor den Augen einiger weniger Zukunfts-Träumer aufblitzte, unter ihnen besonders hervorzuheben James V. McAlear von EMV Associates in Rockville, Maryland. Bereits zu Beginn der achtziger Jahre hatte McAlear das Patent für die Herstellung eines Konduktors aus einem Proteinmolekül erworben. Dies war der erste Schritt zur Schaffung eines VSD (oder Very Small Device), eines miniaturisierten Apparates, der dem Hirn implantiert werden konnte.

Der Vorzug eines organischen »Computer-Chips« ist seine winzige Größe und seine Dreidimensionalität, vermittels derer er eine millionenfach höhere Computerpotenz hat als seine feststofflichen Gegenstücke. McAlears erstes Projekt zielte auf künstliches Sehen ab, eine Aufgabe, die er im Winter 1992 lösen konnte. Eine Miniatur-TV-Kamera auf der Brille diente als »Augen«. Die von der Kamera ausgehenden Impulse wurden in Frequenzströme umgesetzt und auf eine Anordnung von Miniaturelektroden übertragen, die man dem Gehirn eines fünfundvierzigjährigen Blinden namens Ernest implantiert hatte. Auf diese Weise zeichneten sich durch Phosphene in Ernests Sehrinde »Bilder« ab, im Grunde nur kleine sternförmige Lichtpunkte. Ähnliches hatte man zwar, wenn auch auf etwas gröbere Weise, an der University of Utah bereits vorher in den siebziger Jahren erprobt. McAlears revolutionierende Tat war es, die Elektroden mit einem Mantel aus in der Retorte gezüchteten Embryo-Nervenzellen zu umgeben, die sich dann tatsächlich an die Nervenzellen der Sehrinde anschlossen.

Der nächste Schritt sollte aus dem Bio-Computer ein gottähnliches Denkinstrument machen, und zwar durch die Verschmelzung zwischen der zahlenbewältigenden Potenz der Elektronen mit der Denkkapazität der Neuronen. Im Jahre 2016 erarbeitete ein Wissenschaftlerteam am Organo-Software Institute auf der Basis der Entwürfe von McAlear einen ausschließlich molekularen Computer, der im menschlichen Gehirn auf sozusagen symbiotische Weise Wohnung beziehen sollte. Er sendet Nervenfasern aus, die mit den Hirnzellen verschmelzen, und er besitzt die Doppel-Spiralstruktur und kann sich also selbst reproduzieren. Theoretisch könnte also jemand auf diesem Biochip jede x-beliebige Information speichern und vermittels seiner Neuronen und seiner Denkleistung Zugriff zum Gesamtbestand der amerikanischen Library of Congress erlangen.

Wegen des immer noch experimentellen Charakters dieses Verfahrens hat man bisher nur ein Halbdutzend älterer Menschen mit schwindender Gedächtnisleistung mit Biochips ausgerüstet. Einer der Empfänger, Alvin Farquar, 93, aus Fargo, North Dakota, erklärte, ihm mache das Implantat Spaß, trotz einiger »Probleme mit der Speicherung und dem Abruf«, sagte er. »Ich hab da neulich mal meinen Kalender abgerufen, um festzustellen, ob die ›Elks‹ am Mittwoch abend in der Loge ein zeremonielles Abendmahl abhalten würden, und verdammt nochmal, ich saß eine ganze Stunde lang fest mit den Hauptexportzahlen für Uruguay und Paraguay! Aber das kleine Dingsbums da, wie-heißt-es-noch, ist verdammt gut beim Pokern.«

Vor vierzig Jahren prophezeite McAlear, daß sein Biochip — durch die Verbindung von Nervengewebe mit Schaltkreisen, die hundertmal schneller sind als die menschlichen Hirnsynapsen — sich zu einem »überlegenen, einem allmächtigen Wesen« entwickeln werde. Er sah außerdem voraus, daß die Wesenheit des Benutzers in dem Bio-Computer fortbestehen würde, und nicht etwa im menschlichen Zentralnervensystem. Mit anderen Worten, meine Damen und Herren, falls Sie jemals sterben sollten, könnte das Implantat, das all Ihre persönlichen Daten und Ihr persönliches Wissen gespeichert hat, ohne weiteres einem neuen »Wirt« implantiert werden. Die Neurotheologen haben allerdings bislang noch keine klare Aussage machen wollen, ob es sich dann dabei um die strittigen Casus »Unsterblichkeit« oder »Wiedergeburt« handelt. Wie dem auch sein mag, Ihre Träume, Ängste, Zwangsvorstellungen, Zwangshandlungen, Wahn- und Phantasievorstellungen werden weiter und weiter existieren. Ewig.

Ein beruhigender Gedanke — oder auch nicht, je nachdem.

KAPI

EINE NACHT

IM

SCHLAFZIMMER

*Weiße, 40, verheiratet, sucht Single White Male, 18–28, für dreimo-
natige Intimpartnerschaft. Durch Hormonbehandlung ist mein
Mann (im sechsten Monat schwanger) derzeit außer Betrieb. Du
kümmerst dich um mich; ich kümmre mich um dich. Elektrostimulation geht in Ordnung, auch Orgasmussteigerung durch Drogen;
ziehe aber Partner mit Originalrüstung Implantiertem vor. Schicke
Foto und Impfschein an Box-2238.*

Persönliche Anzeige, *The Village Voice*, 2019

Am schlimmsten für Barbara waren die Sonntagnachmittage. Ihr
Mann war dann gewöhnlich mit seinen Freunden unterwegs, und sie
hockte allein da in ihrem Apartment im zweiten Stock — bis auf die
unglaublichen Geräusche, die aus dem Studio einen Stock tiefer
durch die schlecht isolierte Decke drangen. Star der heutigen Matinee
war eine angsterfüllte Stöhnerin (in der vergangenen Woche war es
eine lustvolle Alarmsirene gewesen), und die Schreie erweckten den
irrigen Eindruck, daß jeder Stoß des Hengstes unter ihr gegen ihren
Willen erfolgte, oder doch jedenfalls wider ihre innerste Überzeugung war.

Barbara hatte geglaubt, sie kenne sämtliche Partnerinnen des jungen Nachbarn drunten, doch die heute war neu, und das deprimierte
Barbara. So viele Menschen hatten ihren Spaß. Und sie, mit ihren
Fünfunddreißig, fühlte sich wie so viele andere Frauen, als wäre ihr
ganzes sexuelles Leben zu Ende. Ihr Mann vernachlässigte sie, und sie
wünschte sich oft, sie könnte den Mut aufbringen, runterzugehen
und sich ihrem heißblütigen Hausnachbarn als Betthupferl anbieten.
In einer freizügigeren Zeit vielleicht…

Unsere kleine Spezialanzeige schildert ein 2019, in dem die Menschen öffentlich und ohne Hemmungen ihre Wünsche und Sehnsüchte ausdrücken dürfen, gleichgültig, wie bizarr oder detailliert sie
sein mögen. Die kleine Skizze über Barbara ist die Wirklichkeit (oder
doch zumindest eine Wirklichkeit) des Jahres 1986.

Sexuell betrachtet ist das eine paradoxe Zeit. Das Gelobte Land der
freien Liebe und gesteigerten Sensualität, für das in den sechziger Jahren so kräftig die Werbetrommel gerührt wurde, ist zu einer Landschaft der völligen Verwirrung geworden, in der eine kleine Elite sich
ihren sexuellen Bedürfnissen frei hingeben kann, während die große
Masse der Gesellschaft sich in die Ecke gestellt fühlt. Man glorifiziert
die »sexuelle Freiheit«, und gleichzeitig verkündet das *Time*-Maga-

Umseitig: Erotische und
sexuelle Wunschvorstel-
lungen lassen sich derzeit
weitgehend noch nicht zu
einem persönlich sinnvollen
und erfüllenden Verhalten
umfunktionieren.

zin, ein Defizit an sexuellem Verlangen, und Frauen über dreißig würden bereits als »unerwünscht« betrachtet.

Und dennoch, unter der puritanischen Patina der zeitgenössischen Gesellschaft wartet eine schlummernde Sexualität auf ein höherentwickeltes Zeitalter, um sich auszudrücken. Auf dem wissenschaftlichen Sektor entdecken Forscher neue Methoden zur Steigerung des Orgasmus und Verlangens, sie entwickeln Hormone, die die Leistung der Geschlechtsorgane erhöhen, sie konstruieren realitätsnähere künstliche Penisse und experimentieren sogar mit der männlichen Schwangerschaft — eine Entwicklung, die die alteingefahrenen Geschlechterrollen drastisch verändern und umwälzende Auswirkungen auf das praktische Sexualverhalten haben würde. Männer und vor allem viele Frauen stellen heute auf gesellschaftlicher Ebene unsere jetzige monolithisch starre Einstellung zu Sexualität in Frage. June Reinisch, Leiterin des Kinsey Institute in Bloomington, Indiana, weist darauf hin, daß sich im menschlichen Sexualverhalten eine zyklische Fluktuation von zwanzigjährigen Perioden zeige. So seien etwa die vierziger und fünfziger Jahre des 20. Jahrhunderts von sexueller Repression gekennzeichnet gewesen, die sechziger und siebziger Jahre dagegen hätten eine Hochblüte sexueller Freiheit gezeitigt. Wenn die Reinisch-Theorie stimmt, dann sieht es für die nächsten zwei Jahrzehnte ziemlich düster aus. Aber dann könnten wir natürlich auch hoffnungsfroh auf eine Sexual-Renaissance zwischen 2001 und 2020 warten. Das Jahr 2019 jedenfalls bringt die Verschmelzung von Wissenschaft und Leidenschaft und führt damit ein »orgasmisches« Zeitalter herbei.

Die Technologie — und zumindest teilweise auch schon die wissenschaftlichen Erkenntnisse — haben wir vermutlich bereits heute. Die größten Sprünge vorwärts auf dem Gebiet der Sexualforschung könnten möglicherweise in der Neurologie stattfinden. So ist beispielsweise seit über dreißig Jahren bekannt, daß die menschliche Sexualität im Gehirn beginnt und endet, und nicht in den Genitalien oder sonstwo. Und wir verfügen sogar bereits über — recht primitive — Methoden, auf Wunsch im Gehirn sexuelle Lust zu erzeugen.

Schon 1953 führten James Olds und Peter Milner, die damals am Neurologischen Institut in Montreal arbeiteten, Elektroden in das Hirn einer weißen Ratte ein. Sie hatten beabsichtigt, die Elektroden in den Hypothalamus der Ratte zu implantieren, doch durch einen Fehlgriff landeten sie in einer geheimnisträchtigen Hirnregion, die als »Septum« bezeichnet wird. Olds verabreichte dann der Ratte jedesmal eine positive Stimulation, wenn sie in eine bestimmte Käfigecke ging. Seltsamerweise entwickelte die Ratte eine zwanghafte Vorliebe für diese Käfigecke. (Bei Kontrollversuchen, bei denen der Hypothalamus stimuliert wurde, pflegten die Ratten dagegen diese Ecke zu meiden.) Also konnte man das Septum als das »Lustzentrum« des Gehirns identifizieren. In Folgeexperimenten mit Ratten, denen man Elektroden ins Hirn gepflanzt hatte, die sie selbst aktivieren konnten, indem sie einen Schalter drückten, stellte sich heraus, daß die Versuchstiere auf die irdischen Freuden von Fressen, Wasser und Sex zugunsten der höheren Lüste des Schalterdrückens verzichteten – einige Tiere stiegen vierundzwanzig Stunden lang ununterbrochen aufs Pedal, bis sie vor Erschöpfung oder Hunger ohnmächtig wurden.

Aber wie steht es mit uns Menschen? Es war Dr. Robert G. Heath, Dekan und Emeritus der Neurologie-Psychiatrie-Abteilung der Tulane University School of Medicine, der nachwies, daß auch Sie oder ich auf derartigen »Knopfdruck« reagieren, ganz genau wie die weißen Ratten. Heath *et al.* in seinem Tulane-Team punktierten die Schädeldecke von Patienten, versenkten Elektroden tief in das Hirngewebe, wo sie verblieben, um die Hirnströme aufzuzeichnen, während die Probanden redeten, Wutanfälle bekamen, halluzinierten . . . oder intensive Orgasmen erlebten.

Einer vierzigjährigen Patientin verpflanzte Heaths Neurologenteam neben den Elektroden eine Art Tubus (als *canula* bezeichnet). Durch diese »Kanüle« verabreichten sie ihr genau dosierte Mengen Azetylcholin, einen natürlichen chemischen Transmittor, direkt in das Septum. Auf dem EEG zeigte sich daraufhin »heftige Aktiviktät«, und die Patientin berichtete von intensiven Lustempfindungen, so von mehrfachen sexuellen Orgasmen, die bis zu dreißig Minuten andauerten.

Bei einem anderen Experiment stattete Heath seine Patienten-Probanden mit Selbststimulatoren aus – einem Apparat mit drei oder vier Schaltern, die jeweils mit verschiedenen, dem Gehirn an verschiedenen Stellen implantierten Elektroden verbunden waren. Die Versuchspersonen trugen die Schaltvorrichtung an einem Gürtel um den Leib. Der Proband konnte beliebig einen der Schaltknöpfe drükken, wann immer ihm danach zumute war. Ein männlicher Proband drückte den mit der Septalregion des Hirns verbundenen Knopf in sechzig Minuten 1 500 mal.

Sieht es im Jahre 2019 wirklich so aus, daß wir mit Lustknöpfen am Gürtel herumlaufen? Uns in Orgasmen wälzen, die von Azetylcholin ausgelöst sind? Der LSD-Prophet Timothy Leary verkündete einst, daß wir bald allesamt mit Septalelektroden herumlaufen würden, weil sie eine Sofortbefriedigung ermöglichten, aber Dr. Heath findet die Vorstellung lächerlich. Seine Experimente wurden an offenkundig hoffnungslosen Patienten durchgeführt, die man bis dahin in Zwangsjacken hätte stecken oder mit Elektroschocks hätte zu behandeln versuchen müssen. Und was die Implantation von Elektroden bis tief in die Hirnbereiche normaler, geistig-gesunder Patienten angeht, erklärt Dr. Heath: »Es ist eine ziemlich drastische Maßnahme, mit einem Loch im Schädel herumzulaufen, außer man ist wirklich sehr, sehr krank.«

Was er allerdings für das 21. Jahrhundert vorhersieht, sind auf seiner Methode aufbauende Techniken ohne chirurgische Eingriffe. Heath ist der Ansicht, daß ein Ultraschallgerät entwickelt und gebaut werden könnte, mit dem sich die Lustzentren des Hirns aktivieren lassen, ohne daß man in die Hirnmasse selbst vordringen müßte. Und eine »Spezialklinik für männliche Potenzstörungen« prognostiziert, daß um 2005 die Hausärzte mit Elektrostimulatoren das Lustzentrum von männlichen Patienten mit Potenzschwierigkeiten behandeln werden, um ihren Sexualtrieb zu steigern.

Ein anderer Weg sind Drogen. Dr. Heath sagt, die Wissenschaft müsse herausfinden, welche Chemikalien die Lustzentren aktivieren, und dann ein Medikament entwickeln, das den gleichen Zweck erfüllt. Mit anderen Worten also ein Aphrodisiakum — einen Liebestrank.

Die heutigen gängigen Aphrodisiaka allerdings sind kaum schon der pharmakologische Durchbruch, wie ihn Heath für 2019 vorhersagt. Das beste Mittel, das uns derzeit zugänglich ist, ist Yohimbin-Extrakt (»Yo-Yo«), ein aus dem Saft eines afrikanischen tropischen Baums gewonnenes Medikament. Rattenmännchen, denen man Yo-Yo injiziert hatte, besprangen die Weibchen bis zu 45mal in einer Viertelstunde. An der Medical School der Stanford University begann man vor kurzem mit Humanversuchen. Zwar liegen bisher noch keine stichhaltigen veröffentlichten Resultate vor, doch das Yohimbin-Experiment enthüllte doch einen für die Zukunft höchst signifikanten Faktor: Die Menschen *wünschen* sich Aphrodisiaka! Dr. Julian Davidson, Physiologieprofessor an der Stanford University, sagt, es meldeten sich mehr freiwillige Probanden, als er unterbringen könne. Es scheint auf der Hand zu liegen, daß die Sexualität, jedenfalls für das Menschentier auf dem Planeten Erde, bisher nicht den in sie gesetzten Erwartungen und Versprechungen gerecht geworden ist, weder was die Häufigkeit noch was die Intensität anlangt.

Yohimbin ist ein ausschließlich auf männliche Wesen wirkendes Aphrodisiakum (aber man hat Yo-Yo niemals an den Weibchen irgendeiner Spezies getestet), und es gibt überhaupt kaum nennenswerte Forschungsarbeiten zur Entwicklung eines Aphrodisiakums für

Frauen. Eine Droge immerhin bietet den Frauen im 21. Jahrhundert einen Schimmer von Hoffnung, nämlich Naltrexon, eine oral zu verabreichende Variante des Naloxon, einer Droge, die als Ausstiegsdroge bei einer Heroinentziehungskur verwendet wurde. Man hat Naltrexon auch als Appetitzügler eingesetzt; und bei Experimenten mit Appetitbremsung bei Ratten fanden die Forscher denn auch einen merkwürdigen Nebeneffekt des Naltrexon heraus: Es wirkte als Sexualstimulans. Bei einem Humanversuch am South African Brain Research Institute gaben die Forscher vier Frauen minimale Dosen Naloxon, kurz bevor die Probandinnen einen Orgasmus erlebten. Eine Versuchsperson gab an, die Orgasmen, die sie nach Einnahme der Droge erlebt habe, seien »die schönsten gewesen, an die ich mich erinnern kann«. Die Ergebnisse bei den anderen Probandinnen waren jedoch nicht eindeutig, wodurch erneut der Beweis geliefert wurde, daß sexuelles Verlangen und Orgasmus bei Frauen eine weit kompliziertere Angelegenheit ist als bei Männern. Die Leiterin des Kinsey Institute, June Reinisch, sieht wenig Hoffnung für ein Aphrodisiakum für Frauen, selbst im nächsten Jahrhundert. Dennoch, die Suche nach einem frauenwirksamen Stimulans geht weiter, und manche Wissenschaftler experimentieren mit Lachgas, männlichen Sexualhormonen und den verschiedensten chemischen Stoffen. Es muß aber nicht unbedingt Chemie sein. Wie wir bald erkennen werden, könnten soziale Faktoren eine weit größere Rolle dabei spielen, daß und ob Frauen in ihrer Sexualität Erfüllung finden.

Die sexuelle Leistungsverbesserung auf seiten der Männer wird dann ebenfalls ins Gewicht fallen. Noch vor fünf Jahren glaubten manche Ärzte, daß männliche Impotenz zu neunzig Prozent auf psychische Ursachen zurückzuführen sei. Heute ist uns klar, daß die Sexualprobleme des Mannes gewöhnlich organische, nicht psychologische Ursachen haben. Forscher sind heute überzeugt, daß Impotenzen zu sechzig Prozent auf rein physiologische Störungen zurückzuführen sind — etwa *Diabetes mellitus* (Zucker), Nierenschäden, Arteriosklerose, Neben- und Folgewirkungen von Medikamenten usw. — und daß sie zu siebzig Prozent erfolgeich behandelt werden können.

Allerdings, die modernste und spektakulärste Behandlung der männlichen Erektionsschwäche sind die Penisimplantate. Über hunderttausend Männer haben bisher bereits ein solches Hilfsgerät erhalten. Die simpelste Ausführung besteht schlicht in zwei Silikonstäbchen, die in den beiden *corpora cavernosa* (den Schwellkörpern) des Penis eingebettet werden. (Bei einer normalen Erektion füllen sich die beiden langen Tubusse aus Schwammgewebe, also die

Schwellkörper, stark mit Blut.) Leider aber führt eine derartige Prothetikmaßnahme zu einer permanenten Halberektion, die sich dann manchmal in den Hosen des Trägers peinlich abzeichnet.

Und hier tritt die High-Tech auf den Plan. Heute können Männer sich ein aufblasbares Luxusmodell installieren lassen, das zwei ballonartige Röhren in den *corpora cavernosa* umfaßt, ein im Unterbauch verstecktes Flüssigkeitsreservoir und eine im Skrotum (Hodensack) untergebrachte Pumpe. Man drückt bloß die Pumpe, und die salzige Lösung aus dem Reservoir füllt die Penisröhre und bewirkt eine Sofort-Erektion. Wenn der »Liebesakt« beendet ist, knipst der Akteur ganz einfach den Release-Schalter im Skrotum aus, und schon hat er wieder seinen hübschen, kleinen, anständigen schlaffen Penis. Auch andere Varianten werden zum Marktschlager werden, etwa solche mit so einfallsreichen Markennamen wie »Hydroflux« oder »Omniphase«, und sie werden eine ganze Reihe von luxuriösen Besonderheiten aufweisen.

Derartige Apparate sind aber eigentlich nur Notbehelfe, damit körperlich impotente Männer zu einer Art »Leistungserlebnis« im körperlichen Sinn, wenn auch ohne Gefühlskomponenten, gelangen können. Was wirklich nötig ist, sind Arrangements, die die Erektion und gleichzeitig sexuelle Empfindungen ermöglichen. Ein Experte für männliche Potenzprobleme wagt die Prognose, daß wir bis Mitte des 21. Jahrhunderts erfolgreich Penistransplantationen durchführen

Unvorstellbare Lustgewinne erwarten den Sex-Touristen des Jahres 2019.

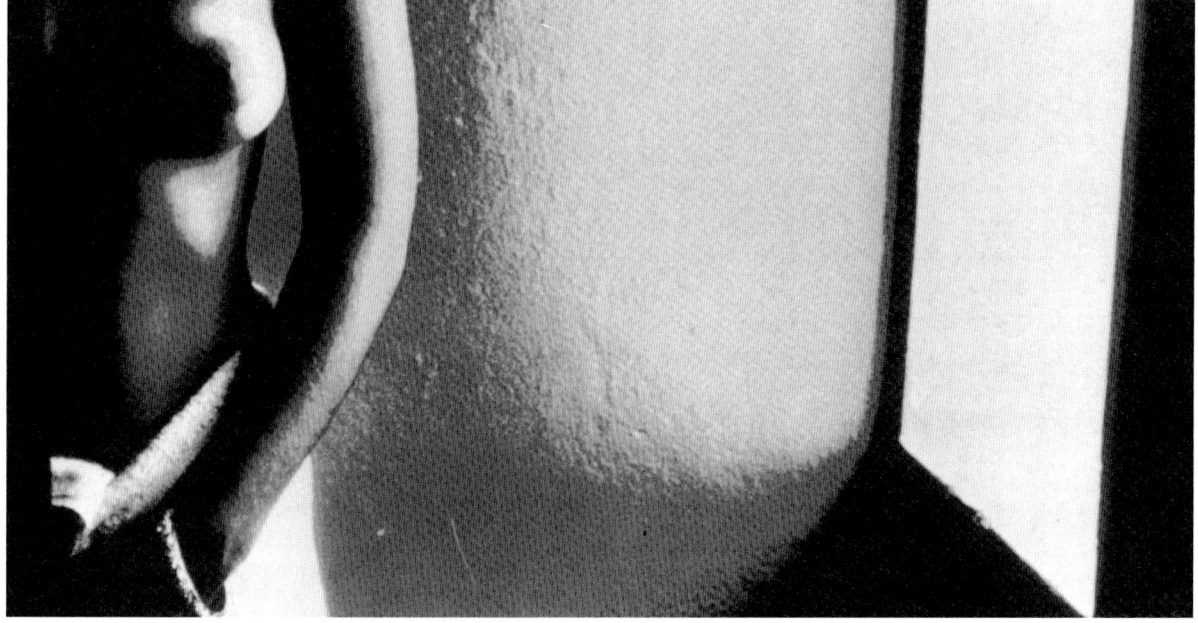

werden, genau wie wir jetzt schon Nieren- und Hornhautverpflanzungen vornehmen. Forscher behaupten, daß wir bis zum Ende des nächsten Jahrhunderts endlich den ersten völlig robotischen Penis geschaffen haben, der aus echtem Menschenfleisch mit einer Kombination von elektronischen Elementen maßgeschneidert ist. Wie die heute bereits existierenden bionischen Kunstglieder, die auf menschliche Denkimpulse reagieren, soll dann dieser bionische Penis sich auf Gedanken, Gefühle und Sehnsüchte ein- und aufrichten.

Der bionische Penis ist aber wahrscheinlich für das Jahr 2019 doch noch zu radikal-revolutionär. Viel wahrscheinlicher ist es, daß man dann allgemein erektionsfördernde Mittel in weit höherem Maße einsetzt. Dabei handelt es sich weder um Implantate noch um Prothesen, sondern um Apparaturen, die den Penis durch Schockwirkung aktivieren. Forscher an der University of California, San Francisco, experimentieren derzeit (an Kleinaffen) mit der Erprobung eines »Erektions-Schrittmachers«. Der operativ implantierte Schrittmacher stimuliert die Nerven im Penisbereich, um eine natürliche Gliedsteifheit herbeizuführen; das Gerät wird durch Funkfernsteuerungen aktiviert. Ein vergleichbares Gerät ist der Male Electronic Genital Stimulator (MEGS). Anders als der Erektionsschrittmacher muß dieser sechs Zentimeter lange Apparat nicht operativ implantiert werden, sondern kann vom Arzt ins Rectum (den Enddarm) eingeführt und über Fernsteuerung durch eine Elektrokomponente in beispielsweise einer Armbanduhr oder einem Schmuckstück kontrolliert werden. Genau wie der Schrittmacher bewirkt dieses Gerät durch die Elektrostimulation der zum Penis führenden Nerven eine völlig natürliche Erektion. (Die Transmittoren für solche Geräte müssen allerdings individuell abgestimmt sein, damit jeweils eines nur einen Penis kontrolliert und nicht etwa willkürlich andere Penisse oder andere Geräte aktiviert. Wie die Hersteller von MEGS formulierten: »Jede Einheit von uns wird maßgeschneidert, damit der Mann nicht etwa zufällig hingeht und irgendwo eine Garagentür aufgehen läßt.«)

Möglicherweise bietet sich auch eine gewisse Hoffnung für den Mann oder die Frau, die nicht nur ein neues, besseres Sexualorgan zu haben wünschen, sondern einen Geschlechtsapparat des dem eigenen Phänotyp entgegengesetzten Geschlechts, um dadurch einem tief innerlichen Bedürfnis gerecht zu werden. Der Sexualforscher John Money (Professor für Medizinpsychologie und Pädiatrie, Johns-Hopkins-University und -Klinik, Baltimore, Maryland) stellt die Hypothese auf, daß möglicherweise die Organregeneration eine Lösung für jene Menschen bieten kann, die mit den ihnen angeborenen Geschlechtsorganen unglücklich sind.

»Meine etwas science-fiction-hafte Idee ist, daß man mit ein biß-chen genetischer Technik ein Umkehrprogramm der Embryogenese bauen könnte, so daß man dann in der Lage wäre, die Entwicklung zurückzuspulen und die Geschlechtsorgane in der Gestalt des anderen Geschlechts erneut wachsen zu lassen. Eidechsen können in jedem Lebensstadium einen neuen Schwanz wachsen lassen; sobald man also gelernt hat, wie man Organe regeneriert, müßte es da keinerlei altersmäßige Grenzen mehr geben. Man befiehlt ganz einfach der Klitoris, sich zum Genitalhöcker zurückzuentwickeln (dem Embryonalgewebe, das sich dann je nachdem zu den äußeren Geschlechtsorganen von Frau oder Mann entwickelt), dann als hautumgebender Penis wieder hervorzuwachsen, anstelle eines Tubus und der Labia minora (kleinen Schamlippen), und sie würde den Befehl ganz genau befolgen.«

Die größte Revolution auf dem Gebiet der Sexualität wird aber nicht durch Aphrodisiaka, Elektrostimulation der bionische Penisse entstehen, sondern aus der zunehmend einflußreicheren Rolle erwachsen, die die Frauen in der Gesellschaft einnehmen. Und mit wachsender wirtschaftlicher Macht wird auch die sexuelle Gleichberechtigung einhergehen. Pepper Schwartz, ao. Professor der Soziologie an der University of Washington, ist überzeugt, daß die traditionelle Dichotomie der Rollenteilung zwischen dem Mann als Brotverdiener und der Frau als Hausfrau und Mutter sehr rasch verschwinden wird, und zwar aus zwei Gründen: der Wirtschaftslage und der Scheidung. Prof. Schwartz führte vor kurzem im Auftrag der National Science Foundation eine Untersuchung an 7397 Ehepaaren durch. »Es wird künftig mehr berufstätige Frauen geben als heute, weil sie einfach arbeiten müssen. Die Wirtschaft basiert auf den Einkommen von Doppelverdienern. Und außerdem müssen Frauen heute, angesichts der hohen Scheidungsziffern, eben berufliche Qualifikationen aufweisen.«
Und so fließt den Frauen Geld zu, und damit Macht, Einfluß und Prestige, und die Frauen werden diese zusätzlichen Sicherheiten genau für die gleichen Zwecke einsetzen, wie Männer dies immer schon tun: um für Angehörige des anderen Geschlechts, besonders natürlich jüngere Angehörige, attraktiv zu werden. »Seit die Frauen begonnen haben, selbst Geld zu verdienen und Sozialprestige zu genießen«, sagte Schwartz, »können sie jüngeren Männern ebenfalls einige der nützlichen Annehmlichkeiten bieten, die jüngere Frauen von älteren Männern entgegennehmen.« Prof. Schwartz prophezeit, daß sich das Bild von der Frau in unserer Kultur verändern wird, »daß man Frauen teilweise eine ähnliche ›Patina‹ wie den Männern erlau-

ben wird, nicht etwa weil weibliche Runzeln irgendwie schöner wären als die der Männer, sondern weil sie die Macht zur Kontrolle besitzen, die Möglichkeit, zu kaufen und politisch zu entscheiden, kurz, Macht auszuüben«.

Den »besten Sex« im Jahre 2019 wird man aber wahrscheinlich nicht auf der Erde finden. Ihn wird es dreihundert Meilen tief im Weltraum geben. Das allerromantischste Liebeshotel des uns bekannten Universums findet man dann in der Umlaufbahn um die Erde, vielleicht in Gestalt eines kommerziell betriebenen Appendix zu der permanenten Raumstation der NASA, und dort können Sie mit ihrem Partner im wortwörtlichen Sinn von Wand zu Wand und in den Himmel »fliegen«. »Wenn Sie Spaß an Wasserbetten haben«, sagt Ben Bova, Vorsitzender des National Space Institute, »also, ich sage Ihnen, Sex in Nullschwerkraft wird noch viel besser sein. Sie sind alle Gewichtsprobleme los. Sie brauchen nicht mehr auf einer Fläche zu liegen. Im wesentlichen verwandeln Sie den Sex in eine dreidimensionale Erfahrung. Sie können frei mitten in einem Raum schweben oder sich von gepolsterten Wänden abstoßen. Und Ihr Körper reagiert auf die geringste Berührung, ganz wie ein Boot im Wasser... Allerdings«, räumt Bova ein, »könnten sich da einige höchst interessante Probleme in einem Bereich ergeben, den die NASA als ›Begegnung und Ankoppeln‹ bezeichnet.«

»Ich habe ziemlich heftig über die Sache nachgedacht«, fährt Bova fort, dessen National Space Institute es sich zur Aufgabe macht, ein stärkeres Raumfahrtbewußtsein bei der Zivilbevölkerung auszulösen. Sein ganz persönliches Lieblingsziel ist der Bau eines »Honeymoon«-Hotels für Jungvermählte im Orbit. Er sagt: »Ich glaube, das wird die Niagara-Fälle turmhoch schlagen.«

K A P I

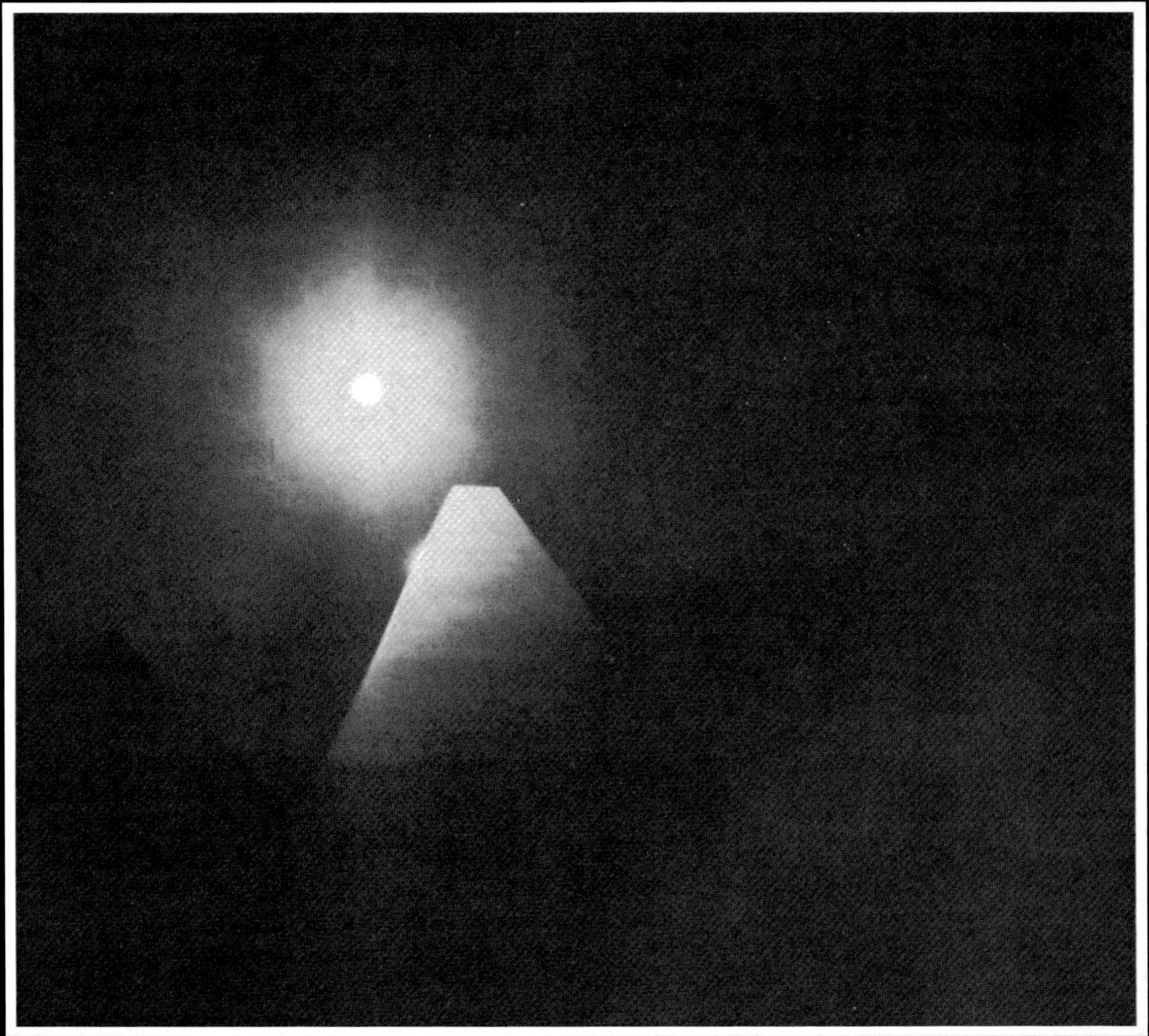

DAS LEBEN

BEGEGNET

DEM TOD —

UND ZUPFT IHN

AM SCHWANZ

Halley F. Archer — Gestorben (109 Jahre) — Bodenspekulationsgigant entwickelte Grundbesitz auf Mond und Mars

— *THE NEW YORK TIMES,*   *20. Juli 2019*

Halley Faustus Archer, der mit Grundstücksgeschäften ein Vermögen verdiente und als erster Privatmann Baugründe auf dem Mond und Mars erschloß, starb gestern bei einem Automobilunfall. Er war 109 Jahre alt geworden. Archer erlag in einer Klinik in Beverly Hills seinen Kopfverletzungen. Seine inneren Organe und Gliedmaßen wurden als Transplantatspende entnommen. Das Gehirn war nicht mehr zu retten.

»Mein Pappa hatte wirklich vor, ewig zu leben«, sagte Sohn Geoffrey Archer, 81, Präsident der Terrestrial Archer, Inc., des gigantischen Firmenimperiums von Grundstücksverwaltungen und Biomedizinischer Forschung im Besitz der Familie. »Sein Tod kam zu früh.«

Halley Archer spekulierte auf dem Grundstücksmarkt in New York City, Rio de Janeiro, Hongkong und Lagos. Um die Jahrtausendwende begann er als erster mit der Erschließung des Mondes: mit seiner Mehrzweck-Kolonie, so dem Luna-Loa-Hotel, privaten Eigentumswohnungen und einer Forschungsklinik. Im letzten Jahr baute er »Halley's Mars Bars«, die derzeit einzige Ferienkolonie auf dem fünften Planeten.

Der stärkste Antrieb in Archers Leben war der sehnsüchtige Wunsch, ewig jung zu bleiben. Seit den fünfziger Jahren schon war er ein fanatischer Gesundheitsapostel, und nachdem er sich ein Vermögen erworben hatte, investierte er immer höhere Milliardensummen in Forschungsprojekte, deren Ziel es war, die Lebensdauer zu verlängern und Therapien zur Verjüngung des alternden menschlichen Körpers zu entwickeln. Im Jahre 1987 gründete er Archer Biochemicals, auf daß man dort das »Elixier der Jugend« entdecke, wie er sich ausdrückte. Archer war ein freiwilliges Versuchskaninchen für viele der noch experimentellen Drogen und Techniken, die in seinem Institut entwickelt wurden.

Die Ärzte, die nach Eintritt des klinischen Todes seine Organe entnahmen, gaben an, daß Archers interner physiologischer Zustand dem eines gesunden Mitfünfzigers entsprochen habe. Dank Plastochirurgie und epidermaler Therapien war seine äußere Erscheinung so geschickt renoviert, daß er seinem eigenen Selbst von 1945 ver-

Umseitig: Das große Jenseits: der Tod wird im nächsten Jahrhundert weniger zu fürchten sein.

blüffend ähnlich sah, gleichzeitig aber auch dem derzeitigen 3-V-Idol Darryl Martingale.

Archer wurde im Jahre 1910 geboren und erhielt seinen Namen nach dem Kometen, der in jenem Jahr in unser Sonnensystem vordrang. Er heiratete (1937) Gladys Bruce und hatte zwei Söhne mit ihr. Seine Frau starb 1957 an Krebs, und Archer schwor, von jetzt an »dem Tod zu Leibe zu rücken«. Von seinem vierzigsten Lebensjahr an lief er, schwamm, betrieb Yoga und Karate. In den sechziger Jahren begann er sich für ein Megavitamin-Programm einzusetzen, das der berühmte Vitaminforscher Michael Colgan in die Wege geleitet hatte. Er nahm die »Hungerdiät« des bedeutenden Immunologen Roy Walford von der University of California im Jahre 1986 auf – und lebte danach mit nur 1300 Kalorien täglich bis zu seinem letzten Tag. Im Jahre 1988 unterzog er sich einer Rundumtransplantation von Milz, Leber, Pankreas (Bauchspeicheldrüse) und Nieren.

Archer ermutigte seine zweite Gattin, Isabelle Lewis, gleichfalls zu lebenssteigernden Therapien. Mit 54 Jahren gebar sie ihm (1998) eine Tochter, Hyacinthe. In den neunziger Jahren konnte Archers Sohn Andrew, 73, Endokrinologe und Angehöriger des Forschungsteams bei Archer Biomedical, Donner Denckla überreden, sich aus seinem Ruhestand aufzuraffen und sich wieder aktiv zu betätigen; Denckla hatte theoretische Vorarbeiten über die Existenz des sogenannten »Todeshormons« geleistet. Gemeinsam gelang es den zwei Wissenschaftlern 1999, dieses Hormon zu isolieren, und sie erhielten gemeinsam 2007 den Nobelpreis für Medizin und Physiologie. Halley Archer begann mit seiner persönlichen Anti-Tod-Hormontherapie im Jahre 2002, mit zweiundneunzig Jahren. Zum Zeitpunkt seines Todes hatten er und seine Frau, die gleichfalls das Drogenexperiment mitmachte, ein gemeinsames neues Kind geplant gehabt.

Neben seiner Frau und seinen drei Kindern hinterläßt Archer vier Enkel und fünf Urenkel. Eine Trauerfeier wird im engsten Familienkreise in Archers Privatvilla auf dem Mars abgehalten. Seine sterblichen Überreste werden an Bord einer Aldrin-III-Rakete verbracht, die in 175 Jahren das Sternbild der Fische erreichen wird. Freunde und Verwandte, die sich an der Totenwache und der Trauerzeremonie zu beteiligen wünschen, können dies über Kanal Z. MortNet, morgen um 19.00 h, Greenwichzeit, tun.

Die sehr lange Lebensspanne des Mr. Archer war allerdings auch im 21. Jahrhundert, zumindest in dessen Anfängen, nicht einmal für alle kolossal reichen Menschen möglich. Archer hatte sich nur einfach ganz unauffällig-geschickt auf die biomedizinische Überholspur

gemogelt, indem er sich eine private Forschungsabteilung schuf —
und indem er seinen eigenen Körper als Versuchsmaterial einsetzte.
Aber dennoch, dank seiner Lebenssucht, und natürlich auch dank der
ungeheuren Summen, die er in die Biowissenschaft pumpte, werden
jetzt auch viele sehr wohlhabende Zeitgenossen damit rechnen können, ihren hundertzwanzigsten oder hundertdreißigsten Geburtstag
zu erleben. Sogar die weniger mit materiellen Mitteln gesegneten, in
der Mitte des 20. Jahrhunderts geborenen Menschen dürfen darauf
hoffen, rüstige hundert Jahre zu erreichen — und zwar ohne daß
ihnen eine Multiple Organtransplantation oder das Todeshormon
zur Verfügung stünden, was bisher ganz einfach außerhalb der Möglichkeiten eines Bürokraten mittlerer Gehaltsstufe oder eines Angestellten in einem der internationalen Multikonzerne läge.

Das Beispiel Halley Archer mag man einordnen, wie man will, aber
die heute bereits greifbaren Verjüngungs- und Lebensverlängerungs-
Therapien sind ganz schlicht eines der Ergebnisse der entsetzlichen
sozialen Zwänge in der Mitte des 20. Jahrhunderts. Bereits um 1980
erwies sich mit schmerzlicher Deutlichkeit, daß, selbst wenn es
gelänge, die bereits existierenden Krankheiten — Krebs, Herz und
Kreislauf, Schlaganfall, Alzheimer-Syndrom, Diabetes — zu heilen, die
Menschen nach dem biblischen Alter von über siebzig und vielleicht
noch ein, zwei Jahrzehnten danach, unvermeidlich verfallen würden,
bis dann das zwangsläufige allerletzte Rendezvous mit dem Großen
Grimmigen Schnitter ihnen bevorstand. Die Zukunftsaussicht auf
eine zur Hälfte senile Bevölkerung, die sich in massierten »Sonnen-
City«-Ghettos zu Tode lebt, im warmen Südwinter rings um die Erde,
unproduktiv, nutzlos und hilflos mit ihren achtzig und neunzig und
mehr schütteren Jahren, versprach wenig Gutes für eine gesunde
Volkswirtschaft. Das Bruttosozialprodukt mußte zwangsläufig mit
dem sinkenden Prokopfverbrauch absacken— und das würde sehr
schlimm sein für alle Geschäftsbereiche, außer natürlich für das
Geschäft mit Senioren- und Pflegeheimen. Und so strömten denn ab
etwa 1990 Gelder in immer kräftigeren und immer rascheren Gießbä-
chen in Stipendien für die Forschung auf dem Gebiet der Lebensver-
längerung.

Archer war allen anderen um Jahrzehnte voraus in seinem Abwehr-
kampf gegen den Altersverfall. Er absolvierte ein eisernes Körpertraining und hielt sich strikt an Walfords »Hungerdiät« (was effektiv eine
Fehlbezeichnung ist, da sämtliche grundsätzlich nötigen Vitamine,
Mineralstoffe und Proteine durch diese »Halbfasten-Diät« gewährleistet sind). Die Reduzierung der Kalorienzufuhr hatte bei Tieren im
Laborversuch die Lebenserwartung bis zu 30 Prozent gesteigert, und

wie Archer es sah, war er selbst nichts weiter als eine enorm reiche Ratte in einem Versuchslabor. Er fand sich damit ab, immer Hunger zu haben. Um 2000 allerdings war es der Wissenschaft gelungen, Methoden zu entwickeln, mit denen man die Hungerzentren im Hypothalamus einfach abschalten konnte. Die Menschheit entdeckte, daß sie ihre Freßgewohnheiten verändern konnte. Archer durfte von da an tagtäglich seinen kleinen Imbiß futtern oder aber seinen Wochenbedarf an Kalorien bei einem orgiastischen Bankett zu sich nehmen — und dann mehrere Tage lang überhaupt nichts essen.

Große Werbekampagnen machten die Öffentlichkeit mit Strategien gegen die körperlichen Abnutzungs- und Alterssyndrome bekannt. Die zwei Hauptkampfwaffen in dieser Schlacht gegen das Altern waren Antioxydantien und DNA-Reparaturenzyme. Antioxidantien sind molekulare Substanzen, die durch Oxydation in Zellen hervorgerufene Schädigungen reparieren können. Während des Sauerstoffwechsels lösen sich innerhalb der Zellenmoleküle instabile Atome und jagen durch das Zytoplasma wie angetörnte Teenager in einem Stratokreuzer am Samstagabend. Diese »freien Radikalen« versuchen, die Elektronen anderer Moleküle zu »vergewaltigen« oder zu kidnappen. Bei ihrer wilden Suche nach Partnern beschädigen die »freien Radikalen« die DNS, die Zellhäute, die Proteine und inaktivieren oder zerstören die Zellfunktionen. Und ältere Körperzellen stekken voll von derartigen »freien Radikalen«.

Antioxydantien saugen die freien Radikalen wie mit einem Mop auf. Jetzt, im 21. Jahrhundert, haben wir dank der entsprechenden Forschung auf diesem Sektor eine weit höhere Zahl von Grundstoffen mit antioxyden Eigenschaften. Immer noch höchst wirksam sind die hochgetrimmten und verbesserten alten, zuverlässigen Mittelchen aus dem vergangenen Jahrhundert — etwa die Vitamin-A, -E und C-Kombinationen. Immer noch schlucken die Menschen ihre selbstverschriebenen ganz persönlichen Kombinationen von Substanzen wie 2-MEA (2-Mercaptoäthylamin), BHT (Butyl-Hydroxytoluen), ein Konservierungsstoff für Nahrungsmittel, das Spurenelement Selen, den Chininabkömmling Santoquin — und eine Reihe weiterer Verbindungen, durch die die freien Radikalen in ihrer Aktivität gebremst werden.

Vor dem Todeshormon-Blocker waren Archers bevorzugte Kampfeinheiten gegen die freien Radikalen Enzyme aus den körpereigenen Antioxydsystemen wie die Glutathion-Peroxydase, Katalase und die Königin unter ihnen allen, die Superoxyd-Dismutase (SOD). Für die breite Masse ist SOD, das preiswert ist, das ideale Antioxydant. Nichts anderes schluckt im Körper die freien Radikalen dermaßen schnell auf

wie SOD. Im verflossenen Jahrhundert begann der führende Gerontologe Richard Cutler sich mit Feuereifer für Methoden zu interessieren, wie man die körpereigene Produktion von SOD in die Höhe treiben könnte, und 1990 konnten dann die Pharma-Firmen, dank Genmanipulation durch DNA-Neuanordnung, menschliches SOD in marktüberflutenden Mengen herstellen und auch »Vektoren« aufbauen, die eine rasche Aufnahme in den Blutkreislauf garantierten.

Ein weiterer mutiger Versuch, die interzellulare Lebenskraft zu erhalten, sind die DNA-Cocktails. Die Reparatur zerbrochener DNA wird von Hunderten verschiedener Enzyme ausgeführt, die durch Reparatur-Gene aktiviert werden. Je mehr DNA-Reparatur-Gene ein Tier besitzt, desto langlebiger ist es. Also ist auch hierbei der Gedanke der: Wenn man die DNA-Reparatur-Enzyme durch ein Supplement verstärken könnte, könnte der Mensch doppelt so lange leben. Ende der achtziger, Anfang der neunziger Jahre mischte man ganze Paletten von Reparatur-Enzymen. In einer Rezeptur beispielsweise waren zwei Teile 6-Methyguanin-DNA-Metyltransferase, dazu drei Teile Endonuklease, ein Teil Betagalaktosidase und zusätzlich noch ein Spritzer DNA-Ligase. Doch solche DNA-Reparatur-Enzymkolonnen sind schwer zu kontrollieren, sind fehleranfällig und verursachen manchmal größere Nebenwirkungen, als erwünscht ist. Im Grunde kann auch kein Mensch bisher stichhaltig beweisen, daß es nicht doch eine Art innerer Uhr (oder Uhren) gibt, durch die der Körper abgeschaltet wird, und daß keine noch so hohe Enzymmenge dies ändern wird.

Ein Beispiel für die stehengebliebene Uhr ist die Thymusdrüse, eine hinter dem Brustbein unterhalb des Halses liegende Gewebsmasse, die mit der Pubertät zu bedeutungsloser Größe schrumpft. Sie spielt jedoch eine geheimnisvolle, aber wichtige Rolle im Immunsystem des Körpers. Thymosin, das Hormon der Thymusdrüse, wurde in den sechziger Jahren entdeckt, konnte aber erst in den achtziger Jahren chemisch isoliert werden. Archer nahm mit 70 Jahren einen Thymosinextrakt ein, ohne großen Erfolg. Ein 1988 entwickelter biotechnischer Analogstoff brachte die Hormonwirksamkeit zur Höchstform. Das Synthetothymosin konnte Archers Immunsystem so verbessern, daß es Krebserkrankungen abwehren und die Entwicklung von autoimmunologischen Schäden anhalten konnte. Für Archer von besonderer Bedeutung war es, daß Thymosin den Widerstand gegen Streß und gegen die schädlichen Einflüsse von Streß auf das Immunsystem zu erhöhen vermochte. Um 2019 melden sich die meisten Menschen vom Typ-A (also stark aktive, dynamisch-nervöse Typen) für eine Thymosintherapie, wenn sie die Mitte der Vierzig erreichen.

Gegenüber: Die Erfahrung des Beinahe-Sterbens (NDE) ist dermaßen lustbetont, daß es nicht verwunderlich ist, daß sich überall Vereine bilden, das neue Evangelium zu verbreiten.

(Es gibt leicht anwendbare Reprogrammierungstechniken, um A-Typen sanfter und gelöster zu machen, doch die meisten ziehen es vor, so zu bleiben, wie sie sind, und begegnen dem adrenergetischen Preisschildchen des Lebens auf der sausenden Kometenfahrt lieber mittels erhöhter Thymosindosierung.) Neben SOD sind die Thymosinderivate weiterhin also bevorzugte Hilfsmittel für jene Individuen, deren Droge die Realität ist.

Im übrigen haben heute, 2019, die meisten Angehörigen der wohlhabenderen Schichten der Welt sehr viel mit Drogen zu tun. Die Drogenbenutzer des 21. Jahrhunderts scheinen in zwei Kategorien zu fallen: jene, die in den Bereichen des Vergnügens und der Phantasie nach einer Steigerung streben oder alles ausschalten wollen, außer dem Leben des Geistes; und jene anderen, die ihre Leistung bei irdischen Unternehmungen steigern wollen. Die Jünger der hedonistischen Schule und der Bewußtseinsänderung nehmen Endorphin-Enkephalin-Derivate und Psychoaktiva in ihrer ganzen verwirrenden Vielfalt. Verbindungen von Stimulativen und Psychoaktivstoffen zielen bei diesen Gruppen meist darauf ab, die Pforten der Erkenntnis und Wahrnehmung weit aufzustoßen, nicht aber sosehr, die analytische Potenz zu steigern, wie dies die Realitäts-Drogen-Kombinationen tun. Die Hedoniedrogen zeitigen kaum eine lebensverlängernde Wirkung, aber das bekümmert ihre Jünger nicht. Sie interessieren sich mehr dafür, die Zeitmaßstäbe ihrer Erfahrungen im halluzinierenden Gehirn zu erweitern, als ihr Leben über Jahrzehnte der langweiligen Nüchternheit hin auszudehnen.

Andere, so etwa Archer, greifen selten zu »Freizeit«-Drogen, es sei denn zu dem uralten, aber immer selteneren Äthylen in Wein oder Cognac. Solche Leute schlucken gedächtnis- und IQ-steigernde Mittel. Die Folge ist, daß die menschliche Lebensdauer im 21. Jahrhundert individuell enorm verschieden ist, nicht nur von einer wirtschaftlich definierbaren Klasse zur anderen, sondern auch von einer Drogengruppe zur anderen, je nach der persönlichen Drogenanwendung.

Aber jene Menschen, die heute an tödlichen Dosen von Psychostimulantien, Opiaten, Orgasmika oder elektrodeninduzierten Katatonien sterben, liefern auch das Rohmaterial für den riesigen Organtransplantate-Markt. Bis 2019 haben die meisten wohlhabenden Menschen, wenn sie sich den Achtzigern nähern und entsprechend vital sind, mindestens eine größere Organtransplantation hinter sich. Und wer es sich leisten kann, läßt gleich En-bloc-Implantationen vornehmen: Herz-Lunge, Leber, Bauchspeicheldrüse, Milz und Nieren. Es gehört halt dann zum »guten Leben«.

Das Zeitalter der Transplantate begann in den achtziger Jahren mit dem Immunhemmer Cyclosporin. Bevor der Schweizer Pharma-Konzern Sandoz 1979 Cyclosporin herstellte, schlugen Organ-Transplantationen gewöhnlich aufgrund der Organabstoßung bei den Empfängern fehl. Nach Einführung des Cyclosporin aber gab es kaum noch einen klinisch diagnostizierbaren Fall von Abstoßung eines Spenderorgans. In den neunziger Jahren war es zu einer beinahe schon Routineprozedur geworden, nicht nur Großorgane und ganze Organblöcke zu transplantieren, sondern auch Knochenmark, Hautgewebe und Darmtrakte. Um die Jahrhundertwende kamen die neuroregenerativen Techniken auf, und als Folge davon wurden Gestorbenen Hände, Füße, Arme und Beine entfernt, um sie für ein neues Leben am Rumpf von Unfallopfern aufzubewahren.

Eine nie nachlassende Angst (mit der sich ein viele Jahre früher in The New England Journal of Medicine erschienener Artikel warnend befaßte) bestand darin, daß man befürchtete, die Spender auf dem Operationstisch könnten schließlich vielleicht »nicht ganz tot« sein; daß die Organentnahme als solche erst den Spender töten würde, daß also das OP-Team, das dafür ausgebildet sei, Menschenleben zu retten, Tag für Tag Menschen ermorden könnte.

Pfleger und Krankenschwestern berichteten von Schlaflosigkeit, Alpträumen, Magengeschwüren und zerrütteten Ehen. Die Streßsituation entstand daraus, daß das Personal mit Toten umgehen mußte, die noch warm waren, gute Hautdurchblutung aufwiesen, gesund wirkten — als machten sie friedlich ein kleines Nickerchen —, daß die Brust sich hob und senkte, die Nieren Urin produzierten, das Herz gleichmäßig schlug. Und wenn ein Spender »Übelkeitssymptome« aufwies oder einen Herzanfall bekam, eilte das Notteam sofort herbei und machte die nötigen »Wiederbelebungs-«Angriffe.

Der Operationsraum (OP) war Schauplatz allerhöchster Spannungen. In der Vergangenheit bestand kein Grund dafür, die Toten in die Chirurgie zu bringen, und lebende Patienten waren stets anästhesiert, ehe sie in den OP gelangten. Wenn also ein »hirntoter« Patient hereingefahren wurde, wirkte er auf die Ärzte und Schwestern nicht anders als ein Patient, dem der Blinddarm herausgenommen werden sollte. Doch nun, nach vielen Stunden mit dem Seziermesser, und anstatt den Patienten in ein Rekonvaleszenzzimmer zu bringen, wo er aufwachen konnte, hielt der Anästhesist die Lebensprozesse an, und der Rest-Leichnam wurde ins Leichenschauhaus transportiert. So etwas konnte schon sehr beunruhigend wirken, besonders wenn der Neuverstorbene ein vierjähriges Kind und bis auf eine irreparable Gehirnschädigung sonst völlig gesund war. Von den frühesten Tagen der

Organentnahme an, heißt es im selben Bericht des New England Journal, hätten die nervösen OP-Teams manchmal während der Organentnahme eine »Präsenz« oder einen »Geist« gespürt.

Der Blitz schlug ein, als die Hinterbliebenen eines Organspenders einen Prozeß gegen eine Organklinik anstrengten und behaupteten, der tote Körper des Spenders sei in einem schlechten Zustand und die operativen Eingriffe hätten die Leiche »ruiniert«. Der darauffolgende Streik dauerte drei Monate, in denen nur ein Viertel der sonst üblichen Transplantationsoperationen ausgeführt wurden. Und er nahm erst ein Ende, als die Gehälter der Klinikbelegschaft gewaltig aufgestockt wurden und die AMA (American Medical Association) einen neuen Spezialzweig anerkannte, der sich mit den »Lebenden Toten« befaßte und in dem Pathologie, Chirurgie und Intensivpflege-Techniken zusammengeschlossen wurden. Man entwarf einen neuen paramedizinischen Berufszweig, der u. a. die Techniken von Bestattungsunternehmen mit einer »Trauertherapie« für die Hinterbliebenen verband. Ausbildungsstätten für Beerdigungstechnik entwickelten neue Praktiken, um den Leichen das dauerhafte Erscheinungsbild von Leben zu verleihen, indem sie sich einiger jener Techniken bedienten, wie sie bei den großartigen Verfahren der Organerhaltung verwendet werden. Heutzutage »atmen« die für eine Totenwache aufgebahrten Leichen oftmals und fühlen sich »warm« an.

Um die Jahrhundertwende erfolgte ein Durchbruch in der Aufbewahrung von Organtransplantaten. Vorher konnte die Medizin Nieren außerhalb des Körpers nur drei Tage lang »lebendig« erhalten. Die anderen Organe waren noch leichter verderblich; Herzen ließen sich zirka vier Stunden lang in einer salzigen Lösung erhalten; Lebern bis zu zehn Stunden. Lungen verdarben so rasch, daß der ganze Spenderkörper in das Krankenhaus gebracht werden mußte, wo ein Patient auf sie wartete. Diese Kurzlebigkeit der Organe machte die Beschaffung zu einem stets höchst eiligen Notfallunternehmen und warf unaufhörlich logistische Probleme beim Transport und der Operationsschnelligkeit auf.

Der erste Organ-Inkubator wurde 2001 entwickelt; er war eine computergesteuerte Anordnung von chemischen Bädern und Lösungen, die es den Organbanken erlaubten, die verschiedenen Körperteile »anzuschließen« und damit sogar das empfindlichste Lungengewebe bis zu sechs Monaten lebendig zu erhalten. Dies entlastete die Chirurgen und die Organempfänger enorm und gestattete den Organbanken die Langzeiterhaltung von Leichen mit schlagenden Herzen in ICUs, bis man sie an ihre endgültige Unruhestätte verpflanzte.

Das 21. Jahrhundert ist transplantations-verrückt. Zwar scheinen alle Augenblicke neue Organbanken an jeder Ecke aus dem Boden zu sprießen, aber es ist unmöglich, mit der Nachfrage Schritt zu halten. Anders als künstliche Gliedmaßen sind Kunstorgane immer unpopulär geblieben. Zwar kann das Jarvik-27 seinen Benutzer bis zu sieben Wochen erhalten, aber ein »echtes Herz« ist auf lange Sicht eben doch wünschenswerter. Andere Organe erwiesen sich für eine langfristige erfolgreiche Simulation als zu kompliziert, mit einer Ausnahme: der Haut. Künstliche Haut wird heute sowohl für kosmetische Zwecke als auch bei Verbrennungsopfern in der plastischen Chirurgie benutzt. Elektronische Gehörimplantate sind populär — besonders solche, mit denen man die höheren und niederen Frequenzen hören kann, wie sie die neuen Instrumente erzeugen.

Der allerjüngste Durchbruch findet auf dem Gebiet der Transplantation ganzer gesunder Gliedmaßen statt, obwohl sich nur die Superreichen, Mächtigen und die Halbgötter des Sports dieser Prozedur unterziehen wollen, weil es dabei um einen Arm oder ein ganzes Bein geht.

Nach einem Motoradunfall im Jahre 2013 ließ sich Archer einen Ersatz für seine linke zertrümmerte Hand implantieren. Bei diesem teuersten Fall von Gliedtransplantation der Geschichte (sie kostete zwei Millionen Dollar) erhielt der Baumagnat die linke Hand eines Konzertpianisten, der an einer Überdosis einer Droge gestorben war, welche die musikalische Sensitivität bis zu höchsten (in seinem Falle tödlichen) Höhen steigert. Archer war mit seinen langen geschmeidigen neuen Fingern dermaßen glücklich, daß er auch die rechte Hand des Pianisten haben wollte. Doch die war bereits an einen anderen Empfänger vergeben worden.

Seit uralten Zeiten träumten Menschen davon, Gliedmaßen von einem Körper auf einen anderen zu übertragen. Die Mikrochirurgie, das Zusammennähen verletzter Adern und Nervenstränge, legte das Fundament dazu: Cyclosporin war der nächste Schritt. Doch das Problem der Nervenregenerierung erwies sich bis in die späten neunziger Jahre als eine echte Plage bei Gliedtransplantationen.

Die Schwierigkeiten bei der Nervenregenerierung sind heute beinahe gelöst, dank eines Verfahrens, das der Neurologe Luis de Medinaceli (vom National Health Institute) im zwanzigsten Jahrhundert erfand. Diese Technik ist heute hochentwickelt. Neben den 300 000 Unfalltransplantationen wurden im letzten Jahr weitere 150 000 kosmetische Gliedtransplantationen durchgeführt. (Inzwischen versucht man sich am Starfish Institute in La Jolla, Kalifornien, bereits an der Regeneration ganzer Gliedmaßen.)

Zu bewältigen ist aber noch der Mount Everest unter den Problemen der Neurochirurgie: die Transplantierung des Zentralnervensystems. Der Traum von der Transplantation eines ganzen Gehirns ist noch nicht Wirklichkeit geworden. Allerdings verlief die Übertragung des rechten Kortex eines Doberman-Pinschers auf einen anderen Hund, einen Beagle, erfolgreich. Und obwohl das übertragene Hirn normal zu funktionieren scheint, läßt sich nur schwer sagen, was dabei für körperlich-geistige Dichotomien sich für die Hundepsyche ergeben. Man wird auf die Übertragung menschlichen Hirns warten müssen, wenn man Probleme des Bewußtseins untersuchen will. In der Zukunft bietet sich wohl wirklich eine Chance für ein unsterbliches Bewußtsein — daß nämlich aus einem alten, sterbenden Körper der gesamte Kortex, das Limbische System, Kleinhirn und Stammhirn entnommen und einer jungen Leiche, deren Herztätigkeit noch fortbesteht, eingesetzt werden. In diesem Fall würde der frischgestorbene Hirntote eine umgekehrte Funktion erfüllen. Anstatt daß seine brauchbaren Teile entnommen werden, würde er mit dem Bewußtsein eines hirn-lebendigen, aber körpertoten Spenders wieder zum Leben erweckt.

Ähnlich wie um 2010 die Rundumliftung des ganzen Körpers durch die plastische Chirurgie so beliebt war, ist jetzt bei reichen Leuten die Hirnverpflanzung der allerneueste Hit. Zunächst dienten hirnliche Allogen-Implantate therapeutischen Zwecken — Befreiung von Parkinsonismus, Alzheimer usw. Bei Parkinson transplantierte man im allgemeinen Zellen aus dem eigenen Nebennierenmark des Patienten in sein Gehirn, um so die Produktion von Epinephrin anzuregen, das seinerseits die Produktion von Dopamin stimuliert. Das Verfahren war recht erfolgreich, doch im 21. Jahrhundert konnte man bereits die *substantiae nigrae* — also die Schwarzbereiche im Gehirn, in denen die Dopaminproduktion gestört ist — von Föten implantieren.

Auch heute noch liefern Abtreibungen den Großteil des erwünschten Foetusgewebes, und fast ausschließlich. Man bietet Schwangeren auf der ganzen Erde beträchtliche finanzielle Anreize, wenn sie einen Schwangerschaftsabbruch vornehmen lassen, statt Kinder in die Welt zu setzen. Das fötale Hirngewebe wird heute dazu verwendet, um Affekte der Frontalhirnlappen auszugleichen, also jenes menschlichen Hirnbereichs, der mit Aktivitäten wie Planung und Weitblick verbunden ist. Archer und viele in ihren hübschen Eigentumswohnungen sich langweilende Spitzenkräfte der Wirtschaft haben eine große Vorliebe für Allogen-Implantate in ihren Vorderhirnlappen, wodurch sie bei Direktionssitzungen einen messerscharfen Vorteil in der Diskussion zu erlangen hoffen. Aber Archer, während er die Hirnvorderlappenimplantation vornehmen ließ, unterzog sich gleichzeitig einer Übertragung eines Allotransplantats von fötaler Substantia nigra — ein bißchen zusätzliche Muskelstärke kann immer mal nützlich sein, sagte er damals.

Trotz der Drogencocktails und Transplantate siegte jedoch auch in den neunziger Jahren der Tod meist über den Menschen, wenn er ein Alter von fünfundachtzig bis neunzig erreicht hatte. Archer verlor allmählich die Geduld, weil die Lebensverlängerungsforschung so langsame Fortschritte machte. Noch während er mit dem Gedanken an eine Thymus-Implantation spielte, unterbreitete ihm sein Sohn Andrew den Vorschlag, man solle den Endokrinologen Donner Denckla »zum Leben erwecken«. Dieser radikale Experimentator der achtziger Jahre lebte noch, hatte jedoch über zehn Jahre lang keine Forschungsarbeit mehr betrieben. Denckla hatte ursprünglich vermutet, daß ein geheimnisvolles Hypophysenhormon, das er als DECO bezeichnete (Decreasing Oxygen Consumption Hormon), schuld an dem unausweichlichen Verfall und Untergang aller Lebewesen sei. Er nahm an, daß das Molekül einige Wachstumsaspekte

Den trauernden Hinterbliebenen von Organspendern bietet man, auf Wunsch, eine »Trauer-Therapie«.

während der Pubertät beeinflusse und sich nach getaner Arbeit in ein langsam wirkendes Gift verwandle.

Bei seinen Experimenten entfernte er die Hypophysen von Ratten und verabreichte ihnen ein Ersatzhormon, um sie am Leben zu erhalten. Bei älteren Ratten ohne Hypophyse gingen die Alterungsschäden mit erstaunlicher Schnelligkeit zurück; das Fell wurde wieder dicht und glänzend, und ihre Energieintensität stieg wieder auf das Niveau jugendlicher Ratten. Ein Jahrzehnt lang kämpfte Denckla einsam gegen eine Flut von Opposition und gegen immer neue Mittelkürzungen an. Es gelang ihm nicht, DECO zu isolieren. Schließlich brach er die Arbeit ab, zog heim nach Woods Hole und machte mit seinem Segelboot Charterfahrten, um seinen Lebensunterhalt zu verdienen. Als man ihn fragte, warum, zuckte er die Achseln und brummte irgendwie etwas wie, der Tod müsse halt über das Leben siegen, oder Worte in dieser Richtung.

In den neunziger Jahren war das Bevölkerungswachstum praktisch auf Null gesunken. Als Andrew Archer an Denckla herantrat, kam der Wissenschaftler zu dem Schluß, die Menschheit sei jetzt vielleicht reif für die Folgen von DECO. Also beschloß er, es im Labor herzustellen und hatte ein paar Jahre später sein Ziel erreicht. Er reinigte und synthetisierte das Hormon und entdeckte in der Folge den Auslösefaktor im Hypothalamus, der den Ausstoß des Hormons aus der Hypophyse verursacht. Von diesem Auslösefaktor — einem einfachen Molekül — ausgehend, baute er ein Blockierungsmittel, einen Antagonisten. Das Anti-DECO sandte falsche Signale in den Hypothalamus, und das Gehirn hörte auf, weitere Mengen des tödlichen Hormons anzufordern.

Um 2001 hatte Denckla den DECO-Blocker selbst eingenommen, und Archer folgte ihm darin bald nach. Einen Monat später zeichnete sich an seinem zweiundneunzig Jahre alten Körper (einschließlich der Ersatzteile) eine sichtbare Verjüngung ab, und der Prozeß war von bemerkenswert geringen Nebenwirkungen begleitet. Denckla wußte allerdings, daß der Tod bei seinen Versuchsratten rasch und zum erwarteten Zeitpunkt eintrat. Er hoffte, er werde lange genug leben, um noch mitanzusehen, was mit Archer passieren würde. Würde die Behandlung mit dem DECO-Blocker dessen Leben signifikant verlängern oder nur eine ausschließlich verjüngende Wirkung haben?

Ab 2017 stellten Archer Pharmaceutical das Anti-DECO fabrikmäßig her, und Denckla unternahm einen doppelten Blindversuch mit freiwilligen Probanden über neunzig. Bisher ist noch keiner von ihnen aus natürlichen Gründen gestorben, aber alle machten die Verjüngungserfahrung durch. Dennoch wird es noch mindestens zehn Jahre dauern, bis die FDA (Food and Drugs Administration, amerikanische Gesundheitsbehörde, d. Übers.) ihre Zustimmung erteilen und Dencklas Jungbrunnen-Droge der breiten Öffentlichkeit zugänglich sein wird. Denckla hat es nicht eilig, seine Entdeckung zu vermarkten.

Trotz des Gewichts, das man im 21. Jahrhundert auf Langlebigkeit legt, sind Tod und Sterben keine schmutzigen Tabubegriffe mehr. Im verflossenen Jahrhundert hatten lebensverlängernde Techniken die Sterbevorgänge in einem solchen Maße überkontrolliert, daß die Menschen dagegen revoltierten und den persönlichen Tod den Medizinern aus den Händen nahmen. Heute kann jeder frei und selbstverständlich über den Zeitpunkt seines Abschieds verfügen; die Medizin mußte eine neue Definition für den Begriff »Mord« finden.

Da Todesfälle manchmal ein paar weiterverwertbare Körperteile mit sich bringen, haben sie heute für die Hinterbliebenen zuweilen einen versöhnlichen Silberrand. Die Menschen glauben, daß sie in ihren Organen weiterleben werden. Anfang 2000 entstand ein starker »Gloom-Boom«, eine Hochblüte von Düsternis, und eine übergroße Beschäftigung mit dem Tod, was Henry James viel früher einmal als die »berühmte Sache« bezeichnet hatte. In vielen Ländern ist so etwas wie eine Thanatologie entstanden, der erste ernstzunehmende Todeskult seit dem der Tibeter oder der alten Ägypter.

Zum Übergangsritus eines Fünfzigjährigen gehört das Lebenstestament, das ihn vor einem überlangen Aufenthalt in einer struldbruggischen (nach Swifts *Gulliver*) Vorhölle seniler Hilflosigkeit oder Schlaglähmung schützt. In letztwilligen Verfügungen und Versicherungspolicen sind routinemäßige Euthanasieklauseln enthalten. Für Familienmitglieder gibt es eine einmalige Euthanasielizenz, doch dazu muß der Antragsteller vor einem Gremium den Grund und die Mittel erläutern.

Um 2000 gab es auf der Erde kaum noch ständig in Bewußtlosigkeit dahindämmernde Patienten — nur ein paar Exzentriker wollten ihre komatosen Lieben konservieren, gewöhnlich zu sexuellen Zwecken. In den späten neunziger Jahren waren Gesellschaften für das Recht auf den eigenen Tod populär, wichen jedoch bald Gesellschaften, die sich mit der Qualität, dem Wie des Sterbens beschäftigten. Heute erfreuen sich Bücher, Videos und 3-V-Bänder mit »Sterbe-Führern« eines scharfen Absatzes. Die Koestler Company produziert eine Serie von Euthanasie-Medikamenten, darunter verschiedene natürliche und künstliche Opiate und Halluzinogenmittel, gemischt mit Letaldosen von synthetischem Schierling und anderen dionysischen Giften. Auf einer Idee des Romanautors Saul Bellow aufbauende »Todeskurse« trainieren die Menschen für das langsame Versinken in Vergessenheit, so daß bei ihrem Tod keine bemerkenswerten Veränderungen sich störend bemerkbar machen. Man plant seine Sterbeerfahrung mit einer Umsicht und Sorgfalt, als handelte es sich um eine große Geburtstagsparty. Man kann sich für seinen Abschied Visionen des Paradieses vorprogrammieren, Reisen auf den Wegen der Erinnerung, vierundzwanzig Stunden mathematischer Genialität erleben, oder sich ästhetischer Innenschau, sexueller Ekstase oder feierlichen Ritualen hingeben. Die bekannten Autoritäten unter den Eschatologen, etwa Thomas von Aquin, Kierkegaard und Sartre, wurden durch Bowie, Prigogine und Mandelbrot ersetzt, die neue Glaubensvorstellungen über das Jenseits und Danach anbieten, was seinerseits das neue Weltbild widerspiegelt. (Man interpretiert beispielsweise die »Hölle« als den Hitzetod des Universums, die unaufschiebbare Entropie. Feuer und Schwefel sind ebenso aus der Mode wie der Atomkrieg.)

Für nicht mehr zu behandelnde Krebsfälle bieten sich in »Hospizen« jetzt elegante Retiros mit See- oder Bergblick oder »Fantasylands«, in denen die Sterbenden unter hohen Narkoleptikadosen ihre Tage in schmerzfreiem Luxus beenden können.

Die Selbstbestimmung ist auch bei der Finanzierung des Todes der Hauptfaktor. Im vergangenen Jahrhundert überstiegen die Kosten dafür oft 3 000 Dollar; Trauergottesdienste waren oft teurer als Hochzeiten. Dies führte dazu, daß die Menschen einfach aufhörten, Begräbnisse abzuhalten, und statt dessen die weniger pompöse Einäscherung vorzogen. Die Zahl der Bestattungsunternehmen in den USA sank von 24 000 im Jahre 1960 auf 10 000 (1990). Die seelenlose Routine des Todes diente effektiv dazu, die Wirklichkeit der Sterblichkeit des Menschen zu verdrängen — die Tatsache, daß der Tod zwar eingetreten ist, daß aber ein Leben gelebt worden war. Beerdigungen und Trauerrituale waren für die Lebenden zu wichtig, als daß man sie hätte unterdrücken können, und so setzte denn bald eine Gegenreaktion ein. Das erste Anzeichen war die wachsende Popularität von langfristigen Finanzierungsplänen für Trauerfeiern und Bestattung: »Sparen Sie heute 600 Dollar, solange Sie noch tun können, was getan werden muß.« — »Lassen Sie sich von den Sterbekosten nicht unterkriegen, planen Sie voraus.«

Heute bezahlen siebzig Prozent aller Erwachsenen ihre Bestattung über »Vorbedarfs«-Pläne. Diese Finanzierung, die im Verbund mit Feuer-, Diebstahls-, Unfall- und Lebensversicherungen angeboten wird, hat sich als Absicherung gegen die Inflation erwiesen. Diese vorherige Sterbeversicherung beginnt mit einem Basismodell der

Erd- oder Feuerbestattung und einer Trauerfeier. Bestattungsarrangements werden nach dem Ratenzahlungsprinzip verkauft, wie Möbel oder Waschmaschinen. Der Kauf einer Grabstätte ist eine handfeste Grundstückstransaktion. Bei erhöhten Prämien sind in den Sterbearrangements freie Sargwahl, Blumen, Musik, Essen und die Sargträger eingeschlossen. Wenn der Vertrag »fällig« ist (also wenn der Policeinhaber stirbt), geht das Bestattungsunternehmen die speziellen Vertragspunkte mit den Hinterbliebenen durch.

Im 21. Jahrhundert erlebten Bestattungen ein großes Comeback, und sie wetteifern jetzt an Prunk, Üppigkeit und Zeremoniell mit Hochzeiten. Favorit ist die altmodische Jazz-Bestattung à la New Orleans Function — üppig ausgestattet mit Jazzband und tanzenden Trauergästen auf der Straße. Trauerfeiern werden jetzt in Privatwohnungen, Nachtclubs, Raketenabschußrampen, Museen, Stadtparks und Amüsierbetrieben abgehalten.

Die Konservierung des toten Körpers — eine der urältesten ausschließlich vom *Homo sapiens* betriebenen Aktivitäten — ist noch immer eine Mischung aus Kunst und Wissenschaft. Überraschenderweise bestand der einzige Fortschritt der Bestattungswissenschaft in zwei Jahrhunderten in der Erfindung der motorbetriebenen Einbalsamierungsmaschine vor sechzig Jahren, mit der die Konservierungsflüssigkeiten durch Venen und Arterien gepumpt wird. Die wichtigste Flüssigkeit dabei ist noch dieselbe wie im 19. Jahrhundert: Formaldehyd. Die Einbalsamierer hüten alle ihre Geheimmischungen: Brühen aus Formaldehyd, Synergisten (geheimen Hilfszutaten), Quaternärzusammensetzungen und weiteren Desinfektionslösungen, Chelationswirkstoffen, Konditionierungsstoffen wie Natriumsalze verschiedener organischer und anorganischer Säuren, Surfaktanten (oberflächenentspannende Agentia zur leichteren Durchdringung), Humektanten wie Glyzerin zur Feuchthaltung, Puffersalze (die den basischen pH-Wert erhalten), Alkohol und Karbol, Färbemittel, Kosmetika und Duftstoffe.

Im 21. Jahrhundert versuchen die Leichenbestatter noch immer, die Nebenwirkungen des Formaldehyds zu beseitigen, das den teuren Verblichenen in einen grauen, steinharten und sehr tot wirkenden Leichnam verwandelt. Aber die Leben-simulierenden Chemikalien setzen die beachtlichen Konservierungseigenschaften des Formaldehyds herab. Balsamierungswissenschaftler experimentieren unentwegt mit verbesserten Polymeren, Absprengseln der Technologie des »Kriegs der Sterne«, und mit Blitzgefriertechniken, und ein Bestattungsunternehmen, dem es gelingt, einer Toten einen Hauch von Dornröschen zu verleihen, wird von der Konkurrenz sehr beneidet.

Die Beerdigung in festem Boden ist noch immer die weitestverbrei-
tete Form der Beseitigung. Moderne Keramiksärge haben weitgehend den »Holzüberzieher« vergangener Jahrhunderte abgelöst und
heißen jetzt »Zweimeterbungalows«. Und es gibt eine bunte Palette
von High-tech zur Auswahl: Grabsteine, Mausoleen und Sarkophage.
Der mit Sonnenenergie betriebene Grabstein, ursprünglich im
20. Jahrhundert von den Ingenieuren O'Piela und Zalazny entwickelt,
ist ein Verkaufsschlager. Der Zylinder ist einen Meter hoch und hat
einen Durchmesser von zwanzig Zentimetern und enthält eine digital
aufgezeichnete Botschaft des Verblichenen. Diese Botschaft kann
zwischen drei Minuten und eine halbe Stunde lang sein. Im Kern und
am Fuß des Mahnmals sind Aktivierungsmechanismen und Lautspre-
cher angebracht. Ein Elektronenstrahl schaltet die Tonaufzeichnung
ein, sobald sich jemand dem Apparat auf dreißig Zentimeter nähert.
Stellen Sie sich das kakophonische Geschnatter an manchen Tagen
vor. Am Muttertag beispielsweise, wenn sämtliche Mammis aus dem
Grabe ihre Lektionen über gute Manieren erteilen. Der Apparat hat
eine Garantie für extreme Wärme oder Kälte und für eine Funktions-
dauer von zwei Jahrhunderten.

Die neuesten Modelle an Grabsteinen haben Videoschirme und
Videobänder mit Stimme und Bild des tiefbetrauerten Verblichenen.
Einige gesprächige Grabsteine bieten auch, über eine 900-Sonder-
nummer, die die Hinterbliebenen mit dem Grab verbindet, einen tele-
fonischen oder videophonischen automatischen Schaltservice an
Gedenktagen. Die Cosmic Catafalque Company bietet ein »Mausoleum der offenen Tür« an, mit einem Hologramm des Dahingeschiedenen und sich automatisch einschaltendem Musikprogramm;
andere bizarre Randerscheinungen sind »ewigfrische« Blumen und
Parfums. Vor kurzem tauchten Roboter-Simulakra von Verstorbenen
auf dem Markt auf. Wie bei dem sprechenden Grabstein oder dem
holographischen Mausoleum wird auch der lebensgroße Roboter
eine vorherige Finanzplanung des Individuums erfordern. Das computergesteuerte, vollautomatische Abbild in hautfarbener Vinylbe-
schichtung kostet um die 50 000 Dollar. Aber für diesen Preis können
sie den Sprechroboter mit Ihren persönlichen Wertvorstellungen,
Ansichten und Neigungen ausstatten lassen, und zwar durch ein aus-
gezeichnetes System persönlicher Grunddaten. Ihr Abbild kann auch
so programmiert werden, daß es singt, tanzt oder einfache Hausar-
beiten erledigt.

Wirklich echte Nekrophile können jetzt die Vorzüge der Tiefkühl-
Einbalsamierung ausnutzen und die Toten bei sich zu Hause plazie-
ren lassen, so als wären sie Jagdtrophäen oder etwas größere Briefbe-

schwerer. Derartige Wunderwerke der Taxidermie weisen oft ein starres geheimnisumwittertes Lächeln auf wie die Mona Lisa — eine zusätzliche Mahnung an das urewige Rätsel des Todes.

Für die Armen und die eher profanen Seelen bleibt das Krematorium weiterhin die gebräuchliche Beseitigungsmethode. Krematorien haben Leute wie Charles Denning, den selbsternannten »Colonel Cinders«, zu Millionären gemacht. Seine Neptune Society wirbt seit fünfunddreißig Jahren mit Einäscherungen für 500 Dollar, und ihre privilegierte Marktposition erlaubt der Firma einen Umsatz von 100 000 Kremationen pro Jahr mit dem System »Einäschern und Ausstreuen«.

Für Weltraumfanatiker ist die Bestattung in Null-Schwerkraft *de rigueur.* Seit 1987 schossen Raketenkapseln der Space Service, Inc., der in Houston ansässigen kommerziellen Raketenfirma, die von dem ehemaligen NASA-Astronauten Deke Slayton geleitet wird, die Aschenreste von fünfzehntausend Seelen in einen Erdorbit von zweiundzwanzigtausend Meilen. Bis zum Jahr 2000 besaß die Celestic Group, mit Sitz in Melbourne, Florida, praktisch das Monopol auf Bestattungen im Weltraum. Doch bei sinkenden Kosten vermochten sie das Umsatzvolumen nicht mehr zu bewältigen, also wurden ein paar neue Totenschiff-Organisationen aktiv. Man rechnet damit, daß die lippenstiftgroßen Raumurnen an die dreiundsechzig Millionen Jahre im Erdumlauf verbleiben werden.

Weit in den Raum vorstoßende Raketen schießen diese Kapseln in eine Erdumlaufbahn jenseits des Gravitationssogs der Erde. Leute wie Archer treffen Vorkehrungen für eine Beisetzung des ganzen intakten Leichnams. Diese spezielle Himmelfahrt bietet den dankbaren Toten außerdem den Vorzug einer makellosen unberührten Konservierung, in einer wasserlosen, luftlosen Ewigkeit, in Sicherheit vor Bodenspekulanten und Grabräubern . . . bis zum Tod unseres Universums. »Dort ist dir nicht kalt//Du willst dein Gesicht nicht im Spiegel sehen//Es gibt keine Schwere . . .« (um den großen Dichter Walter De la Mare zu zitieren)

Und die trauernden Hinterbliebenen? Die Versuche, mit den Dahingeschiedenen in Verbindung zu treten, haben heftige Ausmaße angenommen, und man benutzt das gesamte Instrumentarium der modernen Technologie bei den bislang immer noch fruchtlosen Versuchen, den Schleier der Sterblichkeit zu durchdringen. Es hat Satelliten-Übertragungs-Clubs gegeben, die »Botschaften« aus einem erdsynchronen Orbit aussandten; Computer-Netzverbindungen, auch Video-Recherchen — um die Astralebene zu finden. Es ist nicht ungewöhnlich, daß Menschen, die kurz vor dem »Übergang« stehen (oftmals gegen Bezahlung) als »Botschaftsträger« an »die auf der anderen Seite« dienen. (Das ist allerdings wohl kaum eine moderne Erfindung. Als Disraeli, der große britische Staatsmann und Premier der Vereinigten Königreiche und des Empire, im Sterben lag, sagte man ihm, Queen Victoria wolle ihn besuchen. Er sagte: »Wozu soll ich sie sehen? Die will doch nur, daß ich Albert eine Nachricht übermittle.«)

Die wahrscheinlich krankhaftesten (und gefährlichsten) Ausprägungen moderner Nekrophilie im 21. Jahrhundert sind jedoch in jenen Ablegern der Near-Death-Experience-Gesellschaften (NDE) zu finden, die manchmal auch als »Kuebler-Ross-Clubs« figurieren, um jene Schweizer Pionierin der Todes- und Sterbeforschung zu ehren. Praktikanten dieser Methoden verwenden Drogen, Erstickungszustände und andere Arten, sich »beinahe« selbst zu töten, um dieses außerordentliche »weiße Licht« und die außerkörperlichen Empfindungen zu erleben, die angeblich im verstrichenen Jahrhundert manchmal bei Intimberührungen mit dem Tod (etwa bei einem Unfall, Herzanfall usw.) auftraten. Die NDE-Verbände wurden im Jahre 2014 gesetzlich verboten, weil es einen beunruhigenden Punkt gibt, an dem der Beinahe-Tod über das Ziel hinausschießt und zum echten Tod wird. Wir finden immer häufiger die Überreste von NDE-lern, die zufällig oder durch Unfall »abstürzen«. Doch diese Gesellschaften glauben — ähnlich wie zahlreiche uralte Religionen Asiens —, daß das Leben nur die Vorbereitung auf den Tod sei, und je näher man Tag für Tag an ihn herankomme, desto besser sei es. Es bleibt abzuwarten, ob es derartigen Todeskulten gelingen wird, ihr Ziel zu erreichen, nämlich den Beinahe-Tod als einen ganz normalen, alltäglichen Bewußtheitszustand allgemein akzeptabel zu machen.

Wir wissen es ja alle, ernsthaftes Nachdenken über den Tod und das Sterben ist niemals völlig frei von Zweideutigkeiten. Aber die meisten von uns würden wohl den britischen Staatsmann Lord Palmerston zitieren wollen, der auf dem Sterbelager sagte: »Sterben, mein lieber Doktor? Das ist das letzte, was ich tun werde.« Und während ich jetzt diese Worte aufzeichne, verspüre ich ein gewisses Verlangen, dem allen ein Ende zu machen, in den Strom der Lethe zu tauchen und in Vergessen aufzugehen, in das Reich des Blauen Buddha der Tibetaner zu entschweben und auf Gottes Fünfter Hand zu sitzen ... Und hier bin ich, in meinem Büro, im 144. Stock des Laser Building, das Mr. Archer selbst noch im Jahre 2011 erbaut hat. Wenn man nur die Fenster öffnen könnte! Stehe ich kurz vor einem Herzinfarkt? Meine Leber ist das dritte Ersatzimplantat und schon fast zehn Jahre alt. Wenn ich keine neue bekommen kann ... aus und Sense. Dann kommt der Tod auf seinen Schimpansenknöcheln angehopst, genau wie bei Russell Hubans Kleinzeit, und kreischt: »Hihi... Jetzt werd ich dich zerfetzen. Meine Zeit ist immer, und dich hole ich mir jetzt. Jetzt-jetzt-jetzt!«

K A P I

KRIEG

Unter den Führern der UdSSR war schon lange die Erkenntnis gewachsen, daß es innerhalb des Warschauer Paktes immer stärkere Spannungen gebe, die man kaum würde im Griff behalten können, wenn man nicht einen militärischen Sieg mit Signalwirkung über den kapitalistischen Westen errang. Außerdem waren die Spitzenfunktionäre des Regimes von einer ganz echten Angst vor Deutschland beherrscht. Es gab sogar gewisse Befürchtungen, die potente Bundesrepublik Deutschland könne die USA zu einem Angriffskrieg gegen den kommunistischen Osten verleiten.

Über die wirklichen Ursachen dieses Krieges zwischen den beiden Blöcken, Ost und West, wird man lange streiten. Was immer sie gewesen sein mögen, der Kampf, so hat es heute den Anschein, konnte nirgendwo als in Europa ausbrechen. Und im Brennpunkt konnte kein anderes Land stehen als die Bundesrepublik Deutschland.

Der Dritte Weltkrieg, so hatte man allgemein befürchtet, würde der erste Atomkrieg sein — und wahrscheinlich der letzte. Wie sich herausstellte, war es im wesentlichen ein Krieg der Elektronik.

— General Sir John Hackett,
The Third World War

Der Dritte Weltkrieg begann auf den Tag genau vor einem Jahr mit einem Arbeiterstreik in der ostdeutschen Stadt Schwerin, unweit der Grenze zu Westdeutschland. Der Morgen des 20. Juli 2018 war windig und kalt. Die Belegschaft des Stahlkombinats Josef Stalin war empört über die ihr auferlegten unbezahlten Überstunden und zog unter Gebrüll und mit Spruchbändern auf die Straßen. Bald schlossen sich ihnen Tausende Bürger der Stadt an. Die Stadtbehörden entsandten Polizeitruppen, die den Streik niederschlagen sollten — und mußte erleben, daß diese sich rasch den Streikenden anschlossen. Und damit sah die Regierung Ostdeutschlands ihre Herrschaft unmittelbar bedroht.

Sie reagierte mit Entsendung von Militär. Doch diese jungen Soldaten waren genauso unzufrieden wie die Bevölkerung Schwerins, und sie erkannten sehr rasch, daß sie angesichts der nahen Grenze sehr leicht in den Westen abziehen konnten, falls die Sache schiefging. Ihr Kommandant befahl ihnen, das Feuer auf die Streikenden zu eröffnen. Sie weigerten sich, woraufhin die Regierung sie als Meuterer brandmarkte. Und damit konnten sie nur schwer einen Rückzieher machen; die meisten scherten aus dem Glied aus und verbündeten sich mit der Stadtpolizei und dem Volk. Und dann geriet sehr schnell alles außer Kontrolle.

In der Gegend um Schwerin lebten zahlreiche Bauern, die eine

Umseitig: Der »Dritte Weltkrieg« wird von High-Tech-Kampfmaschinen ausgefochten, doch entschieden wird er durch menschliche Faktoren.

große Zahl von Milchvieh und Schlachtvieh versorgten. Und nun bot sich ihnen — zum erstenmal seit einem halben Jahrhundert — die Gelegenheit und die Möglichkeit, gegen die verhaßten Grenzbefestigungen aktiv vorzugehen. Sie trieben ihr Vieh durch die verminten Grenzstreifen und rissen mit Traktoren die Stacheldrahtbarrieren nieder. Bald war das Grenzgebiet übersät von Rinderleichen, doch die Grenze selbst hatte effektiv aufgehört zu bestehen. Nachdem der Weg nun frei war, begannen Tausende von Zivilpersonen, viele davon zu Fuß, in den Westen zu strömen. Die Fernsehkameras verfolgten hautnah die wachsende Krise. Der sowjetische Besatzungskommandant setzte Flugzeuge ein, um diese Zivilpersonen unter Beschuß zu nehmen und mit Napalm zu besprühen. Schon bald darauf füllten sich die Bildschirme mit entsetzten Müttern mit verbrannten kleinen Kindern auf dem Arm. Die Krise war in ein neues Stadium getreten.

Direkt südlich von Schwerin war die sowjetische Dritte Abschreckeinheit stationiert, und die Zweite Panzerdivision und die Zwanzigste Schutzdivision befanden sich nicht weit entfernt. Diese Truppen erhielten nun den Befehl, entlang der Grenze in Stellung zu gehen und die Schweriner Revolte zu zerschlagen. Doch die Kommandanten waren mit dem Gelände nicht vertraut, und ausgedehnte Nebelfelder und Regen erlaubten keine genaue Sicht. Sobald also diese Truppen sich in Bewegung setzten, mobilisierte das NATO-Kommando die in der Bundesrepublik stationierten Truppen und verlegte sie so dicht wie möglich an die Grenze.

Diesem Befehl folgten die Kommandanten in Westdeutschland mit Freuden, da ihnen die Enge des Landes sonst nur wenig Raum für Manöver erlaubte. Trotzdem war keine Seite sicher, wo genau nun die Grenze lag, und schon bald warfen sowjetische Flugzeuge Bomben auf Truppen in westdeutschem Gebiet ab. Das Sowjetkommando behauptete, die daraufhin vorgebrachten Proteste beruhten auf Propagandalügen des kapitalistischen Westens; als dann jedoch Flugzeuge der NATO ein paar entsprechende Vergeltungsschläge durchführten, forderte das Sowjetkommando, beide Seiten sollten sich künftig vergleichbarer »Unfälle« enthalten.

Doch inzwischen hörte schon kein Mensch mehr zu. In den zwei deutschen Teilstaaten waren die Telefonnetze vollkommen überlastet, weil praktisch jeder gleichzeitig sprechen wollte. Die Kommandanten vor Ort konnten nur schwer Nachrichten durchgeben, und sowohl Moskau wie Washington mußten sich weitgehend auf die Fernsehnachrichten verlassen, was die jeweils neueste Entwicklung betraf. Also befahlen die Sowjets sehr bald die Totalmobilisierung, worauf die NATO rasch reagierte. Der amerikanische Befehlshaber glaubte eine Chance zu erkennen, wie man den Gegner in der Truppenentfaltung behindern könne. Er schickte drei Kampfbomber mit lasergesteuerten Sprengsätzen los, um durch die Zerstörung der Weichselbrücken, mitten im Herzen Warschaus, die sowjetischen Nachschublinien abzuschneiden. Mit meisterlicher Zielgenauigkeit bombten die Flugzeuge die Brücken in den Fluß, ohne auch nur einmal danebenzuschießen.

Inzwischen hatten einige Generäle in Westdeutschland, denen die fortgesetzten »irrtümlichen« Luftangriffe der Sowjets wie ein Stachel im Fleisch bohrten, den weiteren Vorstoß nach Osten beschlossen. Sie wußten, daß sie damit den Aufstand in Ostdeutschland mit neuem Feuer erfüllen würden und daß die NATO sich dann kaum der Forderung würde entziehen können, daß man die Menschen in Schwerin nicht einfach der Milde und Gnade der Sowjetunion überlassen dürfe. Kaum hatten die Westtruppen die Demarkationslinie überschritten, brüllten die Menschen überall: »Freiheit!« Die Nachricht verbreitete sich mit Windeseile, und am nächsten Tag erkannte das Sowjetkommando, daß es jetzt eine völlig neue Krise zu bewältigen habe.

Auf die Loyalität ihrer Verbündeten in Ostdeutschland konnten sie jedenfalls nicht bauen, soviel war sicher. Außerdem hatte während des Luftangriffs auf die Weichselbrücken die polnische Luftabwehr ihre Raketen absichtlich entweder zu früh oder zu spät abgefeuert. Und das bedeutete, daß auch Polen kein zuverlässiger Bündnispartner mehr war. So gelangte man im Kreml zu einem Paket von Entscheidungen. Die bei Schwerin stehenden Streitkräfte sollten die westdeutschen Einheiten, die inzwischen auf ostdeutschem Gebiet standen, angreifen und vernichten. Die in Weißrußland, dicht bei Polen, stationierten Sowjeteinheiten sollten nach Polen einmarschieren, dort eventuelle illoyale Garnisonen in Furcht und Schrecken versetzen und eine feste Verbindung nach Ostdeutschland herstellen. Damit würde man die USA vor ein Ultimatum stellen: Entweder ihr haltet still und ruft die NATO-Truppen zurück, oder die Armeen der Sowjetunion besetzen Westdeutschland.

In diesem Augenblick konnte nur eine Blitzübereinkunft — über den Heißen Draht zwischen Moskau und Washington — den Ausbruch eines Großkrieges verhindern. Die USA schlugen ein beidseitiges Stillhalteabkommen und die Demobilisierung vor. Aber das war für Moskau unannehmbar. In großen Teilen Ostdeutschlands, Polens und der Tschechoslowakei gab es Volksaufstände; der Warschauer Pakt war nur durch die massive Demonstration von Macht vor dem Auseinanderbrechen zu retten. Andererseits, sollte die NATO demobilisieren, während die Sowjets gleichzeitig ihre ganze Stärke demonstrierten, dann würde dies das Ende der NATO bedeuten. Aber trotzdem schickten der amerikanische Präsident und der sowjetische Premier einander weiterhin Botschaften. Und dann stieß völlig unverhofft die westdeutsche Dritte Panzergrenadierdivision, eine motorisierte Infanterie-Einheit, in den Außenbezirken von Schwerin auf das II. Corps der sowjetischen Zweiten Panzerbrigade.

Die Panzer waren auf beiden Seiten erschreckend prächtige Kampfmaschinen. Sie waren tiefsitzende und schnelle Geräte, und ihre Kampftauglichkeit wurde durch die im NATO-Jargon als Chobham-Panzerung bezeichnete Ausrüstung beträchtlich erhöht. Es handelte sich dabei um eine leichtgewichtige, aber sehr starke Verzahnung von Stahl- und Aluminiumplatten und zwischen den Metallschichten eingelagerten Gewebe- und Keramikschichten. Diese Panzerung bot einen weit besseren Schutz als die Stahlbeschichtung alten Stils aus dem letzten Jahrhundert.

Der Fahrer eines solchen Panzers sah von seinem Sitz im Turm aus die Welt auf einer flachen Konsole mit TV-Schirmen. Sie lieferten ihm nicht nur normale Sehbereich- und Infrarotbilder, sondern es gab da auch einen passiven Mikrowellendetektor. Damit konnten sämtliche von Objekten in der Umgebung abgegebenen natürlichen Wellenlängen aufgefangen werden, die dann erfaßt und auf einem radarähnlichen Schirm sichtbar gemacht werden konnten. Einige dieser natürlichen Abstrahlungen erfolgten auf Radarwellenlänge. Die passiven Mikrowellenbilder waren absolut wetterunabhängig, da weder Regen noch Nebel sich störend auf diesen Wellenbereich auswirkt. Außerdem hatte die Sache den Vorzug, daß ein Panzer keinen Radarstrahl aussenden mußte, der aufgespürt werden und so seine Position verraten könnte.

An die TV-Monitoren war ein Mikrocomputer mit künstlicher Intelligenz angeschlossen, der Muster erfassen und interpretieren konnte. In seiner Funktionsweise war er gewissermaßen den Bildprozessoren nicht unähnlich, die bei der Planeten-Erkundung Verwendung fanden und die ein verwaschenes graues TV-Bild aufnehmen und in ein scharfgestochenes Foto der Planetenoberfläche verwandeln konnten. Im Krieg fand man in derartigen Mustern oft ein Ziel — eine feindliche Stellung oder etwa einen feindlichen Panzer. Machte ein Panzer ein derartiges Ziel aus, bereitete er den Abschuß einer Geschoßsalve vor, indem er das Zielbild auf den Mikrocomputer der Gefechtsköpfe übertrug, von wo aus dann das eigene TV-System und die künstliche Intelligenz die Geschosse ins Ziel lenken sollten.

Schön und wenig gut, jedenfalls entdeckten die militärischen

Befehlshaber auf beiden Seiten, daß ihre Panzer trotzdem verwundbar waren. Die Panzer strahlten nämlich wie alle anderen Objekte auch passive Mikrowellen ab, und diese konnten von einem »intelligenten« Geschoß ausgemacht werden. Derartige Flugkörper konnten auch per Laserlenkung ins Ziel treffen, wobei genau dieselbe Technik angewendet wurde, die zur Zerstörung der Weichselbrücken geführt hatte. Der Geschützoffizier macht etwa ein Ziel auf den TV-Monitoren aus und bestimmt dann den genauen Zielpunkt. In Warschau waren es die Brückenstreben gewesen; in einer Panzerschlacht konnten es die wenig geschützte Einstiegsluke oder die Gleitketten sein. Sobald das Zielbild einmal in die Elektronik des Geschosses übertragen war, orientierte sich während des Fluges ein Laserstrahl auf den Zielpunkt, und die Rakete schoß auf dem helleuchtenden Reflexpunkt ins Ziel.

In den letzten Jahren ist die Lebenserwartung bei Panzern gestiegen, indem man eigene Laser-Raketenabwehrsysteme einbaute. Diese Systeme waren zwar nicht in der Lage, bzw. nicht stark genug, eine bereits abgeschossene Rakete zu zerstören, aber sie konnten dennoch die empfindliche Optik recht gut stören — sofern man sie rasch genug auf Zielkurs bringen konnte. Aber auch diese Panzerlaser stützten sich auf optische Systeme, die ihrerseits für die Feind-Laser anfällig waren. Das Ganze lief darauf hinaus, daß eine Panzereinheit nicht nur darauf vorbereitet sein mußte, in ein Feindgefecht mit Geschütz und Raketen zu geraten, sondern auch in einen Feuerwechsel per Laser. Mehr noch, die computerisierten Granaten und Panzerabwehrraketen kosteten etwa ein Tausendstel eines Kampfpanzers — und im Gefecht konnten die jeweiligen Generäle immerhin mit mindestens zwei Treffern pro drei Granaten oder Raketen rechnen.

Also versuchten beide Seiten eine massive Streitmacht zu konzentrieren, die den Feind mit einem einzigen Angriff vernichten würde. Für die Sowjets, die von einer Offensivmentalität bestimmt wurden, bestanden diese Streitkräfte weiterhin aus einer immensen Zahl von Panzern mit Unterstützung durch die Luftwaffe. Bei der NATO, die mehr oder weniger auf Defensive und Erhaltung der angestammten Positionen orientiert war, baute man die Streitkräfte mit Panzerabwehrwaffen auf, etwa mit raketenbestückten Hubschraubern. Den Sowjets standen über 50 000 Panzer zur Verfügung, und sie hatten über Jahre hin zweitausend neue pro Jahr gebaut. Aber die NATO hatte schon seit langem jährlich 12 000 Panzerabwehrwaffen zu weitaus geringeren Gesamtkosten angeschafft.

Beide Seiten waren sich darin einig, daß das Schlachtfeld kein Ort für den zwangsverpflichteten Soldaten sei. Die Sowjets verfügten über große Vorräte von Nervengas und hatten stets klar erkennen lassen, daß sie es einsetzen würden, wenn sie darin einen Vorteil sahen. Die NATO — mit ihrer Vorliebe für High-Tech — hatte Schwachstrom-Laser entwickeln lassen, die in Sekundenschnelle ein Schlachtfeld bestreichen und die Netzhaut in den Augen der feindliche Soldaten blenden konnten. Außerdem hatte die NATO auch Starkstrom-Mikrowellengeneratoren bauen lassen, die ähnlich dem Bratvorgang in einem Mikrowellenherd schmerzhafte, qualvolle Hautverbrennungen oder durch Überhitzung furchtbare Knochenschmerzen hervorrufen konnten. Also hielten beide Fronten ihre Kampftruppen geschützt hinter den Kuppeln der Panzertürme und Flugzeugcockpits, von wo aus sie die Außenwelt über TV-Monitoren beobachten konnten.

Beide Seiten waren sich auch darüber im klaren, daß auf einer waffenstrotzenden Front die Seite, die zuerst zuschlagen und damit ihre Positionen verraten würde, auch sehr viel leichter angreifbar werden würde — es sei denn, man konnte einen überwältigenden Schlag durchführen. Die passiven Mikrowellen boten selbst in einem verregneten und rauchgeschwängerten nächtlichen Kampfgebiet ausreichend Gelegenheit, zu sehen, ohne selbst entdeckt zu werden. Also warteten beide Seiten, die Sowjet- und die NATO-Truppen, während sie um Schwerin herum verlegt wurden, nur auf die Gelegenheit, dem Gegner einen K.-o.-Schlag zu versetzen, wonach er in diesem Sektor wenig oder gar keine Chancen für einen Gegenschlag mehr haben würde.

Am frühen Abend des 27. Juli glaubte ein sowjetischer Truppenkommandant seine Chance gekommen. Unter seinem Befehl standen mehr als tausend Panzer der neuesten Bauart, unterstützt von einigen hundert taktischen Raketen. Zwölf Meilen südwestlich, außerhalb der Reichweite der Panzerkanonen, stand das westliche Kontingent, das weit weniger Panzer, dafür aber zweitausend taktische Raketen hatte. Also beschloß der Sowjetgeneral einen koordinierten Raketenangriff auf die Deutschen. Um 19.14 Uhr — bei peitschendem Regen — eröffneten die sowjetischen Raketen das Sperrfeuer, und die Attacke lief.

Drei Sekunden nach dem Abschuß der Raketen fing ein NATO-Aufklärer die Hitzestrahlung ihres Ausstoßes auf — mit passiven Mikrowellen. Ein an Bord befindlicher Kampfanalysator stellte fest, daß das, was er da sah, ein massierter Raketenabschuß war, und alarmierte das Hauptquartier der Dritten Panzergrenadier-Division. Dort kam ein weiterer Computer zu dem Schluß, daß den westlichen Streitkräften höchstens zwanzig Sekunden Zeit für einen Gegenschlag blieben, ehe sie vernichtet sein würden. Der Computer alarmierte die Luftwaffe: Liefert die Koordinate! Der Jetcomputer schaltete sich auf ein Xylophon-Radar um, das sehr kurze Stromstöße von niederer Spannung aussandte und so rasch verschiedene Frequenzbereiche abtasten konnte (vergleichbar etwa den Tonfolgen auf diesem Musikinstrument).

Ein sowjetischer Frequenzanalysator fing die Impulse auf und ließ eine Boden-Luft-Rakete starten. Doch es dauerte ganze dreizehn Sekunden, bevor diese Rakete das Aufklärungsflugzeug zerstörte, und dieses hatte in weniger als hundert Millisekunden seine Aufgabe erfüllt. Sein Radarsystem hatte die sowjetischen Panzereinheiten aufgespürt und sie genau bildlich festgehalten, und das Inertialnavigationssystem hatte exakte kartographische Koordinate übermittelt. Der Zentralcomputer bei der Dritten Division hatte nun alles, was er brauchte. Er erteilte sofort Feuerbefehl an die NATO-Raketen, die in einer Streuung abgeschossen wurden, die darauf abzielte, das ganze II. Corps der Zweiten Panzerdivison zu vernichten. Siebzehn Sekunden nach Abschuß der sowjetischen Raketensalve war die letzte NATO-Rakete von der Abschußrampe.

Also traf der sowjetische Angriffsschlag nur leere Abschußbasen; die Raketen waren bereits unterwegs. Natürlich waren die TV-Systeme der sowjetischen Raketen technisch so hochentwickelt, daß sie den Rückstrahl der westlichen Raketen auffangen und sich auf sie orientieren konnten. Aber es waren einfach zu viele NATO-Raketen unterwegs. Diejenigen, die tatsächlich getroffen wurden, schalteten die Raketen aus, die sonst die westlichen Panzer vernichtet hätten. Und gleichzeitig konnten die NATO-Panzer durch Einsatz der Laser die Optik der sowjetischen Sprengköpfe ausschalten.

Der sowjetische Befehlshaber hatte nicht damit gerechnet, daß der Gegenangriff erfolgen würde, während seine Raketen noch auf ihre Ziele zusteuerten, auch nicht, daß der Gegenschlag so erfolgreich sein werde. Bei keinem seiner Kriegsspiele und Manöver hatte er einen solchen Gegenangriff erprobt, doch hier handelte es sich eben um richtigen Krieg, und da mußte man mit Überraschungen rechnen. Eine Minute später war alles vorbei. Zwei Panzerarmeen hatten eine Schlacht geschlagen, bei der kein Panzer auf einen andern geschossen hatte. Auf sowjetischer Seite blieben dem II. Corps nur neunundzwanzig einsatzfähige Panzer von tausend. Auf der westlichen Seite hatte die Dritte Division noch über fünfzig intakte. Doch dies war nicht das einzige Ergebnis der Schlacht. Drei NATO-Raketen hatten den sowjetischen Kommandoposten, dessen Mikrowellenbild in ihren Gedächtnisspeichern aufgezeichnet war, getroffen. Man fand den toten General in den Trümmern, die Hand umklammerte noch das Feldtelefon.

Diese Schlacht zerstörte die letzten Hoffnungen auf eine Lösung des Konflikts durch Verhandlungen. Zum erstenmal seit über siebzig Jahren waren wieder sowjetische und deutsche Streitkräfte aufeinandergestoßen — und die Deutschen hatten gewonnen. In ihrer gesamten Propaganda hatte die Sowjetunion als wesentlichsten Punkt ihrer Politik in Osteuropa stets die Gefahr unterstrichen, daß Westdeutschland erstarken und Moskau angreifen könnte, wie Hitlerdeutschland dies zuvor getan hatte. Am folgenden Morgen hatte Moskau seine Entscheidung getroffen. Man würde mit der Invasion Westdeutschlands beginnen. Dazu waren koordinierte Luftangriffe auf Transport- und Nachschublinien geplant, mit einer Speerspitze durch einen massiven Schlag aus der Luft gegen die wichtigsten Material- und Kommandozentren der NATO in Heidelberg und Kaiserslautern, nicht allzu weit von der französischen Grenze entfernt.

Die Standard-Kampfbomber, die von beiden Seiten eingesetzt wurden, waren höchst kampftüchtig und wendig. Die Triebwerke, die aus stark hitzebeständigem Material bestanden, konnten sie im Vertikalflug auf Raketengeschwindigkeit oder im Horizontalflug auf die fünffache Schallgeschwindigkeit beschleunigen, wo sie dann in Höhen bis zu dreißigtausend Metern flogen. Dank dieser Triebwerke konnten die Flugzeuge mit voller Betankung und Bewaffnung von Startbahnen abheben, die kaum länger als dreihundert Meter zu sein brauchten. Nach dem Einsatz konnten die Triebwerke aus dem Rumpf nach unten gekippt werden, um senkrecht zu landen, wodurch sie auch auf einen Luftwaffenstützpunkt zurückkehren konnten, dessen Landebahnen stark von Bombenkratern übersät waren.

Tragflächen und Rumpf bestanden aus leichtgewichtigen Materialzusammensetzungen (mit gewisser Ähnlichkeit zu Plastikstoffen). So konnten sich die Flügel während des Fluges in der Krümmung verändern und anpassen, wodurch die Kampfflugzeuge bei gleichzeitiger Verringerung des Sogs auf ein Minimum eine ungeheure Wendigkeit gewannen. Die Tragwerke ihrerseits waren nach vorn ausgestellt, was den Luftwiderstand noch mehr verringerte. Die Bordcomputer justierten ihre Kontrollen zwanzigmal pro Sekunde. Diese Flugzeuge waren Luftakrobaten und benötigten Computer, um beim Manövrieren, aber auch beim Gerad- oder Senkrechtflug kontrollierbar zu bleiben.

Die gleichen Computer fungierten als geschickte Autopiloten (automatische Steuerung). Sie konnten die Maschine auf dem Deck eines Flugzeugträgers landen, der durch schwere See rollte, oder sie konnten bei Dunkelheit und Nebel dicht über unebenem Gelände dahingleiten, das sie mit kleinen Radarpulsen abtasteten, nötigenfalls auch Berge umfliegen, die sie nicht sehen konnten. Wurde das Flugzeug von einer Flugabwehrrakete getroffen, führten die Bordsysteme automatisch die nötigen Manöver durch und boten so dem Piloten Zeit, sich die nächsten Aktionen zu überlegen. Zwei derartige Kampfflugzeuge erbrachten die Leistung von einhundert B-17-Bombern aus dem Zweiten Weltkrieg.

Diese Flugzeuge setzten die Sowjets gegen Heidelberg und Kaiserslautern ein. Sie kamen in hohen und tiefen Angriffsformationen, drei Staffeln zu dreißig Maschinen jeweils genau auf ihr Ziel zu. Die Hochflugstaffel flog in dreißigtausend Metern Höhe, außerhalb der Reichweite von Abwehrgeschossen, war jedoch in der Lage, Abwehrflugzeuge zu beschießen. Die zwei tieffliegenden Staffeln flogen dicht über den Baumwipfeln und führten den Angriff aus.

Damit hatten die Sowjets den Überraschungsvorteil auf ihrer Seite. Ihre Flugzeuge verfügten über die große Reichweite, die nötig war, um noch innerhalb der Sowjetunion große Höhen zu erreichen, im Norden Westdeutschlands einen Angriff zu fingieren, sich dann mit den bei Berlin stationierten Kampfflugzeugen zu vereinigen und nach Südwesten auf ihre Ziele zuzusteuern. Überdies waren sie gut getarnt, und man konnte sie nur schwer orten. Ihre Außenflächen hatten einen radarabsorbierenden Überzug und abgerundete Kantenlinien, um die Reflektion zu verringern. Triebwerke und andere hitzeabstrahlende Punkte steckten hinter dicker Isolierung, um das Risiko der Ortung durch hitze-empfindliche Infrarotsensoren zu mindern. Elektronische Abwehrsysteme entsandten ein schwaches Signal, um die natürliche passive Mikrowellenstrahlung zu überlagern, die man zwar nicht kaschieren, die jedoch so gestreut werden konnte, daß sie wie die diffusen Abstrahlungen einer Wolke wirkte.

In Baumhöhe konnten die Angreifer den Bodenverteidigungssystemen leichter entwischen, waren jedoch auch gleichzeitig für NATO-Flugzeuge mit abwärtsgerichteten Ortungs- und Abschußsystemen leichter angreifbar. Diese Systeme konnten ein Flugzeug aus dem Bodenwust herauspicken und Feuerinstruktion erteilen. Aber die Sowjets besaßen gleichfalls solche Systeme, und beide hochfliegenden Angriffsstaffeln waren bereit, sie gegen jedes Kampfflugzeug der NATO einzusetzen, das sie aufzuhalten versuchen würde.

Einheiten der US-Air Force, die auf der Rhein-Main Air Force Base bei Frankfurt stationiert waren, verfügten über die Kampfflugzeuge, um einer derartigen koordinierten Attacke zu begegnen. Im Prinzip hätten die westlichen Radaranlagen und Detektoren die hochfliegenden Staffeln bereits über eine beträchtliche Entfernung hin ausmachen können, was den eigenen Kampfflugzeugen Zeit genug gelassen hätte aufzusteigen. Wenn man sie in Luftkämpfe verwickeln konnte und sie vielleicht abschießen konnte, wäre der Weg für den Angriff auf die niedrigfliegenden Staffeln frei gewesen, sobald die westlichen Maschinen auf eine günstigere Höhe herabstiegen. Doch für all dies war Zeit nötig: Zeit, die Feindflugzeuge auszumachen und ihren Kurs zu bestimmen; Zeit für das Aufsteigen in große Höhe und die Luftgefechte; Zeit zum Absteigen; Zeit, die sowjetischen Flugzeuge in geringer Flughöhe anzugreifen. Und angesichts der engen Grenzen eines Westdeutschlands, das nicht ganz so groß war wie der US-Staat Oregon, kämpfte die Zeit auf der Seite der Sowjets.

Folglich wurden zwar die meisten angreifenden Maschinen schließlich abgeschossen — doch erst nachdem sie die militärischen Zentralen, die ihre Ziele waren, verwüstet hatten. Während der verwirrendsten Phasen ihrer Angriffe warfen sie Kanister mit hochexplosiven Flüssigkeiten ab, die weite Dunstfelder verbreiteten. Wenn sie dann dieses explosive Treibstoff-Luftgemisch fernzündeten, war die folgende Flammenexplosion fünfmal stärker als die einer gleichen Menge herkömmlicher Sprengstoffe. Und als die Munitions- und Nachschublager explodierten und verbrannten, stiegen über Heidelberg und Kaiserslautern riesige schwarze Rauchsäulen auf.

Mit der selben Taktik führten die Sowjets dann ähnliche Blitzangriffe gegen NATO-Stützpunkte, Häfen, Nachschub- und Transportzentren und Flugbasen durch. Aber sie bezahlten dafür einen erschütternd hohen Preis, und es erwies sich schon bald, daß die NATO-Streitkräfte, wenn sie ihre Verteidigungsstellungen halten konnten, erfolgreich eine mehr als angemessene Abschußquote von Sowjetflugzeugen erzielen konnten. Außerdem erklärte am Abend des ersten Tages dieser Angriffe der französische Premierminister, sein Land werde eng und fest mit der NATO zusammenarbeiten und die bei den Angriffen zerstörten Nachschubgüter ersetzen. Dies war von höchster Bedeutung, denn die Franzosen besaßen Atomwaffen, was die Sowjetunion wohl davon abhalten würde, mögliche Ziele in Frankreich anzugreifen.

Gleichzeitig erklärte der amerikanische Präsident in Washington, daß in Absprache mit der NATO und Frankreich der gesamte kommerzielle Flugverkehr über den Atlantik vorläufig eingestellt werde, und zwar ab sofort. Statt dessen würden die Großraum-Jets eine Luftbrücke über den Ozean bilden und amerikanische und kanadische Truppen transportieren. Im Kampfgebiet sollten sie zu bereits in Stellung befindlichen Waffen- und Nachschubdepots vorstoßen. Zusätz-

Simulation einer Kernexplosion. Es besteht jedoch einige Hoffnung, daß im nächsten Krieg Atomsprengköpfe nicht zum Einsatz kommen.

Eingeschnittenes Bild: Trotz der immer größeren Zahl der Raketen und anderer unbemannter Waffensysteme spielen bemannte Flugzeuge in der Kriegführrung des 21. Jahrhunderts weiterhin eine entscheidende Rolle.

licher Nachschub, darunter für die Gegenoffensive nötige Waffensysteme, sollte per Schiff transportiert werden.

Also machten sich die Yankees wieder einmal zur Rettung auf, genau wie 1917 und 1941. Und wie bei diesen früheren Kriegen war die Frage auch diesmal: Würden sie rechtzeitig kommen? Es war durchaus denkbar, daß der Dritte Weltkrieg bereits zu Ende war, ehe ihre Schiffe landen konnten. Sollte es der Roten Armee gelingen, bis zum Rhein vorzustoßen und dort feste Positionen zu beziehen, sollte es der Roten Luftwaffe und Marine möglich sein, diese Schiffe unterwegs zu versenken, dann würden die Sowjets den Sieg davontragen. Und diesmal würde sich die Sache innerhalb von Tagen statt von Jahren entscheiden; doch im Augenblick war es von äußerster Wichtigkeit, daß die bereits an Ort und Stelle befindlichen NATO-Streitkräfte der sowjetischen Invasion standhielten. Hauptangriffspunkt war das sogenannte Fulda-Loch.

Die Stadt Fulda liegt recht nahe dem südwestlichsten Teil der DDR. Frankfurt/Main und eine Reihe benachbarter Großstädte Westdeutschlands liegen fünfzig Meilen davon entfernt; der Rhein fließt nur ein wenig weiter westlich. Das Terrain ist für Panzer ideal geeig-

net, und das weite Tal der Fulda öffnet sich westwärts. Die unmittelbare Hauptbedrohung kam von der starken 8. Gardearmee, die von der I. Panzerarmee und der 3. Stoßarmee unterstützt wurde. Wenn sie bei Fulda durchbrechen konnten, würde es den Sowjets möglich sein, rasch einige wichtige Industriestädte Westdeutschlands zu besetzen, zum Rhein vorzustoßen und das Land quer in zwei Teile zu spalten.

Seit vielen Jahren hatte man bei der NATO einen derartigen Angriff vorausbedacht und deshalb im Gebiet um Fulda starke Verteidigungsvorkehrungen getroffen. Zwischen der Stadt selbst und der Grenze zum östlichen Deutschland bot das Gelände über zehn Meilen hin zahlreiche gute Positionen für Panzerabwehrraketenbasen mit einer beträchtlichen Schußweite. In der Mitte Westdeutschlands standen zahlreiche zusätzliche Waffensysteme zur Verfügung, die sehr schnell bei einem Angriff auf Fulda zum Einsatz gebracht werden konnten. Aber den Sowjets waren natürlich die Bemühungen der NATO nicht entgangen, und sie hatten zur Vorbereitung der Invasion Flugzeug- und Raketenangriffe unternommen, um die Verteidigungsstellungen aufzuweichen.

Ironischerweise aber war eine der wirksamsten Waffen gegen den massiven Vorstoß der sowjetischen Panzer zugleich auch sehr simpel, nämlich Tafeln mit der Aufschrift »Achtung! Minen!«. Für Panzer gibt es kaum etwas Beunruhigenderes an Abwehrwaffen als Minen, die im Gelände versteckt sind. Natürlich lagen sie dort in großer Zahl, verteilt über die zu erwartenden Aufmarschrouten von Panzern. Sie konnten das geringere Gewicht von landwirtschaftlichen Maschinen durchaus ignorieren, um dann plötzlich unter dem schweren Druck eines Panzergewichts zu detonieren; sie konnten mehrere Panzer durchlassen und dann den nächstfolgenden in die Luft jagen; sie konnten sogar aus dem Erdboden ein raketenbestückes Geschütz hervorschieben und einen Panzer in einiger Entfernung beschießen. Doch selbst wo es überhaupt keine Minen gab, veranlaßten allein schon die Warntafeln die Panzerkommandanten, langsamer und mit beträchtlicher Vorsicht vorzurücken.

Die Invasion erfolgte auf einer acht Meilen breiten Front um 3:00 Uhr nachts am 31. Juli. Fünfzehntausend Panzer, unterstützt von zweitausend Flugzeugen, stießen aus ihren Tarnstellungen in Ostdeutschland hervor und durchbrachen rasch die Grenze. Gegen einen derartigen massierten Angriff konnte sich keine Verteidigung lange halten, und das NATO-Kommando wußte dies. Man setzte seine Hoffnungen für einen erfolgreichen Widerstand auf gute Aufklärungsinformationen aus dem Weltraum und auf taktische Langstreckenraketen, die mit Dutzenden intelligenter Gefechtsköpfe ausgerüstet waren.

Die gewöhnlichen Aufklärungssatelliten waren den sowjetischen Antisatellitenwaffen nicht gewachsen, die sich auf die Umlaufbahn neben den Beobachtungssatelliten bewegen konnten, um dann zu detonieren. Also mußte sich die NATO-Luftstreitmacht auf ihre transatmosphärischen Fluggeräte verlassen. Sie waren mit hochmodernen Scramjets ausgerüstet und konnten in der oberen Erdatmosphäre bei vierzig Meilen Höhe mit Orbitalgeschwindigkeit operieren. Diese Höhe war noch ausreichend für einen beträchtlichen Schutz der Atmosphäre gegen Laser- und Strahlenwaffen im Orbit, und hoch genug, um Sicherheit vor Flugzeugabwehrraketen zu bieten. Dank ihrer leichten Manövrierfähigkeit und weil sie vorhersehbare Flugbahnen vermeiden und auf andere ausweichen konnten, waren diese Flugkörper in der Lage, aus allen denkbaren Richtungen über Mitteleuropa hinwegzuflitzen und mit ihren Fotos und Bilderkenntnissen heim in die USA zu rasen. Die amerikanische Air Force hatte eine ganze Flotte von solchen Flugkörpern, und jeder konnte pro Tag drei Flüge durchführen.

Im Idealfall konnten die Bordkameras dieser Maschinen die auf einen Panzer gemalte Kennziffer ausmachen. Zur Unterstützung der Abwehrmaßnahmen gegen die sich entwickelnde sowjetische Invasion konnte sie aber sogar noch wertvollere Informationen liefern, nämlich haargenaue kartographische Koordinaten der sowjetischen Waffenformationen, besonders der Panzer, aber auch der Kommandozentralen. Diese Koordinaten konnte man rasch den Computern der Langstreckenraketen einspeisen, die nicht nur im Rheinland, sondern auch in Frankreich, Belgien, den Niederlanden und Großbritannien stationiert waren. Und von ihren Basen, bis zu vierhundert Meilen von Fulda entfernt, konnten sie die Sowjetpanzer angreifen.

Es waren Raketen vom Typ Cruise Missiles, und sie wurden auf gewöhnlichen achtzehnrädrigen Lafettenlastern befördert. Derartige Schwerlaster konnten sich auf den Überlandstraßen und Autobahnen in Großbritannien und Europa frei bewegen, und sie sahen wie ganz gewöhnliche Frachttransporter aus. Aber sobald sie den Befehl erhielten, konnten die Fahrer an den Straßenrand steuern und das Dach öffnen. Jeder Laster beförderte vier Raketen, die vertikal aufsteigen, dann rasch in die Horizontale gehen und dann in Baumhöhe auf ihr Ziel zufliegen konnten. Dort angekommen, suchten die Bildsysteme nach den Panzern. Waren diese etwas weiter gestreut verteilt, schoß die Rakete dreißig kleine Sprengköpfe auf einmal ab, deren jeder darauf programmiert war, einen ganz bestimmten Panzer zu treffen. Fuhren die Panzer in Kolonne, dann flog die Rakete über sie hinweg und feuerte die Sprengsätze einzeln ab.

Die hauptsächliche Chance der Sowjets gegen derartige Waffen lag darin, die Trägerraketen durch bodenorientierte Waffen in ihren eigenen Flugzeugen zu zerstören, solange sie noch unterwegs waren. Aufgabe der NATO hingegen war es, eben diese Flugzeuge in ausreichendem Maße zu binden, indem man sie zu Ausweichmanövern gegenüber Flugzeugabwehrraketen und Angriffen durch Kampfflugzeuge zwang. Dies alles bedeutete, daß die einmal begonnene Invasion eine exemplarisch kostspielige Verschwendung von Waffen jeglicher Art sein würde. Panzer, Flugzeuge, Raketen — alle Systeme würden mit einer Geschwindigkeit vernichtet werden, daß die Arsenale beider Seiten nach knapp zweiwöchigen schweren Kämpfen leer sein mußten.

Auf dem Fulda-Sektor war es Ziel der NATO-Strategie, die dort massierte Sowjetstreitmacht an einem Ausbruch zu hindern, der eventuell zu einem Blitzvorstoß zum Rhein hätte führen können. Drei Tage lang hing alles in der Schwebe. Die Sowjets blieben eindeutig weiter verbissen. Immer und immer wieder stießen sie in massierter Formation vor und mußten erleben, daß ihre Panzer in großer Zahl zu brennen begannen, wenn die Abwehrraketen plötzlich und ohne Vorwarnung auftauchten. Trotzdem stießen sie weiter vor, nahmen Fulda ein und rückten zwölf Meilen weiter nach Westdeutschland ein. Am Ende des dritten Tages war der Invasion der Dampf ausgegangen. In den Wäldern und auf den Feldern lagen mehr als zwölftausend zerstörte sowjetische Panzer, und die Flugzeug- und Raketenangriffe der NATO-Streitkräfte hatten die sowjetischen Nachschublinien in Schutt und Asche gelegt.

Es war allerdings nur eine kurze Windstille, eine Zeitspanne von kaum mehr als ein paar Tagen, die man zur Regruppierung benötigte. Die Sowjets hatten immer noch fast dreißigtausend Panzer einsatzbereit stehen, und man würde sie in knapp einer Woche oder etwas mehr heranführen können. Den NATO-Streitkräften auf der anderen Seite wurde die Munition knapp. Sie hatten sich einen zeitlichen Spielraum erfochten, vielleicht acht bis zehn Tage: Also genug Zeit, daß die US-Amerikaner ihre Gesamt-Streitkräfte und den Nachschub in die Kampfarena bringen und einen ansonsten unangreifbaren sowjetischen Vorteil wettmachen konnten. Aber würden die Yanks durchkommen können?

Der Kriegsausbruch, die vorläufige Aufhebung des kommerziellen Luftverkehrs hatten Hunderttausende von panikerfüllten Geschäftsleuten und Touristen in Westeuropa stranden lassen. Aber ihnen wie allen anderen wurde sehr rasch klar, daß die Sowjets nur ein Interesse daran hatten, militärisch wichtige Ziele anzugreifen, daß sie dazu präzisionsgenaue Waffen einsetzten und daß anscheinend Hotels und Privatwohnungen nicht zu dieser Zielkategorie gehörten. Diesmal also würde es keine wahllose Massenbombardierung von Städten geben, und die Zivilbevölkerung würde auch nicht en bloc angegriffen werden. Nicht etwa daß das sowjetische Oberkommando besonders human gewesen wäre, besondere Rücksichten auf Menschenleben genommen hätte. Tatsächlich erwiesen sie sich etwa zu jener Zeit als von den exakt gegenteiligen Vorstellungen geleitet, als sie gegen die Volksaufstände in Polen, Ostdeutschland und der Tschechoslowakei vorgingen. Bei einem Kampf mit den gutausgebildeten NATO-Streitkräften — so die Einschätzung der Sowjets — bestand dagegen die wirksamste Kampfmethode darin, sich ausschließlich auf militärische Ziele zu konzentrieren.

In kommerziellen Linienflugzeugen wurden unter Eskorte von Kampfflugzeugen im Pendelverkehr große Aufgebote von Reservisten und leichte Ausrüstung zu Flughäfen in Frankreich und Italien transportiert. Raketenabschußvorrichtungen, Hubschrauber und sogar einige Panzer wurden gleichfalls in den Transportflugzeugen des Military Airlift Command verschickt. Diese Transportflugzeuge konnten eine gewaltige Fracht auf kurzen Landebahnen niederbringen, blitzschnell ausladen und blitzschnell wieder starten; auf diese Weise war es ihnen auch möglich, in größerer Nähe zu den direkten Kampfgebieten zu operieren.

Der Großteil an Ausrüstung, insbesondere nennenswerte Vorräte an Flugzeugtreibstoff und Benzin, mußte aber dennoch auf dem Seeweg herangeschafft werden. Dazu gehörten auch die Nachschubmittel für die amerikanische Streitmacht, die in großen Aluminiumcontainern enthalten waren, die per Bahn oder auf Tiefladern verfrachtet werden konnten. An Containerterminals in Baltimore und Elizabeth, New Jersey, stapelten über dreißig Meter hohe Krane aus Stahl die Container hoch auf den Decks und im Laderaum schneller Spezialfrachtschiffe.

Es gab auch die sogenannten Ro-Ros, Roll-on-Roll-off-Schiffe, gewaltige seetüchtige Fähren mit Laderampen an Bug und Heck. Man fuhr Panzer oder andere Fahrzeuge einfach an Bord und ließ sie auf der anderen Seite des Atlantik wieder von Bord fahren. Andere Ro-Ros transportierten die Anhänger von Sattelschleppern; durch Koppelung an Traktoren (Zugmaschinen) konnte man sie direkt vom Schiff auf das europäische Straßennetz bringen.Es gab auch Barkassen-Träger, deren Barkassen im Zielhafen verblieben, um dort entladen zu werden. Konventionelle Frachtschiffe wurden für übergroße Frachtstücke eingesetzt, so für Krane und Baumaschinen, die man zur

Beseitigung von Bombenschäden oder zum Bau von Ersatzbrücken verwenden wollte.

Der Kern des Konvoys bestand also aus einer relativ bescheidenen Zahl von Spezialschiffen mit hoher Frachtkapazität, die bis zu fünfundzwanzig Knoten schnell waren. Die Containerschiffe, die Barkassenträger und die Ro-Ros waren darum besonders einladende Ziele — »genau die Art Honig, auf die sich ein Schwarm sowjetischer Fliegen stürzen würde«, wie es einer der Admiräle so bildhaft ausdrückte. Wenn also ein Konvoy in See stach, dann unter einem Schutzkreis von Fregatten oder Zerstörern, die einen Angriff aus der Luft abwehren sollten. Ein zweiter Schutzring mit einem Durchmesser von sechzig Meilen umgab den Konvoy zum Schutz gegen U-Boote. Fünfzig Meilen vor dem Konvoy fuhr ein Hubschrauber-Trägerschiff, flankiert von zwei gefechtsbereiten U-Booten, deren Sonarsysteme gleichfalls die See nach feindlichen Unterwasserbooten abtasteten. Und ganz vorn an der Spitze, etwa hundert Meilen voraus, flog ein Anti-U-Bootflugzeug patrouillierend seine Kreise.

Das waren jedoch nur die Nahverteidigungssysteme. Während der ersten zwei Tage der Überfahrt war ein solcher Konvoy durch die in den USA stationierte Luftsicherung geschützt; während der letzten zwei Tage übernahm Großbritannien die Sicherung. Doch dazwischen lagen zwei, drei Tage, während derer die Konvoys einem Angriff durch Sowjetbomber ausgesetzt waren, die auf der Halbinsel Kola stationiert waren, die im nordöstlichen Teil Skandinaviens liegt. Also bestand die westliche Strategie zu einem gewissen Grad darin, daß man die größten Flugzeugträger kühn vor das nordwestliche Norwegen vorschob, von wo aus sie die feindlichen Stellungen angreifen und die Sowjets zum Kampf herausfordern sollten. Die amerikanischen Trägerschiffe sollten auf diese Weise sowjetische Kampfeinheiten binden oder vernichten, um zu verhindern, daß sie unsere Seewege angreifen konnten.

So kam es, daß die Flugzeugträger *Theodore Roosevelt, Harry S. Truman* und *Ronald Reagan* unter starker Unterstützung durch Eskorten zu Wasser und in der Luft dreißig Knoten Geschwindigkeit überschritten, als sie nördlich der norwegischen Lofoten vorstießen. Durch den Angriff auf die Kola-Stützpunkte sollte die westliche Schlagtruppe sowjetische Luft- und Seestreitkräfte zu gewaltigen Gegenangriffen verleiten; US-Amerika und seine NATO-Verbündeten setzten auf die Karte, daß sie stark genug sein würden, die feindlichen Kräfte zu vernichten. Es war die geradezu klassische Wiederholung der Prahlerei des Kapitäns aus der amerikanischen Revolution, John Paul Jones: »Ich gedenke, mich auf dieses Risiko einzulassen.«

Auf den Decks der Flugzeugträger standen etliche sechzig Kampfflugzeuge, vollgetankt und vollbewaffnet. Ein Dutzend weiterer war
dreihundert Meilen nordöstlich kampfbereit in der Luft auf Patrouille.
Darüber hielten mehrere Luftwarnflugzeuge mit kreisenden großen
Radomen Ausschau nach dem möglichen Angreifer. Sie brauchten
nicht lange zu warten. Aus dem nordöstlichen Sektor machten die
Radarbediener die Rückstrahlung von zunächst einer, dann von drei
sowjetischen Bomberstaffeln aus, insgesamt sechzig Maschinen. Jede
Maschine hatte vier Marschflugkörper zum Abschuß auf die amerika-
nischen Schiffe startbereit. Sekunden nach dem ersten Bericht der
Radarflugzeuge quoll entlang der dampfgetriebenen Abschußvor-
richtungen Dunst auf, als die Flugzeugträger ihre Flugkörper in die
Luft feuerten.

Mit einer Geschwindigkeit von gut über Mach-2 stürzten sich die
Kampfflugzeuge in die Schlacht. Alle waren mit einem Sortiment von
verschiedenartigen Luft-Luftraketen, aber auch mit einer Schnellfeu-
erkanone für den Nahkampf ausgerüstet. Auf Entfernungen über
hundert Meilen machten die Piloten mit ihren Zielkontrollsystemen
die Feindbomber aus und konnten sechs Raketen gleichzeitig auf verschiedene Ziele abfeuern. Und während die zwei Luftflotten immer
näher aufeinander zurückten, bedeckte sich der Himmel mehr und
mehr mit Rauchbändern von den auf beiden Seiten abgeschossenen
Maschinen.

Die Sowjets hatten die höheren Verluste. Die Yanks hörten beim
Durchschlängeln und den Ausweichmanövern, um den Feindraketen
zu entgehen, in den Kopfhörern nur auf den Knurrton, der anzeigte,
daß ihre Luft-Luftraketen sich auf ein Ziel verbissen hatten und in
Reichweite waren. Immer wieder, wenn die Piloten dieses Grollen
hörten, war klar, daß die Bordcomputer einen Flugkörper gegen ein
feindliches Ziel abfeuerten. »Feuern und vergessen«, lautete der Slo-
gan, mit Abschußgarantie.

Doch die Sowjets kamen immer wieder verbissen heran. Aus einer
Entfernung von hundertfünfzig Meilen von den Flugzeugträgern entfernt begannen sie nun ihre Schiffsangriffsraketen abzuschießen. Als
die letzte dieser Raketen aus ihrem Bomber abgefeuert war, brachen
die zwei Luftflotten den Kampf ab und kehrten zu ihren Basen
zurück, denn nun würden nicht Flugzeuge, sondern Raketen durch
die Luft fliegen, um die Flotte zu verteidigen. Sobald die ersten sowjetischen Marschflugkörper sich der ausgebreiteten Zerstörer- und
Kreuzschiffsflotte auf dreißig Meilen genähert hatten, spürten die
Radarsysteme an Bord die Flugbahnen auf und feuerten alle zehn
Sekunden Sprengköpfe auf sie ab. Bei engerer Feindberührung

kamen andere vom Wasser aus abgefeuerte Waffen an die Reihe; wohlbekannte Raketen mit der Fähigkeit, Schiffsgranaten im Flug abzuschießen. Von den Trägerschiffen aus zeigten sich am nordöstlichen Himmel Dutzende von lodernden Explosionen, als die Abwehrraketen ihre Ziele trafen.

Einige Marschflugkörper allerdings flogen weiter. Und nun setzte der Abwehrschirm der Zerstörer und Kreuzer elektronische Gegenmaßnahmen ein. Manche schalteten Radartransponder ein, die einen verzögerten verstärkten Echostrahl aus dem Zielradar im Lenksystem der Marschflugkörper zurückspeisten. Die Verzögerungen, eine Mikrosekunde oder zwei, ließen dann diese Schiffe als von ihrer tatsächlichen Position weit entfernt erscheinen; durch die Amplifizierung wirkten die kleinen Zerstörer so groß wie die Trägerschiffe. Andere Transponder verbanden sich mit Lasern und sandten besonders starke Strahlen von Radar-, sichtbarem und Infrarot-Licht zurück, um die Feindraketen zu blenden, ähnlich wie wenn man einem Mann einen starken Lichtstrahl ins Gesicht richtet. Wieder andere Systeme sandten sorgsam »präparierte« Mikrowellen aus; wurden sie von passiven Mikrowellendetektoren aufgefangen, erweckten auch sie den Eindruck, daß es sich bei Zerstörern um Flugzeugträger handle. Manche der Schiffe spuckten Wolken von Metallfolienhäcksel in die Luft, um auf dem Feindradar gleichfalls den Anschein weiterer großer Ziele zu erzeugen – das sogenannte »Fenster«, das Winston Churchill im Zweiten Weltkrieg erfand.

Wenn die Feindraketen dann besonders nahekamen, stießen sie auf Schnellfeuer aus automatischen MGs. Die Geschütze waren radargelenkt und feuerten pro Minute sechstausend Schuß ab. Ihr Radarsystem konnte sowohl das herannahende Feindgeschoß aufspüren wie auch die eigene Geschoßgarbe, dann Zieljustierung vornehmen und die Munition auf die Bahn der Rakete führen, um sie zu treffen.

Am Ende trafen nur drei der sowjetischen Raketen ins Ziel. Eine schoß einen Zerstörer in Brand, der dann hilflos im Wasser trieb; die zweite riß ein gähnendes Loch in die Bordwand eines leichten Kreuzers. Die dritte verfehlte, von den Gegenmaßnahmen verwirrt, das lebenswichtige Nervenzentrum des Flugzeugträgers *Roosevelt* und traf einen Hubschrauber nahe dem Heck. Ein gewaltiger Feuerball ließ die Deckplatten sich wölben und hüllte die Besatzung in der Nähe in Flammen. Doch Schadensbekämpfungs-Trupps stürzten den brennenden Hubschrauber rasch über Bord und räumten die Trümmer weg. Als die Kampfbomber zurückkehrten, war die *Roosevelt* bereit, ihre Staffeln aufzunehmen. Die Sowjets hatten an diesem Morgen über dreißig Bomberflugzeuge verloren. Die westlichen Verluste beliefen sich auf einundzwanzig Kampfflugzeuge, den Zerstörer, den Kreuzer — und zwei Dutzend Mann auf dem Flugdeck.

Später am selben Tag noch formierten sich diese Marine-Kampfeinheiten, nachdem sie aufgetankt und neugerüstet waren, erneut in Hoch-Tief-Formation und führten einen Schlag gegen die feindliche Bomberhauptbasis in der Nähe von Murmansk auf der Halbinsel Kola. Auch hier wieder hatten die hochfliegenden Staffeln die Aufgabe, Abwehrfeuer zu ersticken und die Abfangflugzeuge in Luftkämpfe zu verwickeln. Die westlichen Kampfbomber hinterließen die sowjetische Luftwaffenbasis als ein zerklüftetes, von Kratern übersätes Trümmerfeld; diesmal sah man in Murmansk schwarze Rauchwolken von einem brennenden Militärstützpunkt aus aufsteigen. Über sechzig Prozent der westlichen Angriffsflugzeuge kehrten von dieser Mission nicht zurück.

Die Verlust- und Schadensmeldungen dieser Luftschlacht und des danach durchgeführten Luftangriffs flogen blitzschnell nach Washington zurück, wo der Präsident und der Nationale Sicherheitsrat sehr bald die Köpfe zusammensteckten. Sie standen vor dem Problem, genau abwägen zu müssen, welche und wie viele Streitkräfte auf die Halbinsel Kola konzentriert werden sollten. Murmansk war nicht nur der wichtigste Bomberstützpunkt der Sowjets; es war auch der Heimathafen für den einen unbezahlbaren Aktivposten der Sowjets, ihre mit Atomraketen bestückten U-Boote. Die aber befanden sich bereits auf See und brauchten zu ihrem Schutz aus der Luft die sowjetische Luftwaffe.

»Die drehen durch, wenn wir unsere Trägerschiffe dort raufschikken«, hatte der US-Präsident einige Tage zuvor bemerkt. Wenn der westliche Schlag zu erfolgreich sein sollte — wenn es also gelang, die Rote Luftwaffe im Militärdistrikt Kola zu gewaltig zu schwächen —, könnte Moskau sehr gut in Versuchung geraten, die Interkontinentalraketen der U-Boote lieber abzuschießen, als das Risiko ihres Verlusts einzugehen. Ein zu schwacher Vergeltungsschlag dagegen würde den Sowjets die Möglichkeit bieten, die westlichen Schiffahrtslinien im Atlantik anzugreifen. Und nachdem der Präsident nun die Kampfberichte in Händen hatte, griff er rasch zum Roten Telefon, dem »Heißen Draht«.

Er erklärte, die Marinestreitkräfte befänden sich zum Schutz unserer Seestraßen in Position, nicht aber, um die sowjetischen Raketen-U-Boote in der Barentssee anzugreifen. Zum Unterpfand dafür erklärte er, die Flugzeugträger hätten Befehl, nicht über das norwegische Nordkap hinaus vorzustoßen, also über den nördlichsten Punkt Skandinaviens. Der Sowjetpremier ließ mit der Antwort nicht lange

Viele Menschen geben sich der Hoffnung hin, daß Kriege im Jahre 2019 von Armeen gefühlloser Roboter ausgefochten würden. Unseligerweise aber führt jede Art Krieg unweigerlich dazu, daß auch wirkliche Menschen verletzt werden, Qualen leiden und sterben. (© Dan McCoy)

Der Kampfbomber des 21. Jahrhunderts fliegt in Höhen bis zu 100 000 Fuß und erreicht eine Geschwindigkeit, die das Fünffache der Schallgeschwindigkeit beträgt. (© Russell Munson)

Gegenüber: Technologische Aufklärung, Feinderkennung und kybernetisch gesteuerte Reaktion könnten im »Dritten Weltkrieg« weit entscheidender für den Sieg (welcher Seite immer) sein als die herkömmlichen heldischen Vorstellungen vom Wert persönlichen Kampfesmutes und wie immer gearteter Gefechtserfahrung. (Oben rechts und unten: © Dan McCoy)

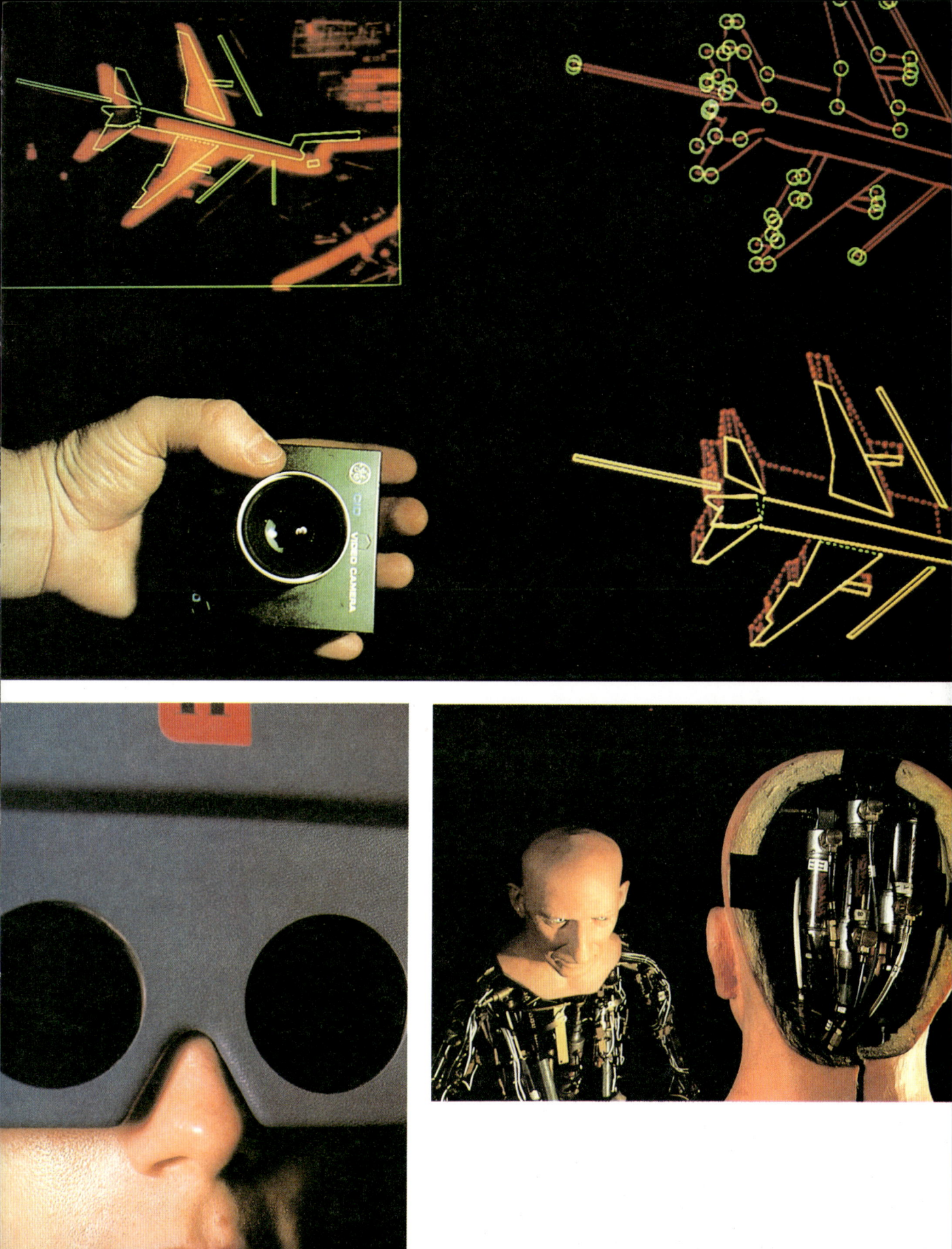

Wir stellen uns zwar den Krieg, den nächsten, den der »Zukunft«, gern so vor, als zuckten da Laserstrahlen aus dem Weltall auf uns herab. Dabei ist es viel wahrscheinlicher, daß der nächste Kriegsschauplatz eines ganz ordinären »konventionellen« Krieges schon wieder einmal Mittel- und Westeuropa sein werden. (© Wayne Eastep)

auf sich warten: Auf gar keinen Fall könne er den Versicherungen der Regierung eines Landes trauen, mit dem man bereits in Kriegshandlungen verstrickt sei. Als Antwort auf den amerikanischen Schlag habe er bereits eine beschränkte atomare Alarmbereitschaft für die Streitkräfte seines Landes angeordnet. Solange sich jedoch die NATO-Streitkräfte auf die Norwegische See beschränkten und nicht in die Barentssee vorstießen, werde er den totalen Atomalarm nicht auslösen. Damit nämlich wären seine Streitkräfte effektiv nur um Haaresbreite vom Einsatz der Atomwaffen entfernt.

Inzwischen war eine ganze Woche seit dem Beginn der Schlacht um Fulda vergangen. Die Sowjets hatten bisher einen Brückenkopf oder eine Frontausbuchtung im Sektor Fulda erreicht und waren zwischen zehn und fünfzehn Meilen nach Westdeutschland vorgedrungen. Doch dieser Erfolg war mit dem Verlust von nahezu der Hälfte ihrer bei Kriegsausbruch einsatzbereiten Panzer bezahlt worden. Um ihre Streitkräfte wieder aufzufüllen, verlegten sie ganz schnell Panzerbataillone aus ukrainischen, karpathischen und baltischen Distrikten der Sowjetunion nach vorn.

Die NATO ihrerseits bereitete sich gleichfalls eilig auf die Wiederaufnahme der Kämpfe vor. Da die transatlantische Luftbrücke unerschüttert fortbestand, erlangte die NATO rasch ihre geringfügige Überlegenheit bei leichten Panzerabwehrraketen zurück, da diese leicht durch die Luft zu transportieren waren. In Le Havre und anderen französischen Häfen liefen die Schiffe in großer Zahl ein. Angesichts all dieser Punkte gab es für den Sowjetpremier in Moskau eine Menge zu überlegen und zu bedenken.

Als vordringlichstes Ziel hatte er die ganze Zeit die Erhaltung der Sowjetkontrolle über das östliche Europa vor Augen. Aber seine Panzertruppen, die sich den Weg ins Zentrum von Warschau, Prag und anderen Hauptstädten freigewalzt hatten, hatten ja stets sehr schnell einen bewaffneten Aufstand gegen die fortdauernde sowjetische Hegemonie niedergemacht. Der KGB war mit gewohnter Schärfe an der Arbeit und fing Zehntausende von Intellektuellen, Studenten und anderen Dissidenten zusammen, verfrachtete sie in Viehwaggons und verschickte sie in langsamen Güterzugtrecks in Straflager im nordöstlichen Asien. Nun, da die Niederwerfung der Aufstände so gut funktionierte, mußte sich der Sowjetpremier allen Ernstes fragen, was sein Staat durch die Fortsetzung des Krieges zu gewinnen hätte.

Gewiß, seine Truppen hatten den Brückenkopf Fulda in der Hand, soviel war richtig. Aber eine weitere derartige Schlacht würde seine Panzerreserven beträchtlich schrumpfen lassen, bis zu einer gefährlich tiefen zahlenmäßigen Untergrenze. Die Sowjetgeneralität, die ihn in seiner Machtposition unterstützte, würde es nicht gern sehen, wenn ihre Armeen dermaßen geschwächt würden. Insbesondere mußte man ja große Panzerstreitkräfte in Polen, der Tschechoslowakei und Ostdeutschland in Bereitschaft halten, für den Fall, daß irgendwo die Aufstände erneut aufflammten. Aber der Zeitpunkt war für ein Friedensangebot nicht der richtige. Wie bei so zahlreichen früheren Kriegen begannen jetzt die Ereignisse ein Eigengewicht zu entwickeln und spiralig außer Kontrolle zu geraten, was Ergebnisse zeitigen würde, die man möglicherweise weder voraussehen noch in Grenzen würde halten können.

Ein derartiges Ereignis begann sich gerade damals in Charleston, South Carolina, zu entfalten, wo eine wichtige Basis der Navy-U-Boote lag. Die U.S.S. *Halsey,* ein raketenbewaffnetes U-Boot, stach in See. Es führte sechzehn ausschwenkbare Raketen (»Stehaufmännchen«) mit Laser-Röntgen-Mehrfachsprengköpfen mit. Wenn die Sowjets also ihre Raketen mit Atomsprengköpfen abschießen sollten, würde das U-Boot blitzschnell seine Raketen zum Abschuß bringen, die in die Atmosphäre hochschießen würden. Dann würden die Röntgen-Laser die Feindraketen »killen«.

Die Bombenfracht sah Wasserstoffbomben sehr ähnlich, und wie die H-Bomben hatten auch sie als Auslöser Atombomben. Sie konnten tödliche Dosen genau zentrierter Röntgenstrahlung aus atombombenbetriebenen Lasern produzieren. Wenn eine derartige Bombe zündete, würde ihr Feuerball nur ein paar Milliardstelsekunden lang als eine höchst intensive leuchtende Masse innerhalb der Sprengstoffhülle existieren. Die von diesem Feuerball freigesetzte Energie würde von gekrümmten uranbeschichteten Platten reflektiert und auf ein Bündel dünner Stäbe aus Lasermaterial konzentriert werden. Und diese ließen sich auch wieder einzeln auf sowjetische Flugkörper zielgenau ausrichten. Wenn ein solcher Nuklearzünder explodierte, floß ein Teil seiner Energie konzentriert in starke Laser-Röntgenstrahlen, unter denen eine Rakete in einer Millionstelsekunde in Flammen aufgehen mußte.

Als die *Halsey* aus dem Stützpunkt in Charleston in See stach, stand auf der Landungsbrücke ein sowjetischer Agent und schaute zu. Dann fuhr er zu einer öffentlichen Telefonzelle. Und kurz drauf zuckten von einem sowjetischen Beobachtungssatelliten Code-Signale, die einen blaugrünen Laserstrahl in die Küstengewässer schickten. Der Laser konnte bis zu einer beachtlichen Tiefe in das Wasser vordringen. Und dort lag vor der Küste das sowjetische Raketen-U-Boot *Sverdlovsk,* das mit thermonuklearen Sprengköpfen ausgerüstet war.

Die Navy verfügte über verschiedene Methoden, solche Submarinschiffe aufzuspüren. Sie hatte empfindliche Hydrophone, die über den Meeresgrund verteilt waren und die Geräusche der Triebwerke auffangen konnten; Marineoffiziere pflegten gern und oft zu sagen, diese Mikrofone könnten über tausend Meilen einen Fisch furzen hören. Ähnliche Hydrophone waren an allen unseren eigenen U-Booten angebracht. Es gab auch nicht-akustische Aufspürmethoden. Eine der wirksamsten bestand darin, Ausschau zu halten nach den schwachen Infrarot-Abstrahlungen, die ein verräterisches Zeichen für erwärmtes Wasser darstellen, erwärmt, natürlich, durch den Reaktor eines Atom-U-Bootes.

Dank dieser Methode war die amerikanische Navy ausgezeichnet darauf gerüstet, die *Sverdlovsk* aufzuspüren. Doch lagen in der Nähe noch zwei weitere der im Westen als die Sierra-II und Mike-II bekannten U-Boot-Typen. Diese hatten einen Energiezellenatrieb, der einen direkten Elektrostrom von hoher Effizienz aus gespeicherten Treibstoffen bewirken konnte, ohne entdeckbare Warmwasserfahnen zu hinterlassen. Statt auf Schrauben beruhte hier der Antrieb auf langen gangähnlichen Tuben, die elektrische und Magnetfelder zu erzeugen vermochten.Das Meereswasser, das gleichfalls Elektrizität konduzieren kann, spritzte, von diesen Feldern beeinflußt, am Hinterende in einem Strahl hervor und trieb das U-Boot vorwärts, als werde es von einem Triebstrahlwerk geschoben.

Diese U-Boote waren außerdem auch noch extrem »stumm«. Und mehr noch, sie verfügten über Kommunikationseinrichtungen untereinander und zur *Sverdlovsk,* die völlig entdeckungssicher waren. Also konnten sie manövrieren und zusammenarbeiten, ohne daß man sie ausmachen konnte. Ihre Kommunikation stützte sich auf höchstexakte Atomuhren, die pro Monat nicht einmal eine Abweichung von einer Mikrosekunde zeigten. Diese Uhren wurden im Heimathafen synchronisiert, ebenso die Sequenzen für den raschen Randomwechsel der Sende- und Empfangsfrequenzen. Mit dieser Ausrüstung konnten beliebige zwei U-Boote Informationen austauschen, indem sie rasch über viele Frequenzen glitten, dabei aber beide konstant auf die Wechsel eingestellt waren, weil ihre Uhren synchron-geschaltet waren. Kein Signalanalysator konnte mit einer derart hohen willkürlichen Frequenzänderung Schritt halten. Selbst wenn wir ein derartiges Unterwassersignal auffangen sollten, würde es doch nur wie bloße Unterwasserstatik klingen.

Die *Sverdlovsk* produzierte absichtlich ein gewisses Quantum an Geräuschen; die *Halsey* wußte sowieso, daß sie da lag. Die anderen beiden sowjetischen U-Boote blieben ganz still; und wir hatten keine Ahnung, daß sie sich da befanden. Doch als die *Halsey* auslief, benutzte die *Sverdlovsk* ihr Unterwasserkommunikationssystem und alarmierte die beiden anderen U-Boote. Langsam, behutsam schob sich das U-Boot der Sierra-Klasse zum Angriff hinter die »Baffles« der *Halsey,* die turbulente und geräuschvolle Heckwelle, in der Hydrophone nur schwer Geräusche auffangen können.

Dann bildeten die drei sowjetischen Schiffe eine Dreiecksformation, in deren Mitte die *Halsey* fuhr. Unser U-Boot hatte außer der *Sverdlovsk* bisher noch immer kein anderes feindliches Boot ausgemacht. Und die *Sverdlovsk* nahm jetzt Kurs auf uns zu und produzierte stärkere Geräusche, um sicherzustellen, daß man sie auch bestimmt nicht aus den Suchern verlor. Der Kommandant der *Halsey* drehte ab, um nicht entdeckt zu werden – und steuerte auf das sowjetische U-Boot vom Typ Mike zu, das stumm auf ihn lauerte. Die Sierra-Type hatte sich die ganze Zeit über unentdeckt hinter seinen Baffles an seinem Heck gehalten.

Plötzlich fingen die Sonar-Ingenieure der *Halsey* ein wildes schrilles Kreischen auf. Es war das Aktivsonar des Mike-U-Bootes, das nun nahe genug aufgerückt war, um anzugreifen. Der Lärm war so laut, daß der Bordcomputer überflutet wurde und nicht mehr in der Lage war, die Peilung bis zur Quelle zurückzuverfolgen. Das sowjetische Mike hingegen hatte jetzt exakte Fixierungspunkte für die Position unseres U-Bootes und schoß einen Torpedo ab.

Unser Kapitän erkannte seinerseits sofort, daß ein Angriff unmittelbar bevorstehe. Er nahm Fahrt auf und ließ sein Boot Ausweichmanöver durchführen. Der Torpedo traf nicht, und die *Halsey* bekam eine Chance, sich in Sicherheit zu bringen. Der Skipper setzte nun auf einen neuen Kurs – weg von dem Mike, weg von der *Sverdlovsk...* und direkt auf die lauernde Falle mit dem Sierra-Typ-Boot zu. Jetzt war das Sierra-Boot an der Reihe, einen Torpedo abzuschießen. Er traf die *Halsey* mittschiffs und versetzte ihr eine tödliche Wunde.

Diese Torpedoexplosion breitete ihrerseits Schockwellen im Pentagon und im Weißen Haus aus. Wenn die Sowjetunion schon Schläge gegen die westlichen Raketenabwehrsysteme zur See führte, dann konnte dies ja auch bedeuten, daß sie sich bereitmachte, dieses Verteidigungssystem zu durchbrechen und einen atomaren Angriffsschlag zu führen, durch den dem Westen die Möglichkeiten zu einem Vergeltungsschlag aus der Hand genommen würden. In Moskau allerdings führte der Erfolg der eigenen Seite zu einer völlig anderen Reaktion. Eben wegen dieses Erfolges sah die Regierung die Chance, eine letzte und eine gute Chance, den Krieg zu beenden, ehe er zum wechselseitigen Atomkrieg eskalieren konnte. Tags darauf berief der

Premierminister den Obersten Sowjet ein und hielt eine Rede, die durchaus für westliche Ohren gedacht war:

Genossen, unser ruhmreiches Mutterland steht heute weltweit glorreich als Waffensieger da. Unsere Sicherheits-Streitkräfte haben die konterrevolutionären Reaktionäre zu Boden gestreckt, die versuchten, in unseren Brudernationen Polen, der Tschechoslowakei und der Deutschen Demokratischen Republik Unfrieden zu stiften. Die tapferen Helden unserer Armee und der Luftwaffe haben den westdeutschen Revanchisten eine drastische Abfuhr erteilt, als sie sich auf den törichten Versuch einlassen wollten, erneut die Pfade Hitlerischer Eroberungssucht zu beschreiten. Es ist uns aber außerdem gelungen, durch die Einnahme des Fulda-Sektors eine strategisch enorm günstige Position zu erringen. Und jetzt hat unsere Seestreitmacht einen Schlag mitten ins Herz der vielgepriesenen Sternenkrieg-Abwehr geführt, indem sie eines ihrer U-Boote praktisch in Sichtweite seines Heimathafens versenkte.

Wir erklären also, daß die Vereinigten Staaten von Amerika und ihre Lakaien-Verbündeten unseren Sieg anerkennen müssen — und daß sie dies durch Zustimmung zu einem Waffenstillstand tun müssen. Beide Seiten werden sich von der Front zurückziehen, und ihre Streitkräfte werden sich zurückziehen. Zwischen der Deutschen Demokratischen Republik und dem deutschen Staat westlich von ihr wird eine neue Grenzführung erfolgen, die dem Sieg unserer Armee Rechnung trägt.

Die Strategie Moskaus wurde in Washington und in Bonn natürlich durchschaut: Man erklärt sich zum Sieger und zieht sich zurück. Aber es bedeutete, daß die »drüben« bereit waren, sich mit einem Patt zufriedenzugeben, mit einem Stagnationszustand und einem Waffenstillstand, bei dem effektiv ein kaum nennenswerter territorialer Bereich den Besitzer gewechselt hätte. Im folgenden Dezember legten die Supermächte (Westdeutschland durfte während der Aushandlung vertreten sein) die neue Grenzführung zwischen den beiden deutschen Staaten fest. Ostdeutschland (die DDR) sollte die Stadt Fulda nebst umliegenden Gebieten zugesprochen erhalten, nämlich jenen, die die Sowjets unter so enormen Kosten erobert hatten. Das westliche Deutschland sollte zum Ausgleich die Stadt Schwerin erhalten, in der das Ganze begonnen hatte.

Bis Weihnachten funktionierte der Luftverkehr wieder reibungslos, und unsere »Boys« wurden wieder heimgebracht. Man konnte damit beginnen, sich umzuschauen und die Geschehnisse einer Bewertung zu unterziehen. Als große Überraschung kam es, daß dieser Krieg nicht etwa nicht zerstörerisch gewesen war, sondern daß er in seinen Zerstörungen so beschränkt und genau lokalisiert geblieben war. Über mehr als ein halbes Jahrhundert hinweg hatte die Bedrohung durch Atomwaffen das gesamte Vorstellungsdenken über Krieg beherrscht. Aber jetzt war der Dritte Weltkrieg gekommen und wieder zu Ende gegangen, und alles hatte sich ganz anders entwickelt.

Über Generationen hinweg hatten die Menschen unter den alptraumhaften Bildern aus dem Zweiten Weltkrieg gelitten, diesen Weltuntergängen von verbrannten Trümmerstädten. Im Dritten Weltkrieg hatte es nichts auch nur annähernd Vergleichbares gegeben. An wenigen Städten erwies sich der Unterschied deutlicher als an der Hansestadt Hamburg, dem bedeutendsten westdeutschen Hafen, der im Zweiten Weltkrieg stark gelitten hatte.

Die Hansestadt war auch während der Luftangriffe im Juli 2018 gelähmt worden. Aber als der Krieg zu Ende war, konnte man über Hamburg hinwegfliegen, und man sah kaum irgendwelche Beschädigungen. Auf den ersten Blick wirkte der Hafen ganz unbeschädigt — bis man die verkrümmten Stahlträger entdeckte, die einmal Entladekrane für Containerschiffe gewesen waren und eine wichtige Funktion im Hafenbetrieb erfüllt hatten. Schlepper lagen verbrannt oder halbversenkt herum. Das Hafenmeisteramt war flachgewälzt. Schienenbrücken und Straßenüberführungen lagen in Schutt; die Startbahnen und der Platz, an dem der Kontrollturm des Flughafens gestanden hatten, sahen aus wie eine kraterübersäte Asteriodenoberfläche. Aber das war dann auch bereits alles. Die Wohn- und Geschäftsbezirke der Stadt waren vollkommen unversehrt geblieben.

Ähnliches traf auch für andere größere Städte zu. Die Kölner Brükken lagen in großen Schrotthaufen im Rhein; aber es gab sonst keine Schäden. Bei Wyhl, weiter rheinaufwärts, stand ein Atomkraftwerk. Das Transformatorengelände lag in Trümmern, ebenso die Verwaltungsbauten — aber die Reaktorkuppeln hatten nur ein paar Querschläger abbekommen. In München hatte ein großes Kommunikationshochhaus gestanden, das jetzt als Schutthaufen dalag, als hätten die Trümmerbirnen einer Abbruchfirma es umgelegt. In den dicht danebenliegenden Häusern waren nur die Fensterscheiben zu Bruch gegangen, weiter nichts.

Je mehr sich im Lauf der Jahre die Zielgenauigkeit der Raketen verbessern ließ, desto häufiger erzählte man im Pentagon den Standardwitz über ihre Sprengköpfe. Die herkömmlichen MARVs (Maneuvring Re-entry Vehicles) mit interkontinentaler Reichweite besaßen eine Treffsicherheit auf Raketensilos mit einem Schwankungsgrad von sechs Zoll (ca. 15 cm). Und der Witz ging dahin, daß bei all der Präzision die Sprengköpfe ja immer noch aus Uran und Plutonium gemacht werden müßten — aber nicht, um eine Kernexplosion zu bewirken. Statt dessen würde man sie bevorzugen, weil sie dichte Schwermetalle seien, die wie eine Kanonenkugel durch den super-harten Schild der Silos dringen könnte. Das hatte damals natürlich niemand ernstgenommen. Aber der Dritte Weltkrieg war tatsächlich gekommen, und er war zu Ende gegangen, und man hatte ihn nicht mit Massenvernichtungsmitteln ausgefochten, sondern mit Waffen, die zu gezielter und unterscheidungsfähiger Zerstörung in der Lage waren. Der uralte schüttere Pentagonwitz scheint also, alles in allem, doch den Kern getroffen zu haben.

Ein ganz anderer Punkt, wo alles den Kern getroffen und eine Schlußsumme gezogen zu haben scheint, war Schwerin. Diese Stadt wurde am 1. Januar 2019 der westdeutschen Regierung unterstellt. Es war der Tag, an dem die Territorial-Regelungen wirksam wurden. Und an diesem Morgen des 20. Juli enthüllte der Bürgermeister vor dem Rathaus der Stadt eine Statue. Eigentlich kein besonderes Kunst-werk, sie stellte nur einen Stahlarbeiter dar. In der rechten Hand trug der Mann die Staatsflagge Westdeutschlands. Und am Sockel war eine Plakette angebracht:

ZUM GEDENKEN AN DIE MENSCHEN
VON SCHWERIN, DIE IM III. WELTKRIEG
GESTORBEN SIND

JULI 2018

SIE KÄMPFTEN
NICHT FÜR REICHTUM ODER RUHM,
SONDERN DAFÜR, DASS
IHRE SEHNSUCHT NACH FREIHEIT
AUF DER ERDE EWIG WEITERLEBEN MÖGE.

EPILOG:

DIE VEREINTEN

NATIONEN

2019

»An der UNO ist eigentlich alles in Ordnung — außer ihren Mitglie-dern.«

Lord Caradon, Botschafter Großbritanniens bei den UN

Im Verlauf des letzten Vierteljahrhunderts erlebte ich einige der unvergeßlichsten Augenblicke meines Lebens im Gebäude der Vereinten Nationen. Der erste dieser Augenblicke ergab sich 1970, kurz nach der Fertigstellung des Films *2001: A Space Odyssey.*

Die MGM hatte für den UNO-Generalsekretär U Thant, der sich stark für alle Themen interessierte, die mit dem Weltraum zusammenhingen, eine Sondervorführung arrangiert — und diese fand im Dag-Hammarskjöld-Theater statt. Ich saß direkt hinter dem Generalsekretär und seinem Stellvertreter, Ralph Bunche, und hoffte verzweifelt, es möge während der nächsten zwei Stunden und zwanzig Minuten keine internationale Krise ausbrechen. (Was nicht geschah.)

Obwohl ich den Film dutzende Male gesehen habe — und die Dreharbeiten direkt vor dem Borheam Wood-Studio verfolgte, während im Hintergrund die Londoner Busse vorbeirollten —, bin ich noch heute überwältigt, wenn Moonwatcher die Waffe zerschmettert, die ihn zum Herrn der Welt macht. Aber als ich da so hinter dem UNO-Generalsekretär saß, begriff ich auf einmal, daß ja genau hier der Ort sei, von dem aus wir versuchten, das unter Kontrolle zu bringen, was der Moonwatcher begonnen hatte: die vier Millionen Jahre alte Evolution von der Knochenkeule bis zu den ICBM, den Interkontinentalraketen.

Und kurz darauf überfiel mich ein weiterer Gedanke mit derart heftiger Deutlichkeit, daß ich verblüfft war, ihn nie vorher gedacht zu haben: *Mein Gott* — schoß es mir auf einmal durch den Kopf — *der Monolith und das UN-Gebäude sehen ja vollkommen gleich aus!*

Ich weiß bis heute nicht, ob das reiner Zufall ist . . .

Die erste Frage, die sich zu den Vereinten Nationen stellt, lautet: Gibt es die UNO 2019 noch? Anders als der Völkerbund (1920—1946), der nach knapp zwei Jahrzehnten zusammenbrach, konnten die Vereinten Nationen vor kurzem ihren vierzigsten Geburtstag feiern. Doch es gibt unheilverkündende Anzeichen dafür, daß nicht alles zum besten steht.

Ein Symptom eines möglicherweise tödlichen Übelstandes ist der Gigantismus der Organisation (man erinnere sich an die Dinosaurier . . . gigantisch groß, viel Panzer, wenig Hirn . . .). Als 1945 die Vereinten Nationen ins Leben gerufen wurden, hatten sie einundfünfzig Mitglieder; im Jahre 1985 waren es 159! Selbst mit dem allerbesten

Willen, der uns Menschen möglich ist, und selbst wenn sämtliche Mitgliedsstaaten leidenschaftlich zur Zusammenarbeit bereit wären, was — leider, leider — nur allzu selten der Fall ist, würde es doch äußerst schwierig sein, in einem derart schwerfälligen Gremium irgend etwas zu erreichen.

Vor vielen Jahren, in denen ich unzählige Stunden langweiliger Reden und ergebnisloser Debatten über mich hatte ergehen lassen, legte ich mir selbst gegenüber den Schwur ab, daß ich mich niemals in ein Gremium wählen lassen wollte, das mehr als sechs Mitglieder haben sollte. (Wie es im Leben so geht, hat das einzige Komitee, dem ich derzeit angehöre, sechs Mitglieder; doch da hier entweder der Präsident von Sri Lanka oder der Oppositionsführer den Vorsitz haben, werden die Punkte der Tagesordnung höchst effizient erledigt.) Ein Komitee mit einhundertneunundfünfzig argumentierlüsternen Mitgliedern — das muß einem als ein gräßlicher Alptraum erscheinen.

Abgesehen von Tranquilizerspritzen, gibt es einfach keine Methode, wie man pompöse publikumssüchtige Politiker, die sich darauf verbissen haben, eine Rede zu halten, davon abbringen könnte. Allerdings hoffe ich, daß bis 2019 die Weiterentwicklung intelligenter Computer die Effizienz in den UN-Verfahren enorm gesteigert haben wird.

Es dürfte gar nicht schwer sein, ein Computerprogramm zu erstellen, das dann als »ehrlicher Makler« zwischen strittigen Positionen fungieren könnte; indem der Computer beispielsweise die Konzessionen, die beide Seiten zu machen bereit sind, notiert (ohne sie preiszugeben) und Kompromißlösungen anbietet, bis eine Übereinkunft erreicht wird. Es kommt vielleicht die Zeit, in der Computer — aufgrund ihrer absoluten Unparteilichkeit und ihres Mangels an Eigeninteresse — als Schlichter und Vermittler annehmbarer sein werden als ein Mensch. Und obwohl es sich dabei nur um eine sehr primitive Form der Interaktion handelt, wird jeder, der jemals den höchst intimen Fragenkatalog beantwortete, den einem der Computer eines modernen Arztes vorlegt, genau wissen, was ich damit meine. (Sollten Sie diese Erfahrung bisher noch nicht gemacht haben — Sie werden sie bald erleben . . .)

Zwar könnte ein Computer 159 UN-Mitglieder ebenso leicht bewältigen wie die ursprünglichen 51, aber es erscheint als höchst unwahrscheinlich, daß 2019 auf der Erde noch so viele unabhängige souveräne Staaten bestehen werden; selbst heute humpeln ja bereits viele schon — politisch und wirtschaftlich gesehen — auf dem letzten Zahnstocher dahin. Die Charta der Vereinten Nationen wird aber zweifellos bis dahin einer Revision und Neuformulierung unterzogen werden müssen; sie ist schon lange ein Anachronismus, da sie nur ein Instrument zugunsten der fünf Siegernationen nach dem Zweiten Weltkrieg war: der USA, Großbritanniens, der Sowjetunion, Frankreichs und Chinas. Sie — und ausschließlich sie — besitzen heute noch ein Vetorecht ... Und dieses Vetorecht hat in Krisenzeiten unzählige Male das wirksame Eingreifen der UN verhindert. Wie lange werden wohl die restlichen 154 UN-Mitglieder — von denen einige im nächsten Jahrhundert selbst Supermächte sein werden — eine derart absurde Situation noch hinnehmen?

Wie immer es weitergehen mag, ich persönlich kann in den UN nichts weiter sehen als eine Übergangsstruktur, ein Vorstadium einer Entwicklung, die einmal das bloße Konzept von »Nationen« als überholt und bedeutungslos erscheinen lassen wird. Es ist denkbar, daß in der Zukunft die verbreitetste gesellschaftliche Gruppierung eine Art »elektronischer Stammessysteme« sein wird, deren Angehörige gemeinsame Interessen und einen gemeinsamen Einstiegscode in das Kommunikationssystem haben, die aber kaum noch geographisch aneinander gebunden sind.

Im August 1971 wurde im State Department der USA der Vertrag über den Aufbau eines globalen Satellitensystems (Intelsat) formell unterzeichnet. In meiner Rede am Ende der offiziellen Zeremonie wagte ich eine Prognose, von der ich heute noch glaube, daß sie im Jahre 2019 der Verwirklichung recht nahe gekommen sein wird.

Ich zog eine Parallele zum vorigen Jahrhundert und wies darauf hin, daß die Vereinigten Staaten von Amerika nicht etwa nur *möglich,* sondern *unvermeidbar* geworden seien durch zwei Erfindungen: die Eisenbahn und den Elektrotelegraphen. Und heute spielen der Jet-Flugverkehr und die Kommunikationssatelliten eine ähnliche Rolle — auf globaler Ebene.

»Ob es in Ihrem Bestreben gelegen haben mag oder nicht«, sagte ich zu der Delegiertenversammlung des Festaktes von Intelsat, »Sie haben soeben den ersten Entwurf einer Verfassung der Vereinigten Staaten der Erde unterzeichnet.«

Einige zwölf Jahre später gehörten die Kommunikationssatelliten zum Alltagsleben — und in amerikanischen Hinterhöfen schossen Millionen Parabolantennen wie Pilze aus dem Boden. Ich war in der Lage, noch einen Schritt weiter vorzuprellen.

Die Vereinten Nationen hatten den 17. Mai 1983 zum »Welt-Kommunikations-Tag« erklärt, und man hatte mich eingeladen, vor der Vollversammlung zu sprechen. Während ich da oben an dem Pult stand, unter dem berühmten Emblem, spürte ich plötzlich überscharf die Präsenz aller jener, die vorher bereits an diesem geschichtsträchtigen Fleck gestanden hatten — und deren Blicke über die gleichen Pultreihen geglitten waren: Afghanistan, Algeria . . . Zaire, Zambia . . .

Ich hätte es mir, weiß der Himmel, nie träumen lassen, *hier* an diesem Ort zu stehen.

Nachdem ich meinen Zuhörern ins Gedächtnis gerufen hatte, was für überwältigende Auswirkungen die Telekommunikation inzwischen in sämtlichen zwischenmenschlichen Bereichen gezeitigt habe — von der ganz privaten Ebene bis zu der zwischen Supermächten, machte ich einen Hechtsprung in die Zukunft:

»Das uns seit langem verkündete ›Globale Dorf‹ haben wir ja beinahe schon erreicht, doch wird es in der Menschheitsentwicklung und der Geschichte nur ein sehr kurzes Aufblitzen sein und bedeutungslos bleiben. Ehe wir uns überhaupt bewußt geworden sind, daß es existierte, wird es überholt und abgelöst werden — von der ›Globalfamilie‹.«

Und wenn wir auf diesem Planeten einmal eine globale Familie sind, werden wir die Vereinten Nationen nicht mehr brauchen.

Aber bis es soweit ist . . .

REGISTER

Bildquellen

Kapitel 1: S. 16 © Don Dixon
Kapitel 2: S. 18, 34 © NASA; S. 31 © NASA/Nor-
man Rockwell
Kapitel 3: S. 38 © Dan McCoy and R. E. Herron;
S. 45 © Dan McCoy; S. 51 © Hank Morgan; S. 58
© Rick Sternbach
Kapitel 4: S. 62, 73 © Robert Malone
Kapitel 5: S. 84 © Bill Binzen; S. 89, 98 © Chro-
mosohm, Inc.; S. 92 © Gregory MacNicol; S. 95 ©
Dan McCoy
Kapitel 6: S. 100 © Dan McCoy
Kapitel 7: S. 120, 133, © Gregory MacNicol; S.
136, 139 © Rick Sternbach
Kapitel 8: S. 154 © Nicolas Foster; S. 164 © Chromo-

sohm, Inc.; S. 170 © Joe Viesti
Kapitel 9: S. 178, 185 © Dan McCoy; S. 187 © Joe
Dimaggio/JoAnne Kalish; S. 193 © Bill Pierce
Kapitel 10: S. 196 © Anthony Wolff; S. 209 ©
Wayne Eastep
Kapitel 11: S. 214 © Ed Bohon; S. 219 © Dan
McCoy
Kapitel 12: S. 224, 242 © Bill Binzen
Kapitel 13: S. 250, 257 © Joe Dimaggio/JoAnne
Kalish
Kapitel 14: S. 262 © Wayne Eastep; S. 268 ©
Chromosohm, Inc.; p. 275 © Nicholas Foster
Kapitel 15: S. 284 © Lou Jawitz; S. 296 © Dan
McCoy